신들을
위한
여름

걸작
논픽션
008

신들을 위한 여름

종교의 신과
과학의 신이 펼친
20세기 최대의 법정 대결

에드워드 J. 라슨 지음
한유정 옮김

THE SCOPES TRIAL and America's Continuing
Debate Over Science and Religion

SUMMER FOR THE GODS

글항아리

"에드워드 라슨은 스콥스 이야기를 명쾌하고도 활기찬 필체로 들려준다. 이 책은 미국 지성의 여명기에 대한 한 권짜리 입문서로서 최고다."

— 『보스턴 글로브Boston Globe』

"라슨의 책은 철저한 연구를 기반으로 이야기를 매우 쉽게 풀어 들려준다. 세세한 줄거리에서 인물까지 다루지 않은 것이 없다. 72년 전 사건의 바탕에 흐르던 긴장감이 아직까지도 강하게 남아 있다는 점을 고려하면, 라슨에게 감사해야 마땅할 것이다. 아주 빨리 허황된 미신으로 변해버린 역사의 한 조각을 다시 우리에게 제시했기 때문이다. 스콥스 재판은 아직 우리와 함께 있다. 라슨은 스콥스 재판을 단순화한 허구에서 교훈적인 사실로 격상시켰다."

— 『크리스천 사이언스 모니터Christian Science Monitor』

"라슨은 스콥스 재판과 그에 얽힌 복잡한 이야기를 균형 잡힌 관점에서 읽기 좋게 서술하고 있다. 이 재판에 인간성을 부여해 인간의 어리석음에 대한 이야기로 엮어낸 그의 능력은 무척 뛰어나다. 중요하지만 제대로 이해하는 사람은 별로 없는 주제를 잘 정리한 좋은 책이다. 라슨은 이 업적에 대해 찬사를 받아 마땅하다."

— 『아메리칸 히스토리컬 리뷰American Historical Review』, D. G. 하트

"걸작이다. 이 책의 강점은 시간의 흐름에 따라 재판을 꼼꼼히 재구성하고, 사건의 법적인 면을 전문적으로 살피며, 스콥스 전설이 확대된 경위를 철저히 분석했다는 데 있다. 이러한 업적을 고려할 때 이 책이 상을 받은 것은 당연하다."

— 『이시스Isis』, 마크 놀

"린드버그 유괴 재판, 맨슨 재판, O. J. 심슨 재판은 잊어라. 진정한 세기의 재판은 스콥스 재판이다. 지금까지 그에 대해 많은 글이 쓰였지만 에드워드 J. 라슨의 완벽한 역사서에 필적할 만한 것은 없다."

— 『스켑틱Skeptic』

"에드워드 라슨은 스콥스 재판에 얽힌 실화를 훌륭하게 풀어냈다. 영화 「신의 법정(침묵의 소리Inherit the Wind)」에서 대중에게 제시된 허구보다 진실이 훨씬 더 흥미롭다."

— 『심판대의 다윈Darwin on Trial』의 저자 필립 존슨

"전문가들은 스콥스 재판의 배경과 내용에 대해 많이 배울 것이다. 일반 독자들은 그 어느 때보다 더 이 재판에 끌릴 것이다. 「신의 법정」이여, 비켜서라!"

— 코넬대학교, 윌 프로빈

"데이턴에서 펼쳐진 드라마를 경이롭게 재구성한 『신들을 위한 여름』은 그 재판과 의의에 대해 새로운 사실을 제시하는 놀라운 일을 해냈다. 여기에는 변호사들의 막후 작전과, 그 결과에 얽힌 인권 문제 그리고 재판이 미국의 진화 교육에 미친 영향 등이 포함된다."

— 『물리학자: 현대 미국 과학계의 역사』의 저자 대니얼 J. 케블스

"『신들을 위한 여름』은 스콥스 재판과 그것이 미국 역사 및 신화에서 차지하는 위치를 알려주는 책 가운데 최고다. 어조는 균형 잡혀 있고 연구는 빈틈없으며 문체는 재치가 넘친다."

— 『창조론자The Creationists』의 저자 로널드 L. 넘버스

"라슨은 다위니즘의 역사와 진화론의 배경, 진화가 성경이나 근본주의적 종교와 다투게 된 경위에 대해 우아하게 서술했다. 공적 상황에서 종교의 역할과 공립학교의 교육 내용을 결정할 국가의 권한에 대해 법정 싸움을 벌이는 지금, 브라이언과 대로의 유령이 아직 우리 주위를 맴돌고 있으며, 스콥스 재판은 여전히 반향을 일으키고 있다."

— 『뉴욕 타임스New York Times』

"라슨은 골치 아픈 문제를 균형 잡힌 시각에서 설명했다."

— 『피츠버그 포스트가제트Pittsburg Post-Gazette』

"역사와 법을 절묘하게 엮었다. 서술과 분석 양면이 매우 균형 잡힌 책이다. 『신들을 위한 여름』은 논리 정연한 태도로 세대에 따라 조금씩 변할망정 사라질 기미는 보이지 않는 뿌리 깊은 문화 갈등을 이해하려 한다."

— 『남부사 저널Journal of Southern History』

"라슨은 책의 주제를 둘러싼 지적 흐름과 역조의 복잡성에도 불구하고 과거의 이야기를 끌어내 이해하기 쉬운 문체로 우아하게 풀어냈다."

— 『로스앤젤레스 타임스Los Angeles Times』

"라슨은 사건의 극적 전개뿐만 아니라 복잡한 법적 문제까지도 우아하고 분명하게 전달한다."

— 『미국사 저널Journal of American History』

"알고 보니 스콥스 재판의 실화는 우리 통념보다 더 흥미롭고 더 맹랑하며 더 변태적이다. 과학사학자이자 법학자인 라슨 교수가 놀랍도록 훌륭한 책을 썼다."

— 『미시건 로 리뷰Michigan Law Review』

"라슨은 스콥스 재판을 둘러싼 여러 문제를 학구적이면서도 재미있게 서술하는 작업을 훌륭히 해냈다."

— 『초이스Choice』

"라슨은 과거의 일을 마치 현재의 일인 양 명백하고 날카로울 뿐 아니라 영감을 주며 서술하고 있다."

— 『도서관 저널Library Journal』

"생생하고도 유익한 역사 재구성과 비평이지만, 여기에 그치지 않는다. 이 책은 1920년대뿐만 아니라 지금도 여전히 논란이 되는 주제로 의미가 있다. 철저한 고증을 거친 학구적이고 흥미진진한 책으로 일반 대중도 쉽게 읽을 수 있다."

— 『바이오사이언스Bioscience』

"스콥스 재판과 그 의의를 훌륭하게 재구성했다. 라슨의 문체는 독자를 사로잡아 이야기 속으로 끌어들인다."

— 『교회사Church History』

"손에서 내려놓을 수 없는 이야기."

— 『책과 문화Books & Culture』

"스콥스 재판과 그에 얽힌 사건들의 사실 관계를 명확히 할 뿐만 아니라, 미국 사법 역사상 가장 유명한 사건이 어떻게 불후의 전설이 됐는지를 보여주는 흥미진진한 책이다."

— 『아메리카America』

"『신들을 위한 여름』은 재판과 그에 앞서 벌어진 사건들을 훌륭하게 풀어낸다. 진실이 과학보다 더 기묘하다는 증거다."

— 아마존Amazon.com

"라슨은 역사 교사에게 스콥스 재판과 매카시즘에 대해 알려주며, 역사적 사건에 대한 인식 형성에 대중문화가 미치는 영향을 재고할 것을 촉구한다. 또한 그것을 가능하게 한다."

— 『역사 교사History Teacher』

"'미국 역사상 가장 널리 알려진 경범죄 사건.' 1997년 퓰리처상 수상작 『신들을 위한 여름』에서 '원숭이 재판'을 설명하며 쓴 표현이다. 그 논란이 다시 불거지는 지금, 조지아대학교의 사학 및 법학 교수인 라슨의 이 책은 그 재판을 통해 불쾌한 관점의 모더니즘이 스스로 급진적인 가치에 충실하다고 믿었던 종교적 근본주의와 맞붙었음을 입증한다."

─『뉴스위크Newsweek』

"법률사와 과학사에 대한 에드워드 라슨의 연구가 『신들을 위한 여름』에서 빛을 발한다. 라슨은 책의 주제를 둘러싼 지적 흐름과 역조의 복잡성에도 불구하고 과거의 이야기를 끌어내 이해하기 쉬운 문체로 우아하게 풀어냈다."

─『로스앤젤레스 타임스 북 리뷰The Los Angeles Times Book Review』

"꼼꼼하고 공평한 분석이 이 재판을 다룬 영화와 연극의 허구 및 과장을 벗겨내고, 아직도 가끔 교실과 법정에서 발생하는 문화 전쟁에 대해 좀더 명확한 그림을 제시한다."

─『북리스트Booklist』

"이 책의 독창성은 무엇보다도 논쟁의 양편을 공평하게 다루며 종교와 과학, 법의 관계와 상반되는 신념에 대해 진지하게 접근한다는 점에 있다. 스콥스 재판과 그에 얽힌 법적 문제에 대한 라슨의 서술은 교훈적이다. 이 재판이 영화 『신의 법정』을 통해 후세에 전해진 경위를 흥미롭게 서술한다. 훌륭한 책이다."

─『뉴욕 리뷰 오브 북스The New York Review of Books』

"스펜서 트레이시의 영화 『신의 법정』은 존 스콥스 재판에 기초했는데, 이 재판에 대한 대중의 기억을 조작했다. 에드워드 J. 라슨이 퓰리처상을 수상한 이 책에서 보여주듯이 이 영화의 어두운 분위기는 잘못된 것이다. 라슨은 교묘하게 허구와 사실을 분리하여 좀더 복잡하지만 사실적인 이야기를 들려준다. 또한 교육과정에 창조론을 넣고 진화론을 빼려는 테네시 주를 비롯한 남부 주들의 노력을 약술했다."

"이 책은 이미 퓰리처상을 수상했지만, 그 사실에 다시 주목할 가치가 있다. 라슨은 1925년에 있었던 '원숭이 재판'에 대한 새로운 이야기를 들려준다. 무엇보다도 이 재판이 다위니즘과 개신교 신학의 오래된 지적 합의를 무너뜨린 경위를 보여주고, 유명 변호사 클래런스 대로와 존 스콥스 변호 팀이 겪은 갈등을 드러내며, 엄청난 영향력을 발휘한 영화 「신의 법정」이 이 재판과 그 여파를 왜곡한 경위를 입증한다."

"라슨이 스콥스 재판을 둘러싼 근거 없는 소문과 괴담을 날카롭게 파헤친다. 이 책은 다른 무엇보다 극심한 대립 가운데에서도 어느 한쪽에 치우치지 않고 사려 깊게 문제를 조명했다는 점에서 독창성이 빛난다. 종교계와 과학계의 서로 반대되는 신념과 그 둘의 관계를 법적으로 어떻게 해석할 수 있는지, 데이턴에서 무슨 일이 있었는지도 매우 진지하게 다루고 있다."

"학문적이고 유익하다. 공정하고 빈틈이 없다. 어찌 보면 미국은 스콥스 재판의 진실과 진화론에 관한 논쟁이 던지는 의미를 이제야 비로소 배우고 있는 것 같다. 이 책은 교육과정에 꼭 필요한 지침서라 할 수 있다."

"재판을 역사, 법, 종교, 과학의 테두리 안에서 다루는 것에 만족하지 않고 한 발 더 나아가 지금까지도 끈질기게 이어지고 있는 과학과 종교 간의 갈등에 그것이 미치는 영향을 평가한 걸작이다. 그 과정에서 무수한 증거와 자료를 제시해 이야기에 대한 신뢰를 높였다."

―『계간 생물학 평론Quarterly Review of Biology』

"라슨은 한 세대를 주도하는 역사학자로 자리매김하고 있다."

―『월간 워싱턴Washington Monthly』, 그레그 이스터브룩

형사사건 변호사로서 대로와 같은 삶을 살았던 나의 아버지 렉스 라슨

그리고 변호사 겸 정치인으로서 브라이언을 많이 닮은

윌리엄 H. 엘리스 주니어를 추억하며

일러두기

· 원서에서 이탤릭으로 강조한 것은 고딕으로 표시했다.
· 본문에서 [ ] 인의 부언 설명은 옮긴이 주다.

　　스콥스 재판은 필자가 창조론과 진화론의 논란에 관해 처음 책을 출간했을 때부터 10년 넘게 필자를 그림자처럼 따라다녔다. 앞서 발표한 책에서는 재판이 차지하는 분량이 짤막했지만 글을 읽은 사람들이 책에서 다룬 다른 사건들을 종합한 것보다 그 하나의 사건에 대해 더 궁금해했다. 그리고 스콥스 재판에 대한 이야기를 들려주며 자신들에게 어떤 의미가 있는지 말해주었다. 그렇게 몇 년이 흐르는 동안 사람들에게 받은 질문과 의견이 쌓이고 쌓여 일명 '세기의 재판'이라는 이 사건을 직접 조명해보기로 마음먹게 됐다. 출판을 고민하고 있을 때, 동료인 피터 호퍼가 재판에 대한 내용과 재판이 미국 역사에 남긴 의미를 집중적으로 다루는 책을 써보는 것이 어떻겠느냐고 제안한 것이 결정적인 계기가 됐다. 그 말을 듣는 순간 영감이 떠올랐다. 스콥스 재판은 창조론-진화론 논란과는 별개로 역사적 사건이자 전설적인 주제로서 그 의미와 가치가 충분히 있는 소재였다. 실제로 이 책과 나의 이전 작품은 서로 동떨어진 이야기를 기록하고 있다는 점에서 극명한 차이가 있다. 물론 둘 다 우리 시대의 이야기로 다룰 만한 가치가 있기는 하지만 말이다. 더 나아가 수십 년을 통틀어 스콥스 재판을 독립된 연구 주제로 다룬 역사학자는 없었다. 운 좋게도 필자는 기록보관소를 통해 과거의 역사학자들은 접할 수 없었던 재판에 대한 방대한 자료와 더불어 후발 주자에게 허락된 추가적인 지식까지 입수할 수 있었다.

개념을 정립하고 연구하며 책을 집필하는 데 도움을 준 사람이 많다. 그중에서도 로널드 L. 넘버스와 데이비드 린드버그는 첫 책을 쓸 때에도 도움을 준 학창 시절 스승이자 우정을 나누는 친구다. 브루스 채프먼과 리처드 코닐리어스, 에드워드 데이비스, 제럴드 건서, 필립 존슨, 윌리엄 프로빈, 조지 웹, 존 웨스트는 이전 작업 때 만났다. 베티 진 크레이그, 토머스 레슬, 시어도어 루이스, 윌리엄 맥필리, 브라이언트 사이먼, 피니지 스팔딩, 레스터 스티븐스, 에머리 토머스는 조지아대학교에서 함께 일하는 동료다. 마지막으로 베이직북스의 편집자로 지금까지도 필자에게 조언과 격려를 아끼지 않는 줄리아나 나커, 스티븐 프레이저 그리고 마이클 와일드를 언급하고 싶다. 모든 분에게 진심으로 고마움을 전한다.

이 프로젝트를 진행하며 수많은 기관으로부터 연구 자료와 지원을 받았다. 연구 자료의 출처 가운데 특히 미국시민자유연맹과 브라이언대학, 의회도서관, 프린스턴대학교 도서관, 테네시 주 기록보관소, 테네시대학교 도서관, 밴더빌트대학교 도서관에 큰 신세를 졌다. 무엇보다 포타스 페이퍼스에 접속할 수 있게 허락해준 캐럴린 애거에게 고맙다는 말을 하고 싶다. 초반부터 지금까지 조지아대학교에 계신 분들의 도움이 컸다. 부총장님께서 두 차례나 지원해주신 수석 교수진 연구보조금, 휴머니티 센터 장학금, 법대 학장 에드워드 스퍼전의 여름학기 지원금, 역사학과 학과장 데이비드 로버츠의 여행지원금을 받았다. 디스커버리 협회와 템플턴 재단에서는 이 책의 밑거름이 된 주제들을 토론할 수 있는 포럼을 마련해주었다. 마지막으로, 록펠러

재단의 벨라조 연구 센터에서 이번 프로젝트를 진행할 기회를 갖게 돼 큰 영광이었다. 많은 분의 지원이 없었다면 이 책을 끝내지 못했을 것이다.

1996년 11월
이탈리아 벨라조에서
에드워드 J. 라슨

시작은 충분히 정중했다. 대로는 전문가 증인 자격으로 법정에 나온 세계적인 유명 인사에게 물었다.

"브라이언 씨, 성경 공부를 꽤 많이 하신 걸로 아는데, 그렇죠?"

"네, 노력한 편이죠."

답변은 신중했다.

"당신이 노력했다는 건 누구나 다 알 테니 거기에 이의를 제기할 생각은 없습니다."

대로는 계속 말을 이었다.

"그런데 거의 매주 기사를 써서 게재하고, 가끔은 갖가지 주제에 대한 해석도 내놓으시지 않나요?"

브라이언은 그 질문에 함정이 있다는 사실을 직감했다. 성경 구절을 해석한 적이 있다는 사실을 인정한다면 인류 창조에 대한 「창세기」 내용을 진화론적으로 해석한 다른 이들에게 반기를 들기 어려운 상황에 처할 테니 말이다.

"해석이라고 할 정도는 아니고, 의견 정도로 해두죠."

쥐를 쫓는 고양이의 추격전이 시작됐다. 하지만 쥐는 미국 최고의 형사변호사이자 반교권주의 투사로서 절정을 맞이한 68세의 클래런스 대로Clarence Darrow라는 고양이를 피해 숨을 곳이 없었다. 구석에 몰린 윌리엄 제닝스 브라이언William Jennings Bryan은 대로보다 세 살 아래로, 과거에 '플랫의 소년 웅변가Boy Orator of the Platte'로 활동했고, 한때 미국 최연소 다수당 대통령 후보이자 공립학교에서 진화론을 가르친 교사들에게 반기를 든 원리주의 운동의 선도자였다. 브라이언은 대로에게 반격할 만한 기지가 부족하기는 했지만 선거 연설가로서 오랫동안 입지를 다져왔기에 결코 만만한 상대는 아니었다. 하지만 이번 재판은 논쟁이라기보다 반대편 증인을 상대로 대로라는 변호사가 유리한 고지를 모두 점령한 법정 심문에 가까웠다. 훗날 미국 법정 역사에 길이 남을 장면은 법정 안에서 연출되지 않았다. 모여든 사람이 워낙 많아 바닥이 내려앉을지도 모른다는 우려 때문에 재판관은 오후의 재판 장소를 법원 잔디밭으로 옮겼고, 피고 측과 원고 측은 마치 야외 축제에서 공연되는 펀치와 주디 인형[끈에 매단 인형을 이용하여 아내 주디와 늘 싸우는 펀치에 대한 이야기를 들려주는 영국의 전통 아동극]처럼 한 무리의 구경꾼 앞에 설치된 나무 연단에 자리를 잡았다. 장사꾼들이 사람들 사이를 오가며 다과를 판매하는 사이에 대로는 구약의 기적에 대해 브라이언에게 물었다.

"여호수아가 태양을 멈추게 했다는 사실을 믿습니까?"

대로는 하루가 늘어난 기적을 담은 성경 구절에 대해 물어본 것이다.

"저는 성경에 쓰여 있는 대로 믿습니다. 지구가 멈췄던 일을 말씀하시는 거죠?"

브라이언의 대답에는 상대가 코페르니쿠스의 우주론에 입각해 성경직역주의를 비판할 것이라는 예상이 내포되어 있었다.

대로는 이해하시 못하는 양 말했다.

"글쎄요, 저는 지금 성경에 있는 이야기를 하고 있는데요."

"저는 절대적으로 성경을 신뢰합니다."

브라이언이 단언했다.

"성경은 전능하신 하나님의 영감으로 쓰인 책입니다. 어쩌면 하나님께서는 대로라는 사람이 태어난 뒤 해독이 가능한 언어가 아닌, 성경을 쓸 당시에 해독이 가능한 언어를 사용하셨는지도 모르죠."

브라이언의 답변은 청중석에 있던 테네시 주 지지자들의 웃음과 박수를 자아냈다. 하지만 대로는 다시 한번 공세를 취했다. 브라이언 같은 성경직역주의자마저 일부 성경 구절이 해석을 요한다는 사실을 인정했다. 이어지는 질문에서 대로는 바로 이 점을 통쾌하게 지적했다.

"지구든 태양이든 멈춰서 하루가 늘어났다면 그건 필시 지구였겠죠?"

"글쎄요, 그렇겠군요."

브라이언이 짜증이 난 듯 한숨을 쉬었고, 또다른 함정에 발을 디뎠다.

대로는 쉬지 않고 질문을 이어갔다.

"그렇다면 브라이언 씨, 혹시 아직도 지구가 돌지 않고 멈춰 있다면 어땠을지 심각하게 생각해본 적이 있습니까?"

"아니요."

"아니라고요?"

대로가 못 믿겠다는 듯 반문했다. 브라이언은 다시 신앙심을 내세웠다.

"예, 제가 믿는 하나님이라면 알아서 해결하셨을 테니까요."

전국 각지에서 모인 기자들 사이에 미소가 번졌다.

"지구가 열에 의해 녹은 상태로 변했을 것이 확실하다는 사실을 모르시나요?"

대로가 거창하게 물었다. 태양계에 들어맞는 성경직역주의의 근거를 제시하려다 보니 지질학과 물리학이 브라이언의 입을 막았다. 만일 세부적인 근거를 제시한다면 「창세기」의 내용과 어떻게 선을 그을 수 있을까? 그렇다고 근거를 제대로 못 들면 바보처럼 보일 것이다. 이미 그는 현대 과학의 관점에서 성경 해석이 필요하다는 결정적인 주장에 수긍한 바 있고, 이제 창조일 날짜 수와 우주의 나이에 대해서도 또 한 번 인정해야 할 순간에 봉착했다. 브라이언으로서는 질문에 적합한 답을 그 어디에서도 찾을 수 없었다.

검사장은 지겨울 만큼 장황해진 두 사람의 논쟁을 "적합한 증거가 아닙니다"라는 말로 세 번씩이나 중지시키려 했다. 하지만 주써 변호인단으로 활약하면서 검사에게 도움을 주었다는 소문이 사실이기라도 한 듯 브라이언은 옥외 재판의 임시 증인석 의자에서 끝까지 내려오려 하지 않았다.

"피고 측 변호인단은 이번 사건의 재판을 위해 여기 온 것이 아닙니다."

브라이언이 크게 소리쳤다.

"그들은 계시 종교의 재판을 위해 왔고, 나는 그 종교를 변호하고자 온 것이니 묻고 싶은 것이 있다면 얼마든지 물어보십시오."

청중석에서 동조의 함성이 이어졌다.

"청중이 박수 갈채를 보내는군요."

대로는 공식 기록을 위해 현장 상황을 묘사했다.

"당신이 '무식한 촌놈'이라고 부르는 사람들이 보내는 박수죠. 바로 당신이 모욕하는 사람들 말입니다."

브라이언이 고함쳤다. 그러자 대로도 상대를 노려보며 맞받아쳤다.

"당신이야말로 세계 과학계와 학계의 모든 사람을 모욕하고 있어요. 당신의 그 어리석은 종교를 믿지 않는다는 이유로 말입니다."

"재판장님, 소송과 관계없는 대화입니다."

검사가 중재에 나섰다.

"저는 공공의 의무를 수행하겠다는 선서를 했습니다. 부디 중단시켜주십시오."

하지만 브라이언은 멈출 기세를 보이지 않았고, 재판장도 증인의 의지를 존중하듯 말했다.

"지금 중단한다면 브라이언 씨에게 공정하지 못할 것입니다."

결국 노아의 방주, 고대 문명, 비교종교학, 지구의 나이 등에 대한 대로의 심문이 이어졌고, 쏟아지는 질문 세례에 제대로 답변하지 못한 브라이언의 얼굴에는 당혹감이 역력했다. 온 세상을 휩쓴 홍수가 방주 바깥에 있는 모든 생명을 앗아갔다는 것을 확신하면서도(그 와중에 물고기는 살아남았을 것이라는 농담을 던지기도 했지만) 창조에 걸린 6일이 매우 오랜 시간을 상징한다고 해석했다. 하지만 대로는 진화론이나 신의 형상을 따라 창조된 특수한 인간에 대해서는 묻지 않았다. 인류진화의 과학적 증거에서 소위 '잃어버린 고리'와 진화 자연주의가 사회도덕과 개인 신앙에 미치는 심오한 영향에 대해서는 이미 통달한 브라이언이 아니던가. 실력 있는 변호사, 아니 당대 최고의 변호사답게 대로는 자신의 목적에 맞는 주제에 초점을 두고 브라이언에게 일장 연설의 기회를 허락하지 않았다.

심문의 내용이 이번 재판의 화두인 진화론 교육을 금지하는 테네시 주 법안에서 점점 더 멀어지자 검사가 이의를 제기했다.

"심문의 목적이 대체 뭐죠?"

대로는 솔직히 답했다.

"편협하고 무지한 자들이 미합중국의 교육을 좌지우지하는 것을 막는 것이 저희 목표입니다. 단지 그것뿐입니다."

이 한마디로 자연에 대한 지식의 근원을 성경에만 의존하려는 원리주의자fundamentalist들이 교육 기준을 수립하는 데 적합하지 않음을 폭로하려는 대로의 노력은 충분히 정당화됐다. 그는 바로 이 목적을 위해 브라이언을 표적으로 삼고 테네시 주 데이턴이라는 작은 마을을 방문한 것이다. 반면, 브라이언은 공립학교에서 인류진화 교육을 금지하는 법안을 만들고 이를 입법화하려는 현지의 다수 권력을 변호하고자 이곳에 왔다. 이 역사적인 만남을 취재하기 위해 200명의 기자가 몰려들었고, 시작하기도 전에 '세기의 재판'이라는 이름이 붙었다. 오히려 국가 최초의 반진화론운동 법규를 시험대에 올리겠다고 자진하며 나선 피고 존 스콥스에게는 아무도 관심이 없었다. 1주일 넘게 결정적 한 방 없이 탐색전만 벌이던 나이 든 두 전사戰士의 만남은 브라이언이 대로의 도발에 응하면서 마침내 성사됐고, 성경 전문가의 자격으로 증인석에서 자신의 신앙을 증언하려던 그의 헛된 여정이 시작됐다.

장장 2시간의 공방 끝에 브라이언은 적어도 품위라도 만회해야겠다는 생각이 들었는지 호소했다.

"제가 끝까지 답하는 이유는 법원을 위해서가 아닙니다. 여기 계신 분들에게서 윌리엄 브라이언은 질문받기를 두려워한다는 말을 듣고 싶지 않기 때문입니다."[1]

이렇게 말하는 편이 자신과 자신의 신앙을 곤경에 몰아넣는 것보다 낫다는 판단이 섰을 것이다. 3년 전, 반진화론운동 초기에 그는 대로가 신문에 기고한 공개 편지를 통해 비슷한 질문을 받은 적이 있다. 비록 그때는 무시했지만 말이다.

"누구든 질문을 할 수 있지만 모든 질문에 답할 수 있는 것은 아닙니다. 무신론자를 상대로 창조론에 대해 토론해야 한다면 양쪽 모두 질문을 한다는 전제하에서만 가능합니다."

당시 브라이언이 말한 조건은 다음과 같았다.

"원한다면 상대가 먼저 질문을 해도 되지만, 제 첫번째 질문에 답하기 전까지는 두번째 질문을 해서는 안 됩니다."[2]

브라이언은 대로와 다른 진화론자에게 던질 긴 질문 목록을 준비해두었다. 그중에서도 화석 기록의 잃어버린 고리에 대해서는 꼭 묻고자 했다.

"진성한 과학은 분류된 지식이기에 진실로 입증되지 않은 이상 그 어떤 것도 과학이라 할 수 없습니다."

브라이언은 그날 최종 변론에 이 말을 할 계획이었다. 대로의 공격으로 궁지에 몰리기 전까지만 해도 말이다.

"진화론은 진실이 아닙니다. 수백 가지 추측이 함께 뒤섞인 가설일 뿐이죠. 다윈이 살아 있을 때도 증명하지 못했습니다. 다윈 자신조차 세상에 200~300만 개의 종이 있는데 하나의 종으로 다른 종을 추적하는 것은 불가능할 것이라고 했습니다."[3]

잃어버린 고리는 과연 어디에 있을까?

"진화론이 사실이라면 어째서 잃어버린 고리를 하나도 찾지 못했을까요?"

브라이언은 테네시 주 반진화론법을 홍보하는 과정에서 내슈빌 관계자들에게 이와 같이 역설한 바 있다. 무엇보다 도마에 오른 법안이 인류진화론을 가르치는 문제에 국한했기에 그는 인간과 인간의 동족으로 가정된 유인원 사이의 잃어버린 고리를 가장 중요하게 강조했다.[4]

당시 진화론이 과학으로 인정받을 자격이 있는지에 대한 대중적인 논쟁은 화석에 대한 해석에 집중됐다. 여러 유형의 과학적 증거가 이론을 뒷받침했지만 진화론에 대해 설득력 있는 '증거'를 제시할 만한 신종 동식물의 발달과 이들을 연결하는 중간 화석에 대한 실질적인 관찰이 미흡했다. 진화론 지지자들은 아메리카 대륙의 말이 300만 년에 걸쳐 발달했다는 흔적을 보여주는 거의 완벽한 화석 모음에 주목했지만, 반대파는 인간과 다른 영장류 간의 '잃어버린 고리'를 끝까지 물고 늘어졌다. 그 예로, 창조론 대 진화론 논란에서 과학적 시각으로 브라이언에게 정면 대결한 미국 자연사박물관 관장 헨리 페어필드 오즈번은 반진화론운동에 맞서는 수많은 기사, 책, 강의를 통해 끈질기게 말 화석을 언급했다. 1922년에 브라이언과 주고받은 언쟁에서 그는 다음과 같이 말했다.

"인류의 진화가 말의 진화처럼 완벽한 증거를 바탕으로 하지는 않지만 최근에 발견된 제3의 인류는 더 많은 증거를 요구하는 브라이언 씨를 납득시킬 만한 해답이라고 여겨집니다."

이에 덧붙여 인류의 가계도를 추적하는 과정에 대해 언급했다.

"우리와 비슷한 필트다운인이 영국에서 발견됐고, 필트다운인보다 지질학적 시간상으로 더 가까운 하이델베르크인이 네카어 강에서 발견됐으며, 아시다시피 네안데르탈인은 훨씬 더 비슷합니다. 이러한 인류 조상의 사슬에 대해 다윈은 전혀 알지 못했죠. 이 정도로 많은 증거와 진실이 쏟아져 나올 거라고는 상상도 못 했을 것입니다."[5]

대로가 증인으로 불러들인 전문가들이 이와 같은 증거를 가져왔고 여기에 호미니드[현생 인류를 포함하여 직립 보행을 하는 영장류의 통칭] 화석 모형이 덧붙여졌다. 변론을 위해 준비한 과학 자술서를 예로 들면, 인류학자 페이쿠퍼 콜, 지질학자 커틀리 F. 매더, 동물학자 H. H. 뉴먼이 자바, 필트다운, 하이델베르크, 기타 곳곳에서 발견된 화석을 근거로 호미니드의 발전을 상세히 기술했다. 필트다운인의 경우 훗날 인류 가계도에서 입지를 잃었지만 '남아프리카 베추아날란드에서 불과 몇 개월 앞서' 콜이 발견한 화석은 인간과 유인원의 중간에 위치하는 것으로 밝혀졌다.

뉴먼은 주장했다.

"인간의 화석 기록이 특이하거나 예외적인 것은 아닙니다. 말의 화석에 비해서는 매우 불완전하기는 하지만 (…) 새보다는 훨씬 더 온전한 편이죠. 반진화론자들은 인간의 화석 기록이 가진 단편적 특성을 입버릇처럼 강조해왔습니다만, 다른 수많은 동물이 남긴 흔적은 인간의 그것에 비해 해독과 복원이 훨씬 더 까다롭습니다."[6]

그런데도 브라이언은 인류진화를 가르치는 문제에 대해서만 우려를 표했다. 『시카고 트리뷴Chicago Tribune』 지는 브라이언의 이런 태도를 다음과 같이 지적했다.

"테네시 주 재판은 그곳에 모습을 드러낸 브라이언의 존재 자체에 의미가 있다. 그가 원하는 것은 본인의 생각, 해석, 믿음을 법이라는 수단을 통해 강요하는 것이다. 대로가 말한 편협성이 바로 이 부분이다. 편협성은 개인의 의견과 믿음에 강제성을 부여하려는 것이다."

브라이언의 믿음은 과학 전체, 심지어 진화론 전체를 거부하지는 않았다. 이에 『시카고 트리뷴』은 다음과 같은 논평을 했다.

"끝까지 하나의 문제만 파고들었다. 신이 인간을 창조했고, 인간은 영혼을 가진 존재이므로 필트다운인과 유인원의 관계를 증명한다고 가르쳐서는 안 된다는 것 말이다."[7]

필자는 인류의 유인원 조상에 대한 과학적 근거를 두고 각축을 벌인 양측의 의견을 전제로 지금부터 이야기를 풀어 나가고자 한다.

제1부

재판 전

제1장

논란이 된 발굴

과학계가 찰스 다윈의 『종의 기원Origin of Species』 출간 50주년을 기념하기 위한 준비로 바쁘던 1909년, 영국의 아마추어 지질학자 찰스 도슨은 다윈이 살던 잉글랜드 남부 시골집에서 48킬로미터 정도밖에 떨어지지 않은 장소에서 중대한 발견을 했다. 서식스 주 필트다운 코먼 지역 근처 자갈 채취장에서 일하는 한 노동자가 사람의 두정골[정수리 옆에 있는 좌우 한 쌍의 넓적한 뼈]로 보이는 뼛조각을 도슨에게 보내온 것이다. 도슨은 훗날 과학계를 뒤흔든 논문에서 밝혔다.

"몇 년 뒤인 1911년 가을에 나는 자갈 채취장의 폐석 더미에서 전에 발견한 것보다 더 큰 뼛조각을 발견했는데, 바로 동일 두개골의 앞부분이었다."

이어서 회상했다.

"과거에 하이델베르크인의 하악골을 연구한 적이 있었는데, 발견한 두개골이 하이델베르크인과 유사하다는 생각이 들었다."[1]

바로 그 점이 그의 관심을 끌었다고 말했다. 당시 하이델베르크인의 하악골은 과학자들이 현생 인류 조상의 화석이라고 보았던 단 두 종의 화석 가운데 하나였다. 독일 하이델베르크 시 인근에서 발견된 턱뼈와 인도네시아 자바 섬에서 발견된 두개골, 3개의 이빨, 대퇴골로 구성된 자바 원인猿人은 도슨이 발견한 두개골보다 20년 전에 발굴된 것으로, 당시 과학자들 사이에서 치열한 논란의 대상이 됐다. 반면, 우리에게 더 익숙한 혈거인穴居人인 네안데르탈인(무스테리안인이라고도 함)은 자바 원인이나 하이델베르크인보다 뒤에 출현한 인류로, 과학자들은 이미 현생 인류와 거의 다를 바 없을 뿐 아니라 멸종하여 인류진화사에 크게 기여하지는 못한 것으로 생각했다. 그러나 필트다운에서 발견된 두개골은 인류진화사를 밝히는 데 '잃어버린 고리'가 될 수 있다는 점에서 의의가 컸다.[2]

도슨은 본격적으로 발굴 작업을 시작했고, 그 과정에서 발견한 선사시대의 석기들과 각종 동물 화석을 런던 소재 영국박물관에 근무하는 고생물학자 아서 스미스 우드워드에게 보여주었다. 얼마 후, 우드워드는 좀더 체계적으로 발굴하기 위해 도슨과 함께 필트다운을 찾았다. 1912년 여름에 두 사람은 동일 두개골 파편들뿐만 아니라 석기와 함께 뒤섞여 있던 선사시대 동물 화석 그리고 어금니 2개가 전혀 손상되지 않고 남아 있는 턱뼈 일부를 추가로 발굴했다. 발견된 화석과 유물은 인류진화사에서 이루 말할 수 없는 잠재적 중요성을 지녔다. 크기와 형태를 보아 호미니드의 두개골이 분명했던 것이다. 함께 발견된 석기가 이를 강력히 뒷받침하는 증거였다. 또한 그 두개골은 발굴된 동물 화석과 해당 지역의 지질학적 특징으로 유추할 때 플라이스토세[약 180만 년 전부터 1만 1000년까지로 인류의 조상이 나타난 시기로 알려져 있음. 홍적세라고도 함]에 살았던 인류 조상의 것으로 보였고, 연대는 자바 원인과 현생 인류 사이 어디쯤으로 추정됐다. 하지만 턱뼈는 유럽 대륙에서 산 흔적이 전혀 없는 유인원의 특징을 띠었고, 이빨은 인간의 것처럼 닳아 있었나. 두 사람은 이런 섬들을 종합해 뼈의 주인이 새로운 호미니드 종이라고 판단했다. 도슨은 이 화석 인류를 에오안트로푸스 도스니Eoanthropus dawsoni 혹은 간단히 필트다운 '원인原人'이라고 불렀다.

도슨과 우드워드는 1912년 12월 18일에 런던 지질학회를 가득 메운 영국 과학 엘리트들 앞에서 자신들이 발견한 내용을 보고했다.

"두개골은 본질적으로 인간의 것이지만 두뇌의 일부 특질은 인류의 초기 발전 단계에 근접해 있습니다. 하지만 하악골은 어금니 2개를 제외하고는 도무지 인간과의 유사점을 찾아보기 어려울 정도로 유인원의 턱뼈와 흡사한 모양을 하고 있습니다."

그리고 필트다운 원인을 다른 인류 화석과 비교하면서 다음과 같이 결론지었다.

"이번 발견은 네안데르탈인이 초기 인류에서 분리된 후 퇴화해 멸종했을 가능성이 매우 높다는 학설에 힘을 실어줄 것으로 보입니다. 동시에 필트다운 두개골은 인류가 동물 수준에서 막 벗어난 때를 보여주는 최초의 증거라고 할 수 있습니다."3

도슨과 우드워드의 발표회에 참석한 고대 인류사와 해부학의 권위자인 아서 키스 경은 두 사람이 내린 결론에 대부분 동의했다. 뿐만 아니라 저명한 신경학자인 그래프턴 엘리엇 스미스와 생물학자 보이드 도킨스도 그와 다르지 않았다. 도킨스는 선언했다.

"이번에 발견된 증거들로 인간과 고등 유인원 사이의 잃어버린 고리를 알게 됐다는 사실은 누구도 부인할 수 없을 것입니다."4

이는 발표장을 찾은 박식한 참석자들의 공통된 반응을 가장 잘 대변해주었다.

영국에서 있었던 이 일은 미국 전역에서 1면 머리기사로 소개됐다. 당시 미국에서는 다윈의 진화론이 창조론자들로부터 공공연한 비난을 받았다. 『뉴욕 타임스』는 영국에서 발표가 있은 지 겨우 몇 시간 만에 당일 특별 전보로 도슨과 우드워드의 발표 내용을 요약 보도했다. 기사는 '진화사의 잃어 버린 고리, 구석기 시대의 두개골 발견되다' '뼈의 주인, 현생 인류의 직계 조 상일 가능성 커'[5]라는 제목으로 전국에 퍼져 나갔다. 이튿날 『뉴욕 타임스』 는 후속 기사로 우드워드와의 인터뷰를 실었다. 인터뷰에서 그는 밝혔다.

"지금까지 우리 인류의 조상으로 언급돼온 가장 근접한 화석인류는 혈거 인 정도였습니다. 하지만 관련 전문가들은 현생 인류가 혈거인에서 직접 기 원한 게 아니라고 강하게 주장해왔죠. 그렇다면 과연 인류진화사의 잃어버린 고리는 무엇일까요? 만약 이 질문을 제가 받는다면 적어도 저는 그 대답을 필트다운의 두개골에서 찾을 수 있다고 말할 겁니다. 왜냐하면 우리 인류는 유인원과 거의 다를 바 없는 종에서 직접적으로 진화해왔기 때문이죠."[6]

미국의 다른 신문사들 역시 이와 유사한 보도를 내보내기 시작했다.[7]

『뉴욕 타임스』는 22일 일요일판에 '다윈의 진화론, 진실로 판명되다'라는 필트다운 두개골의 발견에 관한 기사를 실으며 다음과 같이 전했다.

"영국의 과학자들은 서섹스 주에서 발견된 두개골이 유인원에서 갈라져 나온 인류진화의 계보를 규명했다고 주장했다."

그리고 아서 키스 경의 다음 주장을 추가로 보도했다.

"이번 발견으로 다윈의 진화론이 발표된 이후 우리가 상상만으로 추측해 온 인류진화사의 실제가 밝혀졌다."[8]

하지만 같은 일요일자 신문에 실린 '원숭이 인간'이라는 제목의 사설은 구 독자들에게 주의하라고 경고했다.

"가장 오래된 인류의 두개골을 소개한 기사를 접한 구독자들은 결코 그 고대인을 진화사의 '잃어버린 고리'나 현 인류의 조상과 혼동해서는 안 된다. 다윈은 인간이 유인원에서 진화했다고 생각했지만 그 중간 형태라고 할 반인 반원半人半猿을 찾는 데는 결국 실패했다."

기사에 언급된 영국 과학자들은 필트다운에서 발견된 화석이 진화사의 잃어버린 공백을 메워준다고 보았지만 해당 사설은 필트다운 원인을 인류의 조상과는 별개의 종으로 분류하면서 그 화석이 "우리 '아담'의 조상은 결코 아니다"라고 주장한 것이다.[9]

이전의 보도 내용을 부인하는 이 사설에는 인류의 진화라는 쟁점을 두고 스콥스 재판에 이르기까지 수년간 분열된 미국 대중의 사고가 반영됐다. 물론 화석 하나 발견한 것만으로 인류가 진화했다는 다윈의 이론을 증명할 수는 없다. 『뉴욕 타임스』 사설에서도 시사하듯 '원인猿人'이 플라이스토세에 지구상에 존재했다는 사실이, 원인이 현생 인류의 조상이라는 결정적인 단서는 아니다. 하지만 더 큰 패턴에 맞아떨어지는 것은 사실이다. 20세기 초만하더라도 서유럽과 미국의 과학자들이 인류 기원에 대한 다윈의 시각에 힘을 실어주는 일련의 증거를 쏟아냈고, 이는 미국인들의 주의를 끌기에 충분했다. 이러한 과학의 발전은 1920년대 초에 원리주의자들이 공립학교에서 진화론을 가르치는 데 맞서 대대적으로 봉기한 계기가 됐고, 결국 1925년에 존 스콥스의 재판으로까지 이어졌다.

현존하는 생물이 기존에 존재한 종에서 진화했다는 이론은 꽤 오랫동안 제기돼왔다. 이보다 한 세기 앞서 프랑스 박물학자 슈발리에 드 라마르크는 생물 내면에 있는 생명력과 획득한 형질의 유전을 기반으로 한 진보적인 진화 발달 이론을 제시했다. 라마르크는 역사적 발달 패턴을 반영해 가장 단순한 종에서 가장 복잡한 종의 순으로 다양한 생물 개체의 계층구조를 정리했다. 살아 있는 개체 안에 잠재한 생명력으로 인해 각 세대가 자신의 조상을 뛰어넘는 좀더 복잡한 수준으로 발전할 수 있다는 것이다. 더 나아가 변화된 환경에 적응하기 위해 기관을 사용하거나 또는 사용하지 않음으로써, 살아 있는 개체가 획득형질을 자식에게 물려주는 과정에서 진화적 발달을 일으킨다. 이 과정에 대해 지금까지 가장 잘 알려진 예는 기린의 목이다. 라마르크의 가설에 의하면, 기린의 조상은 서식지에 먹을 풀이 점점 더 부족해지자 나무 꼭대기에 남아 있는 잎을 먹기 위해 목을 길게 뻗어야 했고, 늘어난 목을 물려받은 그다음 세대의 기린은 전보다 더 목을 길게 뻗었다. 그 결과 긴 목을 가진 신종 기린으로 진화한 것이다.

19세기 초에 과학자들은 대체로 진화에 대한 라마르크의 생각을 받아들이지 않고 시간의 흐름 속에서도 생물 종이 원래 모습을 유지했다는 창조론적 개념을 고수했다. 하지만 라마르크의 라이벌인 조르주 퀴비에의 이론에는 반응이 사뭇 달랐다. 퀴비에는 권위 있는 프랑스 자연사박물관에서 척추동물 화석 큐레이터로 일했는데, 당시에 탐사를 통해 점점 더 복잡해진 형태의 화석 기록이 발굴되자 계몽주의 시대 박물학자 중 최초로 포용의 길을 택했다. 그는 지구의 지질 역사가 「창세기」를 문자적으로 해석한 사람들이 주장하는 것보다 훨씬 더 오래됐고, 모든 종이 오랜 기간 지속됐다는 전통 과학이나 종교적 관점을 뒤로하고, 그 기간 동안 수없이 많은 생물 종이 출현했다가 멸종했다는 사실을 인정했다. 하나의 특성군이 몇 안 되는 전이 형태만을 남긴 채 갑자기 이전 집단을 대체하면서 생긴 화석의 극단적인 균열과, 생물은 진화하기에 지나치게 복잡하다는 확신은 퀴비에로 하여금 지질 역사가 지구 전체에 일어난 홍수나 빙하기 같은 대재앙에 의해 불연속적인 시대로 나뉘었다는 결론에 이르게 했다. 대격변이 일어날 때마다 살아 있는 생명체가 전멸하거나 대부분 소멸한 지구에서 다시 생명이 싹틀 수 있었던 이유는 퀴비에가 처음에 추측한 대로 살아남은 생물들이 이주했거나, 퀴비에의 뒤를 이은 박물학자들이 광범위한 탐사 이후에도 현생 동물의 근원에 대한 답을 찾지 못하면서 대안으로 내세운 것같이 생물 종이 새롭게 창조됐기 때문이다.

퀴비에의 이론은 빠른 속도로 당시 지질학적 사고를 평정해 나갔다. 낭만주의와 초월주의 시대의 한가운데에 선 일부 세속주의 과학자들은 종의 새로운 탄생이 자연 안의 생명력 덕분이라고 했고, 기독교 지질학자들은 하나님이 직접 창조한 것이라 해석했다. 그러나 양쪽 모두 지구의 역사가 오래됐다는 것과 새로운 생명체가 점진적으로 출현한다는 것에는 동의했다. 기독교의 관점에서 이 학설은 「창세기」의 내용과 상충했다. 하나님이 하늘과 땅 그리고 살아 있는 모든 것을 6일 안에 만들고 그 정점에 모든 인간의 선조인 아담과 이브를 만들었다는 주장 말이다. 15세기에 신학자 제임스 어셔는 「창세기」의 기록을 바탕으로 천지창조의 해를 기원전 4004년으로 수정했다. 비록 정확한 연도는 아닐지라도 이후 많은 기독교인이 창조의 시기를 이와 비슷하게 받아들였다. 19세기 중반에 애머스트 칼리지의 에드워드 히치콕 학장이나 예일대학교의 제임스 D. 데이나 등 미국에서 손꼽히는 지질학자들이 성경의 천지창조 시기가 지질 연대를 상징한다고 해석하거나 「창세기」의 공백을 상정하여 자신들의 전통적 종교 신념을 동시대 지리학자들의 의견에 맞게 조율했다.[10] 성경의 권위에 대해 확고한 신념을 가진 많은 보수주의자를 비롯해 19세기 개신교도들도 이와 같은 과학과 종교의 합의점을 기꺼이 받아들였다. 20세기로 접어들 무렵 현대 원리주의 발전에 깊은 영향을 준 『스코필드 관주 성경Scofield Reference Bible』마저도 「창세기」에 대한 설명에 '간격 이론Gap Theory'을 첨가하고 각주에 '날-시대 이론Day-Age Theory'[하루를 한 시대로 보는 이론]을 언급했다.[11]

다위니즘의 등장은 기독교인들에게 기나긴 지질 역사나 종의 점진적 출현보다 훨씬 더 심각한 위협으로 다가왔다. 다윈의 『종의 기원』이 1859년에 처음 등장했을 때, 생물 진화의 개념을 받아들인 과학자는 손에 꼽을 만큼 적었다. 하지만 불과 20년 후에 다위니즘에 여전히 반대하는 미국의 현직 박물학자 수는 반대파 기독교 학술지가 내놓은 통계에서조차 단 2명뿐이었다.[12] 다윈이 자연을 신중히 관찰해서 얻은 진화의 증거를 설득력 있게 제시했다는 점이 이러한 반전에 기여했다는 사실을 부인할 수는 없지만 그것보다는 자연도태에 따른 '적자생존' 과정이 진화라는 변화를 이끌었다는 다윈의 주장이 라마르크가 구상한 개별적 적응보다 호소력 있게 다가간 것은 아닐까? 비록 다윈이 자신의 진화론 속에 라마르크식 해석의 여지를 남겨두기는 했지만 결국 다위니즘의 핵심으로 널리 빛을 발한 것은 자연도태 개념이었다.

스콥스 재판에서 도마에 오른 고등학교 교과서인 조지 윌리엄 헌터의 『도시 생물학A Civic Biology』은 '찰스 다윈과 자연도태Charles Darwin and Natural Selection'라는 제목하에 다윈의 진화론을 요약했다. 헌터는 동식물 개체가 자신의 조상과 조금씩 다르게 변화하려는 성향이 있다는 다윈의 의견을 언급하면서 다음과 같이 썼다.

"자연계에서 동물이나 식물이 주어진 환경에서 생존하는 데 가장 적합한 형질은 부모에게서 물려받은 것이다. 왜냐하면 같은 환경에서 생존에 적합하지 않은 형질을 가진 동식물은 멸종되기 때문이다. 따라서 자연은 유리한 변이를 받아들였고, 시간이 지나 이러한 개체의 자손 또한 변이하려는 성향을 보이면서 자신이 살아야 하는 장소에 적합한 신종 동식물로 점차 진화하게 됐다."

요컨대 헌터는 다윈이 "오랜 기간 동안 지속된 사소한 변이에서 생겨난" 새로운 종을 가정한 것이라고 설명했다.[13] 이 메커니즘에 따르면 모든 중요한 변이는 라마르크식의 생명력이나 획득형질이 아니라 각기 다른 선천적이고 무작위적인 다음 세대의 차이에서 비롯한다. 다윈은 『종의 기원』에서 결론을 맺었다.

"종은 오랜 시간에 걸쳐 세대를 이어가는 사이에 수많은 연속적 변이, 사소한 변이, 유리한 변이의 자연선택을 통해 변이했다."[14]

무작위적 변이에 대한 다윈의 해석과 적자생존의 선택 과정에 관한 이론은 자연에 대한 목적론적 사고를 고수한 많은 기독교인 사이에서 심각한 문제로 대두됐다. 1860년에 다윈은 하버드대학교에서 식물학을 연구하던 독실한 개신교도인 아사 그레이Asa Gray와의 대화에서 이 문제가 화두로 떠오를 것을 예상했다. 기독교인들은 오랫동안 물리적 우주의 구조와 모든 생명체에 창조주의 지혜로운 의도가 반영됐다는 사실이 신의 존재와 자비의 증거가 된다고 굳게 믿었다. 『종의 기원』이 최초로 미국에서 발간될 때 구심점 역할을 한 그레이가 이 책의 신학적 의미에 대해 묻자 다윈은 답했다.

"무신론적 관점에서 글을 쓰려는 의도는 추호도 없었습니다. 하지만 제가 원하고 또 그래야 하는 만큼 우리 삶에서 신의 의도와 은혜의 증거를 다른 사람들처럼 명확하게 볼 수 없다는 사실은 인정합니다. 세상에는 아주 많은 불행이 존재하는 것 같습니다. 그런 가운데 은혜롭고 전지전능한 하나님께서 특별한 의도로 이집트의 몽구스를 창조하시고 쐐기벌레를 기생하게 했거나 고양이가 쥐를 괴롭히도록 만드셨다는 사실을 납득할 수가 없습니다."[15]

유리한 변이가 무작위로 이루어졌고 자연선택이 가혹하다는 이 말은 일부 보수적인 신학자와 신을 믿는 과학자로서는 다윈이 기독교적 세계관을 향해 던진 직격탄이나 다름없었다. 자연에 창조자의 특성이 반영됐다면 다위니즘에서 신은 냉혹하고 즉흥적이라는 말인데, 다윈은 그런 신을 받아들일 수 없었기에 불가지론자不可知論者의 길을 택했다. 다른 이들은 문제의 심각성을 인식했다.

빠르게 전선이 형성됐다. 영국의 박물학자 T. H. 헉슬리는 다윈의 '글래디에이터-장군'을 자칭하고 나서서 과학계를 대변했다.[16] 불가지론자로서 진화론을 기독교의 주장에 맞서는 자연주의의 반증으로 받아들였다. 『종의 기원』 발간을 코앞에 두고 다윈에게 보낸 편지에서 종교계의 반발을 예상해 적었다.

"내 발톱과 부리를 뾰족하게 갈며 준비하고 있다."[17]

헉슬리는 책이 출판된 후에 옥스퍼드 주교 새뮤얼 윌버포스와 영국 수상

윌리엄 글래드스턴처럼 다위니즘을 의욕적으로 겨냥하고 나선 종교에 호의적인 평론가들에게 맞서 수많은 토론과 기사를 통해 다위니즘을 옹호했다. 헉슬리는 말했다.

"천문학과 지질학이 「창세기」에 부합하는지, 그렇지 않은지는 의인관擬人觀 [인간 이외의 존재인 신이나 자연에 대하여, 인간의 정신적 특색을 부여하는 경향]과 냉철한 비인격성非人格性 사이의 극복할 수 없는 격차에 비하면 소소한 문제다. (…) 현상의 얇은 베일 아래에는 어디에나 과학이 존재한다. 과학과 신학 사이에 굳게 자리잡은 경계는 바로 여기에 있다."[18]

종교의 이름으로 다위니즘 반격에 나선 사람들 중에서는 프린스턴대학교의 신학자 찰스 하지가 선봉에 섰다. 그는 1874년에 출간한 『다위니즘은 무엇인가?What is Darwinism?』라는 책에서 불가피한 대답을 이끌어내는 매우 논리적인 주장을 펼쳤다.

"진화론은 무신론이며 전적으로 성경과 상반된다."

하지에겐 다윈이 "자연이 설계됐다는 사실을 부정하는 것은 사실상 하나님을 부정하는 것"이나 마찬가지였다.[19]

하지와 일부 교회 지도자들은 특히 신학대학과 특정 종파의 대학에서 진화론을 가르치지 말 것을 경고했지만 과학의 발전이 일시적으로나마 충돌을 잠재웠다. 1870년대와 1880년대에 진화론은 다수의 기술적 문제에 직면했다. 물리학에서 얻은 최선의 증거마저도 하나 이상의 유기체에서 사소하고 우연적인 변이가 발생해 현존하는 생물 개체군을 만들어낼 만큼 태양계의 나이가 많지 않은데 하물며 무생명체에서 생명체가 만들어질 수 있겠는가 하는 의문이 제기됐고, 유전된 차이를 보존할 수단이 없는 상태에서 변이가 설 곳은 없었다. 멘델의 유전학이 수용되기 전에 활동한 대부분의 박물학자가 그러하듯 다윈은 자식의 유전형질이 부모가 소유한 형질과 혼합된 것이라고 믿었다. 개체의 사소하고 우연적인 변이는 동물이나 식물의 생존에 얼마만큼 도움이 됐는지에 상관없이 해당 개체가 동종의 다른 개체와 교배를 하면서 빠르게 늘어나므로 세대가 하나씩 내려갈수록 점차 본래의 특수성을 잃게 된다. 특별히 유리한 형질을 가진 개체가 같은 형질을 가진 개체만을 상대로 교배를 한다 하더라도(가축의 번식에서 그러하듯) 이 개체의 자식은 해당 형질을 보존하려 할 뿐 초월하지는 않는다. 생물 진화가 일어났다면(1880년까지만 해도 대부분의 박물학자가 이를 믿었다) 어떤 메커니즘은 가속화돼 변이를 이끌어야 하는데, 일부 독실한 기독교인에게 이 역할은 신의 영역에 속하는 일이었다.

20세기에 들어서기 전 마지막 30여 년 동안 미국과 유럽 과학자들 사이에 두 가지 진화 대체론에 대한 논의가 널리 퍼졌다. 전통 기독교 신자인 아사 그레이는 신이 점진적 발달 패턴에 변이를 접목시켰다는 유신론적 진화론을 제안했다. 저명한 영국 과학자 찰스 라이엘, 리처드 오언, 성 조지 마이바트도 비슷한 발상을 한 적이 있다. 이들의 견해가 어떤 사람들에게는 종교적 신앙과 진화론 그리고 과학 사이에서 합의점을 찾는 계기를 마련했을 것이다. 조지프 르콘트, 클래런스 킹, 에드워드 드링커 코프 등이 주축이 된 미국의 여타 박물학자들은 라마르크의 견해를 재활용해 진화의 속도와 방향성을 설명했다. 이들과 같은 19세기 말의 박물학자에 따르면(그중에는 스스로 '신라마르크주의자'라고 부르는 사람도 있었다) 내재하는 생명력이 각각의 종을 복잡하게 발달하도록 앞으로 끌어당기는 동안 각 개체는 같은 환경 조건에 반응해 기관을 사용하거나 사용하지 않음으로써 똑같은 방향으로 밀고 나간다. 이로써 변이는 목적의식을 갖게 됐고 자연선택은 무의미해졌다.

이 진화 대체론은 전통 기독교 교리에 딱 맞아 떨어지지는 않을지 몰라도 종교적인 의미가 있는 것은 분명했다. 한 예로, 예일 신학대생을 위한 강연에서 그레이는 주장했다.

"갖가지 개체와 종은 그 자체로 단순한 목적이 아니라 자연의 설계에 대해 전보다 좀더 고결하고 광범위한, 어쩌면 더 가치 있고 일관적인 시각을 얻고자 하는 기대가 담긴 일련의 수단과 목적이다."[20]

마찬가지로 신라마르크주의의 대표 학술지 『아메리칸 내추럴리스트 American Naturalist』는 "창조주의 지혜와 선의의 실증"[21]이라는 목표를 천명했다. 르콘트는 '진화의 법칙'을 "우주를 고안하고 발전시키는 신성한 에너지의 작동 모드"[22]일 뿐이라고 정의했다. 그리고 킹은 다음과 같은 글로 자연선택을 맹비난했다.

"진화를 쓰고 마무리한 것은 단순한 맬서스 이론[사회적 빈곤이 인구의 급속한 증가에 의한 것이라 보고 출산 제한을 제시한 이론]에 따른 투쟁이 아니라 변화를 통한 발전의 힘과 동시에 우리가 생명이라 부르는 신비로운 에너지를 원시 물질에 부여한 창조주다."[23]

코프는 자신의 책 『진화 신학Theology of Evolution』에서 퀘이커 교도가 유니테리언 교도가 됐다는 결론을 내리면서 말했다.

"신라마르크주의 철학은 무신론을 완전히 타파한다."[24]

보수주의 기독교인들이 다양한 교리와 맞물려 이들의 견해에 동의하지 않았을지 몰라도 반대의 목소리를 낸 사람의 수는 지극히 적었으며, 많은 자유주의 기독교인은 진화적 교리를 전적으로 포용했다.[25]

신라마르크주의와 기타 비다윈적인 진화론은 미국 과학계에서 큰 파장을 불러일으켰다. 역사학자 피터 J. 볼러는 평했다.

"1870~1880년대에 '다위니즘'과 진화론이 거의 동일시될 때 정점을 찍은 선택설은 인기가 곤두박질치기 시작했고 1900년에 들어서 반대론자들에게 다시는 제자리를 찾지 못할 것이라는 확신을 주는 지경에까지 이르렀다."

"진화론 자체에 의문을 제기하는 사람은 없었지만 점점 더 많은 생물학자가, 진화가 어떻게 발생했는지 설명하는 데 선택론보다는 기계론mechanism[모든 현상은 기계적 원리, 즉 물질의 운동과 그 법칙으로 설명될 수 있다는 주장]을 선호했다."[26]

다윈조차 변이에 대한 라마르크의 설명에『종의 기원』최신판으로 큰 힘을 실어주는 역할을 했다. 스탠퍼드대학교의 동물학자 버넌 L. 켈로그는 1907년에 다음과 같이 말했다.

"다윈의 선택론이 오늘날 생물학계에서 심각할 정도로 신임을 잃었다는 것은 부정할 수 없는 사실이다."[27]

훗날 T. H. 헉슬리의 손자 줄리안이 생물학 역사 중 '다위니즘의 쇠퇴기'라고 칭한 이 시기 동안에는 많은 보수 기독교인이 비판의 강도를 낮추었다.

20세기에 접어들어 윌리엄 제닝스 브라이언은 청중을 향해 단언했다.

"진화론을 진실로 받아들이는 사람들도 있지만 저는 그렇지 않습니다."

하지만 한마디 덧붙이는 것을 잊지 않았다.

"저와 다르게 생각하시는 분들에게 잘못을 묻고자 함은 아닙니다. 만일 세월을 거슬러 올라가 찾아낸 여러분의 조상이 원숭이라는 사실이 만족스럽거나 더 나아가 자랑스럽다고 느끼는 분이 계시다면 제가 상관할 바가 아니겠지만, 제가 하고 싶은 말은 지금까지 제시된 증거만으로 저를 여러분의 가계도에 결부시키려 하지 말라는 것입니다."[28]

반면, 그가 언급한 증거에 만족한 이들도 있었다. 프린스턴대학교의 제임스 매코시나 로체스터신학교 A. H. 스트롱 학장 같은 정통 개신교 신학자들은, 스트롱의 말을 빌리자면, 기독교인들이 진화론을 "창조에 신의 지혜가 깃든 논리"로 받아들여야 한다는 태도를 취했다.[29]

1905~1915년에 신교도 원리주의자의 교리를 정의하기 위한 취지로 발간된 인기 시리즈『원리주의자The Fundamentalists』의 초기 논문에서도 비슷한 회유의 목소리가 높아졌다. 프린스턴대학교의 신학자 B. B. 워필드는 "인류 창조의 신성한 절차"[30]라는 설득력 있는 이론으로 공개적으로 유신론적 진화론을 지지한 즈음에 이 시리즈 1호에 기사를 기고했다. 신학자 제임스 오르

는 『원리주의자』에 발표한 4편의 논문에서 생물 진화에 대해 호의적인 견해를 쏟아냈다. 그는 이미 그전에 "진화론을 굳게 믿는 많은 사람이 가정하듯 신께서 진화 과정에 내재하고 그 안에 그분의 지혜와 목적이 표현됐다면, 지금까지 유신론과 마찰을 빚었던 진화론이 앞으로는 한층 더 발전된 새로운 형태의 유신론적 이론으로 자리잡을 수 있을 것"[31]이라고 말한 바 있다. 『원리주의자』에서 오르는 다음과 같이 덧붙였다.

"이 주제의 가장 큰 난제는 진화론을 다위니즘과 혼동하거나 동일시하는 부당함에서 비롯되었다."

오르는 많은 과학자가 "자연선택'의 결함"을 인정한 이상 진화론은 이제 "'창조'의 새로운 이름으로 인정받게 될 것"이라고 주장했다. 또한 유신론적 진화론에 대한 찬동에 힘입어 "우리는 다시 한번 성경과 과학의 조화를 실감하고 있다"[32]고 자신 있게 말했다.

20세기로 넘어가면서 대중이 기독교인과 진화론자 간에 남은 앙금을 인지할 수 있도록 이끌어가는 일은 신학자와 과학자가 아닌 비종교적인 역사학자와 평론가 들의 몫으로 남았다. 19세기 말에 뉴욕 출신의 학자 2명이 과학과 종교 간의 관계에 대해 매우 편향된 역사서를 편찬해 대단한 호응을 얻은 적이 있다. 존 윌리엄스 드레이퍼와 앤드루 딕슨 화이트가 바로 그 주인공이다. 드레이퍼는 자신이 쓴 『종교와 과학 사이의 갈등사History of the Conflict Between Religion and Science』를 "두 대립 세력, 즉 인간의 광범위한 지적 능력의 힘과 제자리걸음 하는 전통 신앙과, 인간의 이해관계 사이에 벌어지는 갈등에 대한 이야기"[33]라고 설명했다. 화이트 역시 『과학의 전쟁Warfare of Science』에서 첫 문장을 다음과 같이 썼다.

"자유를 향한 과학의 성스럽고도 위대한 투쟁에 대해 간략히 소개하고자 한다. 이 투쟁은 수백 년간 지속돼왔고 지금 이 순간에도 계속되고 있다."[34]

이 짧은 책은 나중에 방대한 『그리스도교에서의 신학과 과학의 전쟁사A

History of the Warfare of Science with Theology in Christendom』(전2권)로 다시 태어났다. 이 책은 17세기의 갈릴레오의 재판과 조르다노 브루노[로마 가톨릭 교회에 반대한다는 이유로 종교 재판에 의해 화형된 르네상스 시내 철학자]의 처형을 비롯하여 코페르니쿠스의 천문학을 향한 로마 가톨릭 교회의 공격을 재조명하고 다위니즘을 비판하는 종교계가 종교 재판을 재연하려는 것이 아니냐는 의문을 제기했다. 둘 중 누구도 신학자와 진화론자가 점차 화합에 이르고 있다거나 존 돌턴, 마이클 패러데이, 켈빈 경, 제임스 클러크 맥스웰 같은 당대 최고의 물리학자가 독실한 기독교인이라는 사실은 한 줄도 언급하지 않았다. 오히려 제임스 오르는『원리주의자』를 통해 "과학과 기독교는 대립 구도에 있다. 이들의 이해관계는 여전히 적대적이다"[35]라고 호소했다.

과학과 종교에 관한 논쟁적인 시각은 20세기 초에 세속적인 학자들 사이에서 폭넓은 호응을 얻었고, 1920년대에 일어난 브라이언의 반진화론운동에 대항하겠다는 이들의 결의를 다지는 초석이 됐다. 밴더빌트대학교의 인문주의자 에드윈 밈스는 1924년에 미국대학연합Association of American Colleges에서 한 연설에서 자신의 동료 학자들을 다음과 같이 평했다.

"종교적인 편협성과 불관용에 대해 이들이 이러한 생각을 갖게 된 가장 큰 책임은 앤드루 D. 화이트의『신학과 과학의 전쟁』에 있다. 이제 이들은 공공의 적 브라이언을 공격하려 나설 것이다. 극단적인 의견에 대응하기 위해 정반대의 태도를 취할 수밖에 없다는 점에서 대학교수들도 대부분의 인간과 다르지 않다."[36]

스콥스 재판이 열리기까지 여러 해 동안 학자들의 이러한 반응에 영감을 받아 과학과 종교의 충돌에 대한 책, 기사, 학술지가 쏟아져 나왔다. 물론 초점은 논란의 핵심으로 여겨진 다위니즘에 맞춰졌다. 1910년대에 다윈의 이론에 대해 한 시사평론가는 "과학이 종교를 누르는 위대한 승리가 곧 실현될 것임을 약속하는 듯하다"고 논평하기도 했고, "성경 권위의 본질에 관한 구시대적 시각에 도전장을 내민 과학의 거부할 수 없는 최종 맹습"[37]이라고 표현한 이도 있었다. 필트다운 화석 전문가 아서 키스는 1922년에 다윈과 헉슬리에 대해 쓴 글에서 칭송했다.

"그들 덕분에 오늘날 우리가 종교적 박해나 교회에서 높으신 분들의 비난을 피해 연구를 계속할 수 있는 것이다."[38]

1925년까지 과학과 종교의 전쟁 모델은 많은 일반 미국인의 사회 통념 깊숙이 파고들었다. 오하이오 주 킨스맨에서 자란 클래런스 대로도 그들 중 하나였다. 극심한 교권반대주의자인 그의 아버지는 드레이퍼, 헉슬리, 다윈의 글을 빼놓지 않고 읽었고, 아들도 똑같이 하도록 강요했다.[39] 1890년대에 시카고에서 변호사 겸 정치인으로 활동하던 대로는 공개 연설에서 드레이퍼와 화이트를 자주 인용했고 기독교를 "이단자들 주위에 불을 놓아 이단을 옥죄려 하는 노예 종교"[40]라며 탄핵했다. 스코프의 변호인으로 나선 다른 이들도 견해가 비슷했다. 예를 들어, 데이턴으로 향하는 길에서 피고 측 변호인 아서 가필드 헤이스는 기자들을 향해 말했다.

"이번 재판을 위해 읽은 많은 책 중에서 화이트 교수의『과학과 종교의 전쟁Warfare Between Science and Religion』이 가장 흥미롭고 유익했습니다."

그리고 데이턴 현장에서 변론할 때 이 책을 인용하고 그곳에서 만난 몇몇 사람에게 배포하기도 했다.[41] 스콥스의 전문가 증인으로 출석한 동물학자 윈터턴 C. 커티스는 책의 구절을 외울 정도로 이 책에 대해 잘 알고 있었다. 그는 다음과 같이 회고했다.

"19세기 중반 대학생 시절에 20년만 더 일찍 태어나 30년 전쟁(다윈주의자와 기독교 간의 전쟁)이 한창 극에 달했을 때 참여할 수 있었다면 하고 바란 적이 있습니다."

그는 덧붙여 말했다.

"세가 과거에 가르친 학생들이 교사가 돼 최근 20여 년 동안 고등학교와 일부 신학대학에서 자신들에게 내려진 제재에 대해 알려주더군요. 그러한 제 배경 때문에 진화론 변호에 적극적으로 참여하게 됐습니다."[42]

커티스가 언급했듯이 원리주의자와 진화론자의 선생은 다위니즘의 성쇠와 함께 1920년대에 부활했다. 다위니즘적 역사학자 제임스 R. 무어는 다시 불거진 이 논란에 대해 다음과 같이 설명했다.

"진화에 대한 가르침이 고등학교에 침투하고, 고등학교에서 대중에게 이르고, 대중(어찌됐든 공격적인 원리주의자가 된 사람들)이 자신의 조상 중에 복음주의 진화론자들이 있었다는 사실을 기억하지 못하는 세대에 속하기까지 50년이 걸렸다."[43]

무어는 당시 반진화론운동이 시작된 까닭으로 두 가지를 꼽았다. 하나는 20세기에 들어서 아이들의 교육에 본격적인 영향을 주기 전까지 다위니즘은 많은 원리주의자에게 논쟁거리가 아니었기 때문이고, 또 하나는 기독교 생물학자들이 진화론이 종교적 신앙에 영향을 준다는 반감을 누그러뜨리는 데 선뜻 나서지 못한 당시 현실 때문이다. 실험 유전학의 발전 덕분에 선천적인 변이가 진화를 일으키는 원동력임을 받아들이고 자연선택의 역할을 약화시킨 라마르크식의 설명을 거부하는 생물학자가 늘어났는데도 말이다. 이 두 가지 모두 중요한 까닭으로 작용했다.

반진화론운동이 등장한 시기에 발맞춰 진화론이 미국 고등교육에 갑자기 등장한 것은 아니다. 19세기 말에도 주요 교과서에 포함됐지만 우세한 과학적 견해를 반영한 왜곡된 유신론적 또는 라마르크식 내용이 주를 이루었다. 아사 그레이의 글을 예로 들면, 진화론적 관계에서 생물학적 종은 "모두 하나의 체계에 속하며 우리가 단언할 수 있듯이 하나님의 구상이 자연에서 실현된 것이다."[44] 조지프 르콩트가 1884년에 진화론의 개념에 대해 정리한 고등학교 교과서에는 자연선택에 관한 내용이 전무했다. 다윈 이론을 배제하려는 메커니즘은 우연변동(偶然變動)과 자연주의적 생존경쟁을 생략했다.[45]

새로운 세기에 접어들면서 교과서는 점차 다원적인 성격을 띠기 시작했다. 이러한 변화는 새롭게 구성된 생물 분야가 고등학교 교과과정에서 식물학과 동물학으로 분리되면서 가속화됐다. 대표적인 생물 교과서가 다윈의 사진과 함께 '생존경쟁과 그 영향The Struggle for Existence and Its Effects'[46]이라는 제목을 과감히 실었다. 자연선택을 통한 생물 진화 개념을 소개하면서 다윈이 '삶의 법칙'을 발견했다고 묘사한 교과서도 있었다.[47] 베스트셀러로 손꼽히던 헌터의 『도시 생물학』에서는 "오늘날 우리가 세상의 발전을 이야기할 때 기초로 삼는 이론의 증거"로 다윈의 공을 치켜세웠다. 이러한 시각은 분명히 인간중심적이며 당시의 과학적 인종주의가 가미된 것이었다. 헌터에 따르면 "지구상에 살던 단순한 생명체가 서서히, 점진적으로 좀더 복잡한 생명체로 변화돼 갔다." 그는 이와 같은 진화 과정의 결과로 인간이 등장했으며, 백인이 "가장 수준 높은 종"[48]이라고 표현했다. 전반적으로 헌터의 책이나 실용적인 문제를 강조한 그 밖의 20세기 초의 생물 교본에는 다위니즘이 주를 이루지 않았지만 생물 진화의 개념은 만연해 있었다.

공립 고등교육에서 다윈 이론은 20세기에 들어와 더 많은 가정과 원리주의자의 삶을 파고들었다. 19세기만 해도 고등학교에 다니는 미국 청소년의 수가 비교적 적었고 남부 시골에서는 고등학교가 드문 데다가 지방 당국에서 학생들의 출석을 강제하지 않았기 때문에 그 수가 0에 가까웠다고 해도 과언이 아니다. 하지만 세기가 변하면서 상황이 급격히 달라졌다. 인구조사 통계만 봐도 알 수 있다. 미국 고등학교에 등록된 재학생의 수는 연방정부가 통계를 내기 시작한 1890년에는 20만 명이었는데 1920년에는 거의 200만 명으로 급격하게 늘어났다. 테네시 주도 1910년에 1만 명 미만이던 고등학생 인구가 스콥스 재판이 벌어지던 1925년에 이르러서는 5만 명을 넘어섰다. 청소년들에게 학교 등교를 의무화한 혁신주의 시대의 엄격해진 학교 출석법과 더불어 20세기 초에 공립 고등학교의 수가 기하급수적으로 늘어나 고등교육의 문이 활짝 열린 덕분이다.⁴⁹ 테네시 주 주지사 오스틴 피는 1925년에 열린 자신의 취임연설에서 테네시 주의 이러한 추세에 대해 자랑하듯 말했다.

"우리 주 전체에 고등학교가 속속 들어서고 있다는 사실은 지역사회의 자랑입니다."⁵⁰

같은 해에 스콥스 재판으로 명소가 된 데이턴이야말로 이 말이 딱 들어맞는 곳이었다. 데이턴에 최초로 고등학교가 문을 연 것은 1906년이다.⁵¹ 이처럼 새로 생겨난 학교의 생물 수업에 미국의 현대 과학 사상의 성장과 연계해 다윈 이론이 포함된 것은 불가피한 일이었다.

헌터의 『도시 생물학』에서는 자연선택과 유전학에 대한 부분을 포함시켜 이러한 과학 성장을 반영했다. 중등학교의 신규 생물 교과과정을 고안하는 과정에서 헌터와 뉴욕의 드위트 클린턴 고등학교에 근무하던 그의 동료들은 컬럼비아대학교의 교육자들과 긴밀히 협력했다. 컬럼비아 교직원 중에는 저명한 컬럼비아대학교 교육대학을 이끄는 다수의 교육자와 미국 최고 권위를 자랑하는 유전학자 토머스 헌트 모건이 있었다. 헌터가 생물 수업 내용의 틀을 잡는 데 교육 전문가의 조언을 구하는 사이에 그와 가장 친한 동료가 현대 유전학의 기초를 다지는 과정에서 모건의 지도하에 박사학위를 받았다.

모건은 점진적인 다윈의 자연선택과 고정적인 멘델의 유전학을 거스르는 획기적인 연구를 시작했다. 그는 선천적 돌연변이가 발생하고 또 유전되면서 신속한 진화가 일어난다는 대체 이론을 지지했지만 초파리 세대를 이용한 실험을 거치면서 결국 돌연변이의 유전이 다윈의 진화 형태의 기반이 될 수 있는 멘델의 패턴을 따른다고 시인했다. 또한 멘델의 법칙에 따라 개별 식물이나 동물 종에서 발생한 아무리 사소한 돌연변이라도 유지되며 자연선택에 의하여 후손으로 이어질 수 있다고 추정했다. 1916년에 "진화는 생존과 번식에 유리한 돌연변이 종족들이 혼합되는 과정에서 발생한다"는 글과 함께 "여기에 정의된 자연선택은 유리한 돌연변이가 발생한 후에 생명체의 번식 능력에 힘입어 개체 수가 늘어나고, 또한 집단에서 수적으로 우세한 특정 개체들이 다른 개체보다 (같은 방향으로) 우수한 결과를 만들어낼 수 있다는 뜻이다"[52]라고 밝혔다.

모건은 사소하고 우연적인 변이가 축적돼 새로운 종이 출현한다는 사실을 완전하게 인정한 적이 없다. 그는 자연선택이 여과기 역할을 한 연료진화fuel evolution로 돌연변이를 한다고 계속해서 믿었다. 그리고 나중에 글로도 밝혔듯이 "개체 변이가 진화론에 원재료를 제공했다는 다윈의 가정"[53]을 거부했다. 오늘날 과학적 사고의 주를 이루는 현대 네오다위니즘적 종합 이론Neo-Darwinian Synthesis을 구성하기 위해 집단 유전학자, 생물 측정학자, 전통적인 멘델파 학자, 박물학자들이 한 세대 동안 축적한 연구 성과가 동원됐다. 그러나 1920년대까지도 우연적 변이와 자연선택 메커니즘이 생물학의 주요 쟁점으로 재조명되었다.[54] 대부분의 원리주의자는 진화론 내부에서 일어나는 이러한 미묘한 변화의 움직임을 감지하지 못한 채 모든 형태의 진화론을 성경의 자구적 해석에 반하는 것이라며 무조건적으로 거부했고, 보수적인 기독교인들은 생물 진화의 일반적인 개념보다 우연적인 변이와 자연선택의 의미에 불편한 심기를 드러냈다. 브라이언도 이러한 부류에 속했으며 합의에 이를 수 있는 여지는 점점 더 줄어들었다. 그리고 이 문제에 관여한 사람이라면 누구나 인기 과학 작가 A. E. 위검의 대담한 발언에 공감할 수 있었다. 위검은 스콥스 재판을 두고 다음과 같이 지적했다.

"브라이언 씨는 진화가 '유전자'라는 단위에서 발생한다는 사실조차 모르고 있습니다. (…) 모건과 그의 학생들은 유전자 자체가 변화의 주체라는 근거를 제시했죠. 만일 이러한 유전자의 변화가 입증된다면 (…) 진화에 관한 소송은 이긴 것이나 다름없습니다."[55]

모건의 예에서 알 수 있듯이 다위니즘은 서서히 부활했다. 생물학자들이 라마르크 학설을 포함해 다양한 진화 메커니즘을 한 세대에 걸쳐 지속적으로 옹호한 결과 1940년대에 들어서 현대 네오다위니즘적 종합 이론이 완전한 형태로 부상했지만 의견 불일치로 인해 반진화론운동에 힘을 실어주는 역효과만 낳았다. 브라이언과 몇몇 다른 지도자는 생물 진화를 공격하기 위해 다위니즘에 반박하는 과학적 논쟁 기법을 연마했고, 이는 진화생물학자들의 분노를 샀다. 1922년 『뉴욕 타임스』에 게재된 논문에서 브라이언이 "자연선택은 과학자들 사이에서 점점 설 자리를 잃고 있다"[56]고 주장한 뒤 미국 자연사박물관 관장이자 고생물학자 겸 과학 대중화를 위해 활동했던 헨리 페어필드 오즈번은 반론보도를 요구하며 다음과 같이 주장했다.

"브라이언 씨가 다윈의 의견 중에 논란의 여지가 있는 사항을 꽤 많이 숙지했다는 데 크게 감명을 받았습니다. 정치가로서 워낙 경험이 풍부하신 분이니 정치판에서 자신에 의견에 동의하지 않는 분들도 많이 만나보셨겠죠. 그런 분이라면 박물학자들이 의견의 차이를 보이더라도 놀라워하거나 오해하지는 않으실 겁니다. 적어도 제가 아는 한 생존하는 박물학자 중에 태초의 단일 세포 상태부터 인간에 이르기까지 현존하는 생명체의 진화라는 불변 진리에 관해 다른 의견을 갖고 있는 사람은 아무도 없습니다."[57]

모건은 대중을 상대로 유사한 발언을 했다.

"진화론에 반대하는 사람들이 공격하는 점은 진화 요인의 불확실성과 관련된 문제입니다."

그리고 자연선택을 진화론이라는 "이론 안의 또다른 이론"이라고 표현하면서 다음과 같이 경고했다.

"비진화론적 견해로 진화의 원인을 둘러싼 의견 충돌을 확대 해석해 이 문제가 마치 진화가 발생했다는 증거의 해석과 관련된 문제인 것처럼 혼동을 일으키는 것은 무척이나 쉬운 일입니다."[58]

오즈번과 모건이 사소하고 우연적인 변이의 자연선택을 진화의 유일한 메커니즘이라고 인정한 것은 아니지만 이 둘에게는 반진화론운동의 반대편에 섰다는 공통점이 있다.

한층 더 발전한 '과학'은 브라이언과 몇몇 반진화론자에게 자극제 역할을 했다. 많은 미국인이 다윈의 자연선택에 찬동했는데, 그 이유는 자유방임적 자본주의[개인의 경제활동의 자유를 최대한으로 보장하고, 이에 대한 국가의 간섭을 가능한 한 배제하려는 경제사상], 제국주의, 군국주의를 정당화하는 적자생존의 심리가 사람들의 공감을 얻어냈기 때문이다. 이것은 반진화론운동이 일어나기 수십 년 전부터 앤드루 카네기, 존 D. 록펠러 1세가 치열한 사업 관행의 정당성을 인정받기 위해 주장한 바 있는 논리였다. 자신의 정치 인생을 통틀어 과도한 자본주의와 군국주의를 공개적으로 비난해온 브라이언은 1904년에 다윈 이론을 "강자가 약자를 몰아내 숨통을 끊어버리는 무자비한 법칙"[59]이라고 일축했다. 반진화론운동을 몇 년 앞두고 이와 같은 사회적 원칙을 과학적 단어로 변환한 '우생학優生學'이라는 학문이 대중의 주목을 끌게 됐다.

헌터는 자신이 편찬한 교과서 중 하나에서 이를 두고 "더 나은 유전적 특징으로 인류를 발전시키는 과학"[60]이라고 정의했다. 이 새로운 '과학'은 다윈의 사촌인 영국 학자 프랜시스 골턴이 우수한 인류진화를 가속화하기 위한 수단으로 1860년대에 최초로 창시했다. 20세기 전까지는 멘델의 유전법칙이 타당성을 뒷받침해준 덕분에 소수의 지지자를 끌어 모을 수 있었다. 영국의 우생학자들은 항상 자신들의 명분을 다윈과 연계시켰고, 특히 다윈의 아들 레너드가 영국우생학회Eugenics Education Society 회장직을 맡으면서 더 깊은 유대를 강조했다. 이러한 이유로 영국에서는 우생학을 증명하려는 열성적인 진화생물학자 로널드 A. 피셔가 1918년부터 연구에 몰입했고 결국 현대 네오다위니즘적 종합 이론을 확립하는 데 큰 기여를 했다.

바다 건너 미국에서는 일찍이 20세기 초부터 많은 진화생물학자가 우생학을 받아들였지만 생식에 우생학적 제재를 가하려는 공공 캠페인이 절정에 달한 것은 1920년대에 들어서였다. 그 결과 우생학 운동이 여러 주에서 반진화론운동과 동시에 일어나게 됐다. 1935년에 이르러 35개 주에서 우생학적으로 부적합하다고 판단되는 특정인을 강제로 성적으로 분리하고 단종시키는 법을 제정했는데 정신병자, 정신지체인, 습관성 범죄자, 간질 환자 등이 그 대상이었다. 이 법안이 애초에 정당화될 수 있었던 배경에는 진화론적 생물학과 유전학이 자리잡고 있었다. 헌터는 『도시 생물학』에서 "만일 그런 사람들이 하등동물이었다면 아마도 우리는 확산을 막기 위해 죽여 없앴을 것이다"라고 하며, 다음과 같이 덧붙였다.

"인간으로서 허용되지 않는 일이지만 우리에게는 남녀를 분리해둘 수용소나 기타 장소가 부재할 뿐 아니라 근친혼과 문제가 되는 열성, 악성 인자가 영속될 가능성을 막을 방법이 없다."[61]

일부 반진화론자들은 우생학을 다위니즘이 낳은 저주받을 결과물이라고 몰아세웠다. 처음에는 인간이 야수에서 진화했다더니 이젠 소처럼 사육하려 하냐는 비난이 속출했다. 브라이언은 이 모든 과정을 "잔혹하다"는 말로 매도했고, 스콥스 재판에서 진화론을 가르치지 말아야 하는 이유로 제시했다.[62] 우생학에 대해 공개 토론이 열리는 곳마다 인류진화론도 더불어 부정적으로 비춰졌다. 유명한 전도사 빌리 선데이는 1925년에 열린 멤피스 부흥회 중에 여러 차례 진화론 교육을 우생학과 결부시켰는데, 때맞춰 테네시 주 반진화론 법안에 대한 법제도적 고찰이 한창 진행 중이었다.

선데이가 언성을 높였다.

"과학의 이름으로 아이를 잃은 엄마에게 어떤 위로를 해주겠소? 적자생존의 법칙을 들이댈 거요? 과학, 철학, 심리학, 우생학, 사회복지, 진화, 원형질, 원자의 우연적 동시 발생을 줄줄이 늘어놓은 후에도 아이 엄마가 여전히 제정신이라면 내가 가서 30분 동안 기도해주고 성경의 약속을 읽어주리다. 그 순간 그녀의 얼굴에서 눈물은 사라질 테니 말이오."[63]

A. E. 위검 같은 쟁쟁한 우생학자마저도 반진화론과 반우생학 사이에 연관이 있음을 인정했다. 반진화론운동이 시작될 무렵 위검은 우생학을 지지하지 않는다는 이유로 선데이와 브라이언을 비판했고,[64] 나중에는 다음과 같이 아쉬움을 토로했다.

"실상만을 믿는 평범한 사람에게 진화를 납득시키기 전까지는 (…) 안타깝지만 우리가 우생학이라 부르는 심오한 윤리적, 종교적 의의를 납득시킬 수 없을 것 같다."[65]

원리주의자들이 사회적, 종교적 결과를 목청 높여 규탄하는 와중에도 인류진화에 대한 과학적 증거는 점점 늘어만 갔다. 1924년 늦은 여름, 남아프리카의 한 대학교에 재학 중인 학생이 해부학 교수 레이먼드 A. 다트에게 화석화된 두개골 하나를 가져왔다. 교수는 이 두개골이 고대 개코원숭이의 것이라 단정했고 두개골 부분에 난 원형 구멍에 주목했다. 그리고 더 많은 견본을 채취하기 위해 즉시 뼈가 발견된 타웅즈의 석회석 채석장을 찾았고, 그해 가을에 2상자나 되는 화석을 손에 넣었다. 다트는 그날 일을 회상하며 말했다.

"상자 뚜껑을 열자마자 설렘과 기쁨에 숨이 멎는 줄 알았습니다. 돌무더기 위에 필시 두개골 내부 틀로 보이는 화석이 눈에 들어왔습니다. 저는 한눈에 제 손에 든 것이 평범한 원인猿人의 머리가 아님을 직감했습니다."[66]

다트는 발견한 내용을 서둘러 1925년에 과학 출판물을 통해 발표했다.

"이번 발견은 성숙한 호미니드를 묘사한 원숭이 인간 그림과 다르다는 점에서 자바 원인과 차이가 있다. 특징이나 얼굴, 뇌 모양을 볼 때 현대 원인보다 더 발달해 있다는 점에서 인간과 인간의 유인원 조상 사이에 잃어버린 고리일 것으로 예상된다. 뇌 용량이 원인 정도 되는 존재가 진정한 인간일 수는 없다. 따라서 인간과 유사한 유인원으로 보는 것이 논리에 맞다."[67]

스코틀랜드 출신의 인류학자 로버트 브룬은 말했다.

"다 자란 두개골을 복원해보면 그 모양이 자바 원인에 얼마나 가까운지 놀라울 정도다. 유일한 차이는 크기가 조금 더 작고 약간 구부정한 자세라는 점이다. 인간보다는 유인원에 가깝긴 해도 최초의 인류로 평가될 수 있는 필트다운 원인의 전신前身으로 보인다."[68]

이보다는 신중한 태도를 취한 아서 키스의 의견에 다트는 다음과 같이 답했다.

"조금이라도 오류가 있다면 그것은 보수적인 유인원 쪽의 탓이고, 단언컨대 차후의 작업은 인간의 특징을 강조하는 데에만 집중될 것입니다."[69]

다트는 타웅즈 인간−원숭이에서 인간의 특징 한 가지를 확인했는데, 브라이언과 반진화론자들에게 골칫거리를 안겨준 특징이기도 하다. 트란스발의 건조한 평원에서 유인원이 어떻게 생존했는지를 추정하는 과정에서 다트는 같은 위치에서 발견된 개코원숭이 두개골에 나 있던 둥근 구멍을 기억해냈다.

다트는 자문했다.

"혹시 다른 생명체가 뇌를 먹기 위해 낸 구멍은 아니었을까? 커다란 뇌를 가진 이 유인원이 개코원숭이를 잡아먹던 걸까? 그렇다면 머리가 꽤 좋았겠군."[70]

이와 같은 추론은 다트의 초기 출판물에서 찾을 수 있다. 다트는 고생물학자들이 "열대지방의 울창한 숲속"에서 잃어버린 고리를 찾는 우를 범해왔다고 적었다. 그리고 덧붙였다.

"인간은 생산을 위해 재주를 연마하고 지적 능력을 더 높은 수준으로 끌어올릴 다른 방식의 훈련이 필요했다. (…) 남아프리카는 간헐적으로 수목이 펼쳐진 탁 트인 땅에 비교적 물이 부족한 곳으로 포유류의 경쟁이 치열했을 것이다. 이 모든 요인이 인류진화의 끝에서 두번째 단계에 매우 중대한 실험적 환경을 제공했다."[71]

한마디로 인간은 사냥을 통해 진화했다. 브라이언이 경고한 대로 성경에서 강조하는 사랑의 신성한 법칙이 아닌 다윈의 끔찍한 증오의 법칙이 인류 기원을 대체하는 것이다.[72]

요하네스버그의 『스타Star』는 다트의 공식 발표가 있기 전 4일 동안 이 소식을 특종으로 보도했다. 소식은 빠르게 퍼져 다음 날 아침 『뉴욕 타임스』 1면에서 '새롭게 발견된 화석화된 두개골, 과연 잃어버린 고리일까?'라는 제목의 기사를 실었고, 다른 신문들도 뒤를 따랐다. 한 유명 잡지는 이 사건을 시적으로 표현하는 과정에서 신을 완전히 배제했다.

> 여기 한때 원숭이였던 한 인간이 누워 있네.
> 그의 모습에 싫증이 난 자연이
> 계획을 구상해 행동에 옮겼다네.
> 그 덕분에 원숭이는 이제 사람이 됐다네.

많은 보수 기독교인이 공개적으로 적대감을 드러냈다. 런던 『타임스』 편집장에게 날아온 편지 한 통은 다트를 향한 것이었다.

"인간은 자제하고 생각할 줄 알아야 하오. 그런데 당신은 (…) 악마의 편에 앞장서서 영혼이 어둠 속을 헤매도록 만들었소."

브라이언은 초기 휴머노이드[인간과 비슷한 존재]의 화석 유물을 앞뒤가 맞지 않으며 대수롭지 않다고 모조리 묵살해버렸다. 다른 많은 반진화론자도 마찬가지 반응을 보였다. 다트의 발표가 알려진 지 2개월이 채 못 돼 뉴욕의 한 신문이 다음과 같이 보도했다.

"테네시 주지사가 인간이 하등동물의 후손이라는 내용을 가르치지 못하도록 하는 '반진화론 법안'에 서명한 것을 보니 타웅즈 두개골이 잃어버린 고리라는 다트 교수의 이론이 테네시 주 입법기관을 설득하지 못한 것 같다."[73]

그리고 얼마 지나지 않아 새로운 법에 저항하는 스콥스 재판에 타웅즈 두 개골의 석고 모형과 필트다운 화석이 피고 측 증거물로 동원됐다.

제2장

국민에 의한 정치

화석의 발견은 인류진화에 새로운 근거를 제공하는 동시에 반진화론자들의 반발을 유발했다. 헨리 페어필드 오즈번은 1922년에 브라이언이 『뉴욕 타임스』에 진화론 교육에 대한 제재를 호소하자 정식으로 도전장을 내밀었다. "다윈이나 그의 지지자들은 자신들의 가설을 뒷받침할 만한 사실을 그 어디에서도 찾지 못했다"[1]는 브라이언의 주장에 오즈번은 '필트다운 원인'과 새롭게 발견된 호미니드 화석을 언급했다.

"어린 학생들마저 이 모든 증거를 쉽게 접할 수 있는 것이 지금의 현실입니다. 이로써 우리는 '증거 하나 없는 진화론보다 하나님의 섭리로 인류가 창조됐다는 것을 믿는 것이 더 합리적이지 않느냐'는 브라이언의 부정적인 질문에 만족스러운 답을 줄 수 있을 거라 확신합니다."[2]

다른 무엇보다 공립학교 학생들이 쉽게 접할 수 있다는 대목이 브라이언의 신경을 건드렸고, 오즈번은 천지장조에 대한 믿음이 위기에 처할 것이라는 점을 강조해 반진화론자들을 자극했다.

스콥스 재판에 이르기까지 수년 동안 반진화론자들은 이러한 증거에 다양한 방식으로 대응했다. 예를 들어, 원리주의 지도자이자 스콥스 재판의 자문위원인 존 로치 스트레이턴은 필트다운 원인이 사기라고 몰아세웠다.[3] 브라이언이 재판에서 인용한 지질 역사의 창조론을 창안한 재림론 과학 교육자 조지 매크레디 프라이스는 화석화된 휴머노이드의 유래와 진화 순서에 의문을 제기했다. 1924년에 쓴 글에서 휴머노이드의 나이는 오즈번이 계산한 수십만 년이 아니라 수천 년이라고 지적하면서 말했다.

"하이델베르크, 네안데르탈, 필트다운에서 추출한 표본은 종족이나 지리적 요인을 고려할 때 본래 혈통에서 분리돼 나온 퇴화된 파생물로 간주할 수 있다."[4]

브라이언은 고생물학자들을 대놓고 조롱했다. 1923년에 웨스트버지니아주 의회 연설에서는 다음과 같이 말했다.

"진화론자들은 정황적인 증거, 즉 유사성을 가지고 인간이 짐승에서 유래했음을 증명하려고 합니다. 자갈밭에서 굴러다니는 이빨 하나를 발견했다고 비밀회의를 열고 이빨의 주인으로 여겨지는 생명체를 구상해낸 다음 모세를 향해 조롱하듯 소리를 치는 격입니다."

그리고 오즈번 같은 사람들을 비꼬았다.

"가엾은 영혼 하나 구하기 위해 건널목도 안 건널 사람들이 뼈를 찾겠다고 세계를 누비고 있습니다."[5]

위에서도 알 수 있듯이, 1920년대에 원리주의자를 자칭하며 존 스콥스의 기소를 지지한 여러 개신교파 보수 기독교인은 종전과 달리 매우 호전적인 태도를 보였다. 일부 보수 기독교인이 다위니즘을 시종일관 반대해온 가운데 브라이언은 말했다.

"다위니즘을 받아들인다고 해서 잘못을 묻고자 함이 아닙니다."[6]

1905~1915년에 『원리주의자』에 등장한 다수의 기사가 진화론을 비판했지

만 개중에는 수용한 기사도 있었다. 실제로 이 간행물을 창간하고 나중에 원리주의 운동을 발족하는 데 도움을 준 침례교 지도자 A. C. 딕슨은 '입증될 경우' 진화론을 받아들이겠다는 의지를 밝혔고, 후임 편집장 R. A. 토레이도 지속적으로 주장해왔다.

"성경의 절대 무류성無謬性을 신봉하는 기독교인도 경우에 따라서는 진화론자가 될 수 있습니다."7

이와 같은 포용적인 자세는 제1차 세계대전 중반부터 이후까지 여러 보수적인 기독교 전통이 원리주의 운동으로 합쳐지면서 대체로 사라졌다.

1920년대의 호전적인 반진화론운동은 원리주의 기치 아래 어느 정도 통합을 이룬 19세기 기독교 신학의 4대 분파에 속하지는 못했지만 저마다 새로운 방식으로 진화론 교육에 반기를 들었다. 침례교 지도자 딕슨, 토레이, C. I. 스코필드 같은 세대적 전천년주의자premillennialist는 역사를 신성한 관면寬免과 대망의 예수 재림으로 구분해 타락한 현 시대를 평화와 정의의 새 천년으로 바꾸고자 하는 엄격한 성경 해석 위주의 지적 전통을 불러왔다. 비록 비현실적인 신앙 때문에 정치적 행동주의에서 멀어지기는 했지만 이들은 성경직역주의에 입각해 「창세기」의 천지창조를 옹호하는 데 헌신을 다했다. 프린스턴 장로회신학교의 보수 신학자들이 견지한 성경 무오성無誤性 이론은 장로교가 원리주의의 중심 교리로 자리잡은 5대 필수 교리 선언을 채택하는 계기가 됐다. 이 선언은 성경의 절대적인 정확성과 신의 영감, 동정녀 탄생, 오로지 예수의 희생을 통한 구원, 예수의 육체 부활, 성경의 기적에 대한 진정성을 골자로 한다. 적어도 한 명, 다름 아닌 이 학교 설립자인 프린스턴 출신 B. B. 워필드가 유신론적 진화론을 수용하기는 했어도 장로교도들은 「창세기」의 문자적 해석의 손을 들어주었다.

원리주의에 반영된 나머지 두 분파의 경우 교리보다는 수적으로 기여도가 컸다. 감리교에서 출발해 여러 소규모 개신교 종파를 형성한 성결운동은 성경이 진실이라는 견해를 고수하되 지적인 문제보다 개인의 신앙심과 기독교인의 봉사를 강조했다. 그리고 당시 급격히 성장하기 시작해 20세기 전반에 걸쳐 지속됐던 오순절주의penticostalism는 확고한 전천년주의와 성결운동이 모태가 됐지만 각 신도의 삶에 성령이 불러온 기적을 강조하면서 극단적인 광신의 행태를 보였다. 이 두 단체의 공통점은 반진화론운동의 선봉에서 자녀들의 종교적 신앙을 위협하는 공립학교의 진화론 교육에 맞서 기꺼이 싸울 준비가 됐다는 것이다. 브라이언은 개인적으로 성경에 대한 믿음이 매우 깊지만 공식적인 신학 교육을 전혀 받지 않은 정치인이었기에 이 진영 중 어느 곳에도 어울리지 않았다. 하지만 주류 개신교와 미국 문화에 문제가 있다는 점에는 이들과 인식을 같이했다.

이들 모두 주류 개신교 종파 안에서 점차 자리잡고 있는 '근대주의modernism'라는 신학적 자유주의가 문제의 근원이라는 분석에 동의했다. 근대주의자들은 날로 거세지는 성경의 고등비평[성경 각 책의 문학적, 역사적 연구]과 사회과학의 진화적 사고에 직면한 기독교를 요령부득要領不得에서 구제하는 것이 자신들의 사명이라 믿었다. 고등비평에서는 독일 신학자들이 적용한 사례가 특히 문제였다. 이들은 성경을 다른 종교 문서와 똑같이 문학적 분석의 시험대에 올려놓았으며 성경의 '진실'을 역사적, 문학적 문맥에 비추어 해석했다. 새롭게 떠오른 사회과학 분야에서는 유대교와 기독교가 히브리인의 자연적인 사회진화 과정이라고 가정한 심리학과 인류학의 표적이 됐다. 근대주의자들은 신이 역사에 내재한다는 관점을 바탕으로 이러한 지적 발전에 대응했다. (신이 아닌) 인간이 기독교의 (계시적인 진실이 아닌) 성경과 진화적 발전의 원작자라는 사실은 인정하되 신의 행동에 대한 인간의 인식이 올바로 표현된 것이 성경이라고 주장했다. 이들에게 성경이 역사적, 과학적으로 정확한지는 문제가 되지 않았다. 유대-기독교의 윤리적 가르침과 개인의 종교적인 정서는 역사와 과학의 '사실fact'을 벗어난 영역에서는 여전히 '진실'일 수 있다. 근대주의 선도자인 시카고대학교 신학부의 셰일러 매슈스는 1924년에 근대주의를 다음과 같이 정의했다.

"과학적, 역사적, 사회적 방법을 동원해 복음주의 기독교를 이해하고 이를 인간의 요구에 적용하는 과정이 바로 근대주의다."[8]

보수적인 기독교인들은 근대주의를 이교로 규정하고 종파를 뛰어넘어 전통적인 신앙의 본질을 지키기 위해 단결했다. 그 과정에서 원리주의와 반진화론운동이 탄생했다. 근대주의가 이미 미국 서북부 지역의 신학교 내부와 주류 개신교 종파의 성직자들 사이에 깊숙이 침투한 상황에서 신학자들이 근대주의의 진군을 막고자 채택한 수단이 원리주의였다고 할 수 있다. 반대파의 쌍두마차라고 할 수 있는 성경 고등비평과 진화론적 세계관은 보수파들의 표적으로 떠올랐다. 하지만 다른 곳도 아닌 다원적 국가인 미국에서 신학적 순수함을 내걸고 대중운동을 이끌어가기에는 무리가 있었다. 기로에 선원리주의자들은 분노의 화살을 공립학교의 진화론 교육으로 돌렸다.

여기서 제1차 세계대전이 결정적인 역할을 했다. 많은 근대주의자가 독일 군국주의를 몰아내고 세계를 '안전한 민주주의 세상'으로 만들기 위한 진보적 노력의 일환으로 미국의 개입을 지지했다. 이들은 전쟁 중 미국의 대통령을 지낸 우드로 윌슨을 숭상했다. 윌슨 역시 제2세대 근대주의 학자였다. 열렬한 평화 옹호자인 윌리엄 제닝스 브라이언은 전쟁으로 나아가는 상황에 반대 견해를 표하고 1915년 윌슨 정부의 국무장관직에서 사임했다. 브라이언은 이후 2년 동안 미국 전역을 돌며 미국의 제1차 세계대전 개입에 반대하는 운동을 벌였다.

많은 전천년주의 지도자가 미국의 유럽 전쟁 개입에 대한 브라이언의 반대 의사에 공감했다. 이들에게 전쟁은 타락한 시대의 산물이자 다가오는 밀레니엄에 대한 예언, 즉 종말의 실현 가능성을 상징했기 때문이다. 셰일러 매슈스가 이끄는 일부 근대주의자는 이를 기회 삼아 전천년주의를 전시 국가

보안에 대한 초자연적인 위협으로 규정하고 공격을 퍼부었다. 그러자 전천년주의자들의 맞대응이 이어졌다. 그들은 고등비평이 독일에 뿌리를 두고 있다는 점을 강조하면서 독일 군국주의의 책임이 진화적 '적자생존' 사고방식에 있으며 근대주의가 성경의 가치를 추구하는 전통적인 미국의 신앙을 저해한다고 비난했다. 1918년 전천년주의 저널 『우리의 희망Our Hope』에 다음과 같은 사설이 실렸다.

"새로운 신학이 독일을 야만국으로 몰아갔다. 결국에는 모든 국가를 동일한 타락의 길로 인도할 것이다."[9]

전쟁의 상흔으로 양측의 감정이 극한으로 치달았고 미국 기독교인들 사이에 뿌리내린 격렬한 분쟁이 이후 10여 년간 이어졌다. 종교역사학자 조지 M. 마즈던George M. Marsden은 "이러한 이념 대립을 초래한 문화 위기가 원리주의에 혁신을 일으켰다"고 평했다. 그리고 말했다.

"제1차 세계대전이 발발하기까지 다양한 흐름이 있었지만 총체적으로 완전히 성장한 '원리주의' 운동이라고 부르기에는 무언가 부족한 감이 있었다. 그러던 중 불현듯 등장한 문화적 이슈와 위기감이 새로운 차원의 원리주의 운동에 불을 지폈다."[10]

잔혹하게 끝난 전쟁이 불공정하고 불안정한 평화와 국제 공산주의의 대두, 전 세계적인 노동 불안, 전통적 가치의 붕괴로 이어지면서 미국 보수 기독교인들에게도 문화 위기가 닥쳤다. 마즈던은 "많은 전천년주의자가 기존의 복음 전도, 기도, 종말론적인 태도를 뒤로하고 변질되는 (사회적) 추세를 억제하는 데 집중하게 됐다는 근거는 원리주의 간판을 내건 최초의 조직 형성에서 찾아볼 수 있다"라고 말했다. 거기에 다음과 같이 덧붙였다.

"1918년 여름, 윌리엄 B. 라일리의 지도하에 성경학교와 계시학회의 지도자 여럿이 힘을 합쳐 세계기독교근본주의협회WCFA(World's Christian Fundamentals Association)를 구상했다."[11]

이에 앞서 라일리는 보수적인 세대적 전천년주의 신학과 정치화된 사회적 행동주의를 결합한 독특한 사상으로 미네소타 주 미니애폴리스 시내에 있는 자신의 침례교회에서 20년 동안 3000명의 신도를 끌어모았다. 기독교인들에게 도시 빈민층과 노동자를 위한 사회 정의를 촉구하기 위해 1906년에 발간한 책에서 그는 주장했다.

"신을 경외하고 도덕적으로 올바른 사람들이 모이는 곳이 교회라면 교회가 정치에 참여하고 강력한 영향력을 행사하는 것이 지당하다."[12]

도시 문제의 주된 원인이 알코올 소비에 있다고 생각한 라일리는 이후 10년간 사회적 행동주의의 초점을 주류 불법화에 맞추었다. 그리고 1920년대에 들어서 공립학교에서 진화론을 가르치는 데 반대하다가 나중에는 공산주의를 공격하는 데 집중했다. 제1차 세계대전 후에 주류 금지를 인가한 수정헌법 제18조의 비준이 성공에 이르자 1920년대 문화 전쟁에서 전천년주의자들을 이끌어갈 적임자로 대두되기도 했다.

1919년에 라일리는 WCFA 발족회의에 참석한 6000여 명의 기독교인 앞에서 개신교 종파들이 "근대주의라는 새로운 불신 사상에 빠르게 흡수되고 있다"고 경고했다. 전국 각지에서 모인 17명의 유명 목사(미래 원리주의의 대사제)가 하나둘씩 연단에 올랐고, 한 연설자의 말을 빌리자면 근대주의는 '사탄의 거짓말이 낳은 산물이므로 교회와 미국 사회가 성경의 본질로 돌아가야 한다고 외쳤다. 라일리는 회의 폐막 연설에서 선포했다.

"우리 것은 우리가 지켜야 합니다. 격전의 시간이 됐을 때 하나님을 실망시키는 일이 결코 벌어져서는 안 됩니다."[13]

그후 참가자들은 각자 소속된 종파로 복귀해 근대주의자들에 맞서 싸울 준비를 했다. 근대주의가 굳게 뿌리를 내린 미국 성공회와 북부 감리교회에서는 가벼운 내부 충돌만이 발생했고, 남부 침례교와 장로교에서는 보수파에 맞서려는 움직임이 극히 적었다. 반대로 양측이 막상막하의 영향력을 지닌 북부 침례교와 장로교에서는 주도권을 잡기 위한 다툼이 매우 치열했다. 북부 침례교 협의회에서 내부 종파 싸움이 한창일 때 보수파 지도자 커티스 리 로스가 '본질을 위해 장엄한 투쟁을 불사하는 자들'[14]을 일컬어 원리주의자 fundamentalist라고 했으며, 이 단어는 근대주의에 반대하는 모든 보수 기독교 인을 지칭하는 단어로 널리 쓰이게 됐다.

이러한 초기 변화가 반진화론운동과 그뒤에 이어지는 스콥스 재판의 토대를 마련하기는 했지만 결정적인 요인은 아니었다. 원리주의는 미국 사회의 정치 또는 교육의 변화가 아닌 개신교 내부의 신학 변화에 대응하기 위해 시작됐다. WCFA의 저널 제목인 『학교와 교회의 기독교 원리주의Christian Fundamentals in Schools and Churches』도 원래 신학교와 교회에서 성경의 본질을 가르치는 것을 의미했을 뿐 공립학교에서 진화론 교육을 반대하는 것과는 상관이 없었다. 비록 나중에 이 조직에서 내세운 명분에 제대로 들어맞기는 했지만 말이다.

라일리는 회상했다.

"처음 원리주의 운동을 결성했을 때, 우리가 겨냥한 적은 이른바 '고등비평'이었습니다. 하지만 앞으로 일어날 문제를 생각해보니 현대판 이단의 기반이 진화론에 있다는 사실을 깨달았습니다."[15]

이전에 그가 쓴 책 『고등비평의 최후 또는 진화론과 잘못된 신학The Finality of the Higher Criticism: or The Theory of Evolution and False Theology』의 제목에서도 이 둘을 연결지으려는 의도를 엿볼 수 있다. 그러나 원리주의 운동을 그 유명한 데이턴의 진화론 교육 반대 운동까지 이끌고 간 주인공은 윌리엄 제닝스 브라이언이었다.

브라이언은 세대적 전천년주의자가 아니었다. 그러기에는 낙관적인 성향이 무척 강했다. 예수에 대한 믿음으로 영생을 얻을 것이라는 희망은 전천년주의자들과 다를 바 없었지만 예수의 재림을 앞두고 타락에 임박한 세상을 성경이 예언했다는 그들의 의견에는 동의하지 않았다. 브라이언은 정치, 연설, 여행, 음식 등 현세의 것을 즐기는 사람이었다. 그리고 개혁의 힘을 통해 삶을 더 낫게 만들 수 있다고 믿었다. 브라이언이 평생 굳게 믿었던 개혁은 두 가지 형태로 이루어지는데, 하나는 종교적 신앙을 통해 이루어지는 개인적인 개혁이었고 또 하나는 다수결주의의 정부 조치를 통한 공공 개혁이었다. 두 가지 형태 모두 진화론 교육에 반대하는 그의 정치 캠페인에 영향을 주었다. 브라이언은 훗날 회고록에서 말했다.

"민주주의뿐만 아니라 기독교에 대한 믿음은 제 아버지에게서 배운 것입니다."[16]

역시 굳은 신념은 어릴 때부터 다져진 것이었다.

진화론 교육 반대 운동은 대중의 시각으로 볼 때 브라이언의 눈부신 정치 인생 35년에 종지부를 찍었다. 1890년에 네브래스카 영세농에게 부과된 공화당의 관세를 인하하기 위해 종횡무진 활약하던 30세의 브라이언은 인민당 의원 같았지만 민주당 의원으로 선출됐다. 카리스마 넘치는 언변과 젊은 혈기는 그에게 '플랫의 소년 웅변가'라는 별명을 얻게 해주었다. 브라이언의 가장 위대한 연설은 1896년 민주당 전당대회에서 나왔다. 제한된 금화에 과도하게 의존하면서 발생한 심각한 디플레이션 극복을 위해 통화를 은화로 대체할 것을 요구함으로써 당의 현직 보수파 대표 그로버 클리블랜드와 양당을 지배하던 동부 기득권층에 정면으로 대항한 연설이었다. 급진적인 다수결주의 논쟁과 전통적인 종교적 능변을 효율적으로 조합하여 다음과 같은 명언을 남겼다.

"노동자의 이마를 가시 돋친 면류관으로 찌르지 마십시오. 인류를 황금의 십자가에 못 박아서는 안 됩니다."

당원들은 열광했고, 브라이언은 이 일을 계기로 대통령 후보자로 낙점됐다. 더 나아가 많은 사람에게 위대한 평민Great Commoner이자 독보적인 리더로 각인됐다.

뒤이은 선거에서 근소한 차이로 패배의 쓴잔을 마신 후에도 신God이나 국민에 대한 브라이언의 믿음은 흔들리지 않았다. 민주당의 지도자 자리에 남아 미국—스페인 전쟁으로 불거진 제국주의와 군국주의에 맞서고 기업 관행에 대한 공적 개입 강화를 위해 싸운 결과 잇따라 두 번이나 대통령 후보로 지명됐다. 브라이언은 대중정치 논평과 복음주의 개신교 강의를 도구로 삼아 자신의 사명을 말과 글로 표출했다. 남은 일생 동안 매년 평균 200회가 넘는 연설을 위해 미국은 물론 전 세계를 여행했고, 수십 권의 책을 집필했으며, 미국 전역에 배포되는 정치 신문의 편집인으로도 활동했다. 1912년 우드로 윌슨의 백악관 입성에 공헌한 바를 인정받아 국무장관에 임명되기도 했으며, 국가 간 분쟁 중재를 필수화하여 전쟁을 방지하기 위해 고안된 잇따른 국제조약 협상에 착수했다. 독일의 침공 위협이 거세지는 가운데 미국 국민에게 '기독교적 관용을 행사'할 것을 호소하고 "제가 이 나라의 국무장관 자리에 있는 한 전쟁은 없을 것입니다"[17]라고 맹세한 것만 봐도 그의 행보는 단순히 정치적 임무가 아닌 종교적 사명에 가까웠다. 그 약속을 지키기 위해 결국 사퇴해야 했지만 말이다.

공식적인 정부 직위에서 물러난 후에도 사명감은 더욱 커져 정치적, 종교적 주제를 다루는 순회 연설가와 작가로서 활동을 계속했다. 평화 캠페인이 비록 실패하기는 했지만 좀더 민주적인 사회, 올바른 사회를 만들기 위해 고안된 헌법 수정안 네 가지, 즉 상원의원의 직접선거, 혁신적인 연방 소득세, 금주법, 여성 참정권에 대한 비준을 얻어내는 데 힘을 보탰다. 나이 든 평민의 신분으로 돌아온 브라이언은 이 기간 동안 아내의 건강을 위해 마이애미로 거처를 옮기고, 1920년대 초부터 일어난 역사적인 플로리다 부동산 열풍의 주인공이 됐다. 이때 얻은 수익을 언론에 축소 공개하는 등 꼼수를 쓰기도 했지만 대폭 인상된 부동산 가격 덕분에 하룻밤 사이에 백만장자가 된 것만은 틀림없었다.

엄청난 부를 쌓았음에도 브라이언의 활동은 줄어들 기미를 보이지 않았다. 이번에는 워싱턴의 보수적인 공화당 정부와 공립학교의 진화론 교육이 표적이었다. 생을 마감하는 날까지도 그의 집요함은 계속됐다. 실례로 브라이언은 자신을 주인공으로 정치 풍자만화를 그린 만화가를 꾸짖은 적이 있다. 만화에서 브라이언은 공화당 코끼리를 향해 겨눈 총구를 진화론자 원숭이로 돌리는 사냥꾼으로 묘사됐다. 브라이언은 다음과 같이 만화가에게 불만을 드러냈다.

"금고에 들어가려는 코끼리와 교실에 들어가려는 진화론자(원숭이)를 2연발식 산탄총으로 하나씩 겨냥하는 모습을 그렸어야죠."[18]

진화론 교육에 반대하는 운동을 펼치는 동안에도 그는 일관되게 진보적인 자세를 취했다. 전기작가 로런스 W. 러바인은 다음과 같이 말했다.

"윌리엄 제닝스 브라이언의 세상에서 개혁과 반동은 다소 어울리지 않지만 나름 평화롭게 공존했다. 1920년대의 브라이언은 1890년대의 브라이언과 근본적으로 같다. 세월이 흐르기는 했지만 정력과 낙천적 성격, 확신은 조금도 달라지지 않았다."[19]

브라이언의 반진화론주의와 진보적 정치관은 둘 다 개혁을 지지하고 다수결주의에 호소하며 기독교적인 신념에서 비롯됐다는 면에서 공통점이 있다. 그의 정치 인생이 정점에 달했던 1904년에 다위니즘과 관련하여 최초로 대중 앞에서 연설할 때 그는 이미 이러한 내용을 시사한 바 있다. 종교적, 사회적 이유로 다위니즘을 '위험'하다고 규정한 시기도 이때였다. 인류 발달에 대한 자연주의적 설명에 함축된 종교적 의미와 관련하여 브라이언은 다음과 같이 말했다.

"저는 다윈의 이론에 반대합니다. 전 시대에 걸쳐 초자연적인 힘이 인간의 삶과 국가의 운명을 정하는 데 아무런 관여도 하지 않았다는 이론을 받아

들인다면 일상에서 하나님의 존재를 자각하지 못하는 지경에 이를까봐 겁이
납니다."

진화론의 사회적 결과로 초점을 바꾼 브라이언은 덧붙였다.

"반대 이유가 하나 더 있습니다. 다위니즘은 인간이 증오의 법칙에 의해
지금의 완전한 모습에 도달한 것처럼 묘사합니다. 다수의 강자가 약자를 멸
하는 잔혹한 법칙 말이죠."[20]

위대한 평민 브라이언은 이 문제를 더는 상아탑에 있는 과학자들의 몫으
로 남겨두어서는 안 된다고 판단하고 초창기 연설에서 공표했다.

"저에게는 (자연의) 설계 뒤에 설계자가 있고, 창조 뒤에 창조주가 있다고
추정할 권리가 있습니다. 창조에 얼마나 오랜 시간이 걸렸든 그 뒤에 하나님
께서 서 계시기만 한다면 여호와에 대한 제 믿음은 결코 흔들리지 않을 겁
니다."

이 말에서는 마치 긴 지질 역사와 더 나아가 제한된 유신론적 진화를 염
두에 둔 것처럼 보이지만 인류의 초자연적 창조에 관해서는 여전히 완고한
태도를 고수했으며 이를 두고 "기독교인에게 주어진 시험 문제 중 하나"[21]라
고 표현했다. 20세기 초 셔토쿼Chautauqua[하계 문화 교육 학교. 1874년에 오락과
교육을 겸한 문화 교육으로 시작했으나 현재는 쇠퇴했음] 순회 강좌에서도 이 말
을 자주 언급하기는 했지만 1920년에 들어서 제1차 세계대전과 미국 지식층
사이에 종교적 신앙이 쇠퇴하는 현상이 다위니즘 때문이라는 비판을 시작하
기 전까지는 다위니즘에 반대되는 이야기는 거의 하지 않았다.

평화를 간절히 추구했던 브라이언은 소위 기독교 국가라는 미국이 어떻게
그처럼 잔혹한 전쟁에 참여했는지 도무지 이해할 수 없었다. 때마침 그 이유
를 그릇된 다위니즘 사고에서 찾는 두 권의 학술 도서가 브라이언의 눈길을
끌었다. 『총본산總本山의 기사Headquarters Knights』를 쓴 스탠퍼드대학교의 동물
학자 버넌 켈로그는 평화의 일꾼 자격으로 유럽으로 건너가 독일군 지도자

와 나눈 대화를 책으로 엮었다. 그는 질문했다.

"독일 지식 계층은 폭력과 죽음을 부르는 경쟁적 투쟁을 신조로 삼았고 자신들의 행동을 정당화했다. 그들은 도대체 무엇을 위하여 이 전쟁이 필요했던 것인가?"[22]

켈로그는 이 근거를 상호부조相互扶助를 통한 진화적 발전이라는 비다원적 견해를 촉진하는 데 이용한 반면, 브라이언은 다윈의 이론을 교육하면 안 되는 결정적 이유로 내세웠다. 철학자 벤저민 키드의 『권력의 과학The Science of Power』은 한발 더 나아가 다윈이 독일 철학자 프리드리히 니체에게 준 영향을 지적하며 독일 군국주의와 다원적 사고방식 사이의 관계를 분석하려 했다. 브라이언은 진화론 교육 반대 연설을 하거나 글을 쓸 때 이 두 권의 책을 자주 거론했다. 큰 인기를 끌었던 한 책에서는 키드를 인용하며 강력히 주장했다.

"다위니즘을 논리적 결론에 이르게 하고 하나님의 존재를 부인하며 기독교를 퇴보의 교리, 민주주의를 약자의 피난처라고 매도한 인물은 바로 니체다. 그는 모든 도덕 기준을 전복시키고 전쟁을 인류 발전에 필요한 것이라 칭송했다."[23]

브라이언에게 가장 큰 영향을 준 동시에 가장 민감한 부위를 건드린 것은 다름 아닌 세번째 책이었다. 1916년 브린마워대학의 심리학자 제임스 H. 류바가 종교적 신앙에 대해 대학생과 교수들을 상대로 실시한 대규모 설문 조사를 공개했다. 브라이언이 가장 우려한 바가 결과에 여실히 드러났다. 류바는 결론지었다.

"이번 조사에서 가장 인상 깊었던 점은 신앙 체계로서 기독교가 완전히 붕괴됐다는 것이다."

그는 이어서 보고했다.

"영혼불멸을 믿지 않는 학생의 비율이 1학년에서 4학년에 이르는 사이에 큰 폭으로 늘어났다."

과학자들의 경우 물리학자보다는 생물학자 그리고 실력이 더 뛰어난 과학자일수록 불신율이 높았다. 류바는 말했다.

"실력이 뛰어난 생물학자들은 신을 믿는 전체 과학자의 16.9퍼센트에 불과할 정도로 신앙인의 비율이 가장 낮았다."[24]

류바가 미국 지식층 사이에 퍼져 나가는 불신의 원인으로 진화론 교육을 지목한 것은 아니지만 브라이언은 확신했다. 한 연설에서 그는 반문했다.

"기독교인으로서 이러한 통계에 무관심할 수 있겠습니까? 하나님에 대한 믿음을 잃는다면 학교에서 가르치는 모든 지식이 인간에게 무슨 소용이 있겠습니까?"[25]

브라이언이 스콥스 재판을 정당화한 이유는 바로 이것이었다.

곧이어 부모, 학생, 목사들의 이야기가 줄을 이었고, 브라이언은 연설을 통해 이 이야기들을 공개했다.

"감리교 전도사의 이야기에 따르면 위스콘신대학교에서 한 교수가 학생들에게 성경이 신화를 모아놓은 책이라고 했다더군요. 하원의원인 한 아버지는 자기 딸이 웰즐리[미국 매사추세츠 주 노퍽 카운티에 있는 타운]를 다녀오더니 요즘은 아무도 성경을 믿지 않는다고 했답니다. 신학교에 다니는 아들이 다윈이즘 때문에 신앙이 흔들리고 있다고 털어놓은 하원의원인 또다른 아버지도 있습니다."[26]

브라이언의 부인은 훗날 다음과 같이 회고했다.

"공립학교가 아이들의 신앙을 무너뜨리는 데 이용되고 있다는 내용의 편지를 전국 각지의 부모들에게서 받을 때마다 그이의 영혼은 의분에 가득 찼어요."[27]

물론 많은 대학교수는 이러한 교육 방침을 과학적 실증주의가 만연한 시대 한가운데에서 비판적 사고와 경험적 조화를 독려하는 과정에서 비롯된 부산물로 여겼고 교육자로서의 의무감을 우선시했다. 이름난 진화생물학자로 나중에 자진해서 존 스콥스를 도운 바 있는 스탠퍼드대학교 총장 데이비드 스타 조던은 전통 개신교 부흥운동에 대해 많은 학자를 대변해 "길바닥에 널브러져 있는 주정뱅이보다도 존중할 가치가 없는 취태"[28]라고 비난했다.

1921년에 브라이언은 다위니즘의 위험성을 널리 알리는 데 주력했다. 각양각색의 청중 앞에서 훗날 스콥스 재판에 사용할 표현을 반복적으로 연습한 셈이다. 그의 취지는 '다위니즘의 위협Manace of Darwinism'이라는 새로운 연설로 재탄생해 남은 일생 동안 수차례 되풀이된 것은 물론이고 『하나님의 형상In His Image』이라는 책에도 소개됐다. 거기서 다음과 같이 엄포를 놓는 동시에 류바, 켈로그, 키드가 제시한 근거를 비중 있게 다루었다.[29]

"기독교인들의 신앙을 말살하고 역사상 가장 많은 피를 불러온 전쟁의 기반을 마련했다는 점만으로도 다윈의 이론은 규탄받아 마땅하다."

다위니즘을 겨냥한 두번째 연설의 제목은 '성경과 성경의 적Bible and Its Enemies'으로, 같은 해 브라이언의 레퍼토리에 추가됐다. 그의 반진화론운동은 빠른 속도로 전개돼 급기야 '성경의 적' 연설이 포함된 1912년 팸플릿 뒤표지에 '브라이언과 진화론에 맞서는 그의 성전聖戰'[30]이라는 말이 등장했다.

브라이언의 연설은 다위니즘의 위험성을 강조하는 것 외에도 진화론이 비과학적이고 설득력이 없다고 반박했다.

"진정한 과학은 분류된 지식입니다. 이 정의에 따라 시험한 결과 다위니즘은 추측을 한데 모아놓은 것이지 결코 과학이 아닙니다."[31]

그는 과학에 대한 구시대적 정의를 받아들였다. 특히 억지스럽게 들릴 만한 신체기관의 진화론적 설명을 언급하고 거기에 과장을 보태어 청중의 귀를 즐겁게 하는 것도 잊지 않았다. 예를 들면, 눈이 빛에 민감한 주근깨로 시작됐다는 식이었다.

"진화론자들의 추론에 따르면, 빛이 늘어나면서 피부 자극이 심화됐고 그러다 보니 그곳에 신경이 집중돼 갑자기 눈이 된 거죠! 기가 막히지 않습니까?"[32]

역사학자 로널드 L. 넘버스는 말했다.

"브라이언 외에도 눈의 진화적 기원을 언급할까 고민하던 사람은 많았습니다. 기독교 옹호자들은 오랫동안 눈의 복잡한 구조를 '유신론의 묘약'으로 여겼어요. 다윈조차도 이 부분에 허점이 있다는 사실을 기꺼이 수긍했으니까요."[33]

브라이언은 논쟁에서 드러난 상대의 약점을 이용해 대중의 호응을 얻어내는 비상한 능력을 가지고 있었다. 알다시피 대중의 호응은 그에게 가장 중요한 요소였다. 브라이언은 과학적 권위에 정면 도전했다.

"과학은 자체적인 평가 기준에 따라 판단했을 때 설득력 있는 논쟁이 아니면 동조를 강요할 수 없다. 인간은 과학보다 더 무궁무진하다. 과학은 안식일과 마찬가지로 인간이 만든 것이다."[34]

이러한 생각이 바탕이 돼 훗날 브라이언은 진화론 교육에 대한 법적 심판을 도모하고 배심 재판을 열어 그 결과 생겨난 제재를 집행하도록 주도했다. 평소 그의 행동 방식, 즉 국가 번영 촉진을 위한 은화 주조나 국제 평화 유지를 위한 중재 조약 등 중대한 사회 문제에 대해 즉각적으로 정치적 해결책을 제시했던 일들과 낙천적인 기질을 잘 알고 있는 사람들, 특히 그를 독보적인 지도자라고 부르며 따랐던 이들은 그에게서 즉각적인 행동 계획을 기대했다. 하지만 이른바 다위니즘을 공격하는 연설에서 그는 공립학교의 종교 문제에 대해 애매모호한 '실질적 중립'을 촉구할 뿐이었다.

"해당 학교에서 성경을 보호하지 못한다면 공격하지도 말아야 합니다."[35]

1921년 가을에 브라이언은 위스콘신대학교 총장 에드워드 버지와 주립대학교에서 반종교적인 내용을 가르쳤다는 문제를 놓고 언쟁을 벌이던 중 공개적으로 자신의 사명에 의미를 부여했다. 대학생과 교수의 학문적 자유에 대한 주제에서는 과학자로 이름을 날렸던 버지가 확연히 우세했다. 브라이언은 교회가 앞장서서 내부의 근대주의와 진화론 세력을 몰아낼 것을 촉구했고 북부 장로교회의 고위 성직자들에게 이 정책을 시행할 것을 조언했다. 하지만 이 문제는 제아무리 브라이언이라도 정부 차원의 방안을 모색할 수 없는, 전적으로 교구의 재량에 달린 문제였다. 브라이언의 주도적인 역할에도 불구하고 반진화론운동은 거의 1년 동안 구체적인 정치적 또는 법적 목표가 없었다.

하지만 거의 하룻밤 만에 상황이 뒤집혔다. 1921년 말에 켄터키 주의 침례교 미션 주위원회Baptist State Board of Missions에서 공립학교의 진화론 교육을 반대하는 주법主法을 요구하는 결의안을 통과시킨 것이다. 1922년 1월에 소식을 접한 브라이언은 즉각적으로 이 방안을 차용했다.

"이번 변화가 전국에 파란을 일으킬 것입니다. 그리고 우리는 미국 학교에서 다위니즘을 몰아낼 것입니다."

브라이언은 결의안의 후원자에게 전했다.

"예언자 엘리야는 우리 편입니다. 그가 힘을 보태줄 것입니다."[36]

브라이언은 이미 자신의 정치적 목표를 규명한 바 있다. 같은 달에 렉싱턴에 도착한 그는 켄터키 주 의회의 양원 합동회의에서 연설을 했다. 그리고 다음 한 달간 켄터키 주를 여행하며 입법을 지지했지만 아쉽게도 하원에서 단 한 표 차이로 통과시키지 못했다.

규제 법안을 위한 캠페인이 빠른 속도로 확산되면서 반진화론운동의 투사들이 하나둘씩 집결하기 시작했다. 뉴욕 주에서는 현지 출신의 원리주의 지도자 존 로치 스트레이턴이 1922년 2월에 반진화론 법안을 제창했고, 텍사스 주에서는 댈러스-포트워스 지역에서 가장 큰 교회의 목사로 있던 J. 프랭크 노리스가 직접 나섰다. 1922년 가을에 윌리엄 벨 라일리는 이 문제에 관해 진화론자들과의 토론을 제안하고 전국을 돌며 교회 내부의 근대주의자들과 공방을 벌였고, 1923년에 브라이언에게 "전국이 진화론 문제로 들끓고 있습니다"라고 알렸다.[37] 그로부터 3년 후, 여기에 언급한 성직자들은 존 스콥스의 기소를 적극 지지하는 저명한 교회 권위자로 자리매김했다.

라일리는 WCFA의 조직력을 모두 동원해 반진화론운동을 후원했다. 입법화라는 확실한 목표를 부여해 협회를 정치에 개입시키려 한 것이다. WCFA는 서둘러 1922년 회보에 사설을 실어 켄터키 주 입법안을 변론했고, 곧이어 전국적으로 비슷한 법안에 대해 로비 활동에 착수했다. 궁극적으로 법안을 시행하려는 이 단체의 이해관계는 스콥스 재판을 미국인의 삶에 원리주의가 얼마나 큰 영향을 미치는지 대대적으로 시험하는 척도로 변형시키는 데 큰 몫을 했다.

WCFA에서 내놓은 사설에는 악의적인 내용이 가득했다. 논설위원(아마도 라일리)이 성경과 과학에 입각해 진화론이 불건전하고 전쟁을 조장하며 도덕성을 해친다고 규탄했고, 한발 더 나아가 '위대한 과학자'들이 진화론을 두고 양분됐다며 불쾌한 심기를 드러냈다. 또한 진화론 지지자들이 공립학교를 통해 '자라나는 세대에게 진화론을 강요'하는 식으로 논란을 잠재우려 한다고 고발했다.[38] 이듬해 라일리가 WCFA 회보에 기고한 기사에서 진화론자들이 '무정부주의적, 사회주의적 선전'을 '은밀하게' 전파하려 한다고 비방하면서 논란이 점점 더 거세졌다.[39] 이후 라일리는 진화론을 가르치는 교사들을 '하나님을 인정할 수밖에 없는 것이 두려워 창조론에 동의하지 못하는'[40] 무신론자라고 비난했다. 1930년대에는 학교에서 진화론을 홍보하려는 '국제 유대인-볼셰비키[구소련 공산당의 별칭]-다윈주의자의 연합 음모'라고 경고했고, 독일에서 아돌프 히틀러가 이러한 음모를 저지하려 한다며 찬사를 보냈다.[41] 브라이언이 경멸한 단체 쿠클럭스클랜Ku Klux Klan[사회 변화와 흑인의 동등한 권리를 반대하며 폭력을 휘두르는 미국 남부 주의 백인 비밀 단체. 약어인 KKK로

더 잘 알려져 있다]도 같은 이유로 반진화론법을 지지했고, 로마 가톨릭 교회도 공모자 명단에 이름을 올렸다.

브라이언은 음모에 맞서야 할 필요성에 대해 라일리의 주장을 따르는 대신 다수결주의를 원칙으로 하는 반진화론운동을 추구했다. 브라이언의 주장은 데이턴 재판에서 검찰 측 논거의 틀을 마련했다. 1923년에 웨스트버지니아 주 의회를 상대로 브라이언은 "공립학교 교사들은 납세자가 원하는 내용을 가르쳐야 한다"며 "급여를 주는 사람들의 말을 듣지 않으면 누구 말을 듣겠냐"[42]고 책망했다. 이러한 논증은 브라이언의 정치철학에서 핵심으로 자리 잡게 됐다. 그는 '민주주의의 본질은 국민이 원하는 것을 가질 수 있는 권리에 있다'는 글에서 다음과 같은 말을 남겼다.

"위대한 미덕은 다른 어떤 곳보다 국민 개개인 안에서 찾을 수 있다."[43]

브라이언은 1890년대에 선거에서 패배한 뒤 "저에게 표를 주신 국민과 그렇지 않은 국민 모두에게 감사를 표합니다"라고 말한 순간부터 1917년 미국의 참전을 결정하기 전에 국민투표를 열자고 제안한 세계 평화 캠페인을 거쳐 1920년대 반진화론운동에 이를 때까지 끈질기게 이 철학을 고수했다. 진화론 교육 반대를 위한 투쟁에 이처럼 굳건한 신념을 갖게 해준 원동력은 "이 모든 논란 속에서 그 어떤 때보다 대다수의 국민이 내 편에 서 있다"[44]는 믿음이었다. 미국 '기독교인 10명 중 9명'이 진화론에 대해 자신과 뜻을 같이한다고 추정했다.[45] 반진화론법에 대한 지지도를 부풀려 계산했는지는 몰라도 꽤 많은 미국인, 그중에서도 남부지방 사람들이 브라이언을 지지한 것만은 확실했다.[46]

그는 말했다.

"인간에 대한 믿음을 간직하십시오. 인간은 신뢰를 받아 마땅한 존재니까요."[47]

그의 정치철학에는 개인의 권리가 배제됐다.

"교사에게 원하는 무엇이든 가르칠 권리가 있다고 주장하는 이가 있다면 교사에게 급여를 지급하는 부모에게도 자녀가 어떤 것을 배울지 결정할 권리가 있다고 답하겠습니다."[48]

그리고 다음과 같이 충고했다.

"과학적 공산주의가 학교에서 어떤 것을 가르칠지 지시하고 있습니다. 이는 역사상 가장 작은 규모로 독단적인 힘을 행사하려는 주제넘고 압제적인 과두제寡頭制라 할 수 있습니다."[49]

반진화론법이 원리주의를 따르지 않는 부모와 학생의 권리를 침해한다는 비난에 대해서도 이와 비슷한 특유의 유창한 화법으로 답했다. 개신교, 가톨릭, 유대교 모두 같은 창조론적 관점을 지니고 있다고 믿었던 브라이언은 반진화론운동에 이들의 협조를 구하려 했다. 유신론자가 아닌 사람들에 대해서는 반문했다.

"학교에서 종교를 가르치려는 기독교인들은 자신이 소속된 교파의 교육기관에 자금을 댑니다. 무신론자가 무신론을 가르치고 싶다면 어째서 자신들만의 학교를 짓고 같은 믿음을 가진 선생들을 고용하지 않는 겁니까?"[50]

이는 교회와 국가가 분리된 현실 때문에 공립학교에서 「창세기」의 천지창조를 가르치지 못한다는 가정을 전제로 한 주장이다.

"납세자가 낸 돈으로 아이들을 가르치는 선생님들에게 기독교를 가르치라고 요구하는 것이 아닙니다."

브라이언은 웨스트버지니아 주 의원들을 상대로 말했다.

"다만 과학이나 철학이라는 외피 아래 진화론이 사실인 양 가르치지 말라는 것입니다."[51]

이 말에는 유기적 기원이라는 주제를 완전히 건너뛰거나 진화론을 가설로 가르치라는 브라이언의 요구가 극명하게 드러나 있다.

브라이언의 지적에는 다수결주의의 근저를 이루는 개인 권리에 대한 양면

성이 깊게 반영됐다. 그는 금주법과 관련해 주장한 바 있다.[52]

"대중정치의 기본 원칙에 굴복하지 않고서는 이 나라에서 소수를 위한 양보는 있을 수 없다."

보수적인 대법원에서 소유주의 헌법상 권리 침해를 이유로 개혁시대 노동법을 타도하려는 움직임을 처음 보였을 때 브라이언은 의회의 사법 심사권을 제한하려고 시도했다. 그리고 진화론을 가르치는 교사에게도 마찬가지 논리를 적용했다.

"각자 원하는 대로 생각하고 말할 자유가 있지만, 부모와 납세자들이 원하지 않는 내용을 마음대로 가르치면서 급여를 요구할 권리가 없다는 말이 교사들의 양심의 자유 또는 언론의 자유를 침해하지는 않습니다."[53]

미국 정치 역사에 다수결원칙과 소수의 권리 사이의 갈등이 반영될 만큼 그는 다수결주의를 옹호했다. 당시 에드거 리 매스터스의 말대로 브라이언에게 "필요한 것은 자유가 아닌 대중정치"[54]였다.

진화론 교육에 맞서 싸울 사람들이 결집하는 곳이라면 그곳이 어디든 브라이언이 함께했다. 남부와 중서부의 주 의회 아홉 곳을 대상으로 한 주요 연설을 포함해 전국 각지의 청중을 대상으로 수백 회의 연설 행진을 이어갔다. 수십 권의 책과 기사를 통해서도 공격을 밀어붙였는데, 그 시작은 『뉴욕 타임스』와 『시카고 트리뷴』에서 찾아볼 수 있다. 일간지를 통해 유포된 '주간 성경 말씀Weekly Bible Talks'은 독자 수가 150만 명을 기록하며 진화론자에 대한 언론 공격의 도구로 이용됐다. 다수의 정치인, 학교 관계자, 관련 유명 인사를 포섭하기 위한 개인적인 로비활동도 펼쳤다.

"필요하다면 정치계와 학계의 지식층은 잊어도 좋다. 국민의 마음을 움직여라."[55]

이러한 그의 부름에 국민이 답했다.

교회 내부에서 다위니즘의 사회적, 종교적 영향에 대한 우려는 두 세대 넘게 부수적인 문제로 여겨졌다. 원리주의의 부흥이 이러한 우려를 해소해주었다고 생각한 사람들도 있지만 중대한 정치적 문제로 전환되기 위해서는 브라이언 같은 인물이 필요했다. 브라이언의 부인은 이 문제에 대한 남편의 열정을 공감하지 못했고 국민의 반응도 이해할 수 없었다. 1925년에 그녀가 쓴 글에는 다음과 같은 대목이 있다.

"어쩌다 관심이 이만큼 커졌고, 어쩌다 남편이 25년 전에 만연했던 문제를 새로운 출발선상에 올려놓을 수 있었는지 저는 잘 모르겠어요. 한 인간의 열의와 영향력이 대중의 관심을 불러온 것 같아요."[56]

테네시 주의 반응도 이와 거의 동일했다. 멤피스의 지역 신문 『커머셜 어필 Commercial Appeal』은 스콥스 재판이 있기 3개월 전에 사설을 통해 평가했다.

"브라이언은 공적 생활이나 개인 생활을 통틀어 그 어떤 이보다 빠르게 논란을 선동하는 능력이 있다."

"2년 전에 한 공개 연설에서 브라이언은 진화론을 시험대에 올려놓기에 적절한 시기라고 판단했던 것 같다. 그전까지 우리는 진화론에 대해서 거의 들은 바가 없었다. (…) 하지만 브라이언의 비판은 또다른 논란을 낳았고, 진화론은 거의 국가적인 문제로 부상했다."[57]

이보다 2년 앞서 늘 적대적인 태도로 일관했던 『시카고 트리뷴』은 불편한 심기를 드러냈다.

"윌리엄 제닝스 브라이언 때문에 미국인의 절반이 우주가 6일 만에 만들어졌는지에 대해 논쟁을 벌이고 있다."[58]

브라이언은 열띤 토론 그 이상을 원했다. 정치적 개혁을 꿈꿨지만 그렇게 하자면 시간이 걸렸다. 대부분의 주에서 의원은 시간제로 근무했기 때문에 홀수해 초에 열리는 일반 회기 중에만 만남이 이루어졌다. 켄터키 주는 예외였지만 1922년에 반진화론 법안이 통과되지 못하면서 다음 입법 절차에 회부하려면 1923년까지 기다려야 했다. 남부지방과 경계주[남북전쟁 전에 노예

제도를 인정하던 남부의 주들 중에 북부의 노예 금지 지역에 인접해 있던 주 여섯 곳의 의원들은 1923년 봄에 브라이언이 직접 대부분의 과정에 참여한 반진화론법 제안을 적극 고려했지만 결국에는 2개의 부수적인 정책만 통과됐다. 오클라호마 주의 경우 "저작권을 구매하거나 다윈 창조론과 성경 창조설 비교에 대해 '역사의 유물론적 이해'를 가르치는 교과서를 채택할 수 없다"[59]는 전제하에 공립학교 교과서법에 부칙을 추가했다. 플로리다 주 의회는 이에 뒤질세라 공립학교 교사가 "진화론이나 인간이 하등동물과 혈연관계가 있다는 기타 가설이 진실인 양 가르치는 것은 부적합하며 국민의 이익에 반한다"고 주장하는 법적 구속력이 없는 결의안을 채택했다.[60]

플로리다 결의안은 브라이언의 제안에 따라 작성됐고 나중에 주장했듯이 브라이언의 '관점'이 반영됐다는 점에서 중요한 의미를 지닌다. 단 한 가지 차이는 있었다.

"진화라는 가설을 가설로 가르치는 것을 반대하는 것이 아니라 진실이나 입증된 사실인 양 가르치는 것을 반대하는 것입니다."[61]

브라이언은 그 차이를 설명했다.

또한 결의안이 인류진화에 초점을 두고 있다는 데에는 공감했다. 진화론을 공격하는 연설에서 "짐승이 조상임을 받아들임으로써 벌어질 수 있는 인간의 패덕悖德을 막는 것이 우리의 가장 큰 관심사입니다"라고 강조하고 "식물과 동물 그리고 고등동물의 진화는 증명될 수만 있다면 인간이 짐승에서 유래됐음을 강요하는 추정 없이 수용될 수 있습니다"[62]라고 말했다.

브라이언은 플로리다 주 의회에 진화론 교육을 단순히 부적절하다고 비난만 할 것이 아니라 불법화하라고 요구했다. 그러면서 여전히 덧붙였다.

"법안과 연관해 어떠한 처벌도 있어서는 안 된다고 생각합니다. 지금 우리가 상대하는 사람들은 범죄자가 아니니까요."[63]

브라이언의 제2의 고향인 플로리다 주 의원들은 신중한 자세로 절충안을 택했다. 자신들의 결정이 소송에 휘말릴 위험을 막기 위해 법률이 아닌 자문 결의안을 만장일치로 통과시킨 것이다. 2년 후, 테네시 주 의회는 처벌 조항을 포함하는 형사법을 채택하고 인류진화론을 진실로 가르치는 사례만이 아니라 진화론 자체를 가르치는 모든 사례에 적용하는 등 플로리다 주 의회에 비해 과감함을 보였고 브라이언보다도 교사들에 대해 큰 불신을 드러냈다. 스콥스 재판이 서서히 다가오고 있었던 것이다.

반진화론자들은 1923년의 입법 기간 동안 별 성과가 없자 곧 테네시 주를 겨냥하기 시작했다. 그해 진화론 교육 금지 법안이 테네시 주 의회 위원회에서 통과되지 못했는데, 가장 큰 원인은 브라이언과 그 밖의 반진화론 지도자들이 캠페인을 벌인 여느 주와 달리 관심과 주의가 부족한 데 있었다. 이제 반진화론자들의 관심은 테네시 주와 그 이웃에 위치한 노스캐롤라이나 주로 쏠렸다. 1925년에 입법 심의회가 열리기로 했기 때문이다. 브라이언은 이 기간 동안 두 주를 오가며 반진화론 연설을 했다. 1924년 1월 내슈빌에서 열린 대규모 연설에는 테네시 주 공무원 대부분이 참석했다. 라일리는 1923~1925년에 이 지역을 순회하며 원리주의 교회에서 강연을 하고 교인들에게 공립학교에서 진화론을 몰아낼 것을 촉구했다. WCFA 또한 두 지역에서 국내 콘퍼런스를 개최해 이 문제에 대한 지역 주민들의 관심을 이끌어냈다. 빌리 선데이는 두 지역에서 대규모 집회 일정을 잡고 1925년 테네시 주 입법 심의 기간 동안 멤피스에 진을 쳤다. T. T. 마틴, J. 프랭크 노리스, 존 로치 스트레이턴도 여러 장소에서 모습을 보였다. 이러한 노력의 결과, 1924년 선거를 맞은 테네시 주와 노스캐롤라이나 주에서 진화론 교육은 뜨거운 정치적 쟁점으로 부상했고, 수많은 민주당 후보가 '브라이언과 성경'을 지지할 것을 맹세했다.

테네시 주의 반대 세력이 좀더 약하다는 분석에 따라 노스캐롤라이나 주보다는 테네시 주가 공략 대상으로 떠올랐다. 테네시 주 최대의 도시 멤피스는 '침례교의 근거지이자 교파의 요새'[64]라고 자타가 공인할 만큼 보수적인 개신교 출판의 중심지로 군림하고 있었다. 멤피스의 대표 일간지 『커머셜 어필』이 반진화론법을 공개적으로 지지할 것이라는 데에는 일말의 의심도 없었다. 성인 전체 인구 120만 명 중 교회 신도 수가 100만 명을 넘고 그중 반 가까이가 침례교도[65]라는 통계가 말해주듯 주 전체가 개신교 아래 단결됐다. 주지사 오스틴 피는 인기 있는 민주당 정치인으로 진보적인 개혁 정치를 지향한 덕택에 근대 테네시 주 건설자라고 불렀다. 또한 자기 자신을 '구식 침례교도'라고 소개하며 공립학교에서 종교적 신앙을 해치는 사상을 가르치고 있다고 자주 불평했다.[66] 그는 주립대 학생들에게 "종교에 충실하라"고 조언하며 다음과 같이 말한 적도 있다.

"과학자와 괴짜들은 헛된 노력만 하고 있는 겁니다. 테네시 주의 학교를 받쳐주는 튼튼한 기둥은 바로 기독교 신앙입니다."[67]

뿐만 아니라 테네시 주의 인구는 종교와 대중문화의 변화에 대해 긴장이 고조될 만큼 다양하게 구성됐다. 브라이언은 1924년 주도州都에서 행한 연설 첫 마디에서부터 바로 문제를 제기했다.

"제가 오늘 이곳에서 종교 연설을 하는 이유는 내슈빌이 남부지방에서 근대주의가 가장 번성한 중심지이기 때문입니다."

짐작컨대 이 지역 밴더빌트대학교의 영향력과 전국적으로 유명세를 떨친 이곳 출신의 진보주의 종교 지도자 제임스 I. 밴스를 의식하고 한 말이었을 것이다.[68] 또한 제1차 세계대전 이후 테네시 주에 잠재해 있던 인종 갈등이 인종 폭동, KKK의 횡포 등의 형태로 폭발한 가운데 반진화론운동 진영은 이러한 사회 분위기를 정상으로 되돌려놓겠다고 약속했다.

진화론 교육을 옹호하는 현지인들은 점점 더 들끓는 분위기를 잠재우기 위해 노력했다. 밴스의 경우, 책과 설교를 통해 중학교 교과과정에서 원리주의와 근대주의를 균형 있게 다룰 것을 주장했고 줄곧 관용을 호소했다. 내슈빌의 석간신문 『배너Banner』는 주기적으로 반진화론을 비판하고 브라이언의 의도를 혹평했다. 예를 들어 브라이언이 군비 축소의 대가로 유럽 국가가 짊어진 전쟁 부채를 탕감해줄 것을 제안했을 때 『배너』는 조롱 섞인 반응을 보였다.

"최근까지 네브래스카에 살다가 플로리다로 옮긴 저명하신 윌리엄 제닝스 브라이언, 대중의 관심을 얻을 기회가 오면 반드시 쟁취하고 이를 이용해 엄청난 부를 축적한 그가 이처럼 이타적인 발상을 하다니 어불성설이다."[69]

진화론 교육 금지 제안을 공격하려는 이 기사의 의도에 맞대응해 『커머셜 어필』은 바로 브라이언의 재산이 '정직하게 모은 것'이라며 반박했고, 브라이언도 공개적으로 "나는 백만장자가 아니다"[70]라며 불쾌감을 드러냈다. 주 공무원들과 지역 학교 관계자들은 반진화론운동이 별 여파 없이 지나갈 것이라는 기대 속에 진화론 교육을 심각하게 받아들이지 않았지만 테네시 주에서는 1925년에 문제가 극도로 심화돼 법적 대결이 불가피해졌다.

1925년 1월 20일에 『커머셜 어필』은 "오늘 테네시 주에서 원리주의가 선제공격을 가했다"는 내용의 기사를 내보냈다.

"의회에서 서배너 출신의 상원의원 존 A. 셸턴이 테네시 주 공립학교에서 진화론을 가르치는 것을 중죄로 취급하는 법안을 상정했다."[71]

다음 날 존 W. 버틀러는 하원에서 비슷한 법을 제안했다.[72] 두 의원 모두 이 문제에 대해 캠페인을 벌인 적이 있기 때문에 이들의 행동은 얼마든지 예측 가능한 것이었다. 버틀러는 브라이언식 근거를 바탕으로 자신의 제안을 정당화했다.

"미국이 국가로서 존속하려면 우리 정부의 토대가 되는 원칙이 무너져서는 안 됩니다. (…) 하지만 우리가 성경이 진실이 아니라는 주장을 좌시하고 그 자리를 진화론으로 대체한다면 그 원칙은 어떻게 되겠습니까?"[73]

버틀러는 거의 알려지지 않은 농부 출신 의원으로 원시 침례교Primitive

Baptist 평신도 지도자를 역임했다. 공립학교의 역할이 성경의 윤리 개념을 바탕으로 시민 정신을 고취시키는 것이라고 믿었던 그에게 진화론은 그러한 개념을 무너뜨리는 것이나 다름없었다. 따라서 버틀러는 진화론 교육을 경범죄로 취급하고 공립학교 교사가 "성경에서 가르치는 창조론을 거부하고 대신 인간이 하등동물의 자손이라는 이론을 가르칠 경우"[74] 최대 500달러의 벌금형을 내릴 것을 제안했다. 불과 6일 후에 하원에서 개정 없이 그의 제안을 통과시킨 것을 보면 버틀러의 동료들도 동의한 것으로 보인다. 투표 결과는 71 대 5로 압도적이었다. 반대자 5명 중 3명이 멤피스 출신이고, 1명이 내슈빌 출신이기는 했지만 이 법안은 테네시 주 대도시를 포함해 지방과 도시 대표 양쪽의 지지를 얻어냈다.

하원의 조치는 버틀러가 상정한 법안에 대한 신중한 결정이라기보다는 진화론 교육 규제라는 통념에 대한 압도적인 지지가 반영된 것이었다. 하원의원들이 법안에 대해 얻은 정보는 브라이언의 1924년 내슈빌 연설 원고 사본이 전부였다. 이마저도 기독교인들이 "세금에 의해 운영되는 학교에서 다수의 견해를 가르치지 못한다면 소수의 사람도 국비로 기독교의 모든 핵심 원칙을 공격하는 과학적 해석을 가르칠 수 없다"[75]는 주장 외에 입법 제안에 대해 그 어떠한 구체적인 내용도 담겨 있지 않았다. 브라이언의 플로리다 주 반진화법 결의안이 인류 기원설 교육에 대해 표면적으로나마 균형 잡힌 제재를 표방한 반면, 버틀러의 법안은 오직 진화론만을 대상으로 했다. 이 둘 사이의 차이에 대해서는 테네시 주 의원들 사이에서 단 한 번도 논의된 적이 없었다.

사실상 하원에서 투표가 있기 전까지 제안의 그 어떤 내용도 대중매체에서 다루어지지 않았는데, 여기에는 여러 요인이 작용했다. 첫째로, 언론이 법안의 도입을 보도하는 대신 상원의 이전 제안만 집중 보도했다. 둘째, 하원 교육위원회에서 공청회도 열지 않고 법안 통과를 권고했다. 하원 투표가 있기 전까지 위원회의 결정을 아는 사람이 위원회에서 단 한 명도 없었지만 가벼운 항의가 있었을 뿐 그대로 지지를 표했다. 마지막으로, 하원 지도층이 중요성이 떨어지고 논란의 여지가 적은 다른 법안의 숙려를 위해 따로 마련해 둔 오후 일정을 이 법안의 최종 평가에 할애했다는 것이다. 『내슈빌 배너』는 다음과 같이 그날 오후 하원의 행태를 비판했다.

"법안이 마치 공장 기계처럼 규칙대로 찍혀 나왔다. 아마도 법안이 발효될 때까지 심의회의 발표보다 논의가 적게 이루어질 것이다."

오후 심의가 진행되면서 하원에서는 장시간 토론을 유발하는 모든 다른 법안에 대한 조치를 연기했다. 이에 불만을 품은 한 교육위원회 의원이 반진화론 법안을 연기할 것을 요청하자 버틀러가 바로 거부했다. 보도에 따르면 버틀러는 "모두가 진화론이 어떤 의미인지 이해하고 있는 이상 이야기를 이어 나갈 필요를 못 느끼겠군요"라고 말했다고 한다. 또다른 대표가 즉각적인 투표를 요구하며 버틀러 지원에 나섰고 더 이상의 이견 없이 법안이 통과됐다. 당시 회의실 투표율은 '달걀을 훔치는 개' 때문에 생긴 일명 목줄법[주인의 소유지 밖에서는 개를 매어두어야 한다는 조례]이 통과될 때보다 낮았다. 적어도 후자는 한 의원이 어떤 개가 달걀을 훔쳐 먹는지 어떻게 아느냐고 물었을 때 큰 웃음을 자아내기라도 했는데 말이다.[76]

하원 투표 전에 테네시 주의 주요 신문에 편집자에게 보내는 편지나 버틀러를 비난하는 어떠한 글도 등장하지 않았다는 점을 미루어볼 때 신속한 하원의 조치는 대중이 방심한 틈에 이루어진 것이 분명했다. 발표가 나온 뒤 독자의 편지가 쇄도했고 법안 반대 탄원서와 신문 사설도 하원에서 법안을 통과시킨 이후에야 등장하기 시작했다. 물론 최종 법률 제정을 위해서는 테네시 주 상원과 주지사의 승인이 필요했기에 결과를 뒤집을 기회가 아직 충분히 남아 있었다. 그때까지 찬성파와 반대파는 논쟁을 위한 철저한 예행연습을 되풀이했고, 스콥스 재판에 전 국민의 관심이 쏠리는 데 한몫했다.

법안을 반대하는 세력은 상원을 설득하기 위해 나섰다. 『내슈빌 배너』 앞으로 전달된 한 통의 편지에는 다음과 같은 글이 적혀 있었다.

"어제 하원에서 '반진화론 법안'을 통과시켰다는 소식을 접했습니다. 표현의 자유를 주창하는 사람들이 어떻게 이러한 법안을 이의 제기 하나 없이 통과시킬 수가 있죠?"[77]

반대자들이 신문사에 보낸 편지에는 셀 수 없이 많은 테네시 주민이 하원의 조치를 향해 느낀 분노와 수치심이 고스란히 드러나 있었다. 한 독자는 편지를 보내 "학생들이 배우려고 하는 한 그들의 의지를 꺾어서는 안 됩니다"[78]라고 호소했고, 또다른 독자는 "지구상에 가장 권위 있는 과학기관에서 진화론을 더 이상 이론이 아닌 기정사실로 평가했다고 합니다. 하지만 의원들은 빌리 브라이언[윌리엄 제닝스 브라이언의 영어식 애칭], 빌리 선데이 같은 자들의 말에만 귀를 기울이고 있습니다"[79]라고 주장했다. 갈릴레오의 재판 및 브루노의 처형과 비교하는 사례도 비일비재했다. 어떤 이는 비꼬았다.

"브루노를 불태워 죽이고 갈릴레오를 감옥에 가두었는데도 우리가 여전히 지구가 둥글다고 배우고 있는 걸 보면 진화론은 영영 사라지지 않을 것 같군요."[80]

피할 수 없는 원숭이에 대한 언급도 등장했다. 한 편지는 다음과 같은 농담을 던졌다.

"다윈의 진화론이 진실인지 궁금하다면 국회의사당으로 가는 것만큼 확실한 증거는 없을 겁니다. 그곳에 있는 몇몇 사람을 보면 인간이 원숭이에서 크게 진화하지 못했다는 사실을 믿을 수밖에 없을 테니까요."[81]

테네시 주의 여러 신문이 하나둘씩 공방에 가담했다. 『내슈빌 테네시안 Nashville Tennessean』은 "지질학과 천문학의 발견이 어째서 기독교 신앙에 대한 도전인가?"라는 사설을 실었고,[82] 『록우드 타임스 Rockwood Times』는 여기에 덧붙여 "이 얼토당토않은 법안을 되도록 빨리 쓰레기통에 처넣는 것이 계몽이라는 대의를 위해서나 테네시 주의 발전에 이로울 것이다"라고 썼다.[83] 『채터누가 타임스Chattanooga Times』는 "테네시 주 법안이 통과됐다는 소식에 브라이언이 느꼈을 만족감에 공감할 자격이 있는 존재가 또 하나 있다면 그것은 원숭이일 것이다. 테네시 주 하원의 결정에 드러난 인류의 기원이 맞는다면 인간이 원숭이와 혈연관계가 없다는 사실에 그 누구보다 원숭이가 제일 기뻐하지 않을까?"[84]라는 내용의 사설을 게재했다.

테네시 주의 자유주의 종교 지도자들은 원리주의자의 수에 비하면 턱없이 열세였지만 여러 도시에서 영향력 있는 목사로 활동했고 반진화론 법안을 규탄하는 데 동참했다. 진보 성향의 한 전도사는 입법을 맡은 의원들을 워낙 심하게 질책하는 바람에 한 신문에 그의 논평이 실린 뒤에 하원에서 이를 부인하는 결의안을 통과시키는 흔치 않은 조치를 취한 적도 있다.[85] 대다수가 장로교 또는 감리교에 속한 13인의 내슈빌 목사가 상원에 탄원서를 보내 반대 견해를 표명하기도 했다.[86] 가령 채터누가의 진보주의 목사 M. S. 프리먼은 제안된 법규를 비판하며 근대주의에 대한 설교를 연속해서 보급했다.

"이번 법안의 문제는 기독교 신앙을 철장 뒤에 꼭꼭 숨겨놓고 보호해야 한다는 잘못된 생각에서 출발했다는 것입니다."[87]

근대주의 지도자이자 노스캐롤라이나 주에서 반진화론 법안 반대 운동의 중추적 역할을 맡았던 R. T. 밴은 멤피스의 청중에게 과학 교육에서 학문의 자유가 보장돼야 한다고 연설했다.

"대학에서 과학을 가르칠 수 있고, 또 그래야만 한다면 당연히 과학자가 가르쳐야 하지 않겠습니까? 성직자나 예언자, 사도, 심지어 하나님마저 현재 우리가 보유한 자연과학의 지식에 손톱만큼도 기여한 바가 없습니다."[88]

이로써 반진화론 법안을 반격하기 위한 주요 전술 세 가지가 서서히 형체를 띠기 시작했다. 요컨대 개인의 자유 옹호, 과학적 권위에 대한 호소 그리고 원리주의자와 성경직역주의에 대한 소통이었다. 이는 훗날 스콥스 변론의 주축으로 이용됐다.

상원의원들은 이들의 주장에 즉각적인 반응을 보였다. 하원에서 버틀러 법안이 통과되고 이틀 후에 상원 법사위원회는 입법부가 '종교적 신앙이 걸린 문제에 조금이라도 영향을 줄 수 있는 법을 제정해서는 안 된다"[89]는 견해와 함께 셸턴의 반진화론 법안을 부결시켰다. 그로부터 6일 후, 이 위원회는 버틀러 법안도 거부했다. 법사위원회와 하원의 결정 중간에서 좌불안석에 처한 상원은 버틀러 법안을 전면 철폐하는 방안을 고민하다가 투표가 신속히 이루어지도록 입법 일정을 조정하려는 움직임을 취했다. 하지만 결국두 반진화론 법안을 모두 법사위원회로 돌려보내 2월 중순에 시작되는 한 달간의 의회 휴회 기간 동안 재심줄 것을 요청했다.[90] 덕분에 반진화론자들은 반격을 준비할 시간을 벌었고 그 기회를 최대한 활용했다.

1925년 2월 초에 한 독자가 『내슈빌 배너』에 다음과 같은 글을 보냈다.

"상황을 정확히 판단하자면, 하원이 법안을 통과시켰지만 상원 법사위원회가 법안의 거부를 권고했습니다. 따라서 지금까지는 법안에 반대하는 세력의 독무대였지만 이제 반대편의 반론이 나올 때가 된 것 같군요."[91]

이 독자와 더불어 버틀러 법안을 지지하기 위해 테네시 주 신문사에 편지를 보낸 수많은 반진화론자는 다른 무엇보다 사회적, 종교적 가치에 깊은 영향을 미치는 '입증되지 않은' 학설을 가르치는 문제에 관해서는 다수가 공립학교 교과과정의 내용을 감독해야 한다는 브라이언의 기본 주장을 이해하고수용하는 자세를 보였다.

이러한 공개 편지에는 앞서 언급한 문제가 다시 한번 제기됐다. 한 논객이물었다.

"왜 기독교인과 다른 선량한 시민들이 불신자들의 근거 없는 추측을 지지하는 데 세금을 내야 하나요?"[92]

다음과 같이 항의한 사람도 있었다.

"진화 연구나 진화론이라는 단어에 반대하는 사람은 아무도 없습니다. 하지만 미국인의 99퍼센트는 인간이 하등동물에서 진화했다는 불쾌한 이론에 반대합니다. 그렇다면 법을 만드는 사람들의 힘을 빌려 국세로 운영되는 학교에서 이를 가르치지 못하게 하는 법을 통과시키려는 것은 국민의 당연한 권리 아닙니까?"[93]

이러한 편지는 대부분 여성이 썼는데, 한 예로 어떤 여성은 다음과 같이 물었다.

"아이가 현명하지 못한 교육 때문에 가정과 성경, 정부, 법에 대해 신뢰를 잃는다면 어머니로서 어떻게 해야 하나요?"[94]

많은 테네시 주민의 정서를 담은 이 같은 편지는 상원의 조치를 촉구했다. 다음은 자칭 원리주의자가 쓴 글이다.

"저들이 무지하다고 부르는 입법부를 저는 응원합니다. 세상에 브라이언 같은 사람이 늘어나고 다윈 지지자는 줄어든다면 얼마나 좋을까요? 상원이 하원과 의견이 일치해 우리의 진화법을 통과시키기를 고대합니다."[95]

상원 전체가 버틀러 법안에 대한 재고를 위한 투표를 실시한 그날, 상원의원 존 A. 셸턴은 브라이언에게 도움을 요청했다.

"어떤 형태의 법안을 제안하고자 하시는지 궁금한 마음에 이렇게 편지를 드립니다. 최종 통과 전에 편지를 보내 자문을 구하라는 다른 의원들의 요청도 있었습니다."

법안을 지지하는 상원의원들은 브라이언을 초대해 곧 있을 휴회가 끝난 후에 양원 합동회의에서 연설을 해줄 것을 요청했다.[96] 브라이언은 초대를 정중히 사양하면서도 법안에 대해 한 가지 조언은 남겼다.

"특별히 한 말씀드리자면, 처벌 조항은 제외시켜두십시오. 그 이유는 첫째로, 반대파는 시비곡직에 따라 법안을 반대하지 못할 것이므로 주의를 다른 곳으로 돌릴 방법을 모색할 것입니다. 이러한 상황에서 처벌 조항은 이들에게 핑곗거리를 주는 셈입니다. (⋯) 둘째 이유는, 상대가 법을 존중할 줄 아는 지식 계급이라는 점입니다."[97]

처벌 조항이 없다면 스콥스 재판과 같이 자유라는 명분 아래 순교자를 자청하는 교사가 등장해 여론을 쥐고 흔드는 난감한 사태도 없을 것이었다. 브라이언은 두 가지 가능성을 염두에 두고 반대파의 홍보 활동이 불러올 파장을 예견할 수 있었다. 그러나 테네시 주 반진화론자들은 승리를 눈앞에 두고 브라이언의 경고를 무시했다.

당시 테네시 주 현장에는 원리주의 지도자 빌리 선데이와 J. 프랭크 노리스도 있었다. 둘 중 선데이의 영향력이 좀더 컸지만 이미 개종한 사람들에게 반진화론을 설파하고 보수 개신교도들을 집결시키는 능력 면에서는 노리스, 라일리, 브라이언도 뒤지지 않았다. 군중의 마음을 사로잡는 기술은 브라이언에게도 있었지만 1920년대 원리주의자 중에서 군중을 결집하고 개종자를 얻는 능력은 선데이가 단연 최고였다. 빌리 선데이가 이끄는 반진화론운동은 마치 미국 최고의 서커스 쇼로 일컬어지는 링링 브라더스가 온 것처럼 가는 곳마다 환대를 받았다. 물론 이 서커스의 주인공은 선데이였다. 전직 시카고 컵스 외야수였던 선데이는 수많은 청중 앞에서 설교와 기도는 기본이고, 노래를 부르고 고함을 치고 무대 위를 종횡무진하며 속사포 같은 화법을 구사했다.

1925년 2월에 선데이는 같은 장소에는 반드시 시간차를 두고 나타난다는 자신만의 규칙을 깨고 두번째 반진화론운동을 위해 멤피스로 돌아왔다. 첫날 밤에 5000명이 넘는 사람이 모인 가운데 그는 "신조차 버린 저 극악무도한 진화론자 패거리에 맞서 단호한 결정을 내려준 테네시 주 의회, 아니 이번 결정과 관련이 있는 분들께 하나님의 영광이 함께하기를!"이라고 외쳤다. 집회가 18일간 지속되는 동안 점점 더 많은 사람이 모여들었고, 선데이는 잊을 만하면 "저질 진화론"이라는 표현을 써가며 다윈을 '이단자'로 매도했고 "망할 놈의 자유주의"라고 호통을 치기도 했다. 특히 진화론을 가르치는 교사들을 향해 특유의 짧고 날카로운 말투로 "오늘날 교육이 악마의 지배를 받고 있다"며 경멸감을 토해냈다.

"진화론을 가르친다고요? 선사시대 인간에 대해 가르친다고요? 선사시대 인간이란 게 어디 있죠? 선사시대 인간? 선사시대 인간이요?"

선데이의 이 같은 반응에 대해 『커머셜 어필』은 "선데이가 목이 막혀 곧 구토를 할 것만 같았다"고 보도했다. 자연 진화가 내포하는 사회적, 종교적 의미에 대한 심오한 고찰은 성경직역주의를 주장하는 피상적인 외침에 묻혀버렸다. 실례로 테네시 주의 한 기자는 선데이의 멤피스 집회를 "술 취해 주먹싸움이나 하던 사람이 어쩌다 의회 문턱까지 진출하더니 마치 인생을 다 아는 양 자신이 그간에 쌓은 원칙이나 믿음을 시험이라도 하려는 듯 거창한 말과 비방, 조롱, 광분을 섞어가며 싸움을 거는 양상"[98]이라고 비하했다.

"선데이의 설교를 듣기 위해 각양각색의 사람이 모여들었다"고 『커머셜 어필』은 전했다. 이 일간지는 하루도 빼놓지 않고 선데이의 활동을 1면에 보도했다. 남성들끼리 모여 자유롭게 자신의 감정을 표현하는 '남자들의 밤Men's Night'이라는 행사에 수천 명이 참여했고, '여자들의 밤Lady's Night'에는 그보다 더 많은 여성이 모였다. '흑인의 밤Negro Night'에 대해 이 신문은 "1만 5000명의 검은 얼굴, 갈색 얼굴, 그을린 얼굴, 환한 얼굴이 하나님의 영광으로 반짝였다"고 묘사했고, 비공식적이긴 하지만 '클랜의 밤Klan Night' 행사에도 역시 많은 수의 KKK 단원이 상징적인 가운과 복면을 쓰고 참석했다고 전했다. 테네시 주 전역의 사람들을 동원하기 위해 특수 열차와 버스가 운행됐고, 여러 행사장에서 심심치 않게 의원들의 모습도 볼 수 있었다. 이 행사는 누적 참석자 수가 최대 20만 명, 즉 테네시 주 전체 인구의 10분의 1에 이를 정도로 성황을 이루었다.[99] 상원 투표 하루 전날 밤, 선데이가 떠나고 노리스가 그 자리를 채웠을 때 테네시 주 원리주의자들의 의욕은 이미 달아오를 대로 달아올라 있었다. 선데이의 호언장담과 달리 진화론 교사들을 두고 "무고한 자들의 피로 손이 흠뻑 젖었다"고 표현한 노리스에게서는 그들을 회유하고자 하는 의지가 엿보였다. 노리스는 적어도 완벽한 문장을 구사할 줄은 알았다.

"지금 테네시 주와 주민들 앞에는 학교에서 진화론을 가르치는 문제를 겨냥한 법안이 놓여 있습니다. 저는 테네시 주가 이 법안을 법률로 제정하는 최초의 주로 역사에 남기를 진심으로 기원합니다."[100]

노리스의 기대와 주민들의 의지 그리고 의원들의 의향이 삼위일체가 되는 순간이 왔다. 3월 11일, 휴회 기간이 끝나고 처음 열린 회의에서 상원 법사위원회가 개정 없이 버틀러 법안을 승인한 것이다. 그로부터 10일 후, 상원 전체 회의에서도 24대 6으로 동의했고, 법안은 승인을 받기 위해 주지사 피에게 바로 전달됐다. 몇 안 되는 반대표는 지방과 도시를 고루 대표하는 양당의 상원의원들이 던진 것으로, 개인적인 신념 외에는 별다른 패턴이 보이지 않았다.

상원 투표 전에 3시간 동안 열띤 본회의가 계속됐고, 법안 지지자들은 다수결 원칙과 학생들의 종교적 신앙을 강조했다. 이러한 분위기를 조성한 주체는 데이턴 대표 상원의원이자 독실한 캠벨파(사도교회) 신자인 상원의장 L. D. 힐이었다. 애초에 그는 지구가 둥글다는 이론도 가르쳐서는 안 된다고 주장하며 법안의 수정 가능성조차 막아버렸다. 그런 다음 의장석에서 내려와 법안을 간곡히 탄원했다.

"성경을 있는 그대로 믿는 테네시 주의 어린이들이 부모님 돈으로 운영되는 공립학교에서 자신들이 가진 믿음과 반대되는 내용을 배워야 한다는 것은 부당하다고 생각합니다. 강제 법규를 동원해 이 어리고 여린 아이들을 부모에게서 떼어놓고 인간이 무슨 원형질이니, 단세포종이니, 하등동물이니 하는 존재에서 유래했다고 가르친다면 아이들은 더 이상 성경의 천지창조를 믿지 않을 것입니다."

상원 반진화론법 후원자인 존 A. 셸턴은 여기에 덧붙여 "천지창조를 믿는 납세자에게 진화론을 가르치는 학교를 후원하는 데 힘을 보태라고 강요할 수는 없는 일"이라고 했다. 마지못해 찬성표를 던진 한 의원은 "진화론을 불신하고 자녀들에게 가르치지 않기를 원하는 사람들의 수가 테네시 주 안에서만 해도 엄청나기 때문에 찬성할 수밖에 없었다"고 실토했다. 좀더 열렬한 지지를 보였던 한 의원은 이 다수에 "테네시 주 인구의 95퍼센트"가 포함된다고 추정했다.[101]

투표수에서 크게 밀린 반대파 상원의원들은 개인의 자유를 들먹이며 반박했다. 한 상원의원이 강력하게 주장했다.

"『창세기』를 믿느냐 마느냐의 문제가 아닙니다. 진짜 문제는 교회와 국가를 분리해야 하는지에 있습니다."

또다른 의원은 말했다.

"어떤 법도 인간에게 족쇄를 채워서는 안 됩니다."

한 공화당 의원은 종교의 자유와 주 헌법을 분리하는 구절을 인용하며 법안에 대한 논란을 "지난 28년에서 30년 사이에 정치와 사회를 통틀어 가장 큰 폐해"라며 브라이언을 탓했지만 지지자들은 바로 반박했다.

"이 법안은 단지 국민 다수의 소망을 실현하려는 노력이지 종교의 자유를 침해하거나 그 누구의 믿음에 영향을 주려는 것이 아닙니다."

이러한 정서가 상원의 마음을 움직였다.[102]

테네시 주는 물론 미국 전역에서 반진화론법을 반대하는 세력이 법안을 기각해달라고 피 주지사에게 탄원했다. 피 주지사는 훗날 그의 이름을 딴 대학이 생길 만큼 공교육과 학년 연장을 위해 싸워온 진보주의자로 명성을 얻은 인물이었다. 다른 주에서 탄원서를 보낸 이들은 어쩌면 그에게 희망을 품었을지도 모른다. 과학 작가 메이너드 시플리와 그가 이끄는 미국과학연맹 Science League of America의 적극적인 지원에 힘입어 진화론을 옹호하는 새로운 조직이 탄생했고, 미국 전역에서 항의 편지가 물밀듯이 쏟아져 들어왔다. 드레이퍼와 화이트의 사상을 바탕으로 한 뉴욕 시민은 다음과 같은 질문을 던지기도 했다.

"중세 시대에는 이교도를 마녀로 몰아 더럽고 무지한 존재라며 화형에 처했습니다. 그때로 돌아가고 싶습니까?"

테네시 주 안에도 법안의 기각을 요구한 사람들이 있었다. 테네시 주에 처음으로 문을 연 아프리카계 미국인 대학인 피스크대학교 학장은 다음과 같은 내용의 편지를 주지사에게 보냈다.

"성직자이자 교육자로서 주지사께서 진화론 법안에 대한 지지를 철회하시기를 부탁드립니다. 개인적으로 우리 테네시 주가 자유주의 신학의 믿음에 반하는 법안을 제정한다니 상당히 유감스럽습니다."

테네시 주 성공회 주교도 한마디 거들었다.

"유감스러운 정도가 아니라 처참한 기분이 듭니다."[103]

하지만 테네시 주민이 주지사에게 보낸 대부분의 편지는 법안을 찬성하는 내용이었다. 이러한 가운데 반대 세력에서 가장 비중이 큰 두 사람은 침묵을 지키고 있었다. 그중 한 명은 테네시대학교 총장 하코트 A. 모건으로, 비공개적으로나마 반진화론 법안을 반대했지만 피의 대학 확장 제안을 주 의회에서 받아들일 때까지 말을 아꼈다. 분명한 견해를 표명하지 말라는 대학 교직원들의 충고도 영향을 미쳤을 것이다. 비밀리에 보낸 편지에서 그는 주지사에게 확고한 견해를 표명했다.

"종교적 신앙과 아주 복잡하게 얽혀 있는 진화론 문제에 관해 우리 대학은 그 어떤 쪽의 견해도 지지하지 않으므로 이 논란에서 한 걸음 물러서겠습니다."

의회가 휴정에 돌입하고 이 새로운 법이 연례 학생가두행진에서 조롱거리가 되고서야 대학은 반대 의사를 표면적으로 드러냈다.[104] 마찬가지로, 모건과 기타 테네시대학교의 과학자들이 지도층으로 있던 테네시과학아카데미 Tennessee Academy of Sciences도 법으로 제정될 때까지 법안에 대해 한마디도 하지 않았다. 이러한 분위기 덕분에 피는 자신의 개인적, 정치적 성향을 자유롭게 펼칠 수 있었다. 내슈빌의 한 성직자는 주지사에게 쓴 편지에서 간청했다.

"몇 주 전 주지사님과 의회 의사당 계단을 걸어 내려오다가 진화론 법안에 대해 나눈 대화가 생각나는군요. 그때 서명을 하려 했다고 말씀하셨는데, 주지사님의 동료이자 지지자로서 부탁드리건대, 하루빨리 법안에 서명하셔서 유물론의 공격에 필사적으로 맞서 싸우는 테네시 주민의 손을 들어주시겠습니까?"[105]

피는 그의 손을 들어주었다.

주지사는 법안에 서명한 자신의 결정을 의원들에게 설명할 때 다소 애매모호한 말을 남겼다. 지지자들에게는 "인간이 하등동물의 후손이라는 이론은 성경을 거부하는 것이므로 공립학교에서 가르치지 말아야 한다는 것이 이 법안의 요지이자 테네시 주민들의 믿음입니다"라고 강력히 주장하면서, 이 법이 '교사들을 위험에 처하지는 않게 할 것'이라며 반대자들을 안심시켰다. "학교에서 가르치는 교과서에서 이 법의 영향을 받을 대목을 전혀 찾아볼 수 없었습니다"라는 말에서 우리는 실제로 그가 테네시 주의 고등학교 생물 교과서를 전혀 들여다보지 않았음을 알 수 있다. 그럼에도 불구하고 피는 반진화론법을 "과학의 위상을 높이고 몇몇 학교와 지역에서 성경을 거부하려는 반종교적인 동향에 맞서는 거센 반대의 결과"라고 묘사하기까지 했다. 그리고 말했다.

"이러한 동향은 근본적으로 잘못됐으며 우리 아이들은 물론 학교와 국가에 치명적인 해를 끼칠 수 있다."[106]

피의 진보주의 성향은 전통적인 종교적 신앙에서 파생한 것이므로 공교육과 종교 사이의 충돌을 받아들이기 어려웠을 것이다. 피는 1925년 반진화론 법안에 서명한 지 불과 이틀 뒤에 공립학교를 주에서 지원하는 근대적 체계로 발전시키는 기반을 마련할 대대적인 교육 개혁 법안에 대해 의회의 승인을 얻어냈다. 그리고 주에서 운영하는 학교에서 진화론 교육을 제한하는 법안도 승인했다. 스콥스 논란이 한창일 때에는 다음과 같이 말하기도 했다.

"(반진화론)법을 통과시켰다고 테네시 주를 비방하는 사람들에게 깊은 유감을 표합니다. 제 판단으로는 성경을 배제하는 학교는 진정한 교육을 한다고 할 수 없습니다."

그렇지만 근대 교육에 대해 우려의 목소리를 높이는 원리주의자들과 근대 교육을 신뢰하는 진보주의자들 간의 긴장 상태는 완전히 무시하기 어려웠다. 반진화론 법안에 대해 의회에 발표한 후속 성명에서 그는 브라이언이 자주 제기하는 포퓰리스트 논쟁에 의지할 수밖에 없었다.

"국민은 학교에서 무엇을 가르치는지 규제할 권리가 있고 그 권리는 보장받아야 마땅합니다."[107]

원리주의와 진보주의 중간에서 진퇴양난에 빠진 피에게 유일한 탈출구는 다수결주의였는지도 모른다. 같은 상황에서 브라이언에게도 이 법을 정당화할 수 있는 최후의 무기는 다수결주의였다.

브라이언은 법안에 서명한 피의 결정에 반색했다. 하지만 그 결정이 불러올 결과에 대해서는 두 사람 모두 잘못 판단하고 있었다. 브라이언은 주지사에게 전보를 보내 격려했다.

"테네시 주에 거주하는 모든 기독교 부모님이 자녀들을 증명되지 않은 가설의 유해한 영향력으로부터 구해낸 사실에 감사하고 있을 것입니다. 북부와 남부의 다른 주들에서도 테네시 주의 본보기를 따를 것입니다."[108]

하지만 브라이언의 예상은 빗나갔다. 이 법이 소송으로 이어질 것임을 전혀 예측하지 못한 것이다. 두 사람 모두 정치 경험이 풍부했지만 대중적 개혁의 화창한 미래에 대한 확신에 젖어 스콥스 재판 같은 것은 꿈에도 예상하지 못했던 것이다. 피의 경우 이 법은 성경을 반대하는 이론만을 겨냥한 것이었고 '그런 유의 이론을 공식적인 과학책에서 가르쳐서는 안 된다'는 시각이었다. 브라이언은 공립학교 교사들이 '법을 존중'할 것이라고 믿었다. "아무도 이 법이 실제 학칙이 될 거라 생각하지 않는다"[109]고 한 피의 말이 맞아떨어진 것인지도 모른다. 결국 언론의 자유를 주창하는 세력과 진화론을 주장하는 과학자, 언론에 예민한 도시인들이 이 법을 법정의 시험대에 올리기 위해 시작한 일이 어떤 중대한 의미를 지니는지 알리고, 그 뒤에 브라이언을 불러들여 다수결주의 개혁안이 개인의 자유라는 근본적인 개념에 위배된다는 혐의를 변호하게 한 것은 라일리와 WCFA였다.

제3장

개인의 자유를 위하여

미국시민자유연맹ACLU(American Civil Liberties Union) 운동가들은 테네시 주가 진화론 교육을 금지하는 법을 제정한 것을 지적 침체에 빠진 외딴 지역의 문제로 대수롭게 넘기지 않았다. 무엇보다 반진화론운동 자체를 테네시 주만의 문제로 보지 않았다. 만일 그랬다면 미국 전역에 만연한 개신교 문화의 확산을 돕기 위한 다른 법이나 운동이 우후죽순으로 생겨나는 동안 방관만 했을 것이다. 스콥스 재판 전까지 ACLU가 종교적 신앙을 보호하거나 장려하려는 정부의 움직임에 특별히 제동을 걸지 않았던 반면, 퀘이커 교도는 제1차 세계대전 중에 종교적인 이유로 병역의 의무를 거부하는 평화주의자들을 보호하기 위해 조직을 설립하고 자금을 대는 데 중대한 역할을 했다. 그러나 ACLU 지도자들은 테네시 주가 새롭게 제정한 법규를 다른 시선으로 바라보았다. 다원화된 미국 사회에서 개인의 자유를 위협한다고 본 것이다.

사회 연구를 위해 뉴욕 시에 설립된 좌익 성향의 뉴스쿨New School for Social Research에서 활동한 제임스 하비 로빈슨이 쓴 책 『정신의 형성The Mind in the

Making』은 당시에 큰 인기를 끌었다. 이 책은 20세기 초에 ACLU를 이끌었던 사회적으로 저명한 급진주의적 정치 성향의 뉴요커가 바라본 당시 미국의 반동적 분위기를 집중 조명했다. 사상사와 사회사의 진화적 관점이 포함된 이 책에서는 미국에서 개인의 자유가 체계적인 공격의 대상이 된 것이 제1차 세계대전 중이라고 지적했다. 그전에도 분명히 여러 주와 지역 당국에서 자유를 제한한 적은 있지만 해당 지역에 국한된 제재였기에 그 지역 실정에 맞게 처리할 수 있었다. 하지만 전쟁은 한순간에 모든 것을 바꿔놓았다.[1]

1917년 제1차 세계대전 참전 요구 연설에서 윌슨 대통령은 미 의회를 향해 "이 위대하고 평화로운 국민을 전쟁으로 이끌고 들어가는 것은 두려운 일입니다"라고 말한 바 있다. 그리고 만에 하나 그들 가운데 불충한 사람이 있다면 '엄중하게 다스려 진압하겠다'고 엄포했다.[2] 윌슨의 요청에 따라 의회는 징병 법안을 도입했고, 징집을 방해하는 행위와 군대에서 불복종을 조장하는 행위를 불법화하는 방첩법Espionage Act을 시행했으며, 해외 출신 급진주의자의 시민권 박탈과 강제 추방을 허가했다. 연방 법무부는 방첩법이 참전을 비판하는 발언에도 적용된다고 해석했고, 우편공사는 '정부의 전쟁 지휘를 곤란하게 만들거나 방해하는 것'으로 간주되는 출판물의 발송 권한을 폐지했다.[3] 1918년에는 의회가 미국의 정부 형태에 대해 '불충'하거나 '모욕적인' 발언까지 금지하도록 방첩법을 확대 시행함으로써 늘어나는 국내 반대 세력에 대응했다. 공립학교에서 독일어를 가르치는 것을 금지한 주도 있었고, ACLU의 지역 기반인 컬럼비아대학교를 비롯하여 미국 전역의 공립 및 사립 고등교육 기관에서는 미국의 참전에 반대하는 종신 교수진을 해고하기도 했다.

양심적 반대자와 반전 시위자들을 보호하기 위해 국가시민운동단체 National Civil Liberties Bureau가 1917년에 설립됐다. 원래 미국의 제1차 세계대전 참전을 반대하는 부유한 평화주의자들이 모여 만든 미국반군국주의협회 AUAM(American Union Against Militarism)에서 출발했지만 귀족 혈통임에도 불구하고 급진적 성향을 띤 하버드 출신의 사회복지사 로저 볼드윈의 주도하에 곧 별개의 단체로 독립했다. 당시 볼드윈은 다음과 같이 설명했다.

"미국의 공민적 자유를 보호하는 것이 우리의 최대 관심사입니다. 무엇보다 민주주의를 위해서, 그다음으로 평화와 전쟁 정책에 대해 논할 수 있는 국민의 권리를 위해 싸울 것입니다. 개인과 소수의 권리가 무참히 짓밟히는 이 나라의 현실을 두고 볼 수만은 없습니다."[4]

전국적인 권리 침해 사례는 이 신생 조직이 뿌리를 내리고 언론의 자유를 향한 자유주의 철학을 형성하는 데 일조했다. AUAM이 형성되고 몇 주 안에 우편공사는 이 단체가 대량 배포용으로 준비한 반전 팸플릿 12개를 발송하지 못하도록 금지했다. 사태를 예견한 볼드윈은 팸플릿 발송을 위해 출판 전 승인을 요청하고 클래런스 대로의 도움을 얻어 체신부 장관과 협상했지만 아무런 결실을 얻지 못했다. 금지된 팸플릿 중 하나는 AUAM 책임자이자 장래 미국의 사회주의운동 지도자 노먼 M. 토머스가 만든 것으로, 당시 단체 활동가들 사이에 깊이 뿌리박힌 민주주의와 자유의 관점을 정확히 전달했다. AUAM의 모태가 된 자유민주주의 세력과 출신이 같은 윌슨 대통령은 의회가 전쟁을 선포한 순간부터 민주주의의 다수결원칙이 언론의 자유와 기타 소수의 권리에 대한 제한을 정당화한다는 태도를 고수했다. AUAM 팸플릿을 통해 토머스는 다수가 개인의 양심과 관련된 문제에 지배력을 행사해서는 안 된다고 반박했다. 또 '소수의 권리가 존중되지 않는 민주주의는 중우정치衆愚政治로 퇴보할 뿐이다'라고 썼다.[5] 이 단체가 우편공사와 접촉하고 급진적인 세계산업노동자조합IWW(Industrial Workers of the World)을 옹호하고 나선 것이 발단이 돼 연방정부 요원들이 단체의 활동을 몰래 감시하기 시작했다. 1918년에 법무부 관계자들은 AUAM 본사에 불시에 들이닥쳐 조직 지도자들을 기소하겠다고 위협했다. 그해 말, 볼드윈은 선택복무법에 응하지 않았다는 이유로 1년형을 받고 수감됐다.

대다수가 엘리트 출신인 AUAM 지도자들은 초기에만 해도 월슨 행정부에 협조하려 했다. 실제로 볼드윈은 1918년 정부 고위직에 몸담고 있던 친구들에게 AUAM에 관해 중요한 정보를 제공하는 우를 범했다. 조직과 지지자들이 국가의 의심을 덜 받게 될지도 모른다는 기대가 부른 실수였다. 하지만 결과는 조직원들의 대대적인 체포로 이어졌다. 감옥에 있는 동안에 볼드윈이 유일하게 할 수 있는 일은 어머니에게 편지를 써 위로하는 것뿐이었다.

"아주 훌륭한 예일대 청년이 제 후견인으로 있습니다."[6]

쓰라린 경험을 하는 사이에 민주 정부를 바라보는 볼드윈과 AUAM 집행위원들의 시선도 점차 변해갔다. ACLU 역사학자 새뮤얼 워커는 다음과 같이 말했다.

"전쟁 전에 공민적 자유에 대한 고려가 부족했던 현실이 전시 위기가 닥치면서 사회 발전의 불가피성과 민주주의의 다수결주의에 대한 믿음을 잃게 만들었습니다. 이제 그들은 다수결원칙과 자유가 같은 의미라고 생각하지 않으며, 수정 헌법 제1조가 자유의 발전을 위한 새로운 원칙이라 믿습니다."[7]

전쟁으로 인한 집단 히스테리가 팽배하던 중 새롭게 등장한 반다수결주의에 대한 충동은 반진화론운동에 대한 ACLU의 반응에 영향을 주었다.

공민적 자유를 지지하는 세력은 1918년의 휴전 협정 이후에 상황이 나아질 것이라 기대했지만 오히려 탄압이 점점 더 거세질 뿐이었다. 로빈슨은 글을 통해 전했다.

"권력을 향한 그릇된 욕망으로 엄청난 비극을 불러온 적을 완전히 궤멸해야 한다거나 이전으로 절대 돌아갈 수 없을 거라는 말이 여기저기서 들릴 정도로 전쟁은 우리에게 원치 않는 활기를 불러왔다."

"엄청나게 큰 희망이 그처럼 쓰디쓴 실망으로 바뀐 적은 없었다. 뿌리깊게 자리잡고 있던 국수주의적 정책이 베르사유에서 부활했고, 러시아 황제의 전제 정치에서 프롤레타리아 독재가 등장했으며, 헝가리와 독일의 성급하고 과도한 혁명 시도가 우리를 놀라게 했다."

일명 적색공포Red Scare가 뒤따랐다.

"전쟁이 반대 세력을 숙청하는 시스템을 만들어낸 것은 자연스러운 일이다. 그 시스템이 아주 쉽게 사회주의자나 IWW 회원들처럼 이례적이거나 일반적이지 않은 견해를 가진 사람들을 탄압하는 도구로 이용됐다."

로빈슨은 다음과 같이 추론했다.

"하지만 의심이 도를 넘어서 사회주의적 성향을 좀처럼 찾기 힘든 비교적 소규모 지식 단체까지 탄압하기에 이르렀다. 그들의 잘못이라면 단 하나, 기존 제도의 보편적인 시혜에 관해 회의적인 태도를 드러내고 다수의 의견에 적극적으로 호응하지 않은 것뿐이었다."[8]

로빈슨은 AUAM 활동가나 동료들과 마찬가지로 이에 동질감을 나타냈다. 전쟁 전에 진보적인 개혁가로서 주민법안 발의와 국민투표 같은 다수결주의 개혁에 찬성하는 운동을 했던 볼드윈도 과도한 다수결원칙의 폐해를 겪으면서 개인의 권리를 옹호하는 데 열정을 쏟기 시작했다.

그러다 적색공포를 악화시키는 사건이 발생했다. 전쟁에 뒤이어 노동 불안이 급속도로 확산되면서 1919년 그 어느 때보다 심각한 파업 사태가 발발해 미국의 대규모 산업 분야가 마비된 것이다. 시애틀에서 발생한 총파업과 보스턴의 경찰 파업은 치안을 위협했다. 미래에 스콥스 재판이 벌어질 장소에서 얼마 멀지 않은 녹스빌을 포함해 여러 도시에서 인종 폭동이 발생했다. 테러리스트의 폭탄 공격이 미국 법무장관 A. 미첼 파머의 고향을 발칵 뒤집어놓았고, 그 밖에도 여러 정치 지도자와 사업가가 폭탄 메일의 공격에 노출됐다. 새로 형성된 미국 내 공산당은 해외에서 벌어지는 폭력 혁명과 미국 내의 노동 투쟁을 옹호했다. 두려움에 휩싸인 미국인들에게 이들은 같은 세력으로 비춰졌다.

로빈슨은 말했다.[9]

"미국의 세계대전 참전과 볼셰비키 사상의 부흥이 최초로 많은 국민에게 미국 사회와 공화제가 실제로 위협받고 있다는 확신을 주었다."

정부는 신속한 반응을 보였다. 거의 모든 주에서 공산주의의 상징인 빨간 깃발 혹은 무정부주의의 상징인 검정 깃발을 소지하거나 내걸지 못하게 했고, 상업 또는 정부활동에 지장을 주려는 조직적 폭력이나 불법활동을 금하는 '과격단체운동 처벌법Criminal Syndicalism'을 제정해 엄격히 시행했다. AUAM의 고향 뉴욕 주 의회는 러스크 위원회Lusk Committee라는 특별위원회를 결성해 혁명적 급진주의에 제동을 걸었다. 이 위원회가 내놓은 방대한 보고서는 공개를 위해 압수한 AUAM의 문서 일부 내용을 문제삼으며 주장했다.

"정부만이 아니라 미국 사회 구조를 뒤흔들고 파괴하려는 다양한 세력이 국내, 그중에서도 뉴욕 안에서 꿈틀대고 있다."[10]

러스크 위원회의 공격 대상은 광범위했다. 보고서를 통해 사회주의, 공산주의, 무정부주의, 볼셰비키 사상, 평화주의, 국제노동운동은 물론이고 AUAM을 '모든 불온 단체의 지지자'[11]라며 규탄했다. 그리고 위원장이 직접 나서서 이러한 움직임과 관련 있는 수백 명의 뉴욕 시민을 체포했다.

워싱턴의 윌슨 행정부는 급진주의라는 의혹을 받는 사상가들의 집과 사무실을 압수수색하고 용의자 수천 명을 체포하거나 장기 구금하는 체계적인 단속으로 주 의회의 결정에 힘을 보탰다. 물론 정당한 영장이나 법원 명령 없이 진행되는 예가 부지기수였다. 1919년 말, 법무부는 시민권을 잃은 공산주의자 여러 명을 소비에트연방으로 추방했다. 급진적인 노조 간부가 가장 큰 타격을 받았다. 그럼에도 우드로 윌슨의 자유민주 행정부는 미국인들에게 신뢰를 얻지 못했다. 1920년 공화당이 '정상 복귀'를 약속한 대통령 후보와 보스턴 경찰 파업을 중지시키고 이민 제한을 위해 싸운 부대통령 후보를 내세워 백악관을 탈환했다. 공민적 자유는 여전히 위기에 처해 있었다.

로저 볼드윈은 훗날 회상했다.

"제철소와 탄광에서 두 건의 총파업이 터지면서 노동 불안이 극에 달한 시기이기는 했습니다. 무엇보다도 러시아 혁명이 불러온 급진주의적 동요가 심화된 시기이기도 했지요."

"세계대전이 끝날 즈음, 국내에서는 전과는 전혀 다른 전쟁이 새롭게 시작되고 있었습니다. 전쟁 반대자들이 아닌 러시아에 동조하는 자들을 잡아들이고 고발하는 지경에 이른 것입니다."[12]

볼드윈이 출소해 국가시민운동 단체의 대표 자리에 복귀했을 때 상황은 이러했다. 집행위원회에 보내는 공문에서도 밝혔듯이 그는 곧바로 다음과 같은 결론을 내렸다.

"전쟁 후 잇따라 발생한 산업 투쟁에서 공민적 자유가 침해당한 사례에 좀더 적절하게 대응하기 위해서는 국가시민운동 단체가 인정을 받고 확장돼야 한다."

평화주의자를 대신한 법적 대응을 노동조합을 보호하기 위한 직접적 조치로 대체하는 것이 이 단체의 주된 목표였다. 그리고 새 목표에 맞게 단체의 이름을 미국시민자유연맹ACLU(American Civil Liberties Union)으로 바꾸었다. 볼드윈은 당시 "지금부터는 노동자를 돕는 것이 우리의 사명입니다"라고 선포하고 공립학교 교사까지 그 대상에 포함시켰다.[13]

ACLU에서 채택한 이상과 방식은 스콥스 재판을 이끌어나가는 방식의 기본 틀을 마련했다. 구성원 상당수가 다수결주의에 염증을 느낀 자유주의 지식층 뉴요커로 이루어진 이 엘리트 조직은 본능적으로 반진화론운동과 같이 교육의 자유를 구속하는 대중의 움직임에 반대했지만, 특히 노동조합을 대신해 고충 처리를 위한 사법적 보상책을 얻지 못함에 따라 민중을 계몽하기 위한 직접적인 행동 전략에 점차 더 의존하게 됐다. 소송과 피소 과정에서 소수의 권리를 보호하겠다는 약속은 지켜지지 않았다.

ACLU는 전쟁 중에 양심에 따른 반대를 선언했던 사람들에게 법률 상담을 제공했다는 점에서 어느 정도 성공을 거두었지만 반전 시위대의 표현의 자유를 보호하려는 노력은 법정에서 전혀 진척이 없었다. 종전 후에 노조 조직책을 변호했던 초기의 활약에서 한 발짝도 나가지 못했다. 실제로 스콥스 재판이 벌어진 1925년까지 ACLU는 한 번도 법정에서 승리를 거둔 적이 없었다. 법적인 관점에서 문제는 이중적이었다. 주와 지방자치 당국에서 언론과 집회의 자유에 부당한 제재를 가했고 특히 그 화살이 노동조합을 겨냥하고 있었지만 표현, 언론, 집회, 종교의 자유를 보장하는 수정 헌법 제1조의 내용은 연방 정부가 가하는 제재에만 적용됐다. 그러나 수정 헌법 제14조에서는 주 당국이 '정당한 절차 없이 개인의 생명, 자유, 재산'을 빼앗지 못하도록 규정했다. 대법관 존 M. 할란은 수정 헌법 제14조에 의해 주의 행위에서 보호를 받는 '자유'에 수정 헌법 제1조에 나와 있는 여러 기본적인 자유와 권리장전Bill of Rights에 명시된 기타 조항이 포함됐다는 시각을 오랫동안 고수했다. 법원 전체가 이러한 시각을 수용한 것은 1925년에 이르러서였다. 그해 ACLU가 주법에 의한 뉴욕 공산당 지도자 벤저민 지틀로에 대한 판결에 항소했을 때, 법원에서는 수정 헌법 제1조 표현과 언론의 자유를 선별해 적용했다. 그리고 다음과 같은 글을 남겼다.

"수정 헌법 제14조의 적법절차 조항에 의해 기본적인 개인의 자유는 주의 침해로부터 보호된다."[14]

다만 이 결정이 아주 늦게, 제한적으로만 이루어지는 바람에 ACLU는 스콥스 재판에서 테네시 주 반진화론법을 막기 위한 법적 소송에서 큰 힘을 얻지 못했다. 법학사에서 볼 때 주목할 만한 변화였지만 사실상은 지틀로에게도 별 도움이 되지 못해 소송에서 지고 말았다.

지틀로의 패배는 반전 시위대와 노조 조직책의 표현의 자유를 보호하려는 ACLU의 노력에 또다른 법적 장애물로 다가왔다. 연방법원은 수정 헌법 제1조에 별다른 의미를 두지 않았다. 1919년 징병 적령자들에게 징집 반대를 독려한 혐의로 기소된 사회주의 지도자 찰스 T. 솅크에게 만장일치로 유죄 판결을 내리면서 최초로 미국 대법원에서 연방 방첩법에 대한 위헌 여부가 도마 위에 올랐다. 헌법이 정치적 표현의 자유를 어느 정도까지 보장하느냐를 놓고 진보 성향의 법학자 올리버 웬들 홈스는 법원에 다음과 같은 글을 기고했다.

"모든 소송에서 문제는 누군가가 사용한 표현이 의회의 방책을 정당화할 만큼 실질적인 죄악을 불러올 정도로 명백하고 현존하는 위험한 상황이나 성질로 쓰이느냐 하는 것입니다."

남북전쟁 참전 용사이기도 했던 홈스는 전시 상황에서 의회에 신병 징집과 징병을 보호할 권리가 있는데, 솅크가 사용한 단어는 그러한 의회의 노력을 좌절시키려는 '성향'이 있기 때문에 정부는 그런 단어의 사용을 금지할 수 있다고 주장했다.[15]

그의 주장은 표현의 자유를 보장하기에 턱없이 부족했다. 홈스가 ACLU와 밀접한 관계를 맺고 있던 뉴욕 연방법원 판사 런드 핸드에게 보낸 편지에서도 인정했듯 표현의 자유는 공중의 이익을 위해 얼마든지 무시할 수 있는 '예방 접종의 자유와 전혀 다를 바 없는 위치'에 있었기 때문이다.[16] 핸드와 ACLU는 표현의 자유가 민주주의 고유의 기능이므로 다수의 특별한 보호를 받을 자격이 있다고 강력히 주장했다. 홈스도 1919년 에이브럼스 사건Abrams v. United States이라는 또다른 방첩법 판결에서 법률관계의 성질 결정에 '명백하고 현존하는 위험'이라는 원칙을 추가할 것을 제안하면서 이들과 의견을 같이했다.

"당면한 위험이 현존할 때에만 의회가 사권私權과 무관하게 의견의 표현을 제한하는 것이 정당한 것으로 인정된다."

홈스의 달라진 주장에 따르면 "국가를 보호하기 위해 즉각적인 제한이 필요"한 경우가 아니면 민주주의에서는 정치적 발언에 대해 "생각의 자유로운 교환"이 보호받아야 한다.[17] 홈스는 종전의 시각과 달리 의회에 반대의 글을 써 보냈다. 하지만 대다수 법관은 수정 헌법 제1조에 입각한 과거의 견해를 고수했다.

수정 헌법 제1조와 제14조에 대해 과거의 견해를 고수하는 법관이 압도적으로 많았기 때문에 법원을 통해 표현의 자유를 보호할 수 있는 가능성이 희박해 보였고 결국 ACLU는 다른 수단을 택했다. ACLU는 1차 연간 보고서에서 밝혔다.

"시위와 언론 홍보, 팸플릿, 법적 지원, 보석, 법정 판례, 재정 호소 등 매일 모든 방법을 동원해 진보 지지자들을 새로운 사회질서로 이끄는 일을 공동의 목적으로 한다."

"선전이 우리 임무였기에 어떤 형태든 우리 관점에서 진실을 알리는 홍보 활동이 가장 시급했다."[18]

ACLU가 대다수의 투쟁을 법정에서 벌일 수밖에 없었던 까닭은 보호하고자 한 사람들이 정부의 공격을 받은 곳이 바로 법정이었기 때문이다. ACLU의 설립자들은 직감적으로 가장 먼저 시위 현장과 대규모 집회에서 노조에 합류했다. ACLU의 지도자 위치로 돌아가기 전에 볼드윈은 노동 환경을 직접 체험해보기 위해 몇 개월간 노동자 계층의 여러 직업 현장에서 노동자로 일하기도 했다.

놀랍게도 법조계가 ACLU 설립에 기여한 바는 거의 없다. 불과 3명의 변호사만이 ACLU의 초기 집행위원회에 몸담았을 뿐이고, 3명 모두 공민적 자유를 위한 투쟁에서 소송보다는 직접적인 행동을 지지했다. 1920년 초, ACLU 대표들은 노조 집회에서 연설을 하고 시위를 준비하고 파업 중단을 위한 합의점을 찾고 노동자의 참담한 현실에 대한 보고서를 발행했으며, 노동자의 이익에 반하는 법원의 명령을 제한하고 전시戰時라는 것을 핑계로 표현의 자유를 제한하는 행위에 종지부를 찍기 위해 노력했다. 변호사가 아님에도 불구하고 볼드윈은 권력을 가진 자들이 권리를 '부여하지 않기' 때문에 법원이 공민적 자유를 결코 보장하지 않을 것이라는 주장까지 했다.[19] 정치적 급진주의자들과 시민운동 지도자들도 대체로 그와 생각을 같이했다. 당시에는 공익 법률 사무소가 없었기 때문에 NAACP, 반인종주의연맹Anti-Defamation League, 미국유대인연합회American Jewish Congress 같은 기타 초기 시민운동 단체가 목표 실현을 위해 의지할 곳은 언론과 조직밖에는 없었다. 공민적 자유 소송이 적어도 부당함을 알릴 수 있다는 그들의 생각은 스콥스 재판에서 ACLU의 법률 전략의 기반이 됐다.

스콥스 재판 당시 ACLU 집행위원회에서 가장 영향력 있는 변호사였던 아서 가필드 헤이스는 공민적 자유를 위한 투쟁의 화신으로서 몸소 행동을 실천했다. 공화당원 아버지를 둔 파크 애비뉴 출신의 좌익 성향 변호사로 보수파 대통령이 연속해서 집권하는 동안 막대한 부를 누렸지만 대기업과 유명 연예인의 변호에 염증을 느끼던 차에 ACLU 활동은 헤이스에게 중요한 전환점이 됐고 그후 30년간 지속됐다. 자서전에서도 밝혔듯이 그는 당시 활동이 "가난하고 자신을 방어할 힘이나 연줄이 없어 늘 핍박받는 다양한 계층의 사람을 접할 수 있게 해주었다"고 말했다. 이들에게 말할 권리를 주기 위해 싸우는 사이에 "의견 표현을 누구든, 어디서든, 어떤 식으로든 제한하는 모든 정부 방침에 반대"할 정도로 표현 자유에 대하여 절대적인 태도를 취했다.[20] 이는 곧 그의 사명이 됐다. 1920년대에 헤이스는 다음과 같은 글을 썼다.

"오늘날 우리는 원하는 어떤 주제에 대해서나 이야기를 나눌 수 있습니다. 단 논란의 여지가 많은 주제는 빼고 말입니다. 그런 주제야말로 자유로운 토론에서 가장 큰 이득을 볼 수 있을 텐데요. 뉴저지, 웨스트버지니아, 펜실베이니아 주에서 표현과 집회의 자유가 보장되지만 파업 중인 조합원에게는 해당되지 않죠. 노동조합주의에 대해 이야기를 꺼내면 철창 신세를 면치 못합니다. 제가 이 사실을 아는 이유는 직접 경험해봤기 때문이죠."[21]

표현의 자유를 대신해 직접적인 행동을 보여주고자 한 헤이스의 개인적인 신념은 1920년대에서 1930년대에 이르기까지 ACLU가 세운 여러 전설적인 위업에서 그를 돋보이게 하는 바탕이 됐다. 작가 H. L. 멩켄과 보스턴 코먼[미국 매사추세츠 주 보스턴에 있는 공원]에서 금서禁書를 팔러 돌아다니며 검열법을 공개적으로 비판하기도 하고, 파업으로 기능이 정지된 웨스트버지니아 탄광 마을에서 3명의 노조 간부가 살해당한 뒤 '그들의 온몸에 타르를 칠하고 그 위에 깃털을 씌워 거세할 것'이라는 위협을 받으면서도 탄광 소유주에게 정면으로 맞섰다. 자동차 꼭대기에 올라서서 언론의 자유를 간절히 호소하는 등 파업 단속에 혈안이 된 저지시티 시장의 공개 집회 금지 조치에 항거하기도 했다. 이러한 경험을 통해 헤이스는 다수결주의와 법원의 완고함에 깊은 불신을 갖게 됐다. 당시에 헤이스는 말했다.

"다수결원칙만큼 우리를 강하게 억압하는 힘은 없다는 사실을 기억해야 합니다. 그것이 성문법의 일부로 강요되는 것은 독재나 다름없습니다."22

정치적 이슈가 된 소송의 극단적인 한 예로, 헤이스는 유대인 혈통을 지녔음에도 불구하고 기개를 발휘해 독일의회Reichstag를 불태운 혐의를 받은 과격파를 변호하기 위해 나치가 점령한 독일로 향한 적도 있다.

워커는 말했다.

"헤이스는 법적 절차에 대해 냉소적이었고 재판 과정을 광범위한 철학적 진술을 할 수 있는 발판, 즉 판사와 대중을 올바른 지식으로 인도할 수 있는 기회로 보았습니다. 권리장전에 대해 이상주의적인 생각을 지닌 동시에 법정에 대해서는 냉소적이었죠."23

헤이스가 스콥스 재판에서 ACLU 자문 대표를 맡았다는 사실은 주목할 만하다.

ACLU는 언론의 자유를 고취하는 대립적 방식뿐만 아니라 조합 노동자의 권리를 보호하려는 노력을 통해 훗날 데이턴에서 얼릴 여론 조작용 재판의

장을 여는 데 일조했다. 노동조합과의 유대 덕분에 급진적 노동운동 지도자들을 위한 미국 제1의 변호인인 클래런스 대로와 ACLU가 가깝게 연결됐다.

헤이스는 회상했다.

"저는 삶의 그 어떠한 희로애락과 달콤함, 상쾌함보다 노동조합에 더 감사하게 생각합니다. 바로 그곳에서 클래런스 대로와의 인연이 시작됐으니 말이죠. 제 삶을 통틀어 그만큼 소중한 인연은 없습니다. 그와 함께하는 동안 그가 보여준 본보기와 우정 덕분에 받은 영감이나 인간적인 도움은 그 어떤 것과도 비교할 수 없을 만큼 소중합니다."[24]

1920년대에 이르러 대로가 미국에서 가장 유명하지만 몇몇 사람에게는 악명 높은 법정 변호사로 등극했다는 데 반론을 제기할 사람은 없을 것이다. 오하이오 시골의 학식 있는 노동자 계급 가정에서 자란 대로가 최초로 대중의 이목을 끌기 시작한 것은 1890년대에 시카고 시 지방검사이자 자유주의운동 연사로 이름을 날리면서부터다. 1896년에 민주당의 지명을 받아 의회에 진출할 기회를 얻었지만 대부분의 시간을 대통령 후보 윌리엄 제닝스 브라이언이 이끄는 공천 후보자를 위한 선거운동에 할애했다. 불과 100표 정도 차이로 선거에서 지기는 했지만 말이다. 대로가 노동운동의 편에 선 것은 이 무렵부터다. 1894년 풀먼Pullman 파업 사태에 대해 형사 고발을 당한 저명한 사회주의 노동운동 지도자 유진 V. 데브스의 변호를 맡은 것이 계기가 됐다.

진보 성향의 『네이션Nation』은 스콥스 소송 중에 논평을 통해 말했다.

"그 후 15년 동안 클래런스 대로는 미국 최고의 노동자 대변인으로 자리매김했다. 당시 노동자들은 전투적이고 이상주의적이었던 반면 고용주들은 그 어느 때보다 더 비정하고 필사적이었다. 그가 변호를 의뢰받은 사건은 예외 없이 거의 모두 극도로 적대적인 공동체 간에 벌어지는 형사소송이었다."[25]

이러한 대로의 경력에 종지부를 찍은 사건이 1911년에 벌어졌다. 2명의 노

스콥스 재판 당시의 클래런스 대로(브라이언대학 기록보관소)

동조합 지도자가 『로스앤젤레스 타임스』 건물을 폭파한 살인 사건 공판에서 대로가 무죄를 주장한 후에 피고인이 유죄를 자백하면서 그가 노동운동 변호에서 쌓은 명성에 금이 간 것이다.

그때부터 대로는 조금씩 관심을 형법으로 돌려 정치적 급진주의자와 부유한 살인자라는 다소 어울리지 않는 조합을 변호하기 시작했다. 이 분야에서 이룬 성공 역시 그의 이름을 국내 신문의 헤드라인에 올리는 데 손색이 없었다. 정치적 급진주의자를 위한 변호활동의 경우, 뉴욕에 근거지를 둔 ACLU와 연결되는 계기를 마련해 대로를 벤저민 지틀로의 변호인단에 합류시켰다. 세간의 이목을 가장 많이 끈 활동은, 미국 역사상 가장 큰 파장을 일으킨 사건 중 하나로 기록되는 1924년 레오폴드와 로에브 사건Leopold-Loeb이다. 대로는 심리적 결정주의[인간이 만들어내는 모든 현상은 인간의 심리적 작용으로 귀결된다는 이론]를 주장해 완전 범죄를 저지를 수 있는지 궁금했다는 것 외에는 어떠한 명백한 이유를 찾아볼 수 없는 냉혹한 살인 사건의 피의자로 법정에 선 머리 좋은 부유층 10대 2명을 사형 집행에서 구해냈다. 대로의 변호가 개인의 책임을 믿는 수많은 미국인의 분노를 사기는 했지만, 긴 경력 동안 줄곧 자유의지를 부인해온 그의 시각은 충분히 드러냈다.[26]

대로는 형사책임이라는 일반적인 개념에 이의를 제기하는 데 그치지 않고 전통적인 도덕성과 종교 개념에도 기꺼이 도전했다. 한 역사학자는 대로를 "국가 차원에서 볼 때 최후의 '동네 무신론자village atheist[신자들이 대부분인 마을에서 독불장군 같은 무신론자를 가리킴]'"라고 묘사하면서, 그의 아버지가 자기 고향에서 맡았던 역할을 미국 전체를 위해 맡았다고 평했다.[27] 대로의 전기작가 케빈 티어니는 다음과 같이 표현했다.

"대로는 그의 아버지와 마찬가지로 '강박감에 사로잡힌 선행가들do gooders'의 편협한 설교에 반항했다. 기독교를 불평등에 대한 묵인과 평범함으로 무마시켜버리고자 하는 의향, 견딜 수 없는 것들에 대한 안주를 독려하는 '노예 종교'로 여겼다."[28]

또 법정, 셔토쿼 순회 강좌, 공개 토론과 강연, 수십 권의 책과 기사로 전통 기독교 신앙을 조롱하기도 했다. 그는 자신이 불가지론자라고 주장했지만 실질적으로는 무신론자였다. 지적 멘토로 여겼던 19세기 미국 사회평론가 로버트 G. 잉거솔을 닮고자 한 그의 의지가 엿보이는 대목이다. 잉거솔은 다음과 같이 말한 바 있다.

"불가지론자는 단순히 '(하나님이 존재하는지) 모르겠다'고 말하지 않는다. 한발 더 나아가 당신도 모른다는 사실을 강조한다. (…) 당신이 모른다는 말에 만족하지 않고 당신이 모른다는 사실을 입증하고 진실의 현장에서 당신을 몰아낸다."[29]

대중적인 종교를 약화시키려는 대로의 노력에는 나름 좋은 의도가 깔려 있었다. 모든 이에게 원죄가 있으며 신의 은총으로 일부는 구원을 받을 수 있다는 성경의 가르침에 대해 "매우 위험한 교리이며, 어리석고 불가능하며 사악하다"[30]고 말할 정도로 신념이 강했다. 대로는 한 무리의 재소자에게 다음과 같이 말한 적이 있다.

"제가 두려워하는 사람들은 악한 사람들이 아닙니다. 오히려 선한 사람들이죠. 자기 자신이 선하다고 확신하는 이만큼 끔찍한 사람은 없습니다. 처벌을 믿을 정도로 잔혹해지니까요."[31]

종교에 대해 벌인 공개 토론에서는 다음과 같이 덧붙였다.

"우리가 문명이라 부르는 것의 기원은 종교가 아니라 회의론입니다. 현대세계는 의문과 탐구, 고대세계는 두려움과 믿음의 산물입니다."[32]

대로는 자신의 주장을 뒷받침하기 위해 생물 진화를 자주 거론했지만 그의 사고의 중심이 된 적은 없었다. 근대 생물학을 이해한다고 주장하면서도 그때그때 처한 상황에 맞게 다위니즘, 라마르크수의, 돌연번이실을 혼동해서 인용했다. 진실에 대한 객관적인 중재자 역할을 과학에 맡기면서도 자신의 견해를 지지하는 과학적 증거만 제시할 뿐이었다. 페일언하고 그는 변호사였다. 종교적 주제에 관한 공개 토론을 예로 들면, 유신론 편에 선 아서 에딩턴, 제임스 진스, 로버트 밀리컨 같은 유명 과학자들 앞에서 그들의 전문 지식이 종교와 관련 없고 그들이 제시한 논거가 풍문에 지나지 않을 뿐이라고 일축했다. 그와 반대로 다위니즘의 반유신론적 해석은 일말의 주저 없이 받아들였다.[33]

대로의 과학적 사고가 그의 사회적 관점을 형성했다기보다는 그 반대라고 볼 수 있다. 그리고 진화론은 창조, 설계, 자연의 목적 같은 성경적 개념의 오류를 밝혀내려는 그의 노력에 그 어떤 설보다 더 큰 도움이 될 것이 분명했다. 그는 자서전에 적었다.

"인간은 자신이 중요한 존재라는 (이기적인) 생각을 대체 어디서 얻는 걸까? 당연히 『창세기』에서다."

"실제로 인간은 만들어진 적이 없다. 가장 낮은 수준의 생물에서 진화한 것이다."

대로는 이러한 관점이 정통 기독교의 구원과 영벌의 개념에서 제시하는 도덕의 기반보다 더 뛰어나다고 주장했다.

"우리와 함께 살고 함께 죽어 사라져야만 하는 무한한 모든 존재를 향해 좀더 순하고 친절하고 인간적으로 대하지 않고서는 그 누구도 이러한 총체적 (진화적) 관계를 느낄 수 없다."[34]

하지만 피의자들의 행동을 그릇된 사회진화론적 사고 탓으로 돌리며 자비를 호소한 레오폴드와 로에브 사건에서 볼 수 있듯 대로는 법정에서는 얼마든지 다른 태도를 보일 수 있었다.

반진화론운동을 둘러싼 소란이 대로에게는 반갑게 느껴졌을 것이다. 덕분에 주류 기독교 사상의 근대적 발전을 미루어볼 때 시대에 뒤떨어졌다고 평가받던 성경을 향한 그의 법리적 공격이 다시 한번 도마에 올랐으니 말이다. 1923년 윌리엄 제닝스 브라이언이 진화론에 대해 발표한 논평에 맞서 대로는 또 한 번 『시카고 트리뷴』 1면의 헤드라인을 장식할 수 있었다. 그가 던진 질문은 "노아가 정말로 방주를 만들었을까?"였으며, 그랬다면 "어떻게 전 대륙의 (동물을) 모았을까?"였다.[35] 시카고의 유력한 목사들이 브라이언의 논평과 대로의 질문이 모두 논점에서 벗어났다고 항의했지만 대중은 반색했다.[36] 기뻐한 것은 대로도 마찬가지였다. 2년 후에 스콥스 재판이 시작되자 대로는 세간의 관심을 끌뿐더러 기독교의 오점을 폭로할 수 있는 기회로 보고 변론을 자청했다. 스콥스 재판은 그가 무료로 변호를 자청한 유일한 사건으로 기록되기도 한다. 훗날 그는 밝혔다.

"브라이언은 물론 다른 미국 내 원리주의자들의 계획을 국민 전체가 제대로 직시하게 하는 것이 내 목표였다."[37]

스콥스라는 특수한 사건이나 언론의 자유라는 보편적인 문제에 대로가 크게 신경 쓰지 않았다는 사실이 ACLU 지도자들 사이에 반향을 불러일으켰다. 볼드윈의 경우 학문의 자유가 핵심 사안이 되기를 바랐고, 자유주의 유니테리언 교도로서 의장을 대행했던 존 헤이즈 홈스는 훗날 "(종교에 관한) 사고 과정을 볼 때, 대로는 현장에 너무 늦게 도착한 빅토리아 왕조 중기의 사람"이라며 불만을 토로했다.[38] 1920년대에 ACLU 집행위원회는 종교 자체에 대해 대놓고 적대적인 태도를 취한 적이 없었다. 따라서 몇몇 회원은 대로의 전투적인 불가지론이 스콥스의 변호를 궁지에 몰아넣지나 않을까 염려했다. 헤이스는 자서전을 통해 반진화론법에 대한 ACLU의 반대 시각을 반종교적인 맥락에서 배제했다는 것을 밝혔다.

"우리는 공산당, IWW, 진화론자, 산아제한 지지자, 노동조합 조직책, 산업가, 자유사상가, 여호와의 증인은 물론 파시스트, 나치, 린드버그[미국의 전설적인 비행사. 반전주의자였지만 모순석으로 나치 숭배자로 변절함]까지 다양한 단체의 권리를 주장했다."[39]

하지만 헤이스는 대로에게 테네시 주의 작은 법정에서 벌어지는 공방에 전 세계의 이목을 집중시킬 수 있는 능력이 있다고 보고 그를 동지로 인정해 함께 데이턴으로 향했다.

노동자의 공민적 자유를 향한 ACLU의 노력이 스콥스 재판에 끼친 영향은 단순히 대로와 헤이스를 동지로 묶어준 것으로 끝나지 않았다. 반진화론법에 대한 조직적인 반대 운동에 불을 지핀 것이다. 뉴욕 시 교원 단체 회장으로 1920년대 내내 ACLU 집행위원회에서 활동한 헨리 R. 린빌은 하버드대학교에서 동물학 박사 학위를 취득하고 뉴욕 드위트 클린턴 고등학교의 생물학과 학장을 지내며 그곳에서 근대 고등학교 생물 교육과정을 개발했다. 스콥스 재판에서 문제로 대두된 책의 저자 조지 W. 헌터는 클린턴 고등학교에서 린빌의 동료로 일하며 그의 후임으로 생물학과 학장을 맡았다. 린빌은 자신이 집필한 고등학교 교과서에서 진화론의 개념을 강조했고 인간을 생물학적 환경의 산물로 묘사했다.[40] ACLU를 향해 진화론 교육에 대한 생물 교사의 직접적인 체험과 노동운동 지도자로서 모든 공립학교 교사의 권리인 언론의 자유와 학문의 자유를 보호하려는 굳은 의지를 보여준 이도 바로 린빌이었다.

학문의 자유는 ACLU가 첫 출발한 때부터 끊임없이 제기돼온 문제로, 언론의 자유와 떼려야 뗄 수 없는 관계가 있지만 훨씬 심오한 이해관계가 얽혀 있었다. 국가시민운동 단체를 형성하는 데 도움을 준 평화주의자들은 학생들에게 애국심과 군국주의를 고취시키려는 전시 교육을 경멸했으며 미국의 참전에 반대한다는 이유로 해고된 교사들을 옹호하고 교육과정에서 독일에 관한 내용을 제외시키지 말 것을 요구했다. 전쟁이 끝난 후 ACLU가 비주류 연설가들을 옹호하기 시작하면서 활동 범위를 넓혀 학교에서도 비주류 측 의견을 제한하지 못하도록 싸웠다.

ACLU는 초기에 내놓은 성명을 통해 밝혔다.

"교사들에게 획일적이고 정통적인 의견을 강요하는 행위는 반드시 막아야 한다."

"교육기관이 특정한 학설을 옹호하기 위해 다른 학설은 배제하고 공립학교와 대학에 교육 선전을 주입하려는 시도는 무슨 일이 있어도 막아야 한다."[41]

이러한 주장에는 기본적으로 학교의 애국심 조장 프로그램에 대한 ACLU의 반대 시각이 반영됐다. 전시에 뉴욕에서 형성된 러스크 위원회는 1920년에 '구두로나 서면으로 미합중국의 정부가 아닌 다른 형태의 정부를 지지하는' 공립학교 교사를 해고하는 법안을 제안했다.[42] ACLU는 뉴욕 주지사 알 스미스에게 1921년에 거부권을 행사해달라고 설득했지만 스미스의 후임이 1년 뒤 유사한 법안에 서명하면서 입법화됐다. 다른 수십 개 주에서는 공립학교 교사와 대학교수들에게 충성 선서[공직 취임자가 반체제 활동을 않겠다는 각서]에 서명할 것을 의무화했다. 미국 재향군인회American Legion를 비롯하여 막강한 애국 단체들은 공립학교에서 국기에 대한 경례와 같은 애국의식을 의무화하고 군대를 찬양하는 교육 자료를 적극 활용하며 '외국'에서 온 모든 것(국제 노동운동 포함)을 폄하하는 방식으로 '미국주의'를 고취하도록 로비 활동을 벌였다. ACLU가 미연에 반대 여론을 조성한 덕분에 일부 주에서 이러한 프로그램이 차단됐지만 로스앤젤레스의 캘리포니아 주립대학교 남학생들에 대한 강제 군사 훈련에 반대하는 소송에서는 ACLU가 패소했다. 1920년대 초 반가톨릭 KKK 과격분자가 등장하면서 ACLU는 KKK가 우세한 지역에서 대량 해고되는 가톨릭 교사를 보호하고 반대로 가톨릭이 우세한 지역에서는 KKK의 권리를 보호하기 위해 힘썼다. 그 결과 ACLU가 교육 문제 때문에 법정에 서는 일이 잦아졌다. 실례로 1920년대에 뉴욕 시 교육위원회가 교실에서 연설하려면 '미국 교육기관에 충성하는 자'여야 한다는 일반 규정을 이유로 뉴욕 시의 모든 학교에서 ACLU 대표가 '연설'하는 것을 금지하자 ACLU는 교육 프로그램을 후원할 수 있는 권리를 지키기 위해 법정에 서야 했다.[43]

공교육을 마음대로 하려는 시도가 1920년대에 시작된 것은 아니다. 실제로 매사추세츠 청교도가 식민지 시대에 미국 최초로 공립학교를 설립할 때만 해도 자신들의 종교 및 정치 체제를 알리기 위한 목적이 어느 정도 담겨 있었다. 19세기에 미국 땅을 밟는 수많은 비영어권 이민자에게 미국의 방식을 주입하기 위한 수단으로 공립 초등학교 운동이 일부 지역으로 퍼져나갔다. 대부분의 공립학교 교육과정에는 전통적으로 미국 윤리, 성경 읽기, 일일 기도가 포함됐다. 공립학교는 "학생들에게 생각하는 법을 가르치고 독려하기 위해 학교가 생겨난 것이 아니었다"고 하며 대로는 자신이 경험한 19세기 교육을 회상했다.

"1학년부터 대학 과정을 마칠 때까지 (학생들은) 생각하지 말라는 가르침을 받았고, 일반적인 믿음과 관습에 반하는 발언을 감행하는 교사는 즉시 해고당하거나 교육계에 다시는 발을 들여놓지 못하도록 차단됐다."[44]

이와 같은 교육 방침은 미국 공립학교 내에 사실상 기독교가 자리잡는 계기를 마련했다. 스콥스 재판 즈음에 조지아 주 대법원은 공립학교에서 행해지는 기독교 의식에 대해 유대인 납세자가 제기한 불만을 묵살했다. 그 이유인즉 '공립학교의 성경 읽기나 기독교에 대한 가르침이 한 기독교 종파에 특혜를 준다고 의회가 인정하는 경우에 기독교인이 납세자로서 법원에 불만을 제기할 수 있는 것과 똑같이 이와 유사한 사례에 한해서만 유대인이 납세자로서 법원에 불만을 제기할 수 있다'는 것이었다.[45] 테네시 주 의회도 1915년에 공립학교에서 매일 성경 10개 구절을 읽을 것을 명하되 그 내용에 대해 어떠한 의견도 금지하는 등 유사 법안을 성문화했다.[46] 헌법이 종교를 제한하는 유일한 이유는 정부가 특정 교회 종파에 특혜를 주지 않기 위해서라는 이 말에는 한 세기 전에 대법관을 지낸 위대한 연방주의자 조지프 스토리의 종교 자유에 대한 전통적 견해가 담겨 있다.[47] 1920년대에는 ACLU의 지도자들을 비롯해 개방적인 교육을 받은 미국인이 늘어났기 때문에 공교육이 특정한 정치적, 경제적 혹은 종교적 관점을 장려해야 한다는 주장은 설 자리를 잃었다. 그 관점이 민주주의, 자본주의 혹은 기독교로 정의된다고 하더라도 말이다.

외부 정치, 종교 세력으로부터 미국 학계를 해방시키려는 움직임은 고등교육에서부터 시작됐다. 미국은 본래 대학을 설립할 때 교수의 정년 보장과 학문의 자유라는 근대적 개념이 포함되지 않은 영국의 체계를 본보기로 삼았다. 옥스퍼드와 케임브리지대학은 교수진이 본질적으로 영국교회의 통제를 받았고 대학마다 매일 학생들을 위한 성공회 예배 시간을 가졌다. 마찬가지로 19세기 미국에서도 대다수의 공립 및 사립 고등교육 기관에 속한 교수들이 임명된 성직자로 이루어진 학장과 이사회의 뜻에 따라 움직였다. 토머스 제퍼슨이 설립한 버지니아대학교에서도 학생 예배가 행해질 정도였다. 그렇다고 미국 대학 캠퍼스 전체에 보수적인 종교와 정치사상이 팽배했던 것은 아니다. 하버드대학은 세기 초부터 유니테리언파의 영향을 받았고, 오벌린대학은 급진적 평등주의, 브린마워대학은 페미니즘으로 유명해졌다. 하지만 대학마다 내부에 당파 갈등이 극명하게 드러났다. 19세기 말에 인민당원, 진보주의자, 급진주의자들은 대체 경제, 정치 이론을 가르치지 못하도록 하는 대학 행정 관계자들을 고발하기 일쑤였고, 몇몇 종교적 검열 의혹이 대중에게 알려지기도 했다. 공교롭게도 가장 큰 유명세를 탄 사건이 테네시 주에서 발생했는데, 1878년에 남부 감리교 교단에서 운영하는 신생 밴더빌트대학교에서 유명한 지질학자 알렉산더 윈첼의 시간제 강사 자격을 박탈한 것이다. 성경에 나오는 아담 전에 지구상에 인간이 살았다는 이야기를 했다는 것이 이유였다. 윈첼은 진화론자였고 그의 해고는 곧 과학과 종교 간의 대립에서 뜨

거운 쟁점으로 떠올랐다.⁴⁸

미국 대학 캠퍼스에서 정통 신앙을 유지하고자 한 기독교의 노력은 새로운 세기에 접어들면서 많은 저항에 부딪혔다. 역사학자 조지 M. 마즈던은 이러한 변화를 프랑스 철학자 오귀스트 콩트의 이론에서 비롯한 실용주의의 부흥과 연결지었다. 마즈던은 주장했다.

"콩트가 구상한 역사에서 인간은 권력이 질문을 결정하던 종교적 단계에서 시작해 철학이 지배하던 형이상학적 단계를 거쳐 체험적 연구가 유일하게 신뢰할 수 있는 진실로 향하는 길임을 인정하는 실증적 단계에 이른다."⁴⁹

실증적 방식은 곧 과학과 인문학 연구에서 빼놓을 수 없는 요소가 됐다.

이 새로운 지식 습득 방식에 뒤이어 자연스럽게 자유 학문 연구와 토론에 관한 새로운 원칙이 등장했다. 19세기 말에 교수의 종신 재직과 학문의 자유를 보장하는 독일 대학교를 본떠 존스홉킨스대학교와 시카고대학교가 문을 열었고, 하버드와 컬럼비아, 코넬을 포함하는 기존의 교육기관도 비슷한 모델을 빠르게 흡수했다. 코넬대학교 학장을 전임한 앤드루 딕슨 화이트는 자신이 쓴 『기독교 국가에서 과학과 신학의 전쟁사A History of the Warfare of Science with Theology in Christendom』(1896)에서 윈첼 사건을 언급하며 밴더빌트대학교를 평했다.

"그 이름(대학)에 어울리는 교육기관이라면 갖추어야 할 기본 원칙을 위반했다."⁵⁰

경제학자, 정치과학자, 사회학자로 구성된 미국 내 전문가 협회가 상임위원회를 열어 학문의 자유를 침해하는 사례를 조사하기 시작한 것도 이 무렵이다.

이때까지 이룬 발전은 1913년에 들어 결정적인 전환점을 맞았다. 라파예트대학에서 사회적 진화가 종교사상의 발전을 일궈냈다는, 아직 진실로 밝혀지지 않은 이론을 가르친 존 메클린 철학과 교수를 해고한 것이다. 미국철학회American Philosophical Association와 미국심리학회American Psychological Association에서는 특수위원회를 구성하고 존스홉킨스대학교의 철학과 교수 아서 O. 러브조이를 위원장에 임명해 해임건을 조사하게 했다. 라파예트대학은 특정 교파 소속의 교육기관으로서 교육과정 안에 정통 신앙을 강요할 수 있다는 이유로 그 결정을 정당화했다. 위원회에서도 이 시각을 마지못해 받아들이기는 했지만 "미국의 대학은 두 부류로 나뉩니다. 학문의 자유를 보장하는 기관 아니면 교파 또는 정치적 선전을 위한 도구 역할을 하는 기관 말입니다"라고 말하고, 라파예트가 후자에 속한다고 규정했다.[51] 이 차이를 실체화하고 첫번째 부류의 교육기관에 속한 교수진의 권리를 보호하기 위해 러브조이는 즉각적으로 미국대학교수협회AAUP(American Association of University Professors)를 설립했다.

러브조이가 초대 총무를 맡은 AAUP는 대학교수들을 위한 국내 조합 역할을 맡았다. 협회 회의록에 따르면, 회원들이 "학문의 자유를 옹호하기 위해 경제, 정치과학, 사회학 협회가 모여 만든 여러 위원회를 하나의 새로운 위원회로 합치자"는 결의안에 찬성표를 던졌다.[52] 새롭게 출발한 위원회에서 러브조이는 학문의 자유를 위해 힘썼고, 1915년에 열린 AAUP 제1회 연간회의에서 종합 원칙 선언문General Declaration of Principles이 발표됐다. 라파예트대학 문제에서 언급된 기준을 그대로 이어받아 이 문서에서는 교육기관을 두 가지 유형으로 나누었다. 위원회는 공표했다.

"학교 기부금을 제공한 자들이 규정한 특정 교리의 보급을 위해 운영되는 사립학교나 사립대학이 가장 단순한 사례라고 할 수 있다."

직업학교는 물론이고 라파예트 같은 교회 소유 대학이 포함되는 이러한 교육기관의 교수진들에게는 학문의 자유가 보장될 필요가 없다. 반면, 정부나 대중에게 탄원을 통해 지원을 받는 교육기관은 다른 범주에 속한다. 위원회는 단언했다.

"이러한 교육기관이나 대학의 이사진은 교수의 이성이나 양심을 구속할 도덕적 권한이 없다."

전통적인 관습에 대한 정면 도전이었다. 새로운 원칙을 정당화하기 위해 위원회는 다음과 같이 말했다.

"국가의 지식 발전 초기 단계를 살펴보면, 자라나는 세대를 가르치고 이미 일반화된 지식을 뛰어넘는 것이 교육기관의 주된 과제였습니다. 하지만 20세기 미국의 근대 대학은 점점 더 과학 연구의 장으로 변모하고 있습니다. 자연과학, 사회과학, 철학 및 종교라는 세 분야에서 인간의 탐구가 이제 막 시작되고 있습니다. 이전에는 기독교가 학문의 자유를 저해하는 가장 큰 위협이었고 철학과 자연과학이 가장 막대한 영향을 받았습니다. 최근 들어 위험 지대가 정치과학과 사회과학으로 옮겨갔습니다. 비록 몇몇 소규모 교육기관에서 이전의 사례가 산발적으로 발견되기는 하지만 말입니다."[53]

반진화론운동은 시간을 거슬러 이전의 사례를 목표로 삼게 됐다.

학문의 자유를 둘러싼 대부분의 논쟁에서 정치, 경제 이념이 부상될 것이라는 예측에도 불구하고 AAUP는 종합 원칙 선언문을 통해 자진해서 반진화론운동과 충돌의 중심에 섰다. 테네시 주가 다시 한번 소동의 중심지로 부각됐다. 브라이언은 당연히 주립대학교와 공립학교에서 진화론을 몰아내야 한다는 태도를 취했다. 1922년 켄터키 주 의회가 반진화론 법안을 통과시키려다 결렬된 후에 테네시대학교 총장 하코트 A. 모건은 교육학과 교수 J. W. 스프롤스에게 진화론적 사회 진보의 관점이 담긴 로빈슨의 『정신의 형성』을 채택하지 말 것을 요구했다. 자신이 담당한 생물학 강의에서 진화론을 가르쳤던 모건은 스프롤스에게 말했다.

"최근에 켄터키 주에서 제안됐던 법안이 테네시 주까지 위협하고 있는 실정입니다. 테네시 주 의회에서 그러한 법안을 입법화하는 사태에 이르지 않도록 하려면 대학에서 진화론을 가르친다는 논란을 잠시나마 잠재울 필요가 있지 않겠습니까?"[54]

스프롤스는 잠자코 그의 제안을 따랐다. 하지만 곧이어 그의 1년 재직 계약이 갱신되지 않을 것이라는 소식이 들렸다. 필수 조건인 현장 연구가 부족하다는 이유에서였다. 스프롤스는 자신이 진화론을 가르쳐서 해고당했다고 주장했고 캠퍼스는 한바탕 소란에 휩싸였다. 당시 테네시대학교 교수진은 모두 1년 계약으로 근무하고 있었는데, 소동이 잠잠해질 무렵 스프롤스 지지를 선동했다는 이유로 4명의 교수가 파면됐다. 그리고 이유는 다르지만 같은 시기에 테네시대학이 2명의 교수에 대한 계약을 갱신하지 않기로 결정했는데, 오랫동안 법학과 교수를 지낸 존 R. 닐도 포함됐다. AAUP 조사관들은 대량해고 사태를 조사하기 위해 바로 녹스빌로 내려갔다.

AAUP 조사관들은 사태 처리 방법에 문제가 있다며 테네시대학을 비난했다. 상급 교수진과 1년 계약을 맺는 것은 AAUP의 교수 재직 기준에 어긋나는 것이었다. 스프롤스를 옹호했다는 이유로 파면된 4명의 교수는 사전 통지조차 받지 못한 상태였다. 정당한 법적 절차에 따라 해고된 교수는 단 한 명도 없었다. 하지만 종교적 차별이 원인이라는 주장의 근거도 없었다. 한 대학 관계자는 대학이 "무신론자를 싸잡아 내쫓고 있다"고 했지만 결국 이 주장은 거짓으로 판명됐고 당사자조차 자신이 그런 말을 한 적이 없다며 부인했다. 스프롤스는 반진화론운동의 순교자를 자청했지만 대학 관계자들은 해고 결정에 다른 이유가 있었음을 끈질기게 주장했고 조사관들도 이를 받아들였다. AAUP 보고서는 다음과 같은 결론을 내렸다.

"진화론에 대한 스프롤스 교수의 관점을 그의 교수 재임 중단 결정의 이유 중 하나이거나 주된 이유로 볼 수 없다."

그러나 진화론에 대한 책을 교과과정에 포함시키려는 스프롤스의 결정에 모건이 개입했다는 사실은 부인했다. 이 사건은 녹스빌에 대한 대중의 높은 관심과 분노를 일으켰고, 결국 근처 데이턴에서 열릴 스콥스 재판의 분위기

를 만들어내는 데 큰 몫을 했다.[55]

닐의 해고는 스콥스 재판에 또다른 의미를 부여했다. 비록 AAUP 조사관들이 스프롤스의 해고나 진화론 교육과 그 어떤 상관관계를 찾지 못했지만 말이다. 닐은 아마도 스프롤스 해고와 관련된 논란에 대해 거의 무지했을 것이다. 이 일이 발생한 늦은 봄에 닐은 여느 때처럼 법학을 가르치고 있었고, 학장의 말대로라면 닐은 캠퍼스에서 시간을 보내는 일이 거의 없었다. 강의에 곧잘 늦는 것은 물론이고 학과 주제보다는 현 정치 문제에 대한 강연을 늘어놓기 일쑤였으며, 시험지를 읽지도 않고 모든 학생에게 95점을 주었다고 한다. 학장은 닐의 '단정치 못한' 복장에 대해서도 불만을 털어놓았다. 나중에는 용모는 고사하고 청결이 의심될 정도로 상태가 심해졌다고 한다. 그럼에도 불구하고 닐은 주 의회에서 두 차례나 임기를 지낸 테네시대학교 졸업생이자 꽤 많은 대학 운영 자금을 확보하는 데 도움을 준 충직한 교직원이었다.[56] 해고 후 닐은 녹스빌에 남아 테네시 주에 필적할 경쟁 법대를 설립하려 했고, 모건에 대한 의회 조사를 도모했으며, 주지사 선거에 나섰다가 실패하기도 했다. 그리고 자신이 진화론 교육을 지지하다가 파면된 것이라고 끊임없이 주장했다. 1925년에 스콥스가 기소됐을 때 닐은 즉시 피고를 변호하겠다고 나섰고 결국 재판이 끝날 때까지 현지 변호인단으로 활동하며 뉴욕 ACLU 변호사들의 눈살을 찌푸리게 했다.

조사 결과 진화론 교육을 억압했다는 테네시대학의 혐의는 대부분 무효 처리됐지만 AAUP는 우려의 끈을 놓지 않았다. 당시 AAUP 회장은 선포했다.

"지금까지 교육의 자유를 공격한 그 어떤 위협보다 더 해로운 것이 바로 원리주의입니다."

이내 과학 교육의 자유를 위한 특수위원회를 선임해 이 위협을 좀더 면밀히 조사하도록 했다.[57] 특수위원회는 1924년 12월에 보고서를 발표했는데, 시기적으로 테네시 주 의회가 진화론 교육을 금지하는 결정을 내리기 불과 3

개월 전이었다.

위원회는 경고했다.

"지난 몇 년간 불관용의 정신이 스스로 발돋움하려는 움직임이 특히 진화론 교육 반대자들 사이에서 부흥하고 있습니다."

AAUP는 이러한 공세에 맞서 싸우겠다고 선언했다.

"무엇을 가르칠지에 대한 결정은 투표가 아닌 해당 분야에 종사하는 교사와 조사관들에게 달려 있다는 원칙은 엄중하게 지켜져야 한다고 우리는 믿습니다."[58]

그해 여름, AAUP의 창립 위원 여럿이 자진해 데이턴으로 가서 스콥스 재판의 피고를 위한 전문가 증인 자리에 섰다.

학문의 자유를 향한 움직임은 점차 고등교육에서 중등교육까지 퍼져나갔다. 물론 그 중심에는 ACLU가 있었다. 1920년대 평화주의와 공교육의 노동조합을 대신해 활동한 ACLU의 노력은 학문의 자유를 보호하기 위한 광범위한 프로그램으로 거듭났다. 처음에는 예상대로 ACLU 집행위원회에 속한 헨리 린빌이 뉴욕 시 교직원 조합장의 자격으로 AAUP의 초대 회장이자 컬럼비아대학교 교수 존 듀이와 손을 잡았다. 린빌은 1920년대 초에 ACLU를 대표해 학교와 대학의 언론 자유에 관한 초기 작업 계획 잠정 성명서Tentative Statement of a Plan for Initiating Work on Free Speech Cases in Schools and Colleges를 준비했다. 이 잠정 성명서는 교실 밖에서 자신의 정치적 견해를 표현했다는 이유로 실직된 교사만을 대상으로 했으며, AAUP가 제안한 학교 간의 차이를 채택해 공립학교만 ACLU가 개입하고 사립학교는 개입하지 않기로 했다.[59]

ACLU 의장 해리 F. 워드는 교실에까지 영향력을 확대하고자 했다. 그는 회보에서 "자신들의 주장에 맞추어 교육기관을 조종하는 특수 이익 단체 때문에 대중의 정신이 근원부터 썩고 있다"고 쏘아붙였다.

"가장 눈에 띄는 사례는 최근 뉴욕 주에서 폐지된 러스크법입니다. 국수주의적 관점에서 역사를 다시 쓰려고 시도했죠. 미국재향군인회와 여타 단체에서 반전 교육과 반전을 주장하는 학생들을 공격하는 것 또한 이러한 예에 해당됩니다."

이때까지만 해도 반진화론법에 대한 우려가 겉으로 드러나 있지는 않았지만 워드는 "교실에서 언론의 자유"를 지키는 것이 ACLU의 잠재적인 우선 과제임을 명시했다. 그리고 덧붙였다.

"공립학교와 사립학교에서 불거진 문제를 겪으며 교직원 조합이 이룬 가장 큰 성과는 시위와 여론 조성입니다."

워드는 공식 연구는 전문적인 학회의 몫으로 남겨두더라도 "전국적으로 사실을 알리는 것"이야말로 ACLU가 해야 할 부분이라고 제안했다. 여론 조성은 나중에 스콥스 재판에서 ACLU가 채택한 전략이기도 하다.[60]

1924년 중반에 ACLU는 학문의 자유에 관해 처음으로 공개 성명을 발표했다. 이 성명은 기본적으로 린빌의 잠정 성명서와 워드가 회보에 실은 글을 결합한 것으로, 두 사람을 공동 작성자라고 밝혔다. 이 성명의 핵심 내용은 ACLU가 교실 안팎에서 언론 자유와 관련한 공립학교 교사의 권리를 보호하겠다는 것이었으며, AAUP가 제창한 학문의 자유 개념을 공개적으로 채택했다. 무엇보다 반진화론법을 ACLU의 '주요 안건'으로 추가했다는 점이 새롭게 부각됐다. 이는 '러스크법'과 '역사교과서법'을 '교육을 왜곡하려는 선전 사례'로 한데 묶어 규탄하는 것이었다. 성명서는 다음과 같은 내용으로 끝맺는다.

"이 성명에 기술된 문제가 학교나 대학에서 발생할 경우 연루된 자라면 누구나 미국시민자유연맹으로 편지 또는 전보를 보낼 수 있다. 접수되는 즉시 현지 통신원이나 고문 변호사를 통해서나 뉴욕 본부가 직접 관여해 지원이 이뤄질 것이다. 중대 사례라면 문제가 발생한 현장으로 담당자가 급파될 것이다."[61]

ACLU는 관리감독을 위해 학문의 자유를 위한 엘리트 위원회를 구성해 오랫동안 ACLU에서 활동해온 린빌, 토머스, 홈스, 펠릭스 프랭크퍼터는 물론이고 스탠퍼드대학교 명예회장 데이비드 스타 조던 같은 저명한 교육자를 영입했다. 공식 발표된 자료에 따르면, 새로운 위원회는 "진화론 교육을 금지하려는 시도와 같이 교육을 제한하는 법에 대응할 것"이며 ACLU가 "선두가 돼 상황이 발생할 때마다 즉시 개입해 대중 앞에 진실을 규명하고 효율적인 반대 운동을 조직화하며 학생과 교사의 권리를 침해한다고 판단되는 모든 지역의 사례에 대해 전국적인 여론을 형성할 것"이라고 공표했다.[62] 보도자료는 이전에 제시한 무료 지원을 재차 거론했지만 거대한 돌파구가 된 사건은 뉴욕 ACLU 본부의 집중적인 관심을 요했다.

오랫동안 ACLU 비서로 근무해온 루실 밀너가 훗날 회고했다.

"어수선한 책상 위에 놓인 테네시 주 신문 특보가 제 시야를 사로잡는 순간 사무실 전체가 일대 소란에 휩싸였습니다. '테네시 주, 진화론 교육을 금지하다'라는 내용의 조그마한 기사였죠."

"저는 바로 그 기사를 오려 조언을 얻기 위해 볼드윈에게 달려갔어요. '여기 꼭 보셔야 할 기사가 있어요. (…) 어떻게 해야 할까요?'라고 묻자 기사를 살펴보던 로저는 한눈에 시급함을 깨닫고는 '월요일에 집행위원회로 바로 보내세요'라고 짧게 답했어요."[63]

볼드윈은 그날의 일을 약간 다르게 기억하고 있었다. 공민적 자유 위반 사례를 신문에서 수집하는 일을 맡았던 밀너가 제안된 테네시 주 반진화론 법안에 대한 기사를 알려왔고 "테네시 주 의회가 진화론 교육을 범법 행위로 만드는 법안을 상정 중이라는 보도자료를 접했을 때 일단 예의주시하기로 했습니다"라고 말했다.

"주지사가 법안에 서명했을 때 우리는 바로 테네시 주 신문에 공식 성명을 내고 그 일을 계기로 고발당하는 교사가 있다면 무조건 변호하겠다는 뜻을 밝혔습니다. 미국 역사상 언론에서 대서특필된 재판 중 하나로 기록되는 사건의 발단이 바로 그날 벌어진 셈이죠."[64]

볼드윈의 이야기는 테네시 주 반진화론법 제정이 당시 주요 보도 기사였다는 사실과 맞물린다. 이는 미국 반진화론운동이 4년 만에 처음으로 승리를 맛보는 순간이기도 했다. 테네시 주에서 반진화론 법안이 도입 또는 고려되고 있다는 기사가 신문 한구석에서 가려져 관심을 빚지 못한 곳은 오로지 테네시 주뿐이었을 것이다. ACLU는 반진화론운동이 시작되고 학문의 자유를 제한하는 그 밖의 움직임에 대항하기 시작하면서부터 여러 주에서 반진화론 법안의 진행 상황을 면밀히 추적해왔다. 테네시 주 반진화론법에 반발하는 교사를 공개적으로 돕겠다는 성명을 발표하기 몇 주 전부터 ACLU는 학교와 대학의 교육 제재에 대해 광범위한 설문조사를 시행해 발표한 바 있다. 테네시 주 반진화론법 외에도 '학교에서 매일 성경을 읽게 하거나 급진파 또는 반전 성향의 교사 고용을 금지하는' 새 법령이 7개 주에서 시행되고 있다고 언급한 이 설문조사는 '지난 6개월간 제정된 구속적 법률의 수가 미국 역사를 통틀어 시행된 것보다 더 많다'는 결론에 이르렀다. 이 설문조사 발표에 이어 ACLU는 발표했다.

"시민자유연맹 변호사들을 통해 이 모든 구속적 법률이 위헌이라는 판결을 얻기 위해 최선을 다하고 있다."[65]

테네시 주 반진화론법에 반대하는 ACLU의 공식 성명 전문이 5월 4일 반진화론법 집행에 반대 의사를 밝혀온 『채터누가 타임스』에 실렸다. 그들은 "이 법률을 법정의 심판대에 올려놓고자 합니다. 기꺼이 도움을 주실 테네시 주 교사를 찾고 있습니다"라며 지원자를 모집했다.

"우리 변호사들은 이번 소송을 제대로 준비해 한 교사가 직업을 잃지 않고도 판례를 만들 수 있다고 생각합니다. 자발적으로 참여한, 뛰어난 변호인단이 이미 갖춰져 있습니다. 남은 것은 의뢰인뿐입니다."

『채터누가 타임스』의 어떤 기자가 학교에서 진화론을 가르치고 있는지 묻자 시 교육감은 장담했다.

"어떤 의미의 진화론을 말하는지에 따라 다르겠지요. 테네시 주 의회에서 통과시킨 법의 표적이 되고 있는 다윈의 진화론을 말씀하시는 거라면 아닙니다. 이 지역 교사라면 누구나 논란의 여지가 있는 이론이기에 우리 교과과정에 설 자리가 없다는 사실을 잘 알고 있습니다."

이보다 앞서 담당 구역 학교에 대해 이와 비슷한 자신감을 보였던 녹스빌 교육감은 밝혔다.

"우리 교사들은 아이들에게 식물과 동물의 차이를 구분하는 방법을 어떻게 가르쳐야 할지 난감해하고 있습니다."[66]

도시 학교 관계자들은 새 법을 시험하고 싶지 않다는 뜻을 분명히 했지만, 이들 사이에서 데이턴의 진취적인 시민 후원자들은 침체기에 빠진 지역 사회가 국가적인 관심을 받기를 원했기 때문에 ACLU의 제안을 받아들이게 됐다. 이들이 얻은 것은 예상보다 훨씬 더 컸다. 그해 여름, 한쪽에는 인민당 다수결주의와 전통 복음주의, 반대쪽에는 과학 세속주의와 개인의 자유를 표방하는 근대주의 세력이 데이턴에 결집했다. 미국은 커다란 변화 앞에 서 있었다. 아니, 어쩌면 브라이언과 대로라는 두 인물이 성장한 그 시점부터 변화했는지도 모른다.

제2부

재판 중

제4장

편 가르기

"하고 많은 곳 중에 왜 하필 데이턴인가?"

『세인트루이스 포스트 디스패치St. Louis Post Dispatch』 논설위원이 1925년 5월에 던진 질문이다.

"왜 데이턴인가?"

현지의 선동가들도 이 질문을 재판 중에 판매된 홍보 책자의 제목으로 삼았다. "하고 많은 곳 중에 왜 데이턴인가?"라는 질문을 되받아치면서 책자는 "컴벌랜드 산맥에 위치한 이 분지는 보는 이의 관점에 따라 세계가 주목하는 희극 또는 비극이 펼쳐지는 '논리적, 근본적, 진화적' 원형 극장이라 할 수 있다"[1]고 표현했다. 더 나아가 주요 행사가 잘 알려지지 않은 장소에서 벌어지는 현실을 빗대어 갈보리의 예수 십자가 처형을 보는 것 같다고 전했다. 하지만 어째서 재판이 '논리적, 근본적, 진화적'으로 이곳에서 열렸는지, 자긍심 있는 시민운동 지도자들이 이러한 행사를 왜 자신들의 지역사회에서 열기를 원했는지는 뒤로한 채 데이턴이 일하고 살기에 좋은 도시임을 홍보하는 데

급급했다. 물론 이유는 있었다. 사건의 전말을 설명하는 데는 분명히 그 이유가 도움이 될 것이다.

녹스빌과 채터누가 사이, 테네시 강이 굽이쳐 흐르는 테네시 주 동부 산기슭 계곡에 위치한 데이턴에는 전통 의식과 미래에 대한 확신이 없었다. 남북전쟁 당시 농가 몇 채가 전부였던 이곳의 풍경은 1925년 테네시 주민들의 기억 속에 선명하게 남게 됐다. 이 마을은 1800년대 말에 철도가 들어서면서 발전하기 시작해 레아 카운티의 상업, 행정 중심지로 변모했다. 소위 뉴사우스New South[경제적 번영과 인종 차별 철폐를 제창하는 공무원의 선임을 슬로건으로 내건 1960년대에 시작된 시대]에 이 마을에는 북쪽의 투자가들이 철로 공사를 시작했고, 인근에는 탄광과 철광이 문을 열었으며 제철소가 지어져 수백 명의 스코틀랜드 이민자와 일자리가 없는 남부인들이 몰려들었다. 카운티 공무원들은 시내 광장의 넓은 공간에 화려한 3층짜리 법원청사를 지었다. 데이턴과 북부 시장을 연결하는 철로 덕분에 주변 계곡에서는 상업적 영농이 발달했고 1920년대에 레아 카운티는 딸기 생산 중심지로 자리잡았다. 하지만 딸기가 풍작을 이루고 채광이 지속되는 와중에 제철소는 운영이 중단됐다. 20세기 초 호저리[양말과 스타킹을 통틀어 일컫는 말] 공장이 문을 열었지만 제철소에서 일자리를 잃은 사람들을 포용하기에는 역부족이었다. 상업 건축이 둔화되면서 데이턴 시내에는 세 블록에 걸쳐 한두 층짜리 점포 건물과 법원청사가 미개발된 상태로 남겨졌다. 근심에 빠진 도시 지도자들은 적극적으로 새로운 산업을 유치했지만 즐거운 1890년대Gay Nineties[미국 사회에 짙은 영향을 끼쳤던 영국의 빅토리아 문화가 서서히 막을 내리고 현대적이면서도 독자적인 미국 문명이 싹트기 시작한 과도기]에는 3000명에 이르던 마을 인구가 스콥스 재판 당시에는 1800명까지 줄어들었다.[2]

화학공학 분야의 경험을 보유한 뉴요커 조지 W. 래플리에는 1925년에 북쪽에 있는 소유주를 대신해 이곳의 광산을 관리하고 있었다. 당시 서른한 살밖에 되지 않았던 래플리에를 『채터누가 타임스』는 "남부와 남부 방식을 처음 접하는 이방인"[3]이라고 묘사했다. 래플리에는 대학 시절에 종교를 뒤로하고 인류진화론을 전적으로 믿게 됐지만 데이턴으로 이주한 후에는 근처 감리교회를 다녔다. 여기에서 만난 젊은 감리교 목사가 진화론자도 기독교를 믿을 수 있다고 설득했기 때문이다. 래플리에는 테네시 주의 반진화론법에 대해 경멸감을 나타냈으며 『채터누가 타임스』에 분개 가득한 편지를 보내, 근대주의자들이 공통적으로 주장하듯 "감리교 창설자 존 웨슬리가 다윈보다 100년 앞서 인류진화론을 제기했다"고 역설했다. 5월 4일, ACLU가 법정에서 새 법에 맞서 싸우는 데 도움을 줄 테네시 주 교사를 모집한다는 신문 기사를 본 래플리에는 법을 뒤바꿀 기회로 보고 자신의 계획에 동조할 사람을 찾기로 했다.[4]

래플리에는 신문을 손에 쥐고 바로 프랭크 E. 로빈슨의 약국으로 향했다. 로빈슨은 레아 카운티 교육위원회 회장을 맡고 있었고, 시내 약국에서 그가 운영하던 음료수 판매점은 금주법이 시행되던 시절에 마을 사업가와 지식인들이 모여 술을 마실 수 있는 장소를 제공했다.

"로빈슨 씨, (지방 변호사) 존 갓시와 늘 모여서 했던 말 있잖아요. 데이턴이 조금이라도 언론의 관심을 받았으면 좋겠다는……. 혹시 오늘 조간신문 보셨어요?"

로빈슨이 나중에 회상한 내용이다.[5] 물론 로빈슨은 신문을 읽었지만 ACLU의 제안에 별 관심을 두지 않았다. 그러자 래플리에는 데이턴에서 소송을 열어 홍보 효과를 얻자는 자신의 계획을 설명하고 뉴욕 ACLU에 연줄이 있다고 자랑했다. 로빈슨은 서서히 그의 제안에 마음을 열었고, 교육감 월터 화이트도 마찬가지였다. 화이트는 전 공화당 상원의원으로 반진화론법에 찬성했지만 출신 고장이 언론의 주목을 받는 것이 그에게는 더 중요했다. 갓시가 계획을 지지하겠다고 나섰고 다른 데이턴 주민들도 하나둘씩 참여하기 시작했다. 지역 주민의 지지가 충분하다고 확신한 래플리에는 뉴욕으로 전화를 걸어 데이턴에서 교사가 기소당할 경우 ACLU가 약속을 지킬 것인지 물었다. 다음 날 마을 중요 인물들이 모여 서명에 동참했고 ACLU는 제안을 받아들였다.

첫 단계로 데이턴 출신의 젊은 변호사 2명이 사건을 담당하는 데 동의했다. 허버트 E. 힉스와 수 K. 힉스는 만일 현지 교사가 법 제정 시기부터 학기 말까지 짧은 기간 동안에 진화론을 가르친다면 기소하겠다고 밝혔다. 힉스 형제(수가 여자 이름이기는 하나 태어날 때 사망한 어머니의 이름을 딴 것으로 남자임) 외에 이 사건을 데이턴으로 끌어들이려 했던 유일한 인물은 진화론 교육에 유감을 표한 월터 화이트였다. 하지만 힉스 형제조차 반진화론법의 합헌성에는 의문을 표했다. 법조인보다는 밴더빌트대학교 미식축구 선수로 더 잘 알려져 있던 데이턴 출신의 젊은 변호사 월리스 해거드도 힉스 형제를 돕겠다고 나섰다. ACLU가 이들의 경비를 지불하겠다고 했지만 세 사람 모두 이를 거절했다.[6]

두번째로 약국에 모여 공모에 가담한 이들이 고등학교 과학교사이자 시간제 미식축구 코치로 일하던 24세의 존 T. 스콥스를 불러들였다. 스콥스는 훗날 다음과 같은 글을 썼다.

"로빈슨 씨가 의자를 가져왔고 점원으로 일하던 소년이 음료수를 가져다줬어요. 그리고 래플리에가 제 이름을 불렀죠. '존, 지금 우리가 열띤 토론을 하고 있는데 말일세. 내 의견은 진화론을 가르치지 않고서는 생물을 가르칠 수 없다는 걸세.' 그때 저는 '맞아요'라고 답했죠. 그 답이 어떤 결과에 이를지도 모른 채 말이죠."

골초였던 스콥스는 아마 그 시점에 담배를 꺼내 불을 붙였거나 이미 피고 있었을지 모른다. 그러고는 로빈슨이 가게에서 공립학교 교과서도 팔았다니 헌터의 『도시 생물학』을 진열대에서 꺼내 들어 진화론에 관한 장을 펼쳤을 것이다. 당시 이 책은 주에서 허가한 교과서로, 테네시 주에 있는 모든 고등학교에서 사용하도록 규정됐다. 스콥스는 회상했다.

"래플리에가 아이들에게 이 책을 가르치고 있냐고 물었고 저는 '그렇다'고 답했습니다. 그리고 이 책을 교장이 몸이 아팠던 기간 동안 그를 대신해 검토용으로 사용했다고 설명했죠. 정식 생물교사는 교장이었거든요. 그랬더니 로빈슨이 '자네는 지금 법을 위반하고 있는 걸세'라고 했어요."

교육위원회 임원들은 스콥스에게 ACLU의 제안에 대해 알려주었다. 그리고 운명적인 질문을 했다.

"'존, 재판에 서주겠는가?'라고 로빈슨이 물었습니다. '자네 이름을 걸고 이 일을 진행해도 되겠나?' 그때 저는 깨달았죠. 뱀을 억누르기에 가장 적절한 시기는 꿈틀거리기 시작할 때라는 것을……. 그리고 이미 그 뱀은 오랫동안 꿈틀대왔다는 것도요."[7]

스콥스는 이번 재판의 피고로서는 최적임자였다. 독신이고 성격도 원만했으며 데이턴에 오래 머무를 것도 아니었다. 일반적인 생물교사라면 가족과 행정적인 임무에 얽매여 곤란했겠지만 스콥스는 한 여름 재판에 연루된다 하더라도 잃을 것이 없었다. 스콥스는 또한 열의에 찬 젊은 교사로, 뿔테 안경 너머 소년의 얼굴이 학구적이지만 위협적으로 보이지는 않았다. 타고난 성격이 숫기가 없었지만 협동심이 강해 호감형인 그가 진화론을 강하게 피력한다고 해서 부모나 납세자들의 반감을 사거나 급진주의자나 개념 없는 공직자로 낙인찍힐 가능성은 매우 적어 보였다. 그러나 그의 친구들은 스콥스가 새로 재정된 법에 대해 반감을 갖고 있고 인류 기원에 대해 진화론적 해석을 받아들였다는 사실을 알고 있었다. 알고 보면 그는 생물이 아닌 물리, 수학 그리고 미식축구를 가르쳤기에 문제에 대한 이해도가 높지는 않았지만 켄터키대학교 재학 시절에 총장이 해당 주에서 반진화론 법안에 맞서 싸웠고, 그는 그런 총장을 존경했다. 더 나아가 그의 아버지는 이민자 출신의 철도 정비공으로 노동조합 조직책을 맡은 자타 공인 사회주의자 겸 불가지론자로, 『채터누가 타임스』의 말을 빌리자면 "미국의 정치제도와 종교체제에 대해 부정적인 이야기를 몇 시간씩 큰 소리로 늘어놓을 수 있는 사람"[8]이었다. 존 스콥스는 정부와 종교에 대해 부친과 생각을 같이했지만 그보다는 느긋한 자세를 취했다. 실제로 정치보다는 스포츠에 대해 이야기하는 것을 선호했고 때때로 친구를 사귀기 위해 데이턴에 있는 북부 감리교회에 나갔다. 이 정도면 큰 문제를 일으키지 않고 법을 시험할 만한 기득권층의 반란자로 충분해 보였다. ACLU의 자문의원인 아서 가필드 헤이스는 "사건을 법의 심판대에 올려놓을 피고인으로 그보다 나은 인물은 찾기 어려웠을 것이다"라고 털어놓았다.[9]

래플리에와 로빈슨이 밀어붙이기는 했지만 스콥스는 원한다면 얼마든지 도전을 거부할 수 있었다. 스콥스와 친한 친구 사이였던 수 힉스도 스콥스 편에 섰다. "한동안 가능성을 함께 타진해본 뒤 스콥스는 기꺼이 받아들였고 저는 그를 기소하는 역할을 맡겠다고 했습니다"라고 힉스는 전했다. 래플리에가 그 후 치안판사를 불러 스콥스의 '구속' 영장을 발부받았고, 기다리고 있던 경찰관에게 사건을 넘겼다.[10] 스콥스가 테니스 시합을 하러 자리를 뜬 후 래플리에는 뉴욕의 ACLU에게 전보를 보냈고, 로빈슨은 『채터누가 타임스』와 『내슈빌 배너』에 전화를 걸었다. 월터 화이트가 맡은 임무는 『채터누가 뉴스Chattanooga News』의 현지 통신원에게 연락해 "데이턴에 세간의 이목이 집중될 사건이 일어났다"[11]고 전하는 것이었다. 드디어 쇼가 시작된 것이다.

다음 날 『내슈빌 배너』 1면에 기사가 실렸다. "레아 카운티 고등학교 과학부 책임자 J. T. 스콥스가 최근 테네시 주 공립학교에서 진화론 교육을 금지하는 법을 어겼다. 스콥스 선생을 고발한 이는 컴벌랜드 석탄 및 철광 주식회사 관리자 조지 W. 래플리에이며, S. K. 힉스가 검사로 나설 예정이다"라는 내용이었다.

기사에 넣을 사진 촬영을 위해 로빈슨의 약국에서의 첫번째 회동을 재현한 데이턴 재판의 선구자들. 앉아 있는 순서대로 왼쪽부터 허버트 힉스, 존 스콥스, 월터 화이트, 고든 매켄지. 서 있는 순서대로 왼쪽부터 버트 윌버, 월리스 해거드, W. E. 모건, 조지 래플리에, 수 힉스, F. E. 로빈슨(브라이언대학 기록보관소)

"피고인은 새 법의 적법성에 의문을 제기할 계획이며, 이번 소송으로 새 법이 시험대에 오를 것으로 보인다. 공소는 뉴욕에 위치한 ACLU의 후원으로 이루어지며, 이 단체는 이번 소송에 드는 비용 일체를 부담하기로 했다."[12]

이 기사는 연합통신사Associated Press를 통해 미국 내 주요 신문사에 일파만파로 퍼져나갔다.

기사의 속뜻을 알아차린 사람이라면 누구나 이번 테네시 주 대 스콥스 재판이 일반적인 형사 사건이 아님을 알 수 있었다. 1920년대 ACLU와 공무원들 사이에는 적대감이 감돌았다. 검사가 ACLU의 '후원'을 받아 사건을 진행하거나 ACLU가 원고 측의 경비를 '부담'하는 일은 전무후무했다. 학교 관계자들로서도 형사 고발을 당한 교사의 소식을 외부에 알리는 경우는 드물었다. 이 사건과 관련한 모든 것이 그야말로 뒤죽박죽이었고 법을 지키느냐 마느냐 하는 문제에는 아무도 관심이 없어 보였다. 법 자체가 특수하기는 했지만 말이다. 처음부터 브라이언은 처벌 조항을 포함시키지 말 것을 조언했고 주지사 피는 집행될 일이 전혀 없을 거라 예상했다. 이 두 사람의 생각을 읽기라도한 듯 테네시 주 다른 지역에서는 『내슈빌 테네시안』이 "값싼 언론 플레이"[13]로 매도했듯이 이번 재판을 기회로 이용할 생각조차 하지 않았다. 하지만 데이턴의 선동자들은 판례를 만들어내는 데 매진했고 이를 자랑스럽게 여겼다. ACLU조차도 처음에는 상황의 특수성을 알아차리지 못했다. 초기에 발표한 공식 성명에서 '유죄 판결'을 예상했고 항소를 위한 '준비'를 강조할 뿐이었다.[14] 이들이 예상한 시나리오에서 이번 소송은 심각한 법률 공방이 항소 시에나 등장하는 일반적인 헌법 소송일 뿐이었다. 물론 데이턴 주민들의 생각은 달랐다.

진화론에 대한 이러한 태도 변화를 테네시 주 전반의 특색으로 보아서는 안 된다. 일단 재판을 열겠다는 제안 자체는 뉴욕에서 시작됐다. 래플리에도 뉴욕 출신이었다. 스콥스는 일리노이 주 세일럼 출신으로, 브라이언과 고향이 같았다. 세 사람 모두 곧 다른 곳으로 이주했지만 말이다. 데이턴이라는 마을 자체도 생소한 곳이었고 심지어 소속 주나 지역과도 성격이 판이했다. 테네시 주 동부는 남부 지역 전체를 통틀어 유일한 공화당원들의 주요 거점이었다. 브라이언이 총 세 번 대통령 선거에 출마해 매번 남부에 있는 모든 주를 휩쓸었지만 레아 카운티는 움직이지 못했다. 주지사 피도 이곳에서만큼은 지지율이 낮았다. 현지 정치인들은 브라이언이나 주지사에게 충성을 다할 필요성을 느끼지 못했다. 종교적인 차이도 있었다. 테네시 주 남부에서는 근본적으로 침례교가 우세했지만 데이턴 주민은 대부분 감리교 신자였다. 이는 재판 중에 H. L. 멩켄이 우스갯소리로 한 말에서도 엿볼 수 있다.

"이곳의 감리교도들은 극좌파에 속합니다."

또한 꽤 많은 데이턴 주민이 특정 교파에 속해 있지 않았다. 실례로 교회보다 마을 프리메이슨 집회소에 더 많은 성인 남성이 모여들었다. 하지만 데이턴이 근대주의의 집결지는 아니었다. 재판 중에 실시된 비공식적인 설문조사에 따르면 데이턴 교회를 다니는 주민 중 85퍼센트가 성경을 글자 그대로 믿는다고 주장했다. 십중팔구 원리주의의 기본 원리를 제대로 알고 있는 사람은 별로 없었을 것이다. 데이턴은 바로 그런 곳이었다.[15]

재판에 모여든 기자들은 데이턴의 특수성을 처음부터 거론했다. 적개심은 찾아볼 수 없었다. 극도로 냉소적이었던 멩켄조차도 데이턴에서 첫 기사를 쓸 때 다음과 같이 말했다.

"솔직히 이 마을에 와서 크게 놀랐다. 내가 상상했던 모습은 흑인들이 아무 데서나 낮잠을 자고 돼지가 이리저리 먹을 것을 찾아 헤매고 온갖 기생충과 말라리아에 감염된 주민들로 가득한 지저분한 남부 마을이었다. 하지만 실제로 발을 들여놓았을 때 내 앞에 펼쳐진 광경은 아름답다고 생각될 정도로 내 마음을 사로잡았다."

데이턴은 무척 생소한 곳이었고 북부와 중서부에 있는 비슷한 크기의 공업도시에 비해 흑인 인구도 적었다.[16] "더군다나 이 마을에서는 자신들이 신봉하는 위대한 교리를 지키겠답시고 기독교인들이 모여 있는 곳에서 흔히 느낄 수 있는 불쾌함이나 불친절함은 찾을 수 없다"라고 멩켄은 덧붙였다.

"데이턴에서 이번 소송의 기본적인 쟁점에 대해 이야기하는 사람은 별로 없었다. 모두의 관심을 끈 것은 전략이었다."[17]

불과 며칠이 지나지 않아 멩켄은 주민들의 가장 큰 관심사가 언론 홍보 효과라는 것을 알아차리고는 갈수록 비평의 색이 짙어지는 자신의 기사가 문젯거리로 부상하기 전에 조용히 마을을 떠났다.

다른 테네시 주민들은 이목을 끌기 위해 '연기'하는 데이턴의 행동에 반감을 드러냈다. 이 단어는 『채터누가 타임스』가 스콥스 재판을 일컫는 데 사용했다. 밴더빌트대학의 저명한 인문학자 에드윈 밈스는 반진화론법에는 "충격적이다", 계류 중인 재판에 대해서는 "개탄스럽다"라는 표현을 썼다. 주지사 피는 공무원들의 요청에도 불구하고 재판을 비난하듯 참석을 거부했다. "이 재판은 진화론에 찬성하는 싸움도, 반대하는 싸움도 아닙니다. 무엇을 위해 싸우는지도 모르는 싸움일 뿐입니다"라고 채터누가 하원의원 포스터 V. 브라운이 불만을 토로했다. 녹스빌 하원의원 J. 윌 테일러는 이에 덧붙여 "데이턴 재판은 졸렬한 모방에 불과하다"[18]고 말했다.

테네시 주의 각종 주요 일간지, 더구나 반진화론법에 반대하는 신문까지도 데이턴을 비난했다. 『내슈빌 테네시안』은 논평을 통해 "타당성과 취향이 지극히 의심스러운 데이턴의 '세력'이 이번 재판을 자신들의 도시에 여론의 관심을 집중시키기 위한 기회로 삼은 것이 분명하다"고 평하면서 "사람들이 무슨 말을 하는지는 문제가 되지 않는다. 어찌 됐든 얘깃거리를 만들어낸다는 광고 효과가 이 이론에 대한 소송의 계기가 됐을 것이다"라고 했다. 『녹스빌 저널Knoxville Journal』은 "데이턴 재판의 주연 배우는 인기를 위해 무대에 선 것이기에 법정에서 어떤 결정이 내려지는지는 전혀 개의치 않는다"고 논평했다. 반진화론법의 통과에 여전히 상심해 있던 『채터누가 타임스』는 스콥스 재판을 "수치스럽다"고 표현하며 "테네시 주의 모든 변호사가 창피해서 고개를 못 들 정도"라고 했다. 그나마 호의적인 논평을 낸 것은 『내슈빌 배너』로 "문명화된 세상에서 광고 일면을 장식할 기회를 데이턴이 놓칠 리 없다"고만 평가했다. 비판에 맞장구라도 치듯 『내슈빌 배너』는 테네시 주가 열차를 전세 내 찾아오는 기자들에게 "진보적인" 테네시 주 관광을 시켜주는 기회로 삼는 게 어떻겠느냐는 제안을 했다. 논평은 "테네시 주 역사상 가장 멋진 열차가 될 것"이라고 했지만 실현되지는 않았다.[19]

레아 카운티에 살지 않는 테네시 주민들은 『채터누가 타임스』가 "데이턴

희비극"[20]이라고 표현한 이 재판이 나쁜 평판밖에는 가져오지 않을 것이라고 예상하는 분위기였다. 『내슈빌 배너』가 외부 기자들에게 테네시 주의 다른 지역을 보여주자고 제안한 이유가 바로 여기에 있었다. 반진화론법 결정에 자부심을 갖고 있던 사람들은 다가오는 재판이 법뿐만 아니라 테네시 주의 평판을 떨어뜨릴까봐 두려워했다. 반대로 반진화론법을 수치스럽게 여긴 사람들도 재판이 테네시 주를 더 큰 조롱거리로 만들지 모른다는 걱정을 떨칠 수 없었다.

남북전쟁의 피해와 재건법의 굴욕에서 완전히 벗어나지 못한 남부인들은 자신들의 국가 이미지에 대한 의식이 강했고 조금이라도 무시받는다고 생각하면 예민하게 반응했다. 테네시 주를 포함해 남부에 있는 14개 주는 불과 얼마 전에 뉴욕 시에서 홍보박람회를 열기도 했다. 당시 뉴욕 시장은 박람회에서 이렇게 말했다.

"남부는 높은 문맹률과 가난, 낙후된 비즈니스를 꼬집는 기사들로 인해 많은 고통을 겪었습니다. 이번 박람회는 국가 전체에 남부의 발전상에 대해 알리는 중요한 계기가 될 것입니다."[21]

테네시 주 평론가들은 박람회에 대한 반응을 빼놓지 않고 기록했다. 『채터누가 타임스』 사설은 "뉴욕 신문은 대체적으로 가장 호의적인 논평을 쓴다"고 평했지만 "남부가 산업적으로 성장한 것은 사실이지만 지적인 수준은 제자리걸음"[22]이라고 평한 『헤럴드 트리뷴Herald-Tribune』의 논평은 극단적인 예외로 기록했다. 뉴욕 언론의 찬양성 기사만을 골라 인용한 『내슈빌 배너』 사설은 "전 세계가 남부를 주목하고 있다"는 말을 덧붙였다. 그러나 『내슈빌 배너』는 같은 호에 스콥스의 '구속'[23]에 대해 데이턴에서 날아온 최초의 보도를 실었다. 결국 세상이 주목한 것은 후자였다. 『내슈빌 배너』가 테네시 주를 위해 바란 관심도 아니었고 뒤떨어진 지성에 대한 선입견만 강해졌을 뿐 박람회에서 얻고자 한 "남부의 발전에 대한 진실"도 퇴색되는 결과를 낳았다.

데이턴은 비평을 무시한 채 수순을 밟아나갔다. 5월 9일에 열린 예심에서 카운티의 치안판사 3명은 8월 대배심까지 공식적으로 스콥스를 감금했지만 그전에 보석금 없이 풀어주었다. 녹스빌의 괴짜 법대 교수 존 랜돌프 닐이 갓시와 함께 공판에 변호인으로 등장했다. 그는 테네시대학에서 해임당하고 나서 1924년 주지사 예비 선거에서 피를 낙선시키는 데 실패한 후 사립 법대를 설립해 운영하고 있었다. 초대도 받지 않은 상태에서 며칠을 데이턴까지 운전해 스콥스 재판에 자진 출두한 뒤 말했다.

"이번 소송에 관심이 많아요. 저를 원하든 원치 않든 꼭 참석할 겁니다."

ACLU가 아직 법정대리인을 준비해두지 않은 상태인 데다 어쨌든 스콥스에게는 테네시 주의 현지 인물이 필요한 실정이었기에 닐과의 관계가 인정됐다.[24] 공판에서 닐은 스콥스가 인류진화론을 가르쳤다는 사실을 수긍하면서도 성경에 어긋난다는 점은 부인했다. "법률로도 어쩔 수 없는 사실입니다"라고 그는 주장했다. 이는 스콥스의 변호인단들이 끝까지 주장한 기본 원칙이기도 했다. 입법기관을 통해 지배력을 행사하는 다수가 공립학교 교사나 학생 개개인의 과학적 또는 종교적 신념을 정의할 수 없다는 말이다. 닐은 다음과 같이 설명했다.

"그것이 왕 또는 기독교의 권한이든 입법권이든 진실을 좇고자 하는 인간의 정신을 제한하려는 시도는 반미국적인 동시에 헌법에 위배된다고 생각합니다."[25]

재판을 기획한 이들은 최초로 참여한 외부인이라며 닐을 환대했지만 좀 더 품격 있는 시설과 방문객들을 위한 숙박시설이 제대로 갖춰져 있다는 이유로 닐이 재판 장소를 녹스빌이나 채터누가로 옮기자고 제안했을 때에는 비난을 퍼부었다. 『채터누가 뉴스』는 만약 이전이 실현되지 못할 경우에 대비해 채터누가에서 새롭게 소송을 시작하려는 시도까지 했다. 그에 맞서 데이턴 주민들은 채터누가 상인들에 대해 불매운동을 벌이겠다고 엄포를 놓고 재판 준비에 심혈을 기울였다.[26] 주요 시민협회로 손꼽히는 데이턴 진보동호회Progressive Dayton Club에서는 스콥스 재판 접대위원회Scopes Trial Entertainment Committee를 구성해 재판시설과 방문객 숙박시설을 준비했다.

『내슈빌 테네시안』은 다음과 같은 기사를 냈다.

"거대한 천막을 세우는 데 열의가 넘치는 추종자들이 동원됐다. 야구장 위에 지붕을 치자는 사람들도 있었고, 법정을 의자로 꽉 채우고도 모자란다면 넓은 잔디밭에 벤치를 놓고 대형 스피커를 사용하겠다는 본래 계획을 줄곧 지지해온 사람들도 있었다."

마지막 계획을 지지한 사람들은 데이턴의 법원청사가 테네시 주에서 두번째로 크다는 사실을 강조했다. 그리고 결국 그들의 주장이 관철됐다. 더 큰 문제는 수천 명은 족히 넘을 것으로 예상되는 방문객이 어디에 묵느냐는 것이었다. 데이턴에는 호텔이 3개뿐이었고 객실 수를 모두 합쳐도 200개밖에 되지 않았다. 접대위원회는 일반 가정집을 분류해 더 많은 객실을 확보하고 테네시 주 동부 지역의 유력한 의회 대표이자 장차 국무장관 자리에 오를 코델 헐을 통해 군막과 간이침대를 징발했다. 데이턴에서 재판을 성사시키기 위해 지방법원 판사까지 나서서 원고 측과 피고 측의 동의하에 5월 25일 대배심의 특별회의를 소집해 다른 도시에서 쇼를 훔쳐가기 전에 스콥스를 기소했다.[27]

이러한 분위기에 한껏 들뜬 재판 기획자들은 영국의 진화학자 겸 작가인 H. G. 웰스를 초청해 진화론에 대한 강연을 부탁했다. 래플리에는 기자들에게 "과학의 발전을 위해서라도 웰스 씨는 분명히 동의할 겁니다"라고 말했다. 인기 작가이자 연설가였지만 변호사는 아니었던 웰스는 비록 기사와 연설을 통해 브라이언과 반진화론운동에 반기를 들기는 했지만 초청을 받자마자 묵살했다. 그를 초대한 것만 봐도 데이턴의 선동자들은 다가오는 재판을 스콥스에 대한 형사 소추라기보다 그를 둘러싼 공개 토론 정도로 여겼음을 알 수 있다. 셔토쿼 순회 강좌의 화려하고 과시적인 요소는 물론 미국 전역의 지역 사회에서 호응을 일으킬 만한 교육과 오락의 형태까지 겸비하고 있었다. 5월 중반에 셔토쿼 순회 강좌에서 최고로 인기를 끌었던 윌리엄 제닝스 브라이언이 원고 측에 서겠다고 자청하면서 이들의 이상이 비로소 현실이 됐다.[28]

엄밀히 말해 브라이언이 이 소송에서 변론을 맡는다는 것은 웰스가 나서는 것과 다를 바 없어 보일 만큼 이치에 맞지 않았다. 브라이언은 법조계를 떠난 지 이미 30년도 더 된 상태였다. 전통적으로 당시 미국 정치 지도자의 롤모델은 워싱턴이나 링컨 대통령이었다. 원래는 농장주나 법조인이었지만 국민들의 투표에 의해 정치계에 진출했다가 공직에서 물러나 각자의 삶으로 돌아가는 것이 그들의 패턴이었다. 하지만 브라이언의 패턴은 새로웠다. 그리고 20세기 후반부터는 이 패턴이 일반화됐다. 그는 1890년대의 화폐개혁부터 1920년대 반진화론법에 이르기까지 다양한 정치적 대의를 위해 힘썼고 성패에 관계없이 끝까지 싸웠다. 그가 공직에서 물러나 이러한 대의와 관련해 연설을 하고 책을 써서 벌어들인 강연료와 출판 계약금은 의원직이나 장관직에 있을 때 받은 국록에 비할 바가 아니었다. 게다가 워낙 스포트라이트 받기를 좋아하고 신념과 열정이 강했기에 법조계로 돌아가는 것 자체에 큰 매력을 느끼지는 못했을 것이다.

물론 강연자나 작가로서 성공을 거둔 만큼 지속적으로 대중의 관심을 끌어모을 명분이 필요하기도 했을 것이다. 브라이언은 그 명분을 좌파 정치와 좌파 종교의 색다른 조합을 통해 이뤄냈다. 주류 언론은 이 반체제적 조합을 조롱하곤 했지만 시어도어 루스벨트, 우드로 윌슨, 로버트 라폴레트 같은 동료 진보주의 정치인들이 정계를 떠난 후에도 그는 계속해서 헤드라인을 장식했다. 이를 두고 스콥스 재판 중에 신문에 실린 시사만화에서는 30년 동안 신문 1면을 깔고 앉아 있는 거만한 표정의 브라이언을 그렸다. 그리고 한쪽에 "웃어넘길 일은 아니지!You can't laugh that off!"라는 멘트를 실었다. 다른 이들은 조롱에도 불구하고 대중적인 영향력을 유지한 브라이언의 능력에 주목한 반면 브라이언은 이 만화를 "최고"라고 칭송하며 만화가에게 원본을 요청했다.[29] 자신에게 주어진 역할을 누구보다 잘 알고 있던 브라이언은 소도시 배심원 앞에서 공소를 제기하는 변호사가 아닌 전국을 대상으로 사건을 알리는 연설가의 자격으로 레아 카운티 법원청사에 입성했다. 데이턴 선동가들이 바란 대로 말이다.

자신이 세운 명분이 대중의 주목을 받을 중대한 기회임을 감지한 브라이언은 흔쾌히 원고 측에 서기로 했다. 우연의 일치로 WCFA가 스콥스의 구속 시기에 맞춰 테네시 주에 모였고 브라이언의 연설 일정이 잡혀 있었다. 영향력을 극대화하기 위한 수단으로 WCFA는 주요 교회의 당회와 공동으로 정기적인 모임을 가졌는데, 그해 선정한 행사가 바로 멤피스에서 열린 남부 침례교 연례 총회였다. 모임의 시간과 장소가 테네시 주의 새 반진화론법과는 아무 관련이 없었지만 WCFA는 지체하지 않고 결의안을 채택해 다음과 같이 촉구했다.

"테네시 주는 비과학적이고 반기독교, 무신론, 무정부주의, 이단을 상징하는 합리주의적 학설을 가르치는 행위를 금지해야 한다."[30]

테네시 주 관계자들은 총회에서 반진화론법의 입법화와 계류 중인 소송이 주된 화제가 될 것이라고 장담했고, 이는 장로교 지도자로 활동했던 브라이언이 침례교 위주의 행사에 참여하는 결정적인 계기가 됐다. 그는 연설에서 두 가지 주제를 강조했다.

브라이언은 연설에서 반진화론법에 대해 늘 주장해온 세 가지 사항을 거듭 역설했다. 진화론에 대한 과학적 증거가 불충분하고, 학생들에게 진화론을 가르치면 그들의 신앙과 사회적 가치가 무너질 것이며, 무엇보다 '성경을 믿는' 다수가 공립학교 교과 지도 내용을 통제해야 한다는 점을 가장 중요하게 언급했다. 여기에 덧붙여 두 가지 경고도 잊지 않았다. 첫째는 테네시 주 반진화론법을 조롱하는 목소리가 널리 퍼질수록 다른 주에서 유사한 법에 대한 대중의 지지가 약화될 것이라는 우려였다.

"성경을 소중히 여기는 사람이라면 응당 목소리를 내야 합니다. 최근에 많은 (테네시대학교) 학생이 진화론 교육을 반대하는 법안을 통과시켰다는 이유로 입법기관을 멸시하고 있습니다. 신문을 보니 법안을 조롱하는 의견에는 큰 지면을 할애하면서 법안에 서명한 주지사 피의 숭고한 행동에 대한 기사는 보일까 말까 하더군요."

두번째 경고는 소송의 위협에 관한 것이었다.

"테네시 주의 진화론법과 관련해 소송을 검토 중인데, 법이 유지되기를 바랍니다. 반드시 그래야 하고요."[31]

브라이언은 계류 중인 재판이 자신의 의견을 피력할 수 있는 기회이자 그의 표현대로라면 신앙을 보호하기 위한 '대혼전'이 될 것이라는 사실을 금세 알아차렸다.

브라이언이 WCFA 총회를 떠나고 나서 침례교 비밀회의를 위해 멤피스에 남아 있던 협회 대표들 사이에서는 다가오는 재판에 대한 우려가 점점 더 커졌다. 테네시 주 신문만 보더라도 ACLU와 데이턴의 선동자들이 주최자가 된 격이었고 법을 지키려는 데이턴 주민은 한 명도 없어 보였기 때문이다. 그러한 우려를 잠재우기라도 하려는 듯 수 힉스는 법의 유효성을 옹호하겠다는 태도를 확언하는 공식 성명을 냈고, 래플리에는 공식적인 검사 역할을 보수적인 종교적 견해를 가진 월터 화이트에게 넘겼다. 하지만 여전히 상황은 반진화론법에 불리해 보였다. 이뿐만이 아니었다. 멤피스 침례교 비밀회의에 참석한 대표들은 교파의 신앙 성명에 반진화론 강령을 추가하려는 원리주의자들의 계획을 압도적으로 철회시키며 포용하는 자세를 보였다. 멤피스 WCFA 총회에서 연설할 때만 하더라도 브라이언은 남부가 "궁지에 몰리더라도 최후까지 저항할 원리주의의 방벽"이라 믿었다. 하지만 남침례회연맹Southern

"우리가 그를 지지하지 않더라도 그는 항상 그곳에 있다!"

헤드라인에 등장해 논쟁거리를 만들어내는 브라이언의 능력을 논평한 시사만화(ⓒ 『콜럼버스 디스패치Columbus Dispatch』)

Baptist Convention마저도 진화론 교육 반대법을 위한 지지 요청을 거부했다. 수세에 몰린 윌리엄 벨 라일리와 그 밖의 WCFA 지도자들은 5월 13일에 브라이언에게 전보를 보내 협회를 대신해 스콥스 재판에 나서줄 것을 요구했다. 어떤 형태든 승리가 절실한 반진화론 세력에게 현안을 현지 변호사에게 맡기는 것은 영 안심이 되지 않았던 것이다.[32]

다음 날 WCFA의 요청을 소문으로 접한 『멤피스 프레스Memphis Press』는 레아 카운티 원고 측에 전보를 보냈다.

"J. T. 스콥스 기소 건에 윌리엄 제닝스 브라이언이 테네시 주의 편에 선다면 도움을 받으시겠습니까?"[33]

데이턴 쇼에 톱스타를 세울 기회임을 직감한 수 힉스는 수락의 답신을 보냈고 그 길로 바로 브라이언에게 편지를 썼다.

"원고 측에 우리와 함께 서주신다면 크나큰 영광으로 생각하겠습니다."[34]

힉스의 편지가 도착할 즈음 브라이언은 이미 공개적으로 WCFA의 제안을 받아들인 상태였다. 그보다 1주일 정도 앞서 오하이오 주 콜럼버스에서 열린 장로교 총회 연례회의에 참석했는데, 그곳에서 그의 원리주의 분파는 교파 내부의 근대주의자와 중도파 연대에게 참패를 당했다. 총회는 의장 후보로 원리주의자를 반대했을 뿐 아니라 진화론 교육 반대 결의안도 거부했다. 뿐만 아니라 브라이언은 부의장 자리도 박탈당했다. 공세를 되찾으려는 의지에 불탄 브라이언은 호텔 메모지에 힉스에게 보내는 답장을 써 내려갔다.

"초청해주셔서 감사합니다. 이번 재판에 여러분께 힘을 보탤 수 있다니 기쁘군요."

그리고 공백에 다음과 같이 덧붙였다.

"어떠한 보상도 바라지 않고 기꺼이 함께하겠습니다."[35]

ACLU는 반진화론법의 합헌성을 오직 자신들의 힘으로 시험할 절호의 기회라 믿었기에 그의 승낙으로 인해 위기감에 휩싸였다. 브라이언의 존재 하나로 데이턴 재판에서 진화론이 도마 위에 오를 테고 개인의 자유를 향한 외침이 다수결원칙에 좌지우지될 것이 분명했기 때문이다.

브라이언의 대항마로 클래런스 대로가 나서면서 ACLU의 소위 그들만의 재판 계획에 또다른 차질이 일어났다. 대로가 처음 재판에 대해 알게 된 것은 개인의 형사책임 결여에 관한 견해를 발표하기 위해 버지니아 주 리치먼드에서 개최된 미국심리학회 연례회의에 참석했을 때였다. 당시 연설은 그가 레오폴드와 로에브 재판과 아내를 살해한 시카고 근교 마술馬術 교사 소송에서 승리해 세상을 놀라게 한 후였다. 두 사건 모두 피고가 범행을 자백했는데도 대로는 심리적 결정주의를 근거로 사형을 면하게 해주었다. 두번째 사건의 재판에서 그는 오마르 하이얌[페르시아의 수학자, 천문학자, 시인]의 글 중 "우리는 우리가 즐기는 이 놀이에서 한낱 꼭두각시일 뿐이다"[36]라는 구절을 인용했다. 이 두 재판은 전국적인 화젯거리로 떠올랐고, 68세의 대로를 미국 최고의 변호인으로 우뚝 서게 했다. 대로는 리치먼드 연설을 취재하기 위해 현장을 찾은 멩켄을 만나 스콥스 변호에 나서야 할지 상의했고, 불과 얼마 전에 은퇴를 발표했던지라 이번 일은 넘어가기로 했다. ACLU가 그의 도움을 원하지 않을 것이라는 추측도 결정에 힘을 보탰다. 그의 열성적인 불가지론 때문에 학문의 자유에 맞춰져 있던 재판의 초점이 종교를 겨냥한 폭넓은 공격으로 변질될 수 있다는 우려 때문이었다. 게다가 레오폴드와 로에브 재판 이후로 브라이언은 피의자가 니체에 탐닉해 심리적인 영향을 받았다는 대로의 주장을 진화론 교육을 중지해야 하는 가장 큰 예시로 삼았다. ACLU는 나중에 자유주의 종교 지지자들에게 확약할 정도로 대로가 데이턴 근처에 오는 것조차 꺼렸다.

하지만 브라이언이 등장하자 대로는 자제력을 잃었다. 본인도 나중에 인정했다.

"순간 가야겠다는 생각이 들었습니다. 외관상으로 법정 소송과는 확실히 거리가 멀어 보였지만 국가 차원에서 눈앞에 닥친 병폐에 맞서지 않는다면 악행이 멈추지 않을 것이라는 판단이 들었습니다."[37]

대로는 당시 뉴욕에서 국제적인 명성을 쌓은 이혼 전문 변호사 더들리 필드 멀론과 급진주의적 노선에 대해 상의 중이었는데, 멀론은 한때 국무부 소속으로 브라이언 밑에서 일한 경험이 있었고 그 당시 자신의 상관에 대해 여전히 불만을 품고 있었다. 대로와 멀론은 닐에게 전보를 쳤고 그와 동시에 언론에 전보 내용을 발표했다. 전보는 대중에게 공개될 것을 염두에 둔 어조를 띠었다.

"윌리엄 제닝스 브라이언 씨께서 원고 측에 도움을 주기로 자원했다는 기사를 읽었습니다. 지식을 추구하는 과학자들이 강연자나 플로리다 부동산업자에 버금가는 수익을 얻을 수 없다는 사실을 고려해 만에 하나 우리 도움이 필요하다면 어떠한 수수료나 비용도 받지 않고 스콥스 선생의 변론을 돕는 데 기꺼이 나서겠습니다."[38]

개인의 자유에 대한 기본적인 논쟁에 날을 세워 대로와 멀론은 사건이 무죄이며 진실을 좇는 과학자와 그를 억압하는 무리, 즉 원리주의자 간의 대립으로 규정했다. 대로가 이번 공방에서 브라이언이 분위기를 주도하도록 놔둘 리 없다는 사실을 언론은 잘 알고 있었다. 브라이언의 존재가 "J. T. 스콥스 재판을 국가적으로 각광받게 했다"고 표현한 조지프 퓰리처의 『세인트루이스 포스트 디스패치』는 다음과 같이 논평했다.

"진화론을 이야기할 때 브라이언의 호적수라 할 수 있는 클래런스 대로가 등장한 이상 경기 침체와 그에 따른 정신적 무기력 상태에 빠진 이 나라에 다시 한번 활력을 불러일으킬 논쟁을 기대할 수 있을 것이다."[39]

대로와 멀론이 닐에게 보낸 공개적 제안에 허를 찔린 ACLU는 그 후로 주도권을 영영 잃고 말았다. 충동적이고 독자적인 생각이 강했던 존 닐은 ACLU에 일언반구도 없이 스콥스를 대신해 이 제안을 공개적으로 받아들여 문제를 한층 더 복잡하게 만들었다. 브라이언에게 맞서기 위해 ACLU는 변호를 이끌 인물로 전 대통령 후보 2명을 염두에 두고 있었다. 그들이 생각했던 대안은 민주당의 존 W. 데이비스와 공화당의 찰스 에번스 휴스였다. 하지만 대로가 독보적인 활약을 펼칠 것이 불 보듯 뻔한데 그들이 합류할 리 만무했다. ACLU 부책임자 포러스트 베일리는 나중에 『뉴욕 월드New York World』 편집장 월터 리프먼에게 보낸 편지를 통해 설명했다.

"스콥스가 변호인단을 선정한 후에도 우리는 원상태로 돌리기 위해 최선을 다했습니다. 실제로 결정을 번복하라고 설득하기 위해 대로와 멀론을 우리 사무실로 불러들이기도 했습니다. 하지만 또 한 가지 새로운 요소가 가미되면서 더 이상 손을 쓸 수 없는 지경에 이르렀죠."

래플리에는 ACLU에 알리지 않고 전 국무장관 베인브리지 콜비에게 변호인단에 참여해달라고 요청했다. 소속 정당을 자주 바꾸는 바람에 변덕스럽다는 평가를 받던 콜비는 1928년 민주당 대통령 후보로 떠오르고 있었고, 처음 제안을 받았을 때 대로와 멀론과 함께하는 데 동의했다. ACLU 지도자들까지도 합격점을 준 콜비의 참여를 기정사실로 만들려면 나머지 둘을 남겨두는 수밖에 없었다.

"시간은 점점 흘러갔고 그만한 명사를 또 찾기란 쉽지 않아 보였습니다."[40] 리프먼에게 보낸 편지에서 베일리는 이와 같이 밝혔다.

대로를 변호인단에서 빼려는 ACLU의 시도가 한 번 더 있었다. 6월 초에 스콥스와 닐, 래플리에가 ACLU와 협의하고 기자들을 만나기 위해 뉴욕에 갔을 때다. 때맞춰 하버드 법대의 펠릭스 프랭크퍼터가 전략회의를 위해 뉴욕으로 내려와서는 베일리, ACLU 사무총장 로저 볼드윈과 함께 스콥스에게 다른 변호인을 찾을 것을 권유했다. ACLU와 친밀한 관계를 맺고 있던 3명의 뉴욕 변호사, 즉 아서 가필드 헤이스, 새뮤얼 로젠솜, 월터 넬스도 이 비밀 회담에 참가했는데, 그들 중 대로의 편에 선 사람은 헤이스뿐이었다.[41]

스콥스가 나중에 쓴 글을 보면 "대로를 반대하는 의견은 각양각색"이었다고 한다.

"지나치게 급진적이다, 매명가賣名家다, 그가 끼면 재판이 서커스가 돼버릴 것이다 등등 말이 많았죠."

하지만 뉴욕에서 스콥스를 만날 기회를 얻은 멀론이 로비를 했고 피고는 대로를 고집했다. 형사 소추를 앞둔 마당에 품위 있는 정부기관의 인물보다는 노련한 변호사를 원했던 것이다. 그는 회고를 통해 말했다.

"진흙탕 싸움을 눈앞에 두고 수준 높은 육군사관학교를 졸업한 사람보다는 인디언 투사가 필요하다고 느꼈다."[42]

경험과 평판을 고려할 때 대로가 누구보다 이 일에 적격이었다.

"우리는 대로가 변호인단의 일원이 된다는 사실을 최대한 겸허하게, 넓은 아량으로 받아들였습니다."

베일리가 나중에 ACLU 지도자들을 대신해 쓴 글이다. 하지만 그들 중 누구도 결코 탐탁해하지 않았다.[43] 볼드윈의 경우 더 이상의 개입을 거부해 결국 자신이 몸담았던 조직의 역사상 가장 유명한 재판에서 빠졌다. ACLU 자문위원 W. H. 핏킨은 1년 후에 프랭크퍼터에게 다음과 같이 털어놓았다.

"애초에 대로 씨의 참여를 받아들인 것부터가 커다란 실수였다고 생각합니다. 결국 그 때문에 원리주의자들이 이 문제를 종교와 대로가 대표하는 반종교 간의 충돌로 규정하지 않았습니까?"[44]

하지만 뉴욕에서의 회동이 끝난 후 닐이 대로, 콜비, 로젠솜, 멀론 그리고 자기 자신이 변호인단으로 확정됐음을 발표한 기자회견에서는 모두가 미소 짓고 있었다. 나중에 콜비가 물러났고 데이턴 재판에서 유일한 ACLU 대표 자리를 로젠솜 대신 헤이스가 맡았다. 대로가 결국에는 주인공 역할을 차지한 것이다.

멀론이 변호인단에 임명되기는 했지만 ACLU는 그가 재판 기간 중 뉴욕에

머물기를 원했다. 닐이 발표한 내용도 이와 맥락을 같이했다.

"멀론 씨께서 이번 재판과 관련해 어떤 임무든 기꺼이 맡겠다는 태도를 밝히셨습니다."

이때 발간된 『뉴욕 타임스』 기사는 이 문제에 대해 뜻을 같이한 베일리와 프랑크퍼터의 의견에 의존한 듯 다음과 같이 보도했다.

"로젠솜과 멀론은 참고 자료를 찾는 임무를 맡게 될 가능성이 높다고 한다."

프랑크퍼터는 공언된 불가지론자를 데이턴에 보내는 것이 아주 위험하다는 이유를 들었지만 이혼한 아일랜드계 가톨릭 신자를 변호인단에 넣기는 무리라고 판단했을 것이다. 적어도 대로에게는 서민적인 이미지가 있었지만 멀론은 전형적인 도시인의 풍미가 강했다. 멀론은 공개석상에서 이와 같은 보도에 정면으로 반박했다.

"이런 식으로 바보 취급을 당하지는 않을 겁니다. 참고 자료를 찾는 일은 늘 우리 사무실 직원들을 시켜왔는데 말입니다."

ACLU는 다시 한번 꼬리를 내렸고, 이를 두고 『채터누가 타임스』는 "재판에 극적 요소, 이를테면 '재즈' 요소를 가미하려는 사람들이 또 한 번 승리를 거두었다"[45]고 표현했다.

대로는 즉시 소송의 주도권을 잡았다. 닐이 도움을 주겠다는 그의 제의를 수락한 지 불과 하루 만에 시카고 출신의 변호사 대로는 브라이언을 궁지에 몰아넣기 위한 계획에 박차를 가했다. 기자들을 향해 "네로가 박해와 법률로 기독교를 말살하려 했다면 브라이언은 법률로 깨우침의 길을 막고 있습니다"라고 선포했다.

"만일 브라이언의 생각대로 인간이 자유사상을 실천했더라면 우리는 여전히 마녀사냥을 하고 지구가 둥글다고 생각하는 자들을 처형하고 있었을 겁니다."[46]

대로의 주장대로라면 스콥스가 아닌 브라이언이 피고석에 앉아야 했을 것이다. 주제는 간단명료했다. 대로는 자신의 사냥감을 데이턴의 증인석에 앉힐 때까지 그 주장을 되풀이했다. 자칭 다수결원칙과 종교적인 동기가 부여된 진보 개혁의 주창자이자 위대한 평민 브라이언이 미국인의 개인 자유를 위협하는 존재로 부각됐다. 대로는 특유의 화법으로 이 위협이 종교의 편협성에서 비롯됐다고 주장해 반진화론법을 불쌍한 것으로 만들었는데, 이는 전쟁 중에 만연했던 광신적 애국주의와 잇따른 치열한 경쟁 중심의 자본주의를 위협의 온상이라고 보았던 과거 ACLU의 시각과 이 문제에 관해서는 자유의 편에 섰던 브라이언의 태도에 정반대되는 것이었다. ACLU 지지자들은 브라이언과 종교를 겨냥한 공격의 본질이 무엇이며, 전략적으로 얼마나 효과가 있을지에 대해 의문을 품기 시작했다.[47]

당파 정치에 35년을 몸담은 브라이언에게는 공개 토론을 두려워할 이유가 없었다. 대로가 초반에 던진 인신공격성 발언은 다음과 같은 날카로운 한마디로 털어냈다.

"대로는 무신론자이고 저는 독실한 기독교인입니다. 그것이 우리 둘의 차이죠."

그러고는 기자회견 자리에서 말했다.

"무신론자나 그저 논쟁을 즐기는 자들에게 일일이 답할 필요를 못 느낍니다. 그러니 대로 씨의 발언에도 답할 이유가 없습니다."

그러나 토론의 초점을 다수결원칙으로 되돌리기 위해 노력한 것은 사실이다. "공립학교에서 무엇을 가르치고 가르치지 말아야 하는지가 아니라 누가 교육 제도를 이끌어가야 하는지가 우리가 당면한 문제입니다"라고 역설했다.

"국민이 학교를 이끌어 나가지 못한다면 과연 누가 할 수 있을까요? 그들이 제안하는 주체는 단 두 부류입니다."

그가 말한 두 부류는 과학자 아니면 교사였지만 과학자는 비민주적이고 교사는 비현실적이라는 이유로 묵살됐다. 브라이언은 반미주의나 반종교적 모함으로 치부했다.

"교사를 주체로 내세우는 주장은 납세자가 반대하는 내용을 마음대로 가르칠 수 있는 자유가 그들에게 부여된다는 데 맹점이 있습니다."

진화론을 가르치는 행위는 반종교적 범주에 속했다. 대로는 진화론에 대한 법정 공방이 피고 측의 승리로 마무리될 양상을 띠자 브라이언이 다수결 원칙으로 화제를 옮겨갔다고 주장했지만 브라이언의 예상은 처음부터 한결같았다.

"진화론의 가치에 대한 일말의 논의 없이도 판결에 이를 수 있습니다."[48]

브라이언은 다가오는 재판에 대해 달아오르는 국가적 관심을 다위니즘의 과학적, 도덕적 결함에 대한 강연과 집필에 이용하기는 했지만 단 한 번도 재판에서 이 문제를 제기하겠다는 말을 한 적은 없었다. 이미 의회를 통해 입법화된 사안의 타당성을 입증하고자 굳이 법정에서 들춰내봤자 득이 될 것이 없다는 판단에서였다. 사전 심리 연설에서 그는 법을 어김으로써 "일개 교사가 납세자의 신뢰를 저버리다니…… 수치스러운 일입니다"라고 말했다. 공교육을 국민이 통제하자는 그의 주장은 스콥스 재판에서 법적으로나 논리적으로 브라이언을 우위에 올려놓았고 가까스로 승리를 거머쥐는 순간까지 결연함을 잃지 않았다. 다른 문제에서는 그에게 적대적이던 『뉴욕 타임스』도 이 문제에 대해서만큼은 그와 뜻을 같이했다. 브라이언이 "테네시 주의 기독교인과 이른바 과학자들 간의 대혼전"을 예고했을 때 진화론 자체가 아닌 누가 테네시 주의 공교육을 주도할 것인지가 갈등의 요지였다. 그는 호소했다.

"우리 아이들의 교육을 과학자들의 과두정치에 맡기는 것은 말도 안 되는 일입니다."[49]

드디어 대로가 법정 안에서나 여론의 잣대 위에서 반론의 난제를 맞는 순간이 온 것이다.

거물급 주연들이 모두 섭외된 가운데 데이턴 주민들은 재판 준비에 심혈을 기울였다. 일간지는 3만 명에 이르는 방문객이 브라이언과 대로의 대결을 보기 위해 데이턴을 찾을 것이라고 예상했는데, 비록 실제 모인 인원을 10배나 불린 근거 없는 수치이기는 했지만 마을 주민들은 그에 맞게 준비를 해나 갔다. 마을 공무원들은 재판 당일 채터누가와 데이턴을 오가는 여객 열차를 증편해달라고 서던 철도에 요구했다. 또한 늘어난 방문객을 수용할 수 있도록 인근 철로 측선에 침대차와 식당차를 놓아달라고 풀먼 컴퍼니에 요청했다. 심지어는 예상되는 군중 제어를 위해 주 민병대를 동원할 것을 주지사에게 탄원했지만 결국 채터누가 소속의 경찰관 6명이 추가 배치된 것으로 만족해야 했다.

마을 주민들은 한 치 앞을 내다볼 수 없는 문제라는 것을 알면서도 결국 포용했다.

"데이턴이 스콥스, 래플리에 등을 통해 악평을 쌓고 있다는 인식이 퍼지기 전부터 언쟁과 논란이 팽배했습니다."

몇몇 재판 지지자가 폭행을 당했고, 브라이언과 대로가 참여하기로 했다는 소식이 전해지고 난 3일 뒤에는 데이턴에서 취재하던 기자 한 명이 폭행당하는 일도 발생했다.

"하지만 재판이 공식화되면서 이제 데이턴에서 가장 인기 있는 단어는 원숭이일 정도로 분위기가 반전됐죠."

시내 중심가의 상인들은 유인원과 원숭이 사진으로 가게를 꾸몄고, 특허 약품을 손에 든 꼬리 달린 영장류나 음료수를 마시는 침팬지를 그린 옥외 광고판도 속속 등장했다. 경찰 오토바이에 '몽키빌 경찰'이라는 번호판이 붙고 운송 트럭에 붙인 '몽키빌 익스프레스'라는 글귀가 시선을 끌었다. 데이턴 진보동호회에서 "진화론 재판에 대해 경솔한 태도를 취하는 데이턴의 특정인들을 규탄"하는 결의안을 통과시킨 후부터 상인들은 광고를 자제하는 모습을 보였지만 로빈슨의 약국에서는 여전히 '유인원' 음료를 팔았고 정체 모를 원숭이 광고가 마을 곳곳의 상점에서 발견됐다. 그 와중에 동호회는 재판 중에 사업 발전을 위한 선전비로 5000달러를 모금했다. 동호회 회원 한 사람은 말했다.

"데이턴이 전국적으로 헤드라인을 장식하면서 생겨난 이득을 거둬들이는 게 잘못된 일은 아니지 않습니까?"[50]

대로가 재판에 참여한다는 소식은 일부 현지인들에게 반감을 샀다. 레오폴드와 로에브 재판의 결말을 용서하지 못한 미국인이 워낙 많았기 때문이다. 앞서 『커머셜 어필』은 다음과 같이 논평한 바 있다.

"그가 레오폴드와 로에브 사건을 비롯해 이런저런 재판에서 승소했다는 사실은 개인적인 승리일 뿐 법의 위엄과 효력에 대한 승리를 뜻하지는 않는다."[51]

대로의 공격적인 불가지론을 트집 잡는 이들도 있었다. 멀론은 대로보다 덜 알려져 있었지만 사회주의자라는 소문이 돌았다. 힘 있는 데이턴 주민들이 한목소리로 닐에게 대로와 멀론의 원조를 거절해달라고 청했고, 스콥스의 원래 변호사였던 존 갓시는 이들과 뜻을 같이해 소송에서 물러났다. 재판을 통해 진화론에 대해 유물론이 아닌 근대주의가 바탕이 된 기독교적 시각을 기르고자 했던 래플리에조차도 대로를 반대했다. 기자들에게 "닐 박사가 대로의 지원을 수락하지 않았더라면 좋았을 것"이라고 말했다. 수많은 데이턴 주민을 상대로 설문한 결과 『채터누가 타임스』 기자는 "대다수가 이번 소송의 특징을 온전히 전문적인 것으로 보고 있고, 국제적인 명성을 쌓은 두 명사를 확보해 재판의 선전 가치를 크게 끌어올려준 닐 판사를 자랑스럽게 생각한다"고 전했다. 스콥스도 이 점에 대해서는 확실히 동의했다. 논란이 정점에 달했을 때 그는 기자들에게 말했다.

"멍청이가 아닌 이상 당연히 받아들여야 할 조건 아닙니까?"[52]

닐은 잠시나마 대로의 곁을 지켰지만 얼마 지나지 않아 재판에 대한 둘 사이의 접근 방식이 혼선을 빚었고 나중에는 둘 다 상대방을 내보내기 위해 머리를 싸매야 했다. 대로에게는 이번 재판이 종교의 편협성에 대항해온 그의 일생에 정점을 찍는 일이었지만, 닐은 테네시대학교 교수진에서 물러나야 했던 부당함을 고발하는 기회로 보았다. 닐은 처음부터 "진화론이 사실인지 아닌지는 중요하지 않습니다. 문제는 교육의 자유, 아니 그보다도 배움의 자유에 있습니다"[53]라고 강조해왔다. 그의 발언은 기사를 통해 널리 퍼져 종교와 진화론이 어떤 관계가 있는지 닐에게 알리려는 편지와 논평이 빗발치는 계기가 됐다. "심지어 식당에서 일하는 흑인 웨이터와 호텔 벨보이도 진화론에 대한 자신들의 의견을 말하더군요"라고 그는 뒤따른 기자회견에서 불평했고, 스콥스를 줄곧 "아이boy"[54]라고 불러 그의 사회적 체면을 깎아내렸다. 그럼에도 불구하고 학문의 자유에 대한 그의 신념은 확고했다. 주제에 대한 통찰력을 모두 잃은 상태에서 재판을 코앞에 두고 단언했다.

"'스콥스' 소송은 미국 역사를 통틀어 남북전쟁의 핵심마저 초월하는 가장 중대한 문제, 즉 인간의 자유에 관한 것입니다."[55]

스콥스에 대한 특별 대배심이 열리기 하루 전날 밤, 닐은 기자들과 법률 전략에 대해 논의했다.

"싸움은 제가 말한 그대로 지속될 것입니다. 다시 말하자면 입법기관이 이 나라의 고등학교와 대학에서 진실을 탐구하려는 사람들을 저지하기에는 힘에 부친다는 것을 느낄 테죠."

그러고는 진화론 옹호를 압박한 이들을 향해 고개 숙여 인사하고 다음과 같은 말을 보냈다.

"늘 강력하게 주장해왔듯이 다위니즘이 사실인지 거짓인지를 밝히는 것이 우리 목적은 아닙니다. 다만 법에 대해 제대로 이해하기 위해서는 판사와 배심원들이 진화론에 관해 깨우치는 것이 바람직하다는 생각은 하지만 말입니다."

갓시는 "우리가 생각하는 진화론은 성경의 창조론과 절대적으로 양립할 수 있고 일관된 이론입니다"[56]라는 설명을 덧붙여 닐의 주장을 구체화했다. 그렇다면 변호인 측에서 진화론 교육이 법에 위배되지 않는다고 반론할 여지가 분명히 있었다. 물론 이 생각은 진화론에 대한 대로의 유물론적 시각과 맞아떨어지지 않았고 변론이 일관성을 잃는 결과를 낳았다. 닐과 ACLU의 일차적 목표는 학문의 자유였고 진화와 종교에 대한 폭넓은 이해는 그 후에나 고려할 문제였다. 대로의 의제와 중복되는 주제가 있기는 했지만 완벽하게 일치하지는 않았다. 스콥스로서는 더 이상 기자 인터뷰에 응하는 것이 부담스러웠고 재판 때까지 공개석상에 잠시나마 모습을 드러내는 일은 통제된 장소로 제한했다.

대배심원단이 5월 25일 아침까지 지금까지의 소식을 전혀 알지 못한 채 스콥스에 대한 원고 측의 유력한 기소 증언을 듣기 위해 법원에 모였다. 레아 카운티는 테네시 주의 열여덟번째 재판구에 속했고 따라서 이 사건은 테네시 주 윈체스터의 톰 스튜어트 검사에게 배정됐다. 이 지역 검찰총장을 지냈던 스튜어트는 매우 꼼꼼하고 철두철미한 성격의 소유자로, 소송과 관련하여 양측을 통틀어 전 국민의 존경을 받은 유일한 법조인으로 기록된다. 훗날 테네시 주를 대표하는 미국 상원의원으로 활동하게 된다. 힉스 형제와 해거드가 끝까지 그를 보필했고 종교적인 이유로 반진화론법을 지지한 데이턴의 젊은 변호사 고든 매켄지도 마찬가지였다.

"공립학교에서 진화론을 가르치는 것이 풍속에 해를 끼치고 기독교의 요새를 무너뜨리며 하나님을 부인하는 행위이므로 허락돼서는 안 된다고 주장합니다."

매켄지가 대배심원단을 만나기 바로 전에 기자들을 모아놓고 한 말이다.[57] 스튜어트는 대배심원단 앞에서 약간 다른 방식을 취했는데, 교육감의 증언을 통해 교과서로 지정된 책을 증거로 제시하고 인류진화론에 대한 구절을 읽은 뒤 학생 몇 명을 증인으로 요청해 스콥스가 인류진화론을 가르치는 데 그 책을 사용했다고 증언하도록 했다. 스콥스는 남학생, 여학생을 모두 가르쳤지만 남학생들만 증인석에 섰다. 총 7명의 학생이 대배심회의에 출석했지만 스튜어트는 그중 3명만 증인석으로 불렀다. 이들에 대한 심문은 1시간도 채 걸리지 않았다.

스콥스는 학생들에게 자신에게 불리한 증언을 하도록 권고했고 어떤 답변을 할지 미리 지도해두었다. 하지만 심문 전에 기자들과 문답의 시간을 가졌을 때 학생들은 인류진화론의 개념을 이해하지 못하는 듯 보였고 7명 중 누구도 '원인'의 뜻을 알지 못했다. 단 몇 명만이 스콥스가 유인원 타잔Tarzan of the Apes을 언급한 사실을 기억해냈다. 순간 남학생 한 명이 무심결에 "진화론을 부분적으로 믿기는 합니다만 원숭이에 관한 이야기는 믿지 않아요"라고 내뱉었고, 이에 대해 한 기자는 "배심원 협의실에서 이루어진 범죄 행위"라며 애석함을 표했다.[58]

재판장 존 T. 롤스턴은 채터누가 출신으로 정식 기소를 요구했다. 재판이 계속 진행돼야만 입지를 굳힐 수 있다고 판단했던 것으로 보인다. 롤스턴은 그전에 재판 진행을 가속화하려는 목적으로 스콥스 기소를 위한 특별 법정에 대배심원단을 재소집한 적이 있다. 테네시 주 변호사협회에서 그러한 절차의 적법성에 의문을 제기했는데도 말이다. 그러고는 소집된 대배심원단 앞에서 재판 날짜를 앞당기자는 제안을 했다. 그의 관할구역은 테네시 주 동남부 외곽 지역의 열 곳 가까이 되는 카운티를 포함했는데 가을까지는 레아 카운티에서 개정 일정이 전혀 잡혀 있지 않았다. 그럼에도 빠르면 6월 중순에 스콥스 재판을 시작하겠다는 의지를 공표한 것이다. 결국 롤스턴은 스콥스를 기소할 증거가 불충분하다는 점과 피고가 교실에서 실제로 진화론을 가르쳤는지 의심하는 기사가 빙방곡곡 퍼져나가는 상황을 뒤로한 채 대배심원단에게 스콥스를 기소할 것을 지시했다.

대배심원을 상대로 원고 측이 진술을 마치자 롤스턴은 반진화론법과 「창세기」첫 장을 큰 소리로 낭독했다. 그런 뒤에 배심원들에게 공식적으로 명했다.

"위법이라고 판단된다면 지체 없이 피고를 기소하십시오. 한 가지 명심할 점은 이번 수사의 핵심은 본 법의 방침이나 타당성을 묻고자 함이 아니라는 것입니다."

그는 당면한 범법 행위가 가벼운 처벌에 해당된다는 사실을 인정한 후에 자진해서 자신의 의견을 말하기도 했다.

"본 재판관은 이 법의 위반 행위가 심한 경범죄에 해당된다고 봅니다. 이와 같이 주장하면서 본인은 본 법의 방침이나 합헌성에 대해서는 어떠한 언급도 하지 않겠습니다. 그러나 학생들의 사고나 행실을 올바르게 이끌어야 할 교사가 제자들 앞에서 법이 보장하는 권위를 무시한 행위는 잘못된 본보기라고 하겠습니다."

전원 남성으로 이루어진 배심원단은 재판관의 권고를 받아들여 정오가 되기 전에 기소를 결정했다. 한 기자는 법정에 여성이 단 한 명도 없었다는 사실을 지적하며 말했다.

"이곳에는 아직 여성의 시대가 오지 않았나봅니다."

배심원 대표는 퇴직한 탄광 관리인이었는데 나중에 기자들에게 개인적으로 진화론을 믿지만 스콥스의 위법 행위를 기소할 수밖에 없었다고 토로했다.[59]

소송을 적극적으로 밀어붙인 롤스턴의 행동에는 두 가지 이유가 있었다. 정치가이자 선출된 공직자로서 언론의 주목을 갈망했고, 보수 기독교인이자 감리교 평신도 사역자로서 자신이 맡은 일에 깊은 의미를 부여했다. 대배심 회의에 늦게 도착한 그가 사진기자들 앞에서 포즈를 취하고 기자들에게 성명을 발표한 것만 봐도 짐작이 가는 부분이다.

"지금까지 살아오면서 모든 문제, 특히 하나님과 관련된 문제에 관한 진실을 확인하는 데 가장 많은 열정을 쏟아부었습니다. 하지만 인간이 어디서 왔다가 어디로 가는지에 대한 문제는 크게 고민해본 적이 없습니다."[60]

당시 그가 기자들에게 한 말이다. 그래서인지 법정에서 대로에게 기독교의 구원에 대해 설교를 늘어놓는 모습을 보였지만 인류진화론에 대해서는 신중하게 말을 아꼈다. 그는 분명 이 재판을 주재하게 된 것이 신의 부름이라 느꼈고 필연적으로 주어진 기회를 쉽사리 놓치고 싶지 않았을 것이다.

롤스턴은 7월 10일에 재판을 시작하는 것으로 특별 공판을 마무리지으며 설명했다.

"과학자, 신학자, 그 밖의 학교 관계자들이 전문가 증인으로 출두할 수 있도록 모든 대학과 학교의 학기가 끝나는 날짜로 정했습니다."

이른 개정 일자에 양측 모두 동의했다. 재판에 대한 롤스턴의 거창한 기대는 현실과 거리가 멀었지만 소송 당사자에게 왜 그토록 관대한 재량권을 부여했는지 이해하는 데는 도움이 된다. 그는 법원에 모여든 기자들에게 말했다.

"넓은 공터 위에 지붕을 씌우고 층층이 의자를 놓자고 제안하고 싶군요. 아무리 적게 잡아도 2만 명은 모일 것 같으니까요."

스콥스의 혐의는 경미한 금주법 위반자들에게 매일같이 내리는 벌금형 정도밖에 되지 않았지만 롤스턴은 이번 재판에 시간제한을 두지 않았다. 브라이언과 대로가 연설을 할 테고 "그 두 분의 지식 수준과 사회적 비중을 고려할 때 양측의 진술과 변론에 충분한 시간을 할애해야 한다고 생각합니다"라고 말했다. 그리고 덧붙였다.

"사안 자체가 워낙 중대하니까요."[61]

스콥스와 닐은 법원청사 잔디밭에서 오전 내내 대배심원의 판결을 기다렸다. 마침내 기소장을 건네받은 스콥스는 기자들을 향해 힘주어 말했다.

"저는 끝까지 갈 마음의 준비가 됐습니다."

기자들이 추가 의견을 재촉하자 스콥스가 말했다.

"다윈의 진화론이 세상을 창조하신 전지전능하고 자비로운 하나님과 양립하지 않는 것은 아니라는 자신만의 이론을 설명하기 시작했어요. 순간 (닐이) 막아서더니 그를 데리고 갔습니다."

듣고 있던 배심원 중 한 명이 소리쳤다.

"건방진 애송이 같으니! 당장 목을 매달아야 해."[62]

그 후 스콥스는 켄터키 주에 있는 대학 친구들과 가족을 방문하기 위해 잠시 마을을 떠났고, 닐은 녹스빌로 돌아갔다. 스튜어트와 롤스턴은 관할구역을 돌며 일상적인 집행 업무에 복귀했다. 남은 6주 동안 양측은 일부 전문가가 명명한 '세기의 재판' 준비에 몰두했다. 이 명칭은 한 해 전에 화제가 된 레오폴드와 로에브 사건에 이미 사용돼 진부하기는 했지만 전 국민의 부푼 기대를 표현하기에 안성맞춤으로 들렸다.

제5장

자리다툼

존 스콥스의 기소는 명망 있는 컬럼비아대학교 총장 니컬러스 머리 버틀러로부터 의로운 분노를 샀다.

"테네시 주 의회와 주지사가 아주 태연한 모습으로 대중의 지성에 난폭하게 흠집을 내려는 무리에 동참했습니다. 덕분에 이제 그 주에서는 학자가 법을 깨뜨리지 않고서는 선생이 될 수 없는 지경에 이르렀습니다. 의견 차이이든, 개인적인 행동이든 무조건 다수의 뜻대로 해야 한다는 생각은 우리가 상상할 수 있는 최악의 폐단이자 반민주주의적 사고입니다."

버틀러가 컬럼비아대학교 학위 수여식에서 6월 졸업생들을 향해 한 말이다. 학문의 전당을 무너뜨리기 위해 덤벼드는 "새로운 미개인들"이라며 원리주의자와 반진화론주의자들을 맹렬히 비난하기도 했다.

"평준화시키려는 이 모든 반작용적인 세력과 전쟁을 벌이기 위해 진정한 자유주의자에게 유일하게 남은 무기는 용기뿐입니다. 자기 권리를 끝까지 지키고 목소리를 높여 사람들에게 자신의 생각을 진정성 있게 전달할 수 있다면 가로막혔던 문명사회의 발전에 언젠가는 분명 물꼬가 트일 것입니다."[1]

버틀러의 연설은 신문과 일간지를 통해 전국에 알려져 교육학자들의 각성을 호소하고 다가오는 재판에 자유민주적으로 대응하자는 분위기를 조성하는 데 이바지했다. 원리주의자들은 폭로와 반발이 불가피한, 명백하게 현존하는 위험을 데이턴에 불러왔다. 프린스턴대학교 총장 존 그리어 히븐은 반진화론법이 "터무니없으며" 스콥스 재판이 "모순덩어리"라고 원색적으로 비난했다. 예일대학교 총장 제임스 롤런드 에인절도 졸업반 학생들에게 이와 비슷한 의견을 피력하며 일침을 놓았다.

"학식 있는 사람이라면 이 세상의 물리적 원칙을 인식하고 자신의 인생관에 접목시킬 줄 알아야 합니다."[2]

ACLU의 경우 피고 측을 위한 소송 자금 마련을 위해 결성한 테네시 주 진화론 소송 기금Tennessee Evolution Case Fund 자문위원회에 20명의 저명한 진보 성향의 교육학자를 초빙해 전원 승낙을 얻어냈는데, 그중에는 하버드 명예총장 찰스 W. 엘리엇과 스탠퍼드대학교 명예총장 데이비드 스타 조던과 같은 미국 고등 교육기관 출신의 정계 원로도 섞여 있었다. 바다 건너 영국의 조지 버나드 쇼까지 가세해 "원리주의의 파렴치한 난센스"라고 규탄했고, 한 발 더 나아가 아서 키스는 스콥스를 "기소한 사람들이 재판 현장에서 교수형을 당하는 모습"을 보고 싶다고 털어놓았다. 알베르트 아인슈타인에게 테네시 주 반진화론법에 대한 의견을 물었을 때 돌아온 답은 이랬다.

"학문의 자유를 제한하는 행위는 어떤 사회에서든 수치스러운 일입니다."[3]

스콥스가 ACLU와의 협의를 위해 6월 초에 뉴욕을 방문했을 때, 상류층으로 이루어진 도시동호회Civic Club에서 그의 방문을 기념해 공식 만찬회를 열었다. 『뉴욕 타임스』를 그대로 인용하자면 인산인해를 이룬 이 행사는 "온갖 색깔의 진보주의와 급진주의적 견해로 가득 찼다."[4] 스콥스의 방문에 대해 『뉴욕 월드』에서 나온 한 기사는 다음과 같이 전했다.

"진보주의 간판 아래 특별 인터뷰와 연출된 사진, 독자의 흥미를 불러일으킬 크고 작은 사건들이 어우러져 헤드라인에 오를 만한 소재가 넘쳐나는 중에도 진보 성향의 부유한 행사 주최자들의 관심은 온통 심각한 표정을 짓고 있는 삐쩍 마른 테네시 주 고등학교 교사를 향해 있었다."

이 기자에 따르면 스콥스를 둘러싸고 있는 '무리'는 "페미니스트, 산아제한 지지자, 불가지론자, 무신론자, 자유사상가, 자유연애주의자, 사회주의자, 공산주의자, 조합주의자, 생물학자, 정신분석가, 교육학자, 전도사, 변호사 등 각양각색이었지만, 개중에는 잡담이나 나누기 위해 온 사람도 있었다."[5]

ACLU는 스콥스가 방문 중에 전형적인 미국인처럼 보이도록 신경 썼다. 소송 자금 마련을 위해 ACLU가 참석을 종용한 도시동호회 만찬을 빼면 스콥스는 대부분의 시간을 호텔방에서 보내거나 비공개적인 만남만 가졌다. 공개석상과 기자 인터뷰에서는 재판의 계기에 대해 겸허한 태도만 되풀이했다. "약국에서 나눴던 얘기가 여기까지 온 겁니다"가 그의 설명이었다. 기삿거리에 목마른 뉴욕 언론의 압박과 주변 사람들의 영향에 못 이겨 가끔씩 평소보다는 다소 과감한 발언을 하기도 했다. "'응접실 사회주의자parlor Socialist' [말뿐인 사회주의자]가 무슨 뜻인지 정확히는 모르겠지만 그게 저인 것 같기는 합니다"라고 한 기자에게 털어놓은 적도 있는가 하면, 기독교 신자인지 묻는 기자에게 "모르겠어요. 제대로 아는 사람이 있기는 한가요?"[6]라고 말을 흘렸다. 뉴욕에 있는 동안 자유의 여신상 옆에서 찍은 사진이나 테네시 주로 돌아가는 길에 잠시 머문 워싱턴의 의회에서 찍은 사진은 신중하게 연출된 것으로, 수많은 사람에게 계획했던 이미지를 심어주기는 했다. 『워싱턴 포스트 Washington Post』에 다음과 같은 내용의 기사가 실렸다.

"존 토머스 스콥스가 어제 의회 도서관에 있는 미합중국 헌법 원본 앞에 서서 경탄스러운 듯 한참을 바라보았다. 그런 그의 모습에서 용인된 과학적 원칙을 이 땅의 젊은이들에게 가르칠 권리를 찾고자 하는 소망이 엿보였다."

스콥스는 기사를 쓴 『워싱턴 포스트』 기자에게 말했다.

"제가 비종교적 시각을 가졌다느니, 알고 보면 불가지론자라느니 하는 사람들의 시선을 바로잡고 싶습니다. 교회의 어떤 종파에도 속하지 않지만 마음속에는 늘 깊은 종교적 감성을 간직하고 있어요."[7]

과학계의 지지를 입증하기 위해 스콥스는 뉴욕에 있을 때 미국에서 가장 잘 알려진 진화론 과학자 3명과 공식석상에 모습을 드러냈다. 이들은 각각 고생물학자 헨리 페어필드 오즈번, 심리학자 J. 매킨 카텔, 우생학자 찰스 B. 대븐포트로 다가오는 재판에 대해 유리한 여론을 형성하는 데 기여할 수 있는 사람들이었다.

오즈번은 진화론 교육에 대해 브라이언과 이미 수년간 언쟁을 벌여왔고, 인류진화론을 홍보하고 진화론이 도덕성에 대한 기독교적 개념과 양립할 수 있다는 견해를 퍼뜨리는 데 온 힘을 쏟았다.

"이 시끌벅적한 소송에서 분명한 사실은 윌리엄 제닝스 브라이언이 재판에 선다는 것이다."

이 말은 그가 스콥스를 위해 급히 써 재판 전날 밤에 출판한 책에 나오는 구절이다. 오즈번은 과학적으로 인류진화론에 대해 반박할 수 없는 증거가 속출하고 있고 "브라이언의 생각처럼 진화론이 신을 우주 밖으로 몰아내는 것은 아니다"라고 주장했다. 이 책에서 브라이언은 "종교적 광신"에 눈이 멀고 과학적 논거에 "완전히 귀가 먼" 사람으로 묘사된다.

"그는 자기 혼자만의 공허한 목소리로 자연의 영원히 변치 않는 음성을 덮어버리고 있다."

브라이언은 그 후로 대중지에 이러한 이미지로 자주 등장했다. 일례로 한 정치 풍자만화는 조용히 연구에 몰두하는 연구원 위에 브라이언이 입을 크게 벌리고 있는 모습을 그리고 그림 설명란에 "과학과 쇼맨십"이라고 적었다.

"브라이언의 복음은 진실이 아닙니다. 실제 종교와 윤리, 교육에 처참한 결과를 안겨줄 불운한 의견일 뿐입니다."[8]

오즈번의 주장이다. 대로와 달리 시대에 뒤떨어진 목적성 진화론을 고수한 오즈번은 스콥스에게 공개적으로 재판에서 "급진적인" 언행을 주의하라고 경고하면서도 전문가 증인으로 출석해달라는 대로의 요구는 고사했다.[9] 그럼에도 불구하고 미국 자연사박물관에 전시된 선사시대 화석 앞에서 테네시 주 교사들과 사진을 찍기도 하고, 6월부터 7월 초까지 잡지와 신문을 통해 끈질기게 브라이언을 물고 늘어졌다.

미국과학진흥회AAAS(American Association for the Advancement of Science) 회장이자 학술지 『사이언스Science』의 소유주 겸 편집장을 역임했던 카텔의 경우 스콥스를 위한 노력이 오즈번에 비해 눈에 띄지는 않았지만 적지 않은 의미를 부여했다. 뉴욕에서 스콥스를 만나 재판에서 AAAS가 그의 편에 설 것이라는 약속을 재차 확인했고 "미국시민자유연맹은 우리 협회가 스콥스 선생의 변호에 필요한 전문 과학 자문단을 제공할 것이라는 사실을 믿어도 좋다"는 말로 오즈번, 대븐포트 그리고 프린스턴대학교의 생물학자 에드윈 G. 콩클린이 초안을 작성한 공식 결의안에 힘을 보탰다. 이 결의안은 "인류진화론을 뒷받침하는 증거가 전 세계의 모든 저명한 과학자를 납득시키기에 충분하다"는 주장 아래 다윈의 이론을 "지금껏 인류가 경험한 모든 것을 통틀어 가장 유익한 영향력 중 하나"라고 찬사했다.[10] 결의안은 카텔이 그간 쌓은 노력의 발판이기도 했다. 과학자이자 AAAS 요직을 맡았던 그는 스콥스의 변호에 과학계의 지지를 동원하기 위해 메이너드 시플리의 미국과학연맹과 긴밀하게 공조했다. 또한 과학 잡지의 편집장과 출판인을 겸임하며 『사이언스』에 실린 사설을 통해 지지활동을 널리 알렸고, 잡지와 신문에 과학과 관련 있는 인기 기사를 배포한 왓슨 데이비스의 『사이언스 서비스Science Service』라는 조직과 협력했다.

대븐포트가 스콥스 사건에 관여하게 된 발단은 『사이언스 서비스』가 전국

SCIENCE AND SHOWMANSHIP

"과학과 쇼맨십"

과학을 겨냥한 브라이언의 공격을 조롱하는 시사만화로 스콥스 재판 중에 발표됨(©1925 『뉴욕 월드New York World』, E. W. Scripps Company)

다수의 신문에 게재한 연재물의 첫 호 '진화론의 증거'라는 기사에 있었다. 유명한 과학자들은 소송 덕분에 대중적 관심이 늘자 공판 전에 발간되는 이 칼럼으로 일반인들에게 진화론을 올바로 알리고자 했다. 대븐포트가 첫번째 기사를 쓰기에 적합한 인물로 선정된 데는 나름의 논리적인 이유가 있었다. 진화론 교육을 옹호하는 문제에 미국 최고의 우생학자라는 명성을 걸 만큼 중대한 이해관계가 얽혀 있었기 때문이다.

스콥스가 교과서로 사용한 『도시 생물학』에 대븐포트의 연구 내용이 실려 있었는데, 그는 인류의 진화적 발전에 '선택의 법칙을 적용'하고 이 과정에서 적절한 '배우자 선택'의 중요성을 강조했다.[11] 교육을 배우자 선택의 필수 요소로 지목한 우생학적 사고를 겨냥해 브라이언은 진화론 교육의 해로운 결과 중 하나로 치부했다. 이에 대해 대븐포트는 일차적으로 『사이언스 서비스』에 기고한 자신의 기사로 맞받아쳤고 나중에 뉴욕에 온 스콥스에게 공개적으로 축복을 기원하는 제스처를 취했다. 그는 『사이언스 서비스』 기사에서 "원리주의자들은 성경에 나와 있는 우주의 기원에 대한 설명이 정확하다고 들은 그대로 받아들이지만, 생물학자는 신의 말씀이 무엇인지에 대해 자신의 견해를 갖고 있다"며 스스로의 생각을 드러냈다. 그리고 진화론의 증거로 실험실에서 배양한 신종 '바나나 파리'를 제시했다.[12] 이후에 나온 기사에서는 인간의 꼬리뼈와 문화 발전 같은 이해하기 쉬운 다른 증거를 실었다. 스콥스 재판을 불과 몇 주 앞둔 시기여서인지 이처럼 진부한 과학적 증거도 뉴스거리가 됐다.

전국에 걸쳐 과학자와 교육학자들 사이에 진화론에 대한 호기심이 증폭되기 시작했다. 진화론을 주제로 한 책이 다른 곳도 아닌 테네시 주에서도 높은 판매 부수를 기록했고, 이 지역 밴더빌트대학교 총장 제임스 H. 커클랜드는 재판이 촉매 역할을 해 다위니즘에 대해 "훨씬 더 많은 탐구조사"가 이루어질 것이라 예견했다. 당시만 해도 대부분의 미국인이 이해하는 인류진화론은 사람이 유인원에서 비롯됐다는 것 정도였다. 브라이언은 이 보편적인 해석을 공개 연설에 연거푸 이용해 청중의 박수갈채를 유도했는데, 그 내용은 다음과 같은 것이었다.

"선생이라는 자들이 학생들에게 자신들이 원숭이의 후손이라고 가르치면서 어찌 인간답게 행동하기를 기대할 수 있겠습니까?"

하지만 오즈번은 이것을 기회로 상반된 논리를 펼쳐나갔다. 다음은 오즈번이 『뉴욕 타임스』에 낸 논평의 한 대목이다.

"브라이언과 그의 추종자들이 공격의 요지로 삼는 인간의 조상이 원숭이-유인원이라는 논리는 완전한 허구다. 인간에게는 오랫동안 이어져 내려온 독자적인 혈통이 존재한다."

오즈번에 뒤이어 스콥스도 언론에 비슷한 말을 했다. 진화론에 대해 방대한 양의 정보가 흘러나오면서 전 세계적으로 이름을 알린 원예가 루서 버뱅크는 스콥스 재판을 "재미난 농담 같지만 이 기회를 이용하면 적어도 대중을 교육하고 편견을 줄일 수 있을 것"[13]이라고 말했다.

존 스콥스의 기소와 재판을 놓고 진보 성향의 성직자들까지 거센 항의 물결에 동참했다. 시기적으로 원리주의와 자유민주주의 간의 논란이 극에 달했고, 때마침 교파 내부의 자유주의 기독교와 보수주의 기독교 세력 간의 충돌이 전국의 신문 1면 헤드라인을 강타했다. 반진화론운동이 하필이면 진화론 대 성경의 직역적 해석의 대립에서 가장 중대한 시기에 두 파를 갈라놓은 것이다. 그 어느 쪽도 양보할 수 없는 싸움이었다. 브라이언의 경우 북부 장로교에서 원리주의 세력의 수장으로 인정을 받은 터라 그의 스콥스 재판 개입에 대한 반응은 얼마든지 예상 가능했다. 한 주가 지나고 어느 신문에 다음과 같은 기사가 실렸다.

"지난 주일에 뉴욕에서 활동하는 목사 중 이 문제를 언급하지 않은 사람은 거의 없었다. 지지하는 이들의 수에 버금갈 정도로 많은 목사가 법을 조롱했고 소송에 발을 담근 윌리엄 제닝스 브라이언의 행보를 비난했다."[14]

같은 주 일요일, 유니테리언 목사로 잘 알려진 찰스 프랜시스 포터는 고담[뉴욕 시의 속칭]에서 브라이언을 향한 비방의 선봉에 섰고 데이턴까지 끈질기게 그를 괴롭혔다. 포터는 말했다.

"브라이언이 원리주의와 무신론의 색깔론을 부각시켜 문제의 본질을 흐리게 하고 있다. 국민이 들을 수 있는 유일한 목소리가 성경에 나오는 단어 하나하나를 절대적으로 받아들여야 한다는 것이라면 교육의 혜택을 덜 받은 이들은 점차 그 목소리에 귀를 기울이게 될 것이다."

포터와 다른 근대주의자들은 현 시점이 중요한 순간이라는 데 인식을 같이하고 사람들에게 다른 목소리를 들려주기 위해 노력했다. 실제로 다음과 같이 경고하며 근대주의자들에게 부르짖었다.

"원리주의자들의 진격은 이제 겨우 시작일 뿐입니다. 테네시 주 재판을 기점으로 공격이 빗발칠 겁니다. 성경에 대한 문자적 믿음에 의문을 제기해야 하는 수백 가지 이유 중 열 가지라도 장전해 필요하다면 남부의 도시에 융단 폭격을 가해야 합니다."

스콥스 재판에 대한 여론의 관심이 점점 더 가열되자 재판의 교육적 가치에 대한 포터의 기대도 고조됐다.[15] 훗날 설교에서 그는 말했다.

"테네시 주의 반진화론자들이 세상에 자신들의 종교 외에도 다른 종교가 있다는 사실을 깨닫는다면 종교 자체에 내재된 특출함이 초기 형태에서 좀 더 높은 수준의 형태로 진화하는 것이라는 깨달음에도 도달하게 될지 모르겠군요. 반진화론법의 입안자는 아무래도 법정에 선 젊은 피고인의 지능보다 초기 성경 시대의 유목민의 지적 성장 단계에 더 가까웠나봅니다."[16]

교육과 계몽의 기회를 포착한 포터는 데이턴 주민들에게 메시지를 전달하기 위해 현장으로 향했다. 원래는 종교 문제에 관해 피고 측의 전문가 증인으로 서려 했지만 진화론이 성경과 양립한다는 피고 측의 공식적인 견해를 거부한 뒤로 프리랜서 작가 겸 연설가의 역할에 만족해야 했다. 멩켄은 데이턴에서 기사를 통해 현장 분위기를 전했다.

"여기 재판에 발 벗고 나서려는 뉴욕 출신의 유니테리언 성직자가 있다. 하지만 뜻대로 되지는 않을 전망이다. 대로가 그를 증인석에 세우는 모험을 감행한다 하더라도 배심원단을 주축으로 청중 전체가 법정 문을 박차고 나가 산으로 향할 것이다."[17]

포터에게 성경은 진화론적 세계관에 접목할 필요성이 있는 오래전의 종교의식을 반영한 책으로 예수의 도덕적 가르침만 받아들일 만할 뿐이었다. 래플리에는 재판 기간 중에 일요일 하루만 시간을 내 복음을 전해달라고 데이턴의 북감리교회에 포터를 초대했지만 비교적 진보적 성향이 강했던 교회 분위기에도 불구하고 뉴욕의 불신자라는 오명 때문에 신자들의 반대에 부딪혀 무산됐다. 포터의 설교는 일요일 오후, 법원 잔디밭에서 하는 것으로 대체됐다. 멩켄의 예상을 비웃기라도 하듯 하루는 포터가 법정에 등장해 재판 시작 기도를 주도했다. 주선자도 없이 혼자 힘으로 일궈낸 성과였다. 그는 기도에서 "우리가 기도를 올리는 당신, 수많은 이름으로 불리는 당신"으로 시작해 "당신의 진실을 향한 인류의 발전"을 청원했다. 법정에서 기도하던 모든 이는 포터가 말하는 당신을 하나님으로 여겼다.[18]

피고 측 전문가로서 포터의 입지는 미국 기독교인 중에서도 시카고 신학대학의 셰일러 매슈스를 통해 근대주의를 대표하는 목소리로 승화됐다. 매슈스는 성경을 근대주의적으로 해석해 수월하게 진화론을 필두로 한 과학과 성경을 조화시킬 수 있었다. 다음은 매슈스가 데이턴으로 떠나기 직전에 언론을 통해 널리 알려진 시카고 연설 중 일부다.

"성경의 작가는 자신이 살던 시대의 언어, 관념, 과학 등을 사용했습니다. 우리는 자연에 대한 그들의 시각을 받아들이는 것이 아니라 그들의 종교적 식견을 신뢰하고 따릅니다. 우리는 어쩔 수 없이 과학이 선사한 우주에 살고 있습니다. 현실과 모순되는 신학은 과감히 버리거나 개선해야 합니다."

이 발언으로 매슈스는 포터와 원리주의자 중간쯤에 놓이게 됐다. 과학이 성경에 영향을 주었다는 그의 주장은 원리주의자의 믿음과 상반됐지만 그렇다고 성경의 신성함을 부인하는 것은 아니었으므로 이는 포터의 주장과는 달랐다.

"사실에 입각해 성경을 이해하는 사람이라면 인류가 탄생하고 존속한 과정에 하나님이 함께했다는 성경의 증언이 진실임을 그리 어렵지 않게 깨우칠 수 있을 것입니다."

그에게 진화는 신성한 창조이고 종교에 대한 인간의 이해는 오랜 시간에 걸쳐 발전한 것이었다. 매슈스는 재판에서 「창세기」에서 다룬 창조론이 어떻게 진화의 과정을 상징하는지, 그리고 "이 과정이 동물과 신의 요소를 모두 소유한 인간에 이르러 어떻게 막을 내렸는지" 설명하겠다고 했다.[19]

근대주의 성직자와 신학자들은 무수한 설교와 강연으로 원리주의자들을 더 거세게 몰아붙였다. 뉴욕의 한 감리교 목사는 말했다.

"윌리엄 제닝스 브라이언은 하나님께서 「창세기」 첫 장 이후로 인간과 소통을 단절하셨다고 생각하나보군요."

미시간의 침례교 목사도 주장을 이어갔다.

"「창세기」에 대한 믿음과 예수 그리스도에 대한 믿음이 흥망을 같이한다니 어처구니가 없군요. 둘은 서로 다른 차원의 믿음입니다."

여기에 캘리포니아의 조합교회 목사가 자신의 의견을 덧붙였다.

"판결은 이미 여론이라는 고등법원에 의해 내려졌습니다. 테네시 주민들은 세상의 웃음거리가 되고 말았고요."[20]

어느 순간부터인가 인류진화론이 성경에 모순되지 않는다고 주장하는 성직자는 전국 어디서든 언론 매체의 헤드라인에 이름을 올렸고 이 현상은 몇 주간 계속됐다.

원리주의자들에게 포위당한 테네시 주의 근대주의자들도 남다른 열정을 갖고 이러한 타지의 공세에 가세했다. 피고 측의 전문가 증인을 맡겠다고 나선 몇몇 테네시 주 성직자 중에서 2명이 발탁됐고, 다른 이들도 설교를 무기로 브라이언과 원고 측에 대한 공략을 멈추지 않았다. 6월 중순 녹스빌에서 열린 원리주의 대표 목사와 근대주의 대표 목사 간의 토론에 많은 사람이 모였다. 근대주의 대표 목사는 말했다.

"오늘 신학은 과학적 사실에 순응하기 위한 부름을 받았습니다. 기독교 신학은 과거 코페르니쿠스설과 지질학에서 발견된 사실에 순응한 바 있고, 다수의 기독교 학자가 이미 진화론의 사실에 순응했습니다."[21]

테네시 주에서 이러한 학문적 기류는 진보 성향의 감리교에 소속된 밴더빌트대학교를 중심으로 형성됐다. 반진화론법의 위협이 처음 대두됐을 때, 이 대학에서는 유명한 뉴욕 근대주의자 해리 에머슨 포스딕을 초빙해 대규모 집회를 열었다. 법안이 통과된 후에는 대학 총장이 사설기관에서 진화론 교육을 계속하겠다고 다짐하기도 했다. 스콥스 재판이 수면 위로 떠오른 시점에 학교 관계자들은 6월 학위 수여식을 진화론적 과학을 지지하는 행사로 둔갑시켰다. 한 졸업생이 고별 연설에서 "예수님께서 과학자들의 생각을 조종하기 위해 지상에 내려오신 것은 아닐 겁니다"라며 운을 떼었다. 그리고 진화론이 성경과 완벽한 조화를 이룬다고 주장했다. 또한 성경에 종교의식의 진화적 발달에 대한 내용이 담겨 있다는 사실을 강조하고, 교회가 다윈과 다른 과학자들을 "하나님의 진실을 알리는 일꾼Servants of the truth of God이라는 특별한 명칭" 아래 "시성諡聖"할 것을 촉구했다. 이것이 졸업식장에 울려 퍼진 핵심 주제였다.[22]

근대주의와 원리주의 사이에서 중도 노선을 택한 사람들도 있기는 했으나 스콥스 재판을 둘러싼 공개 토론에서는 관심을 끌지 못했다. 양측 모두 각자의 사상 안에서 일관된 견해를 표명했지만 많은 미국인은 정통파의 성경에 대한 믿음이 창조론에 대한 비유적 해석을 가로막지 않는다는 태도를 고수하면서, 전통 종교와 근대 과학 양쪽에 여지를 남겨두는 실용적인 절충안을 택했다. 한 신학 전문가는 "성경의 모든 구절을 글자 그대로 받아들이지 않는 사람도 기독교인이 될 수 있다"는 증언으로 스콥스 재판에서 피고 측에 힘을 실어주었다.

"성 바울이 '내가 그리스도와 함께 십자가에 못 박혔으니'라고 했을 때나 다윗이 '작은 산들은 어린 양들처럼 뛰었도다'라고 했을 때, 둘 중 그 누구도 이 글이 적힌 그대로 받아들여질 거라 생각하지 않았을 겁니다."

유사한 원문 해석을 통해 이 증인은 진화론을 신의 창조 수단으로 받아들인다면 진화론적 과학과 「창세기」가 비로소 화합에 도달할 수 있을 거라고 했다.

"하나님께서 하늘과 땅을 창조하셨다는 제 신념은 조금도 흔들림이 없습니다. 하지만 그 방법이 무엇인지는 성경 어디에도 나와 있지 않습니다."[23]

또다른 기독교 신학자는 전문가 증인으로 나와 과학과 종교는 별개의 지식 분야에 속하므로 상충할 수 없다고 주장했다.

"인간의 창조 과정에 대한 답은 성경이 아닌 과학에서, 인간의 지성, 도덕, 정신적 존재의 원천이 무엇인지에 대한 답은 과학이 아닌 성경에서 찾아야 합니다."[24]

매슈스와 더불어 앞서 언급한 2명의 증인을 세운 피고 측은 미국 기독교인들이 현대 과학에서 발견한 사실과 진실된 종교적 신앙을 융화시키는 방법을 효과적으로 증명했다.

대중매체는 매슈스와 포스딕 같은 근대주의자나 대로 같은 불가지론자에 맞선 브라이언과 라일리 등 원리주의자들을 수렁에 빠뜨리려는 강한 의지를 보였다. 그리고 이러한 분위기 가운데 멸시의 대상이었던 중도파가 낄 자리는 그 어디에도 없어 보였다. 브라이언을 예로 들면, 무신론적 진화론을 "기

"ME AND CHRISTIANITY"

"나와 기독교"

많은 기독교인이 진화론에 대한 브라이언의 공격에 동의하지 않는다는 현실을 암시하는 시사만화
(©1925 『뉴욕 월드』. E. W. Scripps Company)

독교가 핍박당할 때 기독교인의 고통을 잠재우는 마취제" 같다며 대놓고 비판했다. 다른 한편에서는 매슈스가 창조론을 배제한 채 모세의 도덕성만 받아들인 것에 수긍하지 않았다.[25] 1920년대를 특징짓는 극단적인 이 두 흐름은 중간에 놓인 자들을 철저히 무시한 채 지지층을 형성했고 기독교의 미래가 각기 자기들의 사상에 달려 있다고 고집했다. 이들의 충돌은 반진화론운동의 씨앗이 된 것은 물론이고 스콥스 재판에 쏟아진 관심의 원천으로 작용했다. 그리고 중도 노선을 택한 기독교인들은 구석으로 내몰려 구경꾼 신세로 전락하고 말았다. 멤피스의 시사평론지『커머셜 어필』은 "충심을 다해 종교를 믿는 사람들"이 기원에 대한 논쟁에서 완전하게 벗어나고 싶어한다는 사실을 "스콥스 재판을 통해 비로소 느끼게 됐다"고 말했다.

"종교를 가진 자들이 느끼는 두려움은 몇 가지로 나뉜다. 앞에 나섰다가 논쟁에 휘말려 종교를 잃게 될지도 모른다는 두려움, 혼돈에 빠질 수도 있다는 두려움, 또 믿을 수밖에 없는 처지이지만 자신의 믿음을 증명하지 못할 것이라는 두려움이다."

그렇기에 실전은 대로와 브라이언처럼 이미 극단주의 노선을 택한 상징적 인물들이 대신 치르게 된 것이라고 논설위원은 지적했다.[26]

그렇다고 중도파가 무조건 입을 다물고 있었던 것은 아니다. 프린스턴대학교 총장 히븐은 큰 소리로 재판에 대해 불만을 토로했다.

"나와 여러분에게 진화론과 종교 중 하나를 택하라고 강요하려는 사람들에게 유감을 표합니다."

일부 종교 과학자는 이 시기를 비유물론적 진화론을 홍보하기 위한 기회로 이용했다. 그중 다수는 오즈번 같은 근대주의자들이었고 나머지는 정통파였는데, 후자에 속한 밴더빌트대학교의 과학 교수는『내슈빌 배너』에 기고한 글에서 "나는 과학자로서 획득 형질의 유전에 관한 라마르크의 학설이 확인 과정에 있다고 믿는다"[27]라고 밝히고 이 설이 정론이 된다면 논란을 잠식

시킬 수 있을 것이라고 주장했다. 그러나 이와 같은 주장은 워낙 미묘해 과학과 종교의 충돌을 극대화하고자 했던 언론에 큰 반향을 일으키지 못했다.

제임스 밴스는 테네시 주 종교계에서 근대주의를 지지한 대표적인 인물이지만 스콥스 재판에 관한 공개 토론에서는 두각을 나타내지 못했다. 그는 미국 최대 규모인 남부 장로교회의 목사였고 한때 장로교 최고 자리에 오르기도 했다. 1925년에는 원리주의자 빌리 선데이, 근대주의자 해리 에머슨 포스딕과 함께 주요 종교 저널 독자들이 뽑은 미국 20대 목사로 선정되기도 했다. 1923년 반진화론운동이 처음 시작됐을 때 밴스는 콩클린, 오즈번, 1923년도 노벨상 수상자 로버트 밀리컨, 허버트 후버를 포함한 40명의 유명 인사와 함께 과학과 종교가 서로 다른 인간의 이해 영역이라고 규정하는 공동 성명을 발표해 갈등을 완화시키려 했다. 대중에게도 공개된 이 성명서에 의하면 과학은 "자연의 현상, 법칙, 과정"을 탐구하고, 종교는 "인간의 양심, 이상, 열망"을 다루는 "별개의" 활동이지 "적대적인 사고 영역"이 아니다. 하지만 극명했던 긴장 상태에 비해 이들이 제안한 화합은 설득력이 부족해 보였다.[28] 또 밴스는 테네시 주 상원에 "어리석은" 반진화론 법안을 타파하자는 내용의 탄원서를 보낸 13명의 근대주의 또는 진보주의 성향의 내슈빌 성직자 명단에 이름을 올리기도 했다. 탄원서를 읽은 상원의원들은 자신들도 법안에 반대하기는 하나 "서면 요청에 법안을 백지화할 만한 근거가 없다"고 시인했다.[29]

밴스는 스콥스 사건에 대해 많은 사람이 불확실한 태도를 취하는 것을 보며 좌절했다. 대부분의 정치인은 사건을 테네시 주의 문제라고 선을 그은 캘빈 쿨리지 대통령의 선례를 따랐다. 테네시 주 정치인들은 법의 편에 서서 재판을 맹렬히 비난하면서도 상황을 회피하려는 듯 데이턴의 문제에 간섭하지 않겠다고 공약한 주지사의 행보를 그대로 따르려는 분위기였다. 법정에 예약석을 마련해주었음에도 불구하고 얼굴을 내민 주 의원의 수는 손에 꼽을 정도였다. 법안을 최초로 작성한 J. W. 버틀러조차도 신문 연합이 해설료를 지급하겠다고 공표한 후에야 법정에 모습을 보였다. 브라이언과 대로 두 사람 모두와 오랜 기간 우호적인 관계를 유지해왔던 노동조합은 어느 쪽 편을 들기도 애매했다. 피고 측 지지를 선언한 조지아 주 노동연합을 비롯해 몇 안 되는 소규모 조합만이 태도를 표명했다. 심지어 미국을 대표하는 2개의 교사 조직도 두 갈래로 갈라졌다. 둘 중 규모가 작은 조직은 ACLU 집행위원회 부의원장 헨리 린빌의 압력을 받아 스콥스를 지지하는 결의안을 채택했고, 국립교육위원회는 비슷한 결의안을 "권할 만하지 않다"는 이유로 거부했다.[30] 아프리카계 미국인이 재판에 대해 남긴 논평은 극소수만이 현재까지 남아 있다. 버지니아 주의 존 재스퍼를 포함하여 몇 명 안 되는 흑인 전도사가 브라이언의 편에 섰지만, NAACP는 ACLU와 자주 협력해왔던 터라 재판과 관련해 뉴욕에서 열린 ACLU의 회의에 몇 차례 참석하는 성의를 보였다. 테네시 주 공립학교에서는 인종분리가 엄격하게 시행됐고 초등학교를 넘어선 흑인 학생에게 별다른 혜택을 제공하지 않았기 때문에 결과가 어떻든 아프리카계 미국인이 크게 신경 쓸 이유가 없었다.

이들과 다른 처지에 처한 백인 원리주의자들은 자신들의 허점을 보강하기 위해 바쁘게 움직였고 재판에 대한 공개 토론에서 주도권을 잡겠다는 굳은 결의로 근대주의자와 진화론자 비방에 적극 나섰다. 미국 전역의 보수파 목사들은 연단에서 다위니즘에 집중 포격을 가했다. 대로와 유물론도 입방아에 올랐는데, 테네시 주의 어느 목사는 "대로와 견줄 만한 인물을 찾기 위해 문학과 역사책을 샅샅이 뒤졌지만 딱 하나, 악마를 빼고는 적절한 부류를 찾을 수 없었다"[31]고 말했다. 라일리, 노리스, 스트레이턴, 마틴, 선데이로 대표되는 반진화론 운동가들은 재판을 앞두고 전국을 돌며 창조론에 대한 강연을 하는 등 마지막 고삐를 조였다. 시애틀로 향하는 기차 안에서 노리스는 브라이언에게 편지를 썼다.

"민중을 올바른 길로 인도할 최대의 기회입니다. 성공만 한다면 10년을 발로 뛰며 선전한 것 이상의 결과를 얻을 수 있을 것입니다."[32]

오리건 주에서는 선데이가 "윌리엄 제닝스 브라이언이 내세우는 주장이라면 무엇이든"[33]이라는 말로 지지를 거듭 확언했다. 그사이 여름이 찾아왔다. 바야흐로 성경학회와 셔토쿼 순회강연의 계절, 반진화론자들의 열렬한 응원군이 집결할 시기가 도래한 것이다.

1920년대에 들어서 한창 치열해진 진화론과 진화론 교육에 대한 공식 찬반 토론은 사람들의 흥미를 자극하기에 충분했다. 1924년을 예로 들면, 스트레이턴과 포터가 카네기홀에 모인 많은 청중 앞에서 진화론에 관해 열띤 논쟁을 벌였는데, 그 내용은 라디오 전파를 타고 생중계됐으며 뒤이어 출판물로도 판매됐다. 뉴욕 주 대법원 소속 판사 3명이 패널로 나와 기술적 평가에 의거해 만장일치로 스트레이턴의 손을 들었다. 역사학자 로널드 L. 넘버스는 "진화론을 불법화하거나 공립학교에 '과학적 창조론'을 주입시키려는 법적 투쟁을 제외한다면 저명한 진화론자와의 논쟁만큼 창조론자들의 관심을 끄는 사건은 없을 겁니다"[34]라고 말했다. 다가오는 재판에 대한 대중의 관심이 가열되면서 이러한 유형의 토론이 우후죽순 생겨났는데, 서부 해안에서는 라일리와 과학 대중화 저자 메이너드 시플리 간의 토론이 연속으로 개최되기도 했다.

6월 초, 브라이언은 스트레이턴에게 편지를 써서 다음과 같이 말했다.

"라일리 박사에게 찬사를 전해주시기 바랍니다."

당시 스트레이턴은 시애틀에서 열리는 최종 토론을 코앞에 두고 라일리와 합류할 예정이었다.

"로스앤젤레스, 오클랜드, 포틀랜드 토론에서 라일리 박사를 향한 청중의 호응이 대단하더군요. 대학과 교회 밖에서 원숭이−인간 가설이 큰 호응을 얻지 못하는 모습을 보니 큰 격려가 됩니다."[35]

이때까지만 해도 반진화론자들이 우세해 보였다.

라일리나 스트레이턴의 등장만으로 청중의 수는 보장된 것이나 다름없었다. 하지만 가장 큰 관심을 끈 것은 6월 중순 두 차례에 걸쳐 샌프란시스코에서 열린 시플리 대 2명의 제7안식일예수재림교 저널 편집자의 토론이었다. 『샌프란시스코 이그재미너San Francisco Examine』는 다음과 같이 보도했다.

"이틀 내내 토론이 시작되기 한참 전부터 많은 인원이 강당을 가득 메웠고 토론이 끝난 뒤에는 길거리로 쏟아져 나오는 인파 때문에 문이 부서질 뻔했다. 여느 곳처럼 샌프란시스코도 스콥스 재판을 당면한 문제로 인식하고 있다는 증거다."[36]

유수의 캘리포니아 법학자들이 심사위원으로 등장한 가운데 시플리는 1차 토론 내내 브라이언을 깎아내리는 데 급급했던 나머지 "지구와 지구상에 존재하는 모든 생명은 진화한 것"이라는 명제에 대해 체계적으로 기술적 의문을 제기한 상대편에게 판정승을 허용했다. 2차 토론은 시기적절하게 공립학교에서 진화론을 가르치는 문제에 초점을 두었다. 이번에는 자유를 호소한 시플리의 승리였다. 재림론자답게 상대편은 진화론 교육이 "종교관에 대한 파괴 공작"이며 공립학교에서 "종교 문제에 관해 중립성을 지켜야 한다"고 주장했다. 해결 방법은 "진화론과 『창세기』를 모두 가르치지 말아야 한다"였다. 시플리는 여기에 맞서 과학 이론을 제기했다는 이유로 종교적 탄압을 받은 갈릴레오와 콜럼버스 이야기를 꺼냈다. 그리고 거의 모든 과학자가 진화론을 지지하고 있다고 힘주어 말했다.

"이 학설이나 교육과 경험 면에서 최고의 자격을 검증받은 사람들이 제기한 기타 모든 학설은 정부에 의해 지원되는 교육기관의 학생들에게 알리는 것이 당연하며, 이러한 지식을 탄압하는 일은 사회적 범죄에 해당된다고 생각합니다."[37]

샌프란시스코 토론의 결과는 진화론을 의심했던 사람들도 자유의 정신에 입각해 진화론 교육을 용인할 수 있을 것이라는 희망을 보여줬다. 어쩌면 브라이언도 처음부터 이러한 분위기를 감지해 진화론을 사실로 가르치는 경우만 금지하도록 캠페인의 범위를 제한했는지 모른다. 하지만 반대편에서 과학적 이론을 배우고 가르칠 수 있는 개인의 자유를 호소하는 시플리의 접근 방식을 따르는 이상 이제는 법이 인류진화론에 대한 모든 교육을 금하는 좀더 큰 방패막이 돼줄 필요가 있었다.

토론과 연설을 통해 대중에게 다가가려고 각고의 노력을 기울였지만 언론이 본래 뜻은 왜곡한 채 자신들이 해석하는 대로 상황을 비추고 있다는 것이 스콥스의 상대방이 제기한 가장 큰 불만이었다. 한 예로, 샌프란시스코 토론이 끝나고 재림파 과학교육학자 조지 매크레디 프라이스는 브라이언에게 편지를 보내 "우리가 시플리를 '만신창이'로 만든 토론이었습니다"라고 말했다. 하지만 신문 기사는 중립적인 심사위원이나 관중과 마찬가지로 엇갈린 반응을 보였다. 심지어 반진화론 측의 주장을 정확하게 다루었던 기사조차도 이들을 만족시키지 못했고, 프라이스는 대안으로 재림파 신문에 게재된 "토론의 상세한 보고"를 브라이언에게 전달했다.[38] 스콥스 재판 직전에 쓴 비공개 편지를 통해 브라이언은 반진화론과 관련된 논란에 대해 언론을 비판할 수밖에 없는 이유를 설명했다.

"과학 문제에 관해 진실을 밝히려는 신문사들의 의지는 잘 알겠습니다. 하지만 그들이 얼마나 사리에 맞게 글을 쓰는지는 보는 사람의 시각에 따라 다를 수 있습니다. 저 같은 사람이 보기에 자칭 과학자라는 사람들의 엉터리 억측을 신문에 아무렇지도 않게 싣는 행위 자체가 사리에 맞지 않는 것 같습니다. 오히려 근거 없는 추측일수록 기사화될 가능성이 높더군요."[39]

원고 측에 대한 편견이 신문 보도의 신뢰에 오점을 남긴 것이 사실이기는 하다. 대부분의 주요 미국 신문이 피고 측 지지를 공식적으로 표명한 가운데, 테네시 주 내에서 주요 일간지 중 유일하게 멤피스의 『커머셜 어필』만이 원고 측을 끝까지 지지했다. 비록 논설위원들이 재판의 무대를 제공한 데이턴을 강력하게 비난했고 그중 일부는 마지못해 법원이 법을 집행해야 한다고 시인했지만 말이다. 초기에 발표된 신문 논평을 살펴보면, 『내슈빌 배너』의 논설위원은 다음과 같이 분석했다.

"교육기관을 규제할 수 있는 주의 권한을 적극적으로 대변하는 사람들도 있었지만 법이 진실을 막아도 되는지에 초점을 두는 편집자의 수가 압도적으로 많았다. 브라이언이 폭풍의 중심에 서게 된 것은 필연적인 결과다."

재판 중에 저널리스트를 위한 간행물의 한 기사는 다음과 같이 평했다.

"일부 기자가 논란을 불러일으키는 기사를 쓰고, 피고 측을 변론하고, 문명이 시험대에 올랐다고 주장하고 있다. 법정에서 벌어지는 사실에만 충실하려는 평범한 뉴스 기자에게는 가시밭길이 따로 없다."[40]

훗날 이 시기에 발표된 사설과 뉴스 기사를 연구한 저널리즘 교수 에드워드 코딜도 "언론이 대로에게 유리하게 편향됐다"며 맞장구를 쳤다. 의도적으로 대로를 지지하기 위해서가 아니라 신앙에 바탕을 둔 주장에 무감각했기 때문이다.[41]

원인이 무엇이든 편견은 매우 노골적인 형태로 드러났다. T. T. 마틴이 재판장으로 향하는 길에 채터누가에 잠시 들렀을 때 반진화론법이 종교를 믿는 학생들의 자유를 보호한다는 연설을 한 적이 있다. 『채터누가 타임스』는 법의 규제와 개인의 자유가 연결됐다는 사실을 인지하지 못한 듯 마틴의 연설이 "매우 이채롭다"[42]는 기사를 냈고, 편집장을 상대로 원리주의자들의 항의 편지가 이어졌다. 이에 당황한 신문의 총괄 편집인은 공평을 기하려는 취지에서 원리주의를 대표하는 채터누가 목사들에게 일반 기자단에 합류해 재판에 대한 기사를 써줄 것을 의뢰했다. 한 목사는 "허심탄회하게 진실을 지키고 오직 진실만을 써달라"는 부탁을 받았다고 했다. 브라이언이 "칭찬받아 마땅하다"고 일컬었던 이 방안 덕분에 근대주의 종교 지도자나 왓슨 데이비스의 『사이언스 서비스』 기사와 나란히 원리주의 목사들의 일일 특집 기사가 연재될 정도로 다양한 기사가 쏟아져 나왔다.[43] 하지만 그 뒤를 따른 신문사는 단 한 곳도 없었다. 6월 중순에 라일리, 마틴 그리고 그 밖의 대표 반진화론자들이 진화론에 찬성하는 『사이언스 서비스 시리즈』와 균형을 맞추기 위해 신문 연재 칼럼을 내겠다고 제안했지만 수락한 대형 신문사는 얼마 되지 않았다.

반진화론자들은 대중 언론의 공정한 대우에 목말라 있었다. 수 힉스는 뉴저지에서 원리주의 목사로 활동하고 있던 동생 이라에게서 현 상황에 대한 불만이 고스란히 표현된 한 통의 편지를 받았다.

"소송 결과에 대해서는 일말의 의심도 없지만 진화론에 동조하는 언론에서 마치 모든 것이 진화론의 승리인 양 왜곡할 것 같아 가장 염려스럽군요. 이번 소송의 진실을 사람들에게 알리는 일이 다른 곳보다도 북부에서는 쉽지 않아 보입니다."[44]

교회 신문과 저널이 정보 발산의 창구 역할을 대신하기는 했다. 재판 보도를 위해 켄터키 주 주재 편집자를 데이턴으로 보낸 『뱁티스트 앤 리플렉터 Baptist and Reflector』처럼 원고 측을 지지한 곳이 있는가 하면, "스콥스는 일시적 유행을 좇는 무리와 기회주의자들의 도구를 자청한 얼간이일 뿐이다"[45]라는 말로 멀리서 지지를 보낸 또다른 침례교 저널도 있다. 워싱턴에 기반을 둔 원리주의 저널 『더 프레젠트 트루스The Present Truth』는 재판 전에 내보낸 기사를 통해 다음과 같이 덧붙였다.

"스콥스는 국가에 고용된 교사로, 국가 자금에서 급여를 받기 때문에 공적 지위를 유지하는 한 국가가 그의 행동을 허용하거나 금지할 수 있는 권리를 가진다."[46]

대부분의 전통적인 교회 간행물이 교파의 후원을 받았지만 다수의 정식 교파가 원리주의-근대주의 논란에 의해 분열되면서 그들이 소유한 신문과 저널은 스콥스 재판의 한가운데에 방치됐다. 브라이언의 광신주의와 대로의 자연주의를 싸잡아 비판하는가 하면 관용을 호소하거나 문제를 피하려는 사람들도 있었다. 로마 가톨릭 신문을 재판을 언급하는 과정에서 교구민들에게 진화론은 유물론적 신조이고 반진화론법은 공교육을 지배하려는 개신교 원리주의자들의 행태라고 경고했다. 또한 가톨릭언론협회Catholic Press Assocation는 고위 관계자 베네딕트 엘더를 보내 미국 내 교구 신문에 실릴 재판 기사를 쓰도록 명했다. 데이턴에 도착한 엘더는 "대도시 신문사에 속한 일부 기자의 종교적 콤플렉스"에 대해 불평하며 기소와 관련해서는 적임자인 자신이 원고 측을 돕겠다고 제안했다.

"가톨릭 교도로서 성경에 대해 브라이언 씨만큼은 아니지만 보존하겠다는 의지는 분명히 있습니다."[47]

엘더는 로마 가톨릭의 우애공제회Knights of Columbus의 상임고문으로 데이턴에 입성했다.

"미국 가톨릭 교도들은 브라이언 씨와 테네시 주에 적극 공감합니다. 브라이언 씨와는 어느 정도 의견의 차이가 있을 수 있겠으나 그가 테네시 주 젊은이들의 기독교 신앙에 기여하고 있다는 사실 하나만으로 존경을 받아 마땅합니다."[48]

초교파적 성격의 저널과 출판사에 자신들의 이야기를 다루어달라고 요구하는 반진화론자의 수가 점점 더 늘어났다. WCFA의 계간지가 스콥스 재판에 대한 견해를 신앙인들에게 전했고, 보수파 미국 잡지를 대표하는 『월간 무디Moody Monthly』와 『선데이 스쿨 타임스Sunday School Times』도 반진화론운동의 편을 들었다. 원리주의 출판사 중에서도 특정 종파에 소속되지 않은 플레밍 H. 레벨 출판사는 관련 도서를 쉴 틈 없이 찍어 냈다. 그중에서도 브라이언이 쓴 반진화론 관련 책은 워낙 판매 실적이 높아 브라이언 스스로 스콥스 재판 이후 순회강연에서 은퇴한 후 책 집필에만 전념하겠다는 말을 했을 정도였다. T. T. 마틴의 『지옥과 고등학교Hell and the High School』, 프라이스의 『생물 진화라는 유령The Phantom of Organic Evolution』은 판매 기록을 경신하는 기염을 토했다. 마틴의 경우, 데이턴 법원청사 근처에 책 제목을 내건 대형 현수막 아래에 자리를 잡고 자신의 책을 판매해 재판의 다채로운 분위기를 담아내고자 한 사진가들 사이에 명소가 되기도 했다. 전통 교회가 진보파와 보수파로 나뉘기 시작하면서 몇 년 전부터 여러 교파를 아우르는 초교파 단체와 각종 기독교 단체parachurch의 수가 증가하는 추세였는데, 스콥스 재판에 이르는 동안 발생한 일련의 사건은 이런 경향에 촉진제 구실을 했다. 이러한 변화는 특히 원리주의자들 사이에서 두드러졌다. 재판을 코앞에 두고 라일리는 현지의 6개 단체가 한데 힘을 모아 여러 주에서 반진화론법을 추진할 것이라고 발표하는 자리에서 "이 단체는 모든 교파의 원리주의자들로부터 후원을 받는다"[49]는 사실을 강조했다.

재판을 앞두고 원리주의 홍보 캠페인의 중심은 브라이언에게로 옮겨갔다. 그는 전국을 순회강연 중인 주요 반진화론자들과 긴밀히 접촉했고, 5월과 6월에 걸쳐 몸소 동부 지역을 수차례 오르내리며 재판에 대해 거침없는 열변을 토했는데, 그의 언변과 연설 방식은 대통령 선거 때 지방 유세 모습을 연상시켰다. 브라이언은 시카고 연설에서 외쳤다.

"이번 재판을 가볍게 여겨서는 안 됩니다. 공립학교에서 하나님의 말씀을 과학자들의 추측으로 대체해버리려는 교사들의 성경에 대한 모독에 종지부를 찍으려는 첫걸음입니다."[50]

중서부 작은 마을에 2만 명이 넘는 사람이 모인 자리에서 그는 한마디 더 보탰다.

"인간의 마음속을 헤집어놓는 가장 중요한 두 가지 요소가 이번 재판의 승패에 달려 있습니다. 바로 자녀들의 교육과 그들의 종교입니다."[51]

캠페인에 대한 투지가 극에 달한 그는 브루클린에서 선언했다.

"세상을 구하려면 반드시 이겨야 한다."[52]

7월 초에는 집으로 돌아가 마이애미 로터리 클럽Rotary Club[1905년에 결성돼 전 세계 200여 개 국가에 회원을 두고 있는 국제적인 봉사 단체]에 다음과 같이 보고했다.

"진화론과 종교에 대한 대대적인 홍보 효과는 사람들이 완전히 이해하지 못하는 주제에 전 세계의 이목을 집중시키고 있습니다."[53]

그리고 며칠 후 데이턴에서 스콥스를 직접 대면했을 때, 몸을 기울여 조용히 말했다.

"당신은 진화론이란 것이 얼마나 사악하고 악랄한지 전혀 모르는 것 같군요."[54]

브라이언의 바쁜 일정 때문에 원고 측에서는 공동 전략회의 한 번 열기가 어려웠다. 브라이언이 6월 초에 테네시 주를 지날 것이라는 소식을 접한 수힉스는 채터누가에 잠시 들러 회의를 갖자고 제안했지만 브라이언은 다음 날 탤러해시[미국 플로리다 주의 주도]에서 연설 일정이 잡혀 있었다. 브라이언은 호텔 메모지에 다음과 같이 답장을 썼다.

"오전 8시에 내슈빌에서 만나 디케이터로 함께 가는 게 어떻겠소? 기차로 4시간가량 이동할 텐데, 그 정도면 당장 필요한 계획을 세울 시간은 충분할 것 같소만……"[55]

일정이 미리 공지됐던지라 브라이언이 탄 열차가 내슈빌에 도착했을 때, 악단이 '그리스도 병사들이여, 앞으로!Onward Christian Soldiers'를 연주했고 도시를 상징하는 파란 리본의 물결과 주 지도자들이 귀빈을 맞았다. 데이턴 재판에서 검사를 맡은 힉스 형제와 해거드는 그날 아침 브라이언을 만났고, 스튜어트는 재판 때문에 함께하지 못했다. 이후로 데이턴에서 다시 모일 때까지 원고 측은 브라이언이 애틀랜타에 잠시 체류한 6월 말에 딱 한 번 더 만났을 뿐이다. 그 밖에는 우편으로 연락을 주고받았다. 그럼에도 이들 사이에는 단시간에 유대감이 형성됐다. 첫 만남 후 4일이 지나고 수 힉스는 동생 이라에게 다음과 같은 내용의 편지를 썼다.

"내슈빌에서 브라이언과 회담을 가졌는데, 정말 대단했어. 그의 개인 전용 칸을 타고 채터누가까지 갔지 뭐야. 가는 내내 재판에 대해서 열변을 토했고 온통 그 얘기뿐이었어. 브라이언은 정말 멋진 사람 같아."[56]

또다른 편지에서는 브라이언이 "이번 소송에 준비를 철저히 하고 있는 것 같아. 기독교의 전환점이 될 거라고 하더군"이라고 말했다.[57]

브라이언은 원고의 전략을 단 한 번도 공표한 적이 없다. 그는 초기에 수 힉스에게 쓴 편지에서 말했다.

"연설에서 청중에게 이번 소송에 대해 설명해왔는데, 지금까지 접한 소송 중에서 설명하기가 가장 쉽더군요. 법을 통해 의견을 말하고, 자신들이 만들고 후원하는 학교를 통제할 수 있는 국민의 권리가 이 문제의 핵심이라고 봅니다. 그건 그렇고, 벌금은 최소한만 부과해야 한다고 생각합니다. 돈은 제가 얼마든지 피고에게 줄 용의가 있으니까요."[58]

브라이언은 내슈빌의 열차 안에서 공동 변호인단과 협의를 마친 후에 이와 같은 태도를 분명히 했다. 브라이언은 또 기자들을 향해 다음과 같이 말한 적도 있다.

"뉴욕 신문을 보면 문제를 완전히 잘못 파악하고 있더군요. 스콥스 씨는 주에서 원하지 않는 내용을 가르치면서 임금을 요구하고 법에 어긋나는 내용을 말할 수 있는 대상으로 아이들을 희생시키고 있습니다. 그 어떤 법정도 이러한 행동의 타당성을 인정한 사례가 없습니다."

재판과 관련해서 한창 달아오르고 있던 '진화론 문제'에 관해서는 다음과 같이 답했다.

"연관이 있는 문제인지 잘 모르겠군요."[59]

드러내지는 않았지만 전문가 증언을 통해 진화론을 깎아내리는 것이 브라이언의 숨은 기대였다. 원고 측의 첫번째 전략회의를 마친 수 힉스가 동료들에게 계획을 설명했다.

"학교를 제재할 수 있는 입법부의 권한으로 문제를 국한시킨다면 손쉽게 소송에서 이길 수 있을 거야. 하지만 가능하다면 법뿐만 아니라 도덕적 승리도 거두어야겠지."

그의 글은 확신에 차 있었다.

"피고가 가르친 실제 내용에 대해 우리가 충분한 증거를 제공하고 나면 주 당국이 증언을 끝내고 피고 측의 반론을 기다리겠지. 아마도 피고 측은 과학적 신념을 들먹이며 도덕적 승리를 이끌어내려 할 거야. 그러기 위해 여러 과학자를 불러내 진화론을 입증하려 하겠지."

바로 이 대목에서 브라이언이 기대한 기습 공격이 시작됐다.

"계획대로 그들이 제기하는 모든 문제에 만족할 만한 답을 제시한다면 별 어려움 없이 법률적으로나 과학적으로 우리가 우세할 테니 두고봐."

힉스가 호언장담했다.

"피고 측에 우리가 소송을 입법기관의 통제권으로 제한하려 한다는 인식을 심어주는 게 우리 계획이야. 그러다 실제로 재판이 시작됐을 때 준비했던 증거를 공개해 도덕적 승리에 이르는 거지."[60]

브라이언은 증언 의뢰를 받았던 존스홉킨스 의대 교수 하워드 A. 켈리에게 쓴 편지에서 속내를 털어놓았다.

"미국인들은 진화론의 위험을 잘 알지 못합니다. 저는 데이턴에서 공개되는 정보가 엄청난 반향을 일으킬 것이라 기대합니다. 그리고 박사님께서 그 효과를 배가시켜주실 거라 기대합니다."[61]

처음부터 원고 측은 소송 준비와 발표 임무를 나누어 맡았다. 재판 경험 부족과 테네시 주 법률에 익숙하지 않음을 이유로 브라이언은 법적 문제를 전적으로 현지 변호인단에게 위임하고 진화론에 불리한 증언을 할 과학자와 신학자를 증인으로 섭외하기로 했는데, 바로 이 대목부터 재판에서 진화론을 무참히 짓밟으려던 그의 야심찬 계획이 무너지기 시작했다. 테네시 주 현지 검사들은 과학에 대해 무지했다. 수 힉스는 재판의 과학적 승리를 장담했지만 그 근거는 브라이언의 주장이 전부였다. 동생 이라에게 쓴 편지에서도 알 수 있듯 브라이언에게 거는 기대가 컸다.

"브라이언 씨가 우리를 위해 증인들을 모으고 있어. 뛰어난 과학자와 신학 박사가 여럿 포함될 거라더군."[62]

결국 커다란 기대는 쓰라린 실망으로 이어졌다.

첫 전략회의 중에 브라이언은 진화론을 반박하는 근거로 조지 매크레디 프라이스의 연구를 언급했다. 수 힉스는 이라에게서 이미 프라이스의 이름을 들은 적이 있었다. 이라는 그를 "최고의 지질학자 중 한 명"[63]이라고 칭송했다. 하지만 현실적으로 원리주의자들의 무리를 벗어나면 과학자로서 프라이스의 권위를 찾기는 어려웠다. 정식으로 과학교육을 받지 못했을뿐더러 그가 창안한 6일간의 천지창조와 노아의 홍수에 관한 독특한 지질학설은 재림파 선지자 엘런 G. 화이트의 글에서 참고한 성경의 자구 해석을 바탕으로 한 것이었다. 그러나 그리스도 재림설은 원리주의에서도 소외됐고, 프라이스의 연구를 지지하는 세력은 브라이언과 1920년대 반진화론운동을 주도한 유명인들로 국한됐다. 이들 중 다수는 「창세기」의 '날—시대 이론' 또는 '간격론'을 기반으로 지구의 긴 지질학적 역사를 받아들였다. 원고 측은 진화론에 맞설 최적의 과학 전문가로 프라이스를 꼽고 도움을 청했다.

"당신은 진화론을 입증된 가설로 반대하는 가장 뛰어난 과학자 중 한 분입니다."

브라이언이 6월 초에 프라이스에게 쓴 편지다.

"오실 수 있는지 바로 알려주시기 바랍니다."[64]

때마침 프라이스는 영국에서 강연 중이어서 귀국할 수 없었고 회신을 통해 다음과 같이 전했다.

"다가오는 재판에 제가 나선다 하더라도 큰 도움이 될 것 같지 않군요. 제가 보기에 이번 소송은 진화론의 과학적 또는 비과학적 성격을 논하는 자리가 아니라 분열과 '파벌주의'를 조장한다는 사실과 본질적으로 반기독교적인 영향과 성향을 내포하고 있음을 보여주는 기회가 돼야 할 것 같습니다. 그리고 브라이언 씨에게 충분히 그럴 역량이 있다고 믿어 의심치 않습니다."[65]

브라이언이 접촉한 과학 전문가 후보 중에 참석을 원하는 사람은 아무도 없었다. 딱 잘라서 거절한 사람도 몇 있었다. 공식적으로 긍정의 답을 보낸 이는 켈리뿐이었다. "기독교인이라면 인류의 창조에 대해 성경을 있는 그대로 믿고 따르는 것이 순리겠죠"라고 순응하면서도 "하등동물의 생활사에서 연속적인 사건이 이어질 수도 있음"[66]을 인정했는데, 인간이 아닌 다른 종의 진화를 의미한 그의 발언은 전략적인 관점에서 브라이언을 고심하게 했다. 브라이언은 이렇게 답장을 썼다.

"인간 전의 진화가 사실인지 아닌지에 대해서는 크게 관심이 없지만 그러한 진화의 사실을 인정하는 자체가 상대편에게 쉽사리 반론의 여지를 주는 것 같아 심히 염려가 되는군요. 인간에 이르기까지 진화를 인정한다면 우리에게는 진화가 인간에 도달하기 직전에 멈추었다는 주장을 뒷받침할 근거가 성경밖에는 남는 것이 없습니다."

켈리가 인류진화론과 관련해 과학의 실증이 아닌 하나님의 말씀을 섬기겠다는 뜻을 밝혔을 때 기대한 바도 이와 다르지 않다. 켈리보다 잠재적으로 더 우수하다고 생각한 종교 전문가가 여럿 있었기에(라일리, 스트레이턴, 노리스도 증언하겠다는 뜻을 밝혔음) 브라이언은 켈리를 대기자 명단에 올려두었다.

"꼭 필요한 상황이 아니면 번거롭게 데이턴까지 오게 만들고 싶지 않군요."

브라이언이 편지에 쓴 내용이다. 법정에서 과학적 증언이 모두 배제된다면 그의 증언이 굳이 필요하지 않을 것이라는 뜻이었다. 재판이 시작될 때까지

이 한 가지가 원고 측의 목표로 남았다.[67]

재판 날짜가 다가오면서 브라이언에게는 또 하나의 걱정거리가 생겼다. 원고 측을 어떻게 구성할지였다. 그가 합류했을 때만 해도 데이턴 주가 이 법을 심각하게 시행하려는 의지가 있는지가 의문이었다. 비록 이번 소송이 도시 또는 카운티 검사의 몫으로 간주되는 경범죄밖에 성립이 안 되는데도 지방 검찰총장 톰 스튜어트가 원고 측에 서기로 한 순간 사라졌어야 할 의심이 긴 하지만 말이다. 브라이언은 주로 데이턴 출신 변호사들과 공조했는데, 그만큼이나 재판 경험이 부족하다는 것이 문제였다. 반면 피고 측에는 미국에서 최고로 인정받는 재판 전문가 4명이 합류했다. 브라이언은 고민에 빠졌다. 6월 중순, 수 힉스에게 쓴 편지에서 당시 심정을 표현했다.

"물론 당신 형제와 해거드 씨 그리고 제가 외부의 도움 없이도 그들의 공격을 막아낼 수 있다고 생각하기는 하지만 워낙 중요한 재판이다보니 모험을 해도 될지 모르겠군요."

이어서 "상대의 위력에 뒤처지지 않아 보이도록 우리를 도와줄 외부인 2명에게 이미 비공식적으로 접촉한 상태"[68]라고 말했다. 그가 어떤 인물을 선택했을지는 불 보듯 뻔했고, 소송을 원리주의 문제 이상으로 부풀려 자신이 천명한 목표를 이루고자 했다. 선정된 인물 한 명은 뉴욕에서 미국유대인연합회American Jewish Congress 부회장 자리에 있던 새뮤얼 언터마이어였고, 다른 한 명은 로마 가톨릭 신도로 몬태나 주 상원의원을 지낸 T. J. 월시였다.

힉스에게 보낸 편지에서 브라이언은 언터마이어를 "내가 아는 가장 인기 있는 변호사"라고 묘사했다. 실제로 브라이언은 미국 최고의 변호사를 꽤 많이 알고 있었다. 언터마이어의 아버지는 버지니아로 이민 온 유대인으로 남부연방을 위해 싸운 바 있다. 남북전쟁이 끝나고 소년 언터마이어는 미망인이 된 어머니와 함께 뉴욕으로 옮겨가 엄청나게 부유한 기업 변호사 겸 민권 운동가로 성장했다. 언터마이어는 ACLU와 미국유대인협회의 수장을 역임했지만 브라이언을 알게 된 계기는 민주당을 위해 일하면서였다. 브라이언은 힉스에게 썼다.

"언터마이어는 유대인이기에 대로파의 공격에서 모세를 지키려 할 것이다."[69]

언터마이어는 그랬을 것이다. 불과 얼마 전에 유럽에 가지만 않았어도 말이다. 브라이언의 편지를 받았을 때 그는 런던에 있었고, 멀리서나마 세세한 조언을 아끼지 않았다. 입법기관이 학교 교과과정을 통제해야 한다는 점에 충분히 공감했다.

"제가 보기에 논란과 관련하여 피고 측이 법이라는 진정한 문제에서 벗어나 접근하지 못하도록 막는 것이 이번 재판의 관건입니다. 저라면 전문가들의 논쟁이라든지 진화라는 주제를 배제할 방법을 모색할 것 같군요. 법원이 신속하게, 지적인 판단을 내리기만 한다면 이번 재판은 그저 하나의 의례적인 사건으로 종결되지 않을까 싶네요. 귀하와 동료들께서 저의 참여를 필요로 하신다면 기꺼이 돕겠습니다."[70]

이 조언은 과학 전문가를 확보하는 과정에서 경험한 문제와 더불어 한정된 법률 전략을 고수하겠다는 브라이언의 결심을 굳혀주었다.

현지 검사들은 다른 주의 법조인들을 팀에 합류시키려는 브라이언의 생각이 마음에 들지 않았다. 브라이언이야 현지에서도 유명세가 대단했지만 그 밖의 인물들은 테네시 주 법조계에서 영향력이 거의 없다는 것이 그들의 불만이었다.

"소송에 유대인을 끌어들이는 것이 과연 상책인지 모르겠군요."

힉스 형제는 브라이언에게 직설적으로 말했다. 가톨릭 교도의 개입도 문제인 것은 마찬가지였다. 수 힉스는 이미 기자들에게 ACLU와 대로를 가볍게 누를 수 있을 거라고 떠벌려놓은 상태였다. ACLU는 "공산주의 옹호 단체"이고, 대로의 경우 "배심원들에게 대로 씨가 무신론자라는 사실만 입증하면 그가 이길 확률은 없습니다"라고 말이다. 두 형제는 브라이언에게 간곡히 부탁해야 하는 처지에 처했다.

"더 이상의 변호인 없이 우리 힘으로 상대를 채찍질해야 진정한 의미의 승리가 아닐까 합니다."

그리고 자신들의 경험 부족을 인정하면서도 다음과 같이 강조했다.

"스튜어트 검찰총장은 훌륭한 법률 변호사일 뿐만 아니라 관찰력, 추리력, 언변도 뛰어나고 대단히 성실한 분입니다. 이 정도 조건이라면 그분 혼자 힘으로도 충분히 법률 문제를 처리할 수 있을 거라 사료됩니다."

브라이언은 마지못해 힉스 형제의 반대를 받아들이고 스튜어트에게 법률 문제를 일임했다.[71] 월시의 경우 별다른 설명 없이 넘어갔지만 브라이언을 향한 마지막 약속을 지키겠다는 의지가 투철했던 언터마이어는 도움이 필요하지 않다는 말을 직접 듣고서야 마음을 접었다. 그 후 2명의 변호사가 원고 측에 합류했는데, 퇴임한 지방 검찰총장 벤 G. 매켄지가 자신의 아들과 함께 등장했고, 애리조나 주에서 연방 검사 보직을 마친 후 캘리포니아 주에서 변호사 개업을 한 윌리엄 제닝스 브라이언 주니어도 아버지를 돕기 위해 테네시 주에 도착했다.

연설 애호가인 브라이언이지만 원고의 전략과 구성을 고려할 때 재판을 최대한 짧게 끄는 것이 유리해 보였다. 증인 명단을 제출하기 위해 법원에 보내는 공식 편지에 힉스 형제는 다음과 같이 적었다.

"대배심 전에 증언한 사람들을 빼고는 추가로 제출할 증인 목록이 없습니다. 사건을 구석구석 면밀히 살펴보고 그를 토대로 합법성을 결정하는 것은 법원의 임무라고 생각합니다."

그리고 재판에서 흔히 나올 법한 가시 돋친 한마디를 더했다.

"우리는 증거법을 위반할 의도가 전혀 없으며, 북부와 서북부에서 내려온 뛰어나신 변호사들이 연민과 동정을 내세우며 무지하다고 폄하하는 우리 주민들을 상대로 피고 측이 과학적인 상상력과 추측을 마구 주입하도록 내버려두지 않을 것입니다."[72]

주지사 피도 법원에 비슷한 조언을 전달했다. 재판 직전에 발표한 공개 편지에서 말했다.

"한 시간만 있으면 재판이 열리는 것으로 압니다. 법률로 명시된 만큼 참으로 간단한 문제이건만, 불필요한 이 모든 소동이 유감스럽습니다."[73]

저명한 내슈빌 법학자도 같은 의견을 피력했다.

"국가가 공립학교의 교과과정을 규정할 권한이 있는지 없는지가 스콥스 재판에서 결정돼야 할 문제입니다. 판결의 초점이 그 문제에만 맞춰진다면 생각보다 짧고 시시한 재판이 될 것 같군요."[74]

브라이언과 스튜어트는 대로 일당이 재판의 범위를 제한하려는 시도에 쉽사리 응하지 않을 것을 잘 알고 있었다.

"전문가 증언을 차단할 수만 있다면 재판을 빠르게 끝맺을 수 있을 겁니다. 최종적으로 우리가 이길 것이라는 데 추호의 의심도 없지만 그때까지 얼마나 많은 일이 벌어질지는 알 수 없군요."[75]

브라이언이 재판에 임박해 비공개 편지를 통해 예견한 내용이다. 스튜어트는 치열한 공방을 예상했다.

"엄밀한 의미의 재판은 비교적 간단할 겁니다. 이 사건은 피고가 공립학교를 규제하려는 테네시 주 입법기관의 권한에 도전한 사건입니다. 하지만 문제의 특수성에 가려 사안의 본질이 망각되고 있습니다."[76]

피고 측에서는 당연히 진화론 교육을 금지하는 주의 법에 의해 제기된 '법률 문제'라는 광범위한 견해를 취했고 이를 전면에 내세우기 위해 계산된 전략을 채택했다. 대로와 멀론은 기자회견을 통해 재판에서 피고의 태도를 표명하는 데만 한 달은 걸릴 것이라고 말했다. 이유에 대한 설명은 헤이스가 맡았다. 테네시 주 법률은 명백히 성경의 창조론을 거부하는 가르침을 불법화했다. 이에 대해 헤이스는 말했다.

"법적으로 볼 때 이는 위헌입니다. 왜냐하면 과학자들이 제시할 오늘날 진화에 대한 지식을 고려할 때 부당하기 때문입니다."

덧붙여 그는 말했다.

"두 사람이 똑같이 성경을 읽더라도 이해하는 내용이 똑같을 수 없다는 점에서 이 법은 불분명하고 비합리적입니다."

두번째 주장에 대해서는 부연 설명이 이어졌다.

"자유민주주의의 투쟁과 정직한 사고가 승리를 거두기 위해서는 성경을 윤리와 감화의 책으로 받아들이는 수백만의 의식 있는 기독교인의 지지가 반드시 필요합니다. 종교와 과학 간에 또는 윤리의 책으로 수용된 성경과 과학 간에 아무런 갈등이 없음을 입증하려 내놓은 증거의 경우 그 주장 자체에 대응하는 편이 원리주의자들이 무신앙으로 매도하는 내용을 학교에서 자유롭게 가르칠 수 있어야 한다는 간단한 주장에 대응하는 것보다 더 효과적일 겁니다."

대로, 멀론, 헤이스가 주도하는 피고 측은 투쟁의 범위를 넓혀 다수의 지배에 맞서는 개인의 자유에서 진화론의 과학적 근거와 성경 해석의 종교적 이론까지 포용하기에 이르렀다.

"국민이 법정 절차에서 진실을 가려내는 것과 더불어 교육을 받아야 한다는 현실이 진기하고 믿기 어렵지만 덮어놓고 거부하기도 어렵군요."[77]

피고 측 변호사들은 원고 측과는 전혀 다른 전략으로 즉각적인 대중 계몽과 교육에 나섰다. 브라이언이 다위니즘의 위협을 널리 퍼뜨리기는 했지만 원고 측은 재판에 대한 자신들의 계획에 대해 최대한 함구했고 재판에 동원할 잠재적인 전문가 증인에 대해서는 공개적으로 한마디도 하지 않았다. 반대로 피고 측은 계획을 숨기지 않았고 데이턴 재판에서 스콥스를 위해 증언하거나 증언할지도 모를(이 부분은 명확하게 드러난 적이 없다) 여러 과학자와 신학자에 대해 거의 매일 공식 성명을 내놓았다. 한 예로, 6월 말에 멀론은 "증인석에 기꺼이 서겠다는 뜻을 밝힌"[78] 유명 과학자 10명의 명단을 발표했다. 실제로 데이턴을 찾은 사람은 단 둘뿐이었지만 말이다. 명단에 오른 오즈번, 콩클린, AAAS 회장 마이클 I. 푸핀은 이미 거부 의사를 밝혔던 것으로 보인다. 피고 측 변호인들은 또한 루서 버뱅크가 증언할 것처럼 말했지만 이 이름난 원예가는 자문위원으로만 활동할 뜻을 밝혔다. 화려한 이름을 계속해서 언론에 흘려 미국에서 높이 평가되는 과학자들이 스콥스를 지지한다는 인상을 준 이들의 전략은 나름 효과가 있었다. 진화론에 대한 과학계 전반의 폭넓은 지지를 대중에게 알리는 데 큰 몫을 했기 때문이다. 이 전략은 과학 전문가 증인을 충분히 섭외하지 못해 고심하고 있던 원고 측으로 하여금 평정심을 잃게 만드는 자극제 역할도 했다.

포퓰리스트 웅변술을 동원해 피고 측의 전문가들을 해산시키려는 브라이언의 시도가 이어졌다.

"과학 공산주의 세력이 학교에서 우리 아이들에게 가르치는 내용을 좌지우지하려 하고 있습니다."

브라이언이 애용한 말이다. 재판에서는 다음과 같이 덧붙였다.

"전문가들을 데려와 테네시 주민들이 탄핵하고 금지하는 행위를 미화하는 식으로 주민들의 의지를 꺾으려 하다니 이는 올바르지 않습니다."[79]

그가 가장 우려한 부분은 다름 아닌 진화론 교육을 옹호하는 버뱅크의 활동이 대중에게 미칠 영향이었기에 그를 격하하는 데 온 힘을 쏟았다.

"버뱅크가 쓴 편지를 본 적이 있는데, 오하이오에서 공개된 이 편지에는 종교를 비방하는 내용이 담겨 있었습니다."

브라이언이 재판 3개월 전에 라일리에게 쓴 편지의 내용이다.

"당신한테 미네소타에 친구가 있다 치고 그 친구가 마치 무신론자의 시각에서 쓴 것처럼 그에게 편지를 써 그의 활약을 축하하면서 무신론적 견해를 선언하도록 유도해내면 어떨까요?"

브라이언이 염려하는 데는 그럴 만한 이유가 있었다. 새로운 상업용 식물 품종을 재배해 내놓는 버뱅크의 기술은 전 국민이 다 알 정도로 유명했다. 사람들은 그 모습에서 진화가 진행 중이라고 생각할 법도 했다.

"진화란 것은 애초에 없습니다."

재판 직전에 브라이언이 짜증 섞인 목소리로 말했다.

"버뱅크요? 아, 고작해야 종에서 품종을 만들어내는 게 전부라던데요."[80]

그러나 레아 카운티의 일반 배심원들은 대부분 농민이었기에 버뱅크의 말에 귀를 기울일 것이 뻔했다. 헤이스가 법정에서 버뱅크의 진술을 제출했을 때 롤스턴 판사가 갑자기 의자에서 일어나 "그가 여기 왔습니까?"라고 물었고 헤이스가 서면 진술을 말한 것임을 알고는 실망한 기색이 역력했다는 일화도 전해진다.[81]

결국 피고 측의 항변을 위해 나머지 8명의 과학자도 재판에 출석했지만 데이턴 주민들에게는 십중팔구 처음 접하는 얼굴이었다. 재판 현장에서 취재한 『시카고 트리뷴』 기자 필립 킨슬리는 피고 측이 "진화론 편에서 증언할 유명 인사를 이곳에 데려오지 못한" 이유를 적대적인 분위기에서 브라이언의 반대 심문을 상대하기가 두려웠을 것이라고 설명했다. 피고 측의 잠재적인 전문가 증인 중에 가장 잘 알려진 오즈번, 대븐포트, 카텔, 버뱅크, 콩클린, 데이비드 스타 조던은 공개석상에서 브라이언과 진화론에 관해 맞붙는 것을 주저하지 않았지만 재판에서 브라이언에 맞서는 것보다 대로와 한 편에서 싸워야 한다는 데 더 부담을 느꼈던 것으로 보인다. 대로의 극단적인 불가지론이 몇몇을 불편하게 만들기도 했다. 더 나아가 6명 모두 인류 진화를 이끈 요인으로 강제적 우생학 수단을 옹호했는데, 대로는 이를 인권에 반한다며 비난했다. 과학자들의 진술에 어느 정도 암시되기는 했지만 재판에 나오지 않은 자체가 이들의 시각을 가장 극명하게 대변했다.

결과적으로 피고 측에서 브라이언과 공개적으로 맞붙을 수 있는 변호인으로는 대로가 유일무이했다. 대로는 재판 한 달 전에 연달아 기사화된 연설과 공식 성명을 통해 스콥스의 상태를 알리기 위해 최선을 다했다. 그에 대한 관심이 절정에 달한 것은 6월에 데이턴과 녹스빌을 마지막으로 방문했을 때였다.

"그가 도착했을 때 엄청난 폭풍이 몰아쳤다. 논밭에서 뿔 달린 소 떼가 몇 시간 동안 둥둥 떠다닐 정도였다."[82]

당시 데이턴에 있던 멩켄이 농담처럼 한 말이다. 대로와 데이턴 주민들 사이의 격차를 과장하려는 시도에도 불구하고 주민들은 바로 이 불가지론자에게 호감을 보였다.

"허름한 옷을 입고 나타난 그는 여름 날씨에 맞게 재킷 단추를 잠그지 않았더군요. 쉽게 마음이 열리는 그런 사람이었습니다. 느긋한 말투에 허풍도 전혀 없더군요. 데이턴에서 자랐다고 해도 믿을 정도로 스타일도 세련되지 않고 행동도 아주 평범해 그냥 시골 변호사 같았습니다."[83]

스콥스는 훗날 첫 만남을 회상하며 말했다. 대로는 마을 정세를 파악하고 스콥스와 상담을 한 뒤 기자들을 접견했다. 데이턴 진보동호회가 주최한 기념 연회는 그가 진화와 종교에 대한 견해를 공식적으로 설명할 수 있는 장을 마련했다.

"대로의 성품이 데이턴 주민들의 마음을 사로잡은 것은 사실입니다. 좋은 사람이라고 평하더군요. 하지만 그의 믿음에 대해서는 다들 고개를 저었습니다."[84]

수 힉스가 브라이언에게 보고한 편지 내용이다.

대로가 청중으로 삼은 대상은 데이턴 주민이 아니라 전 국민이었다. 연설이 거듭될수록 재판의 의의를 강조하는 그의 목소리도 격앙됐다. 그는 진보동호회를 향해 말했다.

"이번 소송은 우리 삶에 변화를 가져올 문제를 놓고 벌어진 의견의 차이를 상징합니다."

그는 녹스빌에 위치한 닐의 법대에 모인 많은 청중 앞에서 경종을 울렸다.

"이 나라에 불행이 닥쳤습니다. 조직이란 조직마다 나름의 법을 만들어 사람들에게 강요하는 것 같습니다."

뉴욕 연설에서는 다음과 같이 물었다.

"인류가 발전하는 데 과연 누가 기여할 수 있을까요? 브라이언이 이끄는 무리일까요? 최선의 방법은 각자 자신이 맡은 일을 알아서 하게 놔두는 겁니다. 자연은 자연에게 주어진 광대한 임무를, 그것도 아주 잘해내고 있지 않습니까?"

그리고 자연주의적, 유물론적 관점에서 관용과 자유를 부르짖었다.

"지금 우리 모습은 유전과 환경에 의해 결정됩니다. 둘 다 우리가 선택할 수 없는 것들이죠. 그래서 저는 결코 비난하거나 평가하지 않습니다."[85]

이번 재판에 대한 그의 접근 방식은 평소와는 사뭇 달랐다.

"보통 기소된 피고의 범죄 행위가 자아낸 편견을 유머 감각과 가벼운 재담으로 없애버리는 것이 그의 전략입니다."

헤이스가 배우자를 살해한 사람의 재판에서 대로가 던진 농담을 예로 들며 말했다.

"피해자가 당신 아내가 맞긴 하죠?"[86]

데이턴에서 대로는 자유에 대한 위협을 강조하고 진화론적 세계관이 도덕성에 아무런 근거를 제공하지 못한다는 브라이언의 주장을 반박하기 위해 종전과 반대의 효과를 노렸고, 그런 그의 계획이 적중했다. 힉스마저도 은밀히 대로의 진보동호회 연설을 "훌륭하다"고 평가했다. 1시간 동안 진행된 대로의 녹스빌 강연을 듣고 깊은 감명을 받은 한 저널리스트는 다음과 같이 적었다.

"웅장하고 폭발적인 연설을 기대하고 그 자리에 갔다면 실망했을 것이다. 몸에 딱 맞지도 않는 어두운 색의 옷을 입은 구부정한 남자가 마치 일상적인 대화를 하듯 청중에게 이야기를 건넸다. 피곤한 기색이 역력했지만 친절함을 잃지 않는 표정과 날카로운 눈빛이 종종 웃음을 자아냈다. 하지만 실제로 웃는 사람은 거의 없었다. 사람들은 그에게 환호했다."[87]

이러한 모습과 태도는 학문의 자유를 법으로 제재하려는 브라이언의 과장된 다수결주의운동과 극명한 대조를 이루었다.

6월 테네시 주 방문의 하이라이트로 예정됐던 테네시 주 변호사협회 연례회의에서 대로는 피고 측의 견해를 표명할 절호의 기회를 얻었지만 협회 대표들이 재판에 관한 논란에 휩싸이는 바람에 급기야 회장이 초대를 취소하고 말았다. 데이턴이 형사 재판을 '광고 수단'으로 이용하고 있다고 지탄하는 파와 반진화론법의 폐지를 재촉하는 파가 격돌했는데, 반진화론법에 반대하는 세부적인 법적 근거를 조리 있게 설명한 1시간짜리 연설에서 멤피스의 로버트 S. 키블러는 "한심하고 터무니없다"는 표현을 쓰기까지 했다. 회의가 점차 혼란의 국면으로 빠져들자 회장은 주제 자체를 종결짓고 키블러의 발언을 기록에서 삭제하도록 한 뒤 대로의 초대를 철회했다.[88] 뒤이어 ACLU는 '금지된' 키블러의 연설 사본을 2000부나 인쇄해 스콥스 소송의 변호 비용 모금 독려를 위해 대량 우편으로 발송했다. 모금운동을 개시하며 ACLU는 다음과 같은 내용을 발표했다.

"스콥스 재판에 관한 대중의 관심이 그 유명한 드레드 스콧 판결[흑인 노예 드레드 스콧이 자유주로 이주한 것을 이유로 해방을 요구한 데 대하여 1857년 최고 재판은 노예는 소유물이지 시민이 아니라고 각하했고 이것이 남북전쟁 발발을 재촉함]만큼이나 높습니다. 우리는 미국 시민이라면 누구나 국가 교육의 미래를 결정할 이 문제에 동참하기를 원할 것이라 믿어 의심치 않습니다."[89]

재판을 앞둔 몇 주 동안 대로의 공동 변호인 2명도 기자들과 허물없는 대화를 시도하면서 재판의 중요성을 알리고자 했던 대로의 노력에 가세했다.

"최근 테네시 주에서 통과된 진화론 교육 금지법은 신성한 자유의 원칙을 무너뜨리려는 매우 심각한 사태입니다."

더들리 필드 멀론이 재판 전에 테네시 주를 방문했을 때 녹스빌 여성 단체에게 한 말이다.[90] 그즈음 시카고를 찾은 존 닐은 청중에게 말했다.

"스콥스에 대한 테네시 주의 고발이 법정에서 인정을 받는다면 진화론과 관련된 재판이 줄을 이을 것이고, 어쩌면 의회가 국민의 생각과 행동까지 통제하려 나설지도 모릅니다."[91]

가장 잘 알려진 대로의 공동 변호인 베인브리지 콜비는 재판 전에 데이턴을 찾아 "재판을 앞두고 축제 분위기에 휩싸인 도시"라고 거칠게 비난하면서, "국민의 행복과 미국의 시민 정신의 근간이 되는 원칙의 상징이라는 면에서 중대한 문제"라고 덧붙였다.[92] 하지만 언론은 이와 같은 정의를 받아들이기는커녕 사건 전체를 우스꽝스럽게 조명했다. 아니나 다를까 시사만화는 원숭이와 대립하고 있는 브라이언의 모습을 그렸고, 보통 결론은 원숭이의 승리였다. 신문 정치 유머작가 윌 로저스는 "7월이면 브라이언이 이곳 뉴욕 동물원으로 돌아올 텐데요"라는 말을 남기며 데이턴에 와달라는 초청을 무시했다.[93]

멀론은 진화론이 성경의 창조론과 상충하지 않는다는 피고 측의 주장을 역설하며 맡은 바 책임을 다했다. 로마 가톨릭 이혼 전문 변호사로, 두 번의 결혼을 했고 사회주의자들과 유대를 형성했던 멀론으로서는 재판 전에 이러한 메시지를 들고 침례교가 우세한 테네시 주를 방문하기란 쉽지 않은 일이었다. 하지만 연설가로서 워낙 실력이 뛰어났고 데이턴의 피고 측 변호사 중 유일하게 기독교인이었다. 그는 채터누가 오찬 참석자들에게 말했다.

"브라이언 씨만큼 저도 독실한 기독교 신자라고 감히 말씀드리고 싶군요. 개인적으로 저는 기독교와 진화론에 대한 믿음을 동시에 유지하는 것이 전혀 어렵게 느껴지지 않습니다. 신학은 인간의 열망과 내세에 대한 믿음에 관련된 것이고, 과학은 자연의 이치에 관한 것입니다."

여기에 덧붙여 현지 국제봉사클럽Civitan Club을 위한 저녁 연설에서는 두 영역이 교차할 일은 없다고 말했다.

"한 남자가 자신의 어머니와 아내에게 표현하는 사랑이 전혀 다르듯 종교와 과학 사이에도 더 이상의 갈등은 없어야 합니다."[94]

원고 측은 이 말 자체가 아닌 화자에게로 비난의 화살을 돌렸다. 내슈빌의 원고 측 법률 고문이 힉스 형제에게 쓴 편지다.

"오늘 『내슈빌 배너』에서 대로, 멀론, 그 밖의 무신론자들을 평가한 수 힉스 씨의 인터뷰 기사를 읽었습니다. 공격하기에 아주 적절한 대목이었습니다. 상대의 가장 큰 취약점인 동시에 사람들에게 가장 큰 공감을 불러일으킨다는 사실을 금세 깨닫게 되실 겁니다."[95]

닐은 맡은 역할에 맞게 학문적 자유에 몰두했다. 그의 표현을 빌리자면 "반진화론 법안에 맞선 남부 지식인들의 항쟁을 대표해" "(지식) 발전을 억압하는" 종교를 힐책하고 있었던 것이다.

"종교 대 무종교의 소송도, 원리주의자 대 근대주의자의 소송도 아닌 언론과 사고의 자유를 위한 소송입니다."

뉴욕을 찾았을 때 닐이 한 말이다.[96] 그가 대대적으로 주목을 받은 것은 그해 6월 초로, 주 교과서 선정위원회가 스콥스 재판이 끝날 때까지 테네시 주 공립학교의 신규 생물 교과서 선정을 미루려 했을 때다. 이 일은 주 교과서 선정위원회가 닐의 소송 위협을 무시하고 헌터의 『도시 생물학』을 진화론이 거의 언급되지 않은 교과서로 교체하는 것으로 마무리됐다.

평소 말이 많기로 유명한 콜비였지만 기자회견에 가끔씩 모습을 보이는 것을 빼고는 다가오는 재판에 대해 말을 아꼈다. 재판 전에 데이턴을 방문했을 때 불편해하는 기색이 역력했던 콜비는 녹스빌로 돌아가는 길에 테네시 주 킹스턴에서 형사 재판을 목도하고는 잔뜩 겁을 먹었다. 동행했던 『채터누가 타임스』 기자는 살인 사건 공판이었다고 하고, 스콥스는 강간 사건으로 기억했는데, 누구의 말이 맞든 젊은 피고인, 즉 스콥스의 말에 따르면 "아무리 좋게 보려 해도 바보 천치로밖에 보이지 않는" 사람이 분노한 방청객으로 가득 찬 법정에서 변변한 대리인 하나 없이 궁지에 몰린 상황이었다. 콜비가 "가엾고도 불운한 사람들 같으니"라고 탄식하며 머뭇거렸던 반면 대로는 직접 나서려 해 주변에서 붙잡아 말리는 대조적인 광경이 연출됐다. 뉴욕으로 돌아온 콜비는 반진화론법이 연방기금을 받는 교육기관, 즉 테네시 주립대학에만 적용된다는 구차한 이유를 들며 스콥스 사건을 '침착한 분위기'의 연방법원으로 이전시키는 명령을 받아내도록 ACLU를 설득했다. 막판에 접수된 이 청원은 연방법원 판사에 의해 기각됐고, 다른 피고 측 변호사들조차 적절하다고 본 이 판결 이후에 콜비는 조용히 사건에서 물러났다. 『채터누가 타임스』 기자는 애초에 예상한 바라고 말했다.

"콜비가 킹스턴 법정에 모여든 테네시 주 산악지대의 강건한 주민들을 보고는 황급히 나약한 북쪽으로 도망쳤다. 아마 '이곳은 내가 있을 곳이 아니야'라는 망설임에 이어 킹스턴에서 본 광경이 데이턴에서도 벌어질 거라는 생각에 정신이 번쩍 들었을 것이다."[97]

그와 정반대로 대로는 고향에 온 듯 편안해했고, 멀론과 ACLU 대표 아서 가필드 헤이스는 모험심을 품고 재판을 기다렸다.

한 기자의 표현대로 "빅쇼를 데이턴에서 훔쳐가려는" 또다른 시도를 견뎌낸 마을 주민들은 한껏 기대에 부풀어 몰려올 인파를 맞을 준비를 마쳤다.[98] 공무원들이 마을 중심가를 기점으로 여섯 블록을 밧줄로 둘러 보행자 전용 도로로 만들자마자 행상꾼과 전도사들이 이곳을 가득 메웠다. 안전한 식수를 충분히 제공할 수 있도록 이동식 살균 장치와 폐기물 처리를 감독하기 위한 위생 기사를 테네시 주에서 보냈고, 탄광회사 소유의 공지에 임시 관광객

캠프가 들어섰다. 데이턴 최고급 호텔로 알려진 아쿠아의 복도에는 간이침대가 놓였고, 여성구호단체Ladies' Aid Society는 시내 교회에서 1달러에 점심식사를 제공하기로 하고 음식 준비를 시작했다. 래플리에는 맨션Mansion이라고 알려진 방이 18개나 되는 버려진 집을 개조해 피고 측 전문가 증인들을 위한 숙소를 마련했다. 이를 두고 이 집에 유령이 나온다는 소문이 있었는데 이제 그 소문을 믿을 수 있겠다는 우스갯소리가 퍼지기도 했다. 멩켄은 이 집을 다음과 같이 묘사했다.

"마을 경계 밖에 오랫동안 비어 있던 집에 이제 철제 간이침대와 타구, 카드 그리고 과학자들의 야영장비가 투박하게 비치됐다."[99]

근교에 위치한 모건 스프링스 호텔에서는 재즈 오케스트라를 고용해 재판 기간 중 밤마다 연주회를 열었고, 시내 영화관에서는 「에덴의 악녀The She Devil」라는 작품을 상영했다.

데이턴은 활기로 북적였다. 일꾼들이 법원청사 잔디밭에 연단을 세우고 근처 목초지에 카운티 최초의 간이 활주로를 만들었다. 로빈슨의 약국에서는 브라이언과 오즈번의 책을 진열하고 바깥에 "모든 것이 시작된 곳Where It Started"이라는 현수막을 내걸었다. 그 모든 것이 무엇을 의미하는지는 굳이 설명하지 않아도 다들 알고 있었다. 중심가를 따라 그 밖에도 다양한 간판이 등장했는데, 특히 "성경을 읽어라READ YOUR BIBLE"가 적힌 커다란 현수막 여러 개 중 하나는 법원청사를 장식했다. 시내 철물점 위층 다락에 자리한 커다란 저장고는 방문 기자들을 위한 임시 기자실로 쓰였다. 웨스턴 유니언Western Union에서 뉴스 기사 전송을 위해 마을에 22명의 교환원을 배치하고 근처 도시까지 이어지는 전신선을 추가로 설치하는가 하면, 전화국과 우체국도 서둘러 추가로 직원을 고용했다. 서던 철도는 데이턴까지 열차 운행을 증편하고 승차권만 있으면 마을에 무상으로 체류할 수 있다고 광고했다. 데이턴 진보동호회도 거들고 나서서 밀짚모자를 쓴 원숭이가 그려진 기념주화를 만들었다.

　법정도 재판에 맞춰 내부 공사에 들어갔다. 내벽을 크림색 페인트로 밝게 단장했고, 500개의 방청객 의자를 추가로 구비했으며, 촬영기를 올려둘 받침대를 만드느라 방이 꽉 찬 듯했다. 재판 내용을 분 단위로 전하기 위해 법정을 가로질러 놓은 전신선은 대형 리그 야구 경기를 방송하는 현장을 방불케 했다. 전화국에서 바로 옆에 붙은 방에 전화기를 잔뜩 설치했고, 아래층에 새로운 공용 화장실을 만들었다. 재판의 상징적인 조치로 가운데에 있던 배심원석을 떼어내고 3개의 중앙 마이크를 놓을 공간을 마련했다. 이 마이크를 통해 법정 안에서 오가는 모든 이야기가 법원청사 잔디밭과 마을 공립 강당에 있는 확성기에 전달될 것이었다. 『시카고 트리뷴』의 라디오 방송국인 WGN은 특수 전화선을 통해 시카고까지 재판 내용을 전송해 라이브로 라디오에서 방송하기 위한 준비를 마쳤다.

　"라디오 역사상 대중에게 중대 뉴스를 전달하기 위해 공공기관의 업무 현장을 중계하는 최초의 사건으로 기록될 것입니다."

　자신감에 찬 『시카고 트리뷴』의 발표에서 그러한 방송이 적절한지에 대해 숙고한 흔적은 찾아볼 수 없었다. 이를 의식한 듯 부연 설명이 뒤따랐다.

　"일반적인 의미로 볼 때 이번 재판은 형사 재판이 아닙니다. 오히려 대학 여름 학기가 개강되는 것 같은 분위기랄까. (…) 피고인 스콥스는 무시해도 좋을 만큼 이번 재판에서 차지하는 비중이 적습니다. 그에게 심각한 일이 벌어질 일도 없을 테고요. 결국 이건 관념의 싸움이니까요."[100]

　마을 인구의 구성에도 변화가 생겼다. 재판 기간 중에 다수의 데이턴 주민이 집을 방문객에게 대여하고 마을을 떠났다. 예를 들어 브라이언의 가족이 약제사 F. R. 로저스의 현대식 주택에 거주하는 동안에 로저스 가족은 산속 오두막에서 기거했다. 대로는 처음에 맨션에 머무르다가 시카고에서 아내가 오면서부터 현지 은행가의 빈집에서 생활했다. 멀론은 도리스 스티븐스이

재판 관련 포스터 아래를 지나 법정 심문으로 향하는 존 스콥스(왼쪽)와 그의 초기 변호인 존 닐
(가운데), 조지 래플리에(오른쪽)의 모습(브라이언대학 기록보관소)

라는 매력적인 여성과 함께 아쿠아 호텔에 투숙해 마을 사람들의 관심을 증폭시켰는데, 결국 그의 아내가 결혼 전 성을 적어 일어난 해프닝으로 마무리됐다. 헤이스와 닐은 대부분의 시간을 맨션에서 보냈다. 맨션은 재판이 끝날 때까지 피고 측 본부로 사용됐다.

법조인들의 뒤를 이어 다양한 부류의 저널리스트, 진화론자, 반진화론자들이 현장에 도착했다. 미국 전역에서 약 200명의 기자가 재판을 취재하기 위해 데이턴을 찾았고, 멀게는 런던에서 온 기자도 있었다. 사진기자와 뉴스 카메라팀도 넘쳐났다. T. T. 마틴이 길거리에서 설교를 하고, 브루클린에서 온 순리론자가 기독교의 폐단에 대해 소리치는 모습, 자신을 성경을 위해 싸우는 투사라고 주장하는 디트로이트 출신의 남성, 이 모든 것이 데이턴의 일상이 됐다. 소수의 흑인 오순절주의자 대표단이 마을 근처에서 캠핑을 하면서 기자들의 관심을 끌었는데, 방언方言이 테네시 주 고유의 종교 현상이라는 오해에서 비롯된 것으로 보인다. 사실 오순절주의는 이미 10여 년 전에 흑인 교회 지도자 찰스 해리슨 메이슨에 의해 로스앤젤레스에서 테네시 주의 흑인 공동체로 전파된 것이다. 멩켄은 이를 두고 "믿지 않는 사람의 귀에는 대학생들의 응원 구호로밖에 들리지 않더군요"라고 적었다.[101] 당시 데이턴에서는 요금만 내면 누구나 살아 있는 침팬지와 사진을 찍거나 '잃어버린 고리'의 화석을 직접 볼 수 있었다. 대부분의 방문객은 특별히 할 말도, 팔 물건도 없었지만 애틀랜타에서 온 한 흑인 관광객이 『뉴욕 타임스』 기자에게 한 말처럼 그저 "쇼를 보러 왔을 뿐"이었다. 방문객들을 지켜본 한 기자는 다음과 같이 말했다.

"재판의 심오한 의미가 무엇인지, 그런 것이 있기나 한 건지 모르겠습니다만, 세상 별난 사람들이 총집합하는 자리는 확실히 마련한 것 같더군요."[102]

재판의 인기 스타라고 할 수 있는 브라이언은 재판이 시작되기 3일 전에 도착했다. 그날 한여름 최고 기온이 32도를 웃돌았고 재판 내내 평소보다 6

도 이상 높은 무더위가 계속됐다. 정오 도착 예정이었던 브라이언이 탄 열차를 기다리는 동안 한 기자가 근처에 있던 구두닦이에게 물었다.

"정거장에 왜 이리 많은 사람이 모여 있죠?"

구두닦이는 남부 특유의 강한 억양으로 대답했다.

"윌리엄 제닝스 브라이언을 기다리는 거 아니요? 한번 뜻을 품으면 절대로 굽힐 줄 모르는 전도사에다 대단한 보수주의자라던데…… 실패한 적도 거의 없대요. 자기가 옳다고 생각한 일에 대해서는 결코 생각을 바꾸지 않는대요."[103]

마이애미에서 출발한 로열팜 특급 열차는 오후 1시 반이 돼서야 속도를 늦추며 플랫폼에 들어섰다. 현장에 있던 기자는 다음과 같이 말했다.

"브라이언 씨가 열차 뒤쪽에서 모습을 보이자 박수갈채와 손수건을 흔드는 행렬이 그를 반겼습니다. 적어도 보통 때의 마을 인구 절반은 족히 돼 보이는 사람들이 그를 맞으러 나왔습니다. 게다가 신문기자들과 사진사들까지 더해졌으니 어땠을지 상상이 가시죠?"

브라이언은 햇빛과 열기로부터 벗겨진 머리를 가리기 위해 피스 헬멧[더운 나라에서 머리 보호용으로 쓰는, 가볍고 단단한 소재로 된 흰색 모자]을 쓰고 있었으며 이따금씩 사람들을 향해 모자를 벗고 인사를 했다. 그러고는 환한 미소를 띠며 말문을 열었다.

"드디어 이곳에 왔군요. 곧바로 일을 시작할 겁니다. 해야 할 일이 있다면 무엇이든 할 마음의 준비가 되어 있습니다."[104]

그가 말한 일은 마을을 돌며 반진화론 연설을 하는 것이었다.

원고 측에서 전문가 증언의 허용에 반대하고 법적 문제의 범위를 공교육에 대한 다수의 통제권으로 좁히기로 결정함에 따라 브라이언이 데이턴에서 자신의 견해를 펼칠 수 있는 방법은 법원 밖의 연설과 성명 발표가 전부였다. 일찍 도착한 덕분에 무대와 특종에 목마른 기자들을 독차지할 수 있었고, 브라이언은 주어진 기회를 십분 활용했다. 와이셔츠 차림으로 마을을 걸어다니며 호의적인 사람들과 인사를 나누고 기자들과 이야기를 주고받았다. 로빈슨의 약국에서 사진 촬영에 응하기도 하고 교육위원회를 상대로 진화론 교육의 위험성을 알리는 강연도 했다. 재판이 시작되기 전에 브라이언의 공개 연설은 두 곳에서 이루어졌는데, 그의 방문을 기념해 열린 데이턴 진보동호회 만찬과 모건 스프링스 호텔 근처 산 정상이었다.

"진화론과 기독교의 대립은 목숨을 건 싸움입니다."

진보동호회에게 재판의 중요성을 설명하는 자리에서 그가 한 말이다.

"무신론자, 불가지론자 그리고 기독교를 반대하는 그 밖의 모든 무리도 이 투쟁의 성격과 소송에서 자신들이 취할 수 있는 이익을 잘 알고 있습니다. 지금 이 시점부터 기독교인들도 투쟁의 성격을 이해해야 할 것입니다."[105]

산꼭대기에서 열린 연설에서는 다음과 같이 덧붙였다.

"진화론자들이야말로 명백히 소수에 속하면서도 학교에서 자신들의 견해를 가르쳐야 하고 그러한 견해가 자신들 종교의 기반이 된다고 주장하는 편협함을 보이고 있습니다."[106]

연설회에 모인 사람들에게 문제의 심각성을 알리고 나서 브라이언은 국민의 판단을 믿겠다고 공언했다. 그리고 기자들에게 말했다.

"이번 소송의 판결이 매우 중요할 것이라는 말이 제가 한 말로 자주 인용됐더군요. 판결보다도 판결에 뒤따를 논의가 중요하다고 저는 생각합니다. 논의를 통해 이 문제가 전 세계인들에게 알려질 테니까요."[107]

일개 재판소의 결정이 이제 막 싹트기 시작한 국민의 의지를 좌절시킬 수는 없었다.

"법원은 누가 만들었죠?"

진보동호회에서 그가 수사적으로 물었다.

"국민입니다. 헌법은 누가 만들었죠? 국민입니다. 국민은 헌법을 바꿀 수 있고 필요하다면 법원의 결정도 뒤집을 수 있습니다."[108]

환호가 연발한 브라이언의 진보동호회 연설 내내 무표정한 얼굴로 일관한 한 사람이 있었는데, 다름 아닌 닐이었다. 그는 그날 밤 늦게까지 깨어 공식 응답 발표문을 작성했다.

"지난밤에 브라이언 씨께서 형사 사건 재판을 앞둔 변호사로서 가장 돋보이는 연설을 우리에게 들려주셨습니다. 반진화론법의 시험으로 국한시키지 말고 진화론의 진실 또는 진실성 결여 그리고 과학과 종교 간의 충돌 또는 충돌 결여를 재판에 회부할 것을 피고 측에 촉구하는 내용이었죠."[109]

그런 식의 재판이라면 한 달은 족히 걸릴 것이었다. 피고 측의 소송 전략에 완벽하게 들어맞는 이 기간을 원고 측에서 받아들일 리 없다는 사실을 닐은 잘 알고 있었다. 하지만 브라이언의 연설이 물꼬를 터주었다. 원고 측이 재판에서 이러한 쟁점을 제외시키려는 움직임을 보였을 때 피고 측은 놀라는 척했다. 다음은 헤이스가 법정에서 한 말이다.

"뉴욕에서 온 우리 두 사람은 존엄하신 변호사께서 이 재판이 목숨을 건 대결이라는 의미가 담긴 말씀을 하셨다는 기사를 읽고 그 말씀만 믿고 이곳에 증인을 불러오기 위해 수천 달러를 썼습니다."[110]

물론 그가 말한 증인들과 두 뉴욕 변호사 헤이스와 멀론은 브라이언이 도전장을 내밀었을 때 이미 데이턴으로 향하고 있었다.

"두 분이 오셔서 얼마나 기쁜지 모릅니다!"

두 뉴욕 변호사가 재판 하루 전날 채터누가에 도착한 열차에서 내렸을 때 래플리에가 감격에 차서 한 말이다.

"브라이언이 도착한 이후로 데이턴에 있는 우리는 외롭다고 느낄 정도로 분위기가 가라앉아 있었어요. 닐, 스콥스 그리고 저까지 마치 길 잃은 고양이 같은 기분이 들더군요."

멀론이 웃으며 되받아쳤다.

"제가 재판에 늦은 건 아니겠죠? 정말 늦은 줄 알았습니다. 브라이언 씨의 연설에 대한 신문 기사를 쭉 읽어왔는데, 기사만 보면 재판이 이미 시작된 것 같더군요."

그들의 등장으로 데이턴은 더 이상 브라이언의 독무대가 아니었다. 멀론이 거들었다.

"몇몇 사람은 우리에게 이 재판이 과학과 종교의 싸움이라고 하지만 정확히 지적하자면 과학과 브라이언주의 사이의 다툼이죠. 우리가 재판에서 증인으로 서달라고 요청한 과학자들이 아무려면 브라이언 씨보다 과학에 대해 더 잘 알겠죠. 그리고 증인으로 부른 목사님들도 그보다 종교에 대해 더 박식할 겁니다."

원고 측은 그러한 증인들이 법정에 서는 것을 막고 법정 밖에서는 브라이언이 여론을 지배하기를 원했다. 반대로 피고 측은 자신들의 주장을 법정 안팎에서 관철시키려 했다.

"원리주의자들이 문제를 확대해봤자 자기들 손해죠."

열성적인 한 기자가 멀론에게 답했다.

"범위가 넓어지면 넓어질수록 우리에게는 더 만족스러운 결과가 돌아올 테니까요."

헤이스가 미소를 지으며 확언했다.

"이번 재판은 국민과 신문사들에게 좋은 교육이 될 겁니다."[111]

그날 동북부의 주요 신문사에서 파견된 대여섯 명의 기자가 멀론, 헤이스와 함께 테네시 주행 열차에 동승한 덕분에 이들이 한 말은 여러 언론 매체에 실렸다. 그마저도 없었다면 브라이언이 받은 환대와 비해 뉴욕에서 온 피고 측 변호사들의 등장은 무척 초라했을 것이다. 한 기자는 전했다.

"알려지지도 않고 도착 일정이 발표된 적도 없는 이 두 사람은 조용히 역을 벗어나 래플리에 박사의 차로 향했다."

그들이 데이턴에 도착한 뒤 재미있는 일화가 하나 있기는 했다. 멀론, 헤이스와 여정을 함께한 찰스 프랜시스 포터는 열려 있는 트렁크에서 한 젊은이가 짐을 꺼내는 것을 보고 놀라 소리쳤다.

"어이, 젊은이. 그 가방은 왜 건드리는 거야?"

래플리에가 수습에 나섰다.

"박사님, 괜찮습니다. 저 사람이 바로 스콥스예요."[112]

다른 사람들처럼 변호인들도 피고에 대해 잊고 있었던 것이다.

같은 날 대로도 마지막 열차를 타고 데이턴에 도착했다.

"나를 맞으러 나온 횃불 가두행진 같은 건 없더군요."

나중에 대로가 회상하며 한 말이다.

"그래도 정거장에 몇몇 사람이 나와 친절하고 공손하게 맞아주었습니다. 그것만으로도 매우 감사하고 기뻤습니다."[113]

정거장에서 스콥스가 대로를 포옹하는 모습은 재판 중에 전국적으로 방영된 뉴스 영화의 첫 장면으로 사용됐다.

"재판에 선 것은 스콥스가 아니라 문명입니다."

데이턴으로 떠나면서 브라이언이 한 말이다.

"전반적인 승리가 아니면 결코 만족할 수 없습니다. 무조건 압승으로 이 나라의 건국 기반이 영혼 없는 종교 광신자들의 용납할 수 없는 편협하고 비열하며 어리석은 편견이 아닌 자유라는 사실을 입증할 불후의 판례를 만들어내야 합니다."[114]

대로는 지각없는 다수결주의에 맞서 개인의 자유를 지킬 것이고, 그 과정에서 브라이언에게 자비를 베풀 의향이 전혀 없었다. 양측 모두 열정이 극에 달한 상태였다. 롤스턴 판사는 재판 전날 폐정 선언을 하고 법원청사 잔디밭에서 야외 기도회를 열어 그곳에 모인 사람들을 축도했다.

"이번 사건과 관련된 사람들이 자기성취를 이루고자 특정한 이론을 세우려는 의욕마저 저버릴까봐 걱정이 됩니다."

그러고는 공식 발표를 통해 밝혔다.

"제가 행하는 모든 공무는 이 세상 모든 진실과 정의의 창조주이자 한 치의 오차도 없는 주님의 지시를 따를 것입니다."[115]

배심원 선정은 이튿날에 시작됐다.

제6장

예심

7월 10일 금요일 이른 아침부터 재판을 보기 위해 많은 사람이 모여들었다. 예정된 시간보다 2시간 전인 오전 7시에 이미 첫 방청객이 법정 안에 자리를 잡았다. 방청객 중 한 명은 "기자들이 변론석을 둘러싼 직사각형 난간의 삼면을 따라 줄지어 앉았다"고 말했다. 그리고 덧붙였다.

"특집 작가와 잡지 기고가들이 마치 결혼식장에 온 신랑신부 가족인 것마냥 예약됐던 방청객 의자 서너 개를 먼저 차지했어요."[1]

오전 8시 45분이 되면서부터는 방청석의 자리가 꽉 차서 일반인들이 복도로 쏟아져나왔다. 대부분 데이턴과 인근 지역에 사는 남자들이었다. 『뉴욕타임스』가 전했다.

"마른 체격의 과묵한 농부들이 오버롤을 입고 나타나 방청객 자리를 거의 다 차지했다. 자리를 못 잡은 사람들은 통로와 벽 주변에 서 있었다."[2]

방청객은 대부분 데이턴 선동가들이 바란 부유한 관광객들이 아니라(그들은 법정에 모습을 보이지 않았다) 울퉁불퉁한 산길을 소형 자동차로 운전하고 왔거나 말, 노새가 끄는 마차를 타고 온 테네시 주 동부 주민들이었다.

재판 중에 데이턴에 머문 사람의 수는 500명 정도밖에 되지 않았다. 게다가 대중매체와 관련된 사람이 그중 거의 절반에 이르렀다. 『채터누가 타임스』는 방문 중이던 저널리스트들에 대해 다음과 같이 설명했다.

"그곳에 숙박하며 약간의 돈을 쓰기는 했지만 데이턴에서 기대했던 숫자의 근처에도 이르지 못했다."[3]

기자들은 그날 아침 이른 시간부터 분주하게 움직이기 시작했다. 일부는 재판이 시작되기 훨씬 전부터 법정 기자석을 맡아놓고 벌써 석간신문 기사를 쓰고 있었다. 반진화론법의 입안자인 J. W. 버틀러는 뉴스 연합체에 재판 해설자로 고용돼 기자석의 한 자리를 차지했는데, 인터뷰를 하러 왔다가 오히려 더 많은 인터뷰에 응해야 했다. 다른 기자들이 재판 전에 성명을 듣기 위해 대로나 브라이언을 찾아다니는 사이에 사진기자와 영상팀은 흡사 영화제에라도 온 듯 주요 인사들이 도착하는 장면을 담기 위해 법정 잔디밭에 대기하고 있었다. 재판은 점점 더 대중매체의 행사장으로 변해갔다. 그도 그럴 것이 취재를 위해 찾아온 H. L. 멩켄, 왓슨 데이비스, 조지프 우드 크러치, 러셀 D. 오언, 잭 레이트, 필립 킨슬리 같은 미국 최고의 저널리스트들을 한자리에서 볼 수 있었던 것이다. 앞으로 최소한 1주일 동안은 데이턴의 소식이 전국 신문의 1면을 장식할 것이 분명했다.

8시 반쯤에 롤스턴 판사가 가족을 모두 대동하고 모습을 드러냈다. 손에는 성경과 법령집을 들고 있었다.

"그가 책상 위에 책을 내려놓는 모습을 보면서 법령집을 왜 들고 왔을까 궁금했습니다. 재판이 끝날 때까지도 이유를 모르겠더군요."[4]

대로가 나중에 쓴 글이다. 판사가 동료, 기자들과 인사를 나누는 사이에 그의 가족은 판사석 옆에 앉았다. 이번 재판을 위해 새 양복을 입은 그는(테네시 주 순회 재판 판사는 법복을 거의 입지 않았다) 한동안 양복 상의를 벗지 않았다. 기온이 38도에 육박할 것이라는 일기예보와, 그렇지 않아도 공기 순환이 형편없었던 법정이 꽉 찰 것을 예감한 그는 사전에 변호인들과 법원 직원들에게 양복 상의와 넥타이를 생략해도 된다고 허용했다. 대부분 이 결정에 대해서는 환영했지만 재판 중에 흡연을 금한다는 롤스턴의 추가 규정에는 반대했다. 브라이언을 제외한 모든 변호사가 애연가였고 기자들도 마찬가지였기 때문이다. 어떤 사람은 금연 규정 때문에 재판이 짧게 마무리될 수도 있겠다고 농담처럼 말했다. 법원 직원과 방청객들은 흡연 욕구를 씹는담배로 대신했고, 이들이 뱉은 침으로 얼룩진 바닥이 판사석 주변에 있는 우아한 꽃다발과 대조를 이루었다.

그다음으로 스콥스, 래플리에와 함께 변호인단이 등장했다. 대로는 맨션에서 기자들과 아침식사를 함께 먹고 사람들이 모여 있는 시내를 통과해 다른 피고 측 변호사들과 만났다.

"법원청사에 도착했을 때 처음 우리 눈길을 끈 것은 담에 붙어 있던 '사랑하는 이들이여, 주님께로 오라'는 글귀와 그 밖에 비슷한 내용이 담긴 표지판이었습니다. 안뜰에는 여러 부류의 사람이 모여 있었는데, 몇몇은 찬송가를 부르고 있었죠."[5]

헤이스가 회상한 그날의 모습이다. 북새통을 이룬 법정에 처음 들어선 인물은 멀론으로 세련된 더블 슈트에 한 손에는 담배를 들었다. 그때 시간은 8시 45분이었다. 뉴욕에서 온 한 기자는 그의 모습을 다음과 같이 전했다.

"쾌활한 기색이 넘치더군요. 환한 미소와 둥글고 온화한 표정으로 만나는 사람마다 밝게 인사를 건넸습니다."[6]

멀론은 법정에서 끝까지 슈트를 벗지 않은 유일한 변호사였다. 처음에는 멋을 부리느라 그런 줄 알았지만 그의 넘치는 활력이 점점 더 많은 사람을 사로잡았다. 심지어 재판 내내 땀을 한 방울도 흘리지 않았다는 소문도 돌았다. 첫날 몇몇 방청객과 벤 매켄지 검사가 탈진해 쓰러지는 와중에도 멀론은 재판 내내 품위를 유지한 채 무더위를 이겨냈다. 이따금씩 손수건으로 이마를 닦는 것이 전부였다.

대로가 그 뒤를 따라 법정에 들어섰다.

"그의 외모는 변호인단 사이에서 단연 눈에 띄더군요. 큰 두상에 거친 피부, 주름진 얼굴, 사각턱, 의심이 많은 듯 비뚤어진 입. 움푹하게 팬 두 눈이 약간은 놀라 보여 그나마 인상을 부드럽게 만들어주는 것 같았습니다."

뉴욕에서 온 한 기자의 말이다. 대로는 법정에 발을 들이자마자 양복 상의를 벗었다. 그러자 그의 트레이드마크였던 멜빵과 파스텔 색 셔츠가 드러났다. 둘 다 유행에는 한참 뒤떨어진 것이었다.

"대로처럼 멜빵을 착용하실 건가요?"

한 저널리스트가 놀리듯 물었을 때 멀론이 웃으며 답했다.

"재판이라고 특별히 차려입을 생각은 없습니다."

한편에서는 날이 반쯤 탄 시가를 입에 물고 기다리고 있었고, 헤이스는 기자들과 잡담을 나누고 있었다. 기자들에 따르면 양복이나 넥타이를 매지 않고 팔꿈치까지 소매를 걷어붙인 스콥스의 모습은 마치 "방학을 맞은 대학생" 같았다.[7] 복장은 편해 보였지만 초조한 기색이 역력했다.

"모든 게 부자연스러웠어요."

나중에 스콥스가 쓴 글에서 말했다.

"사람들의 시선이 느껴지기 시작하니까 행동 하나하나에 신경이 쓰여서 긴장이 풀리지 않더군요. 저와 달리 변호인석에 앉은 제 동료들은 모두 편안해 보였어요."[8]

그는 최대한 주목을 받지 않으려고 있는 힘을 다했다.

롤스턴 판사는 처음부터 대로를 "대령Colonel"이라고 칭했다. 이 명칭은 이미 일부 마을 사람들 입에 오르내렸다. 멀론 역시 "대령" 또는 그 아래 계급인 "대위Captain"로 불렸는데, 대로는 자신의 별명을 가벼운 유머로 받아들였다. 다른 변호사들에게도 여러 별명이 붙었는데, 그 이유는 명확하지 않다. 닐은 이전 직위 때문에 "재판장Judge", 스튜어트와 벤 매켄지는 평범하게 "장군"(검찰총장Attorney General에서 유래)으로 불렸고, 브라이언도 미국-스페인 전쟁 때 그의 계급을 따서 "대령"으로 불릴 때가 있었다. 남부에서는 미스터 Mister라는 호칭에 상대에 대한 경의가 담겨 있기 때문에 판사가 대로와 멀론에게 "미스터"라는 호칭을 붙이지 않으려고 일부러 다른 명칭을 택했을지 모른다고 생각한 사람들도 있었다. 그런데 헤이스를 포함해 그 밖의 모든 변호사를 "미스터"로 부르는 데에는 전혀 거리낌이 없었다.

9시 직전에 브라이언이 스튜어트 외에 다른 검사들과 법정에 들어서자 방청객들이 박수로 환영했다. 롤스턴도 브라이언을 맞기 위해 걸어나왔다. 브라이언과 대로가 악수를 했을 때 또 한 번 박수가 터졌다. 서로 다른 종교관에도 불구하고 두 사람은 여러 가지 정치적 대의를 위해 노력했고 우호적인 관계를 유지해왔다. 재판을 얼마 남기지 않고 수 힉스에게 보낸 편지에서 브라이언은 대로를 "능력 있고 정직한 사람이라고 생각한다"[9]고 평했다. 대로 또한 브라이언이 진실된 사람이라고 말하곤 했다. 두 사람은 서로의 어깨에 손을 올려놓고 즐거운 분위기로 이야기를 나누며 판사와 함께 포즈를 취했다. 멀론이 브라이언에게 다가왔을 때 국무부에서 두 사람이 나눈 씁쓸한 기억 때문인지 분위기가 약간 경직됐다. 대로는 법정을 맴돌며 벤 매켄지와 멜빵을 비교하기도 했다.

브라이언에게는 법정 안의 높은 기온과 열기가 버거운 듯 보였다. "소매를 최대한 높이 올려붙였고 소프트칼라와 셔츠 앞면을 안쪽 깊숙이 접었다"고 대로는 기억했지만, 좀더 가까이에서 관찰한 사람들에 따르면 브라이언이 깃을 아예 빼버렸다고 한다.

"손에는 지금까지 본 것 중 가장 큰 종려잎 부채를 들고 연신 열을 식히며 파리를 쫓고 있었어요."[10]

브라이언 뒤에서 휠체어에 앉아 남편을 지켜보던 메리 베어드 브라이언의 말이다. 그녀는 관절염으로 인한 통증을 참고 근엄하게 앉아 전 재판 과정을 지켜보았다. 개인적으로는 남편이 진화론 교육 반대운동과 스콥스 재판에 관여하는 데 반대했지만 끝까지 곁을 지켰다. 롤스턴이 자리에서 일어나 질서를 지켜달라고 말하면서 재판의 시작을 알렸다.

현지 원리주의 목사가 나와 기도를 시작했다. 스콥스가 "끝이 안 나는 줄 알았다"고 표현할 정도로 장시간 이어진 기도였다. 헤이스는 말했다.

"그냥 평범한 기도가 아니라 피고 측을 대놓고 비난하는 내용의 기도였습니다."

목사는 성스러운 "지혜의 원천"을 언급하며 "하나님의 뜻에 어긋나지 않도록 성령께서 배심원과 피고 그리고 모든 변호사 들과 함께하기를"이라고 기원했다. 많은 방청객이 기도 끝에 모두가 들을 수 있게 아멘을 외쳤다. 기도 내내 검사들은 고개를 숙이고 있었고, 기자들은 피고인석을 바라보았다. 피고 측 변호사들은 창밖을 응시할 뿐이었다. 기도가 끝나자 판사는 6주 전에 스콥스를 기소했던 대배심원단을 소집했다. 충분한 고지 없이 5월에 만난 것이 전부였기에 배심원단에게는 새로운 기소장이 필요했다. 판사가 배심원들을 향해 원래의 기소 내용을 환기시키고 끝맺기 전에 「창세기」의 창조 대목을 읽었다. 스튜어트가 이전에 나왔던 증인들을 다시 불러들였다. 스콥스는 나중에 쓴 글을 통해 밝혔다.

"학생 중 증인 한 명이 증인석에 서고 싶어하지 않았다. 나에 대한 염려 때문에 재판 출석을 연기하는 것 같아 내가 직접 그 학생을 방문해 나를 돕고 싶다면 신경 쓰지 말고 재판에 나오라고 했다."

이 절차만으로 오전이 훌쩍 지났기에 변호인단에서는 피고 측 변호사들이 여독을 풀고 더운 날씨에 적응할 시간이 필요하다며 첫날 일정을 마무리할 것을 요구했다. 판사는 "배심원단을 선정하는 것이 그렇게 에너지 소모가 많

스콥스 재판의 핵심 인물들이 재판 시작 직전에 사람들로 꽉 찬 법정 안에서 서로에게 인사를 건네고 있다. 앞줄 왼쪽부터 차례로 더들리 필드 멀론, 톰 스튜어트, 윌리엄 제닝스 브라이언, 롤스턴 판사, 클래런스 대로(브라이언대학 기록보관소)

은 일은 아니겠죠?"라고 답하고는 치안 담당관에게 점심식사 후 100명의 배심원 후보를 출두하게 하라고 지시했다. 현지 관습에 따라 배심원 소집 호출을 받은 사람은 전원 백인 남자였다.[11]

정오를 몇 분 앞두고 1000여 명의 사람이 푹푹 찌는 법정에서 쏟아져 나와 축제 분위기를 맞은 데이턴 시내로 사라졌다. 법원청사 뒤에서는 큰 바비큐 화덕에서 소 한 마리를 통째로 굽고 있었고, 핫도그와 음료 판매대, 매점과 축제 게임장이 어우러져 중심가를 가득 메웠다. 한 기자가 전했다.

"마켓 스트리트Market Street의 철책에서 장님 한 사람이 내리쬐는 햇살 아래 그늘에 몸을 반만 걸친 채 찬송가를 연주하고 있었다. 또다른 장님은 기타와 하모니카를 연주하고 있었다."

흑인 현악 4중주단도 길거리에 모습을 보였다.

"법원 잔디밭에서 흑인들이 백인들과 자유롭게 어울렸다."

이 모습을 보고 놀란 북부 뉴잉글랜드 출신 백인의 증언이다. 그날의 하이라이트는 근처 마을에서 이륙한 비행기 2대가 군중 위로 윙 소리를 내며 지나간 순간이었다. 비행기는 그날 오후 북부 영화관에서 상영하기로 된 재판 장면이 담긴 필름을 운송하는 중이었다.

점심시간이 끝나자마자 배심원 선정이 시작됐다. 대로는 재판에서 이 과정이 피고 측에 매우 중요하다는 점을 강조해왔고 몇 주간 수백 명의 배심원 후보를 면밀히 검토해 가장 적합한 배심원 12명을 뽑아둔 상태였다. 테네시 주 법원은 관례상 이유를 밝히지 않고 배심원을 기피할 수 있는 피고인의 권리를 세 번까지만 허용했는데, 원리주의적 성향을 기피의 이유로 삼기 위해 배심원 후보의 배경과 신앙을 자세히 조사하는 것은 크게 의미가 없었다. 이를 이유로 기피권을 행사하더라도 현지 판사가 그 자체만으로 배심원을 제외시킬 합당한 이유라고 받아들일 리 없었기 때문이다. 대로가 특정 원리주의자의 과격한 성향을 문제삼아 배심원단에서 탈락시키려 했을 때 스튜어트의 반대에 부딪힌 것도 이 때문이었다.

"진화론과 상충하는 성경을 믿는다고 해서 피고 측에서 기피하려 한다면 국가도 그 반대의 이유로 얼마든지 기피권을 행사할 수 있을 테고, 그런 식으로 가다보면 이 세상 누구를 데려와도 문제가 될 겁니다."

배심원단 구성에 불만이 컸던 대로는 날카롭게 받아쳤다.

"배심원단에 진화론을 믿는 사람이 단 한 명이라도 있다면 얼마든지 기피권을 행사해보시오."[12]

스튜어트의 반대에도 불구하고 대로가 지적한 배심원의 경우 편견이 인정될 만큼 극단적인 인물이었기에 롤스턴은 그를 배심원단에서 제외시켰다.

대로는 열린 생각을 가지고 있다고 주장하는 배심원들을 마지못해 받아들였다. 그리고 조금이라도 의심의 여지를 없애기 위해 치안 담당관이 직접 선정하지 않고 제비뽑기로 하자고 요구했다. 판사는 공정성을 염려하는 대로의 의견을 받아들여 자기 딸을 불러 첫번째 배심원의 이름을 뽑도록 했다. 원고 측에서는 선정된 배심원들에게 몇 가지 형식적인 질문을 한 뒤 거의 한 명도 빠짐없이 받아들였지만, 피고 측에서는 대로가 각 배심원 후보에게 예상대로 세 가지 주요 문제점을 언급하고 유사한 응답을 끌어내는 심문 시간을 가졌다.

"스미스 씨, 진화론에 대해 알고 계십니까?"

대로가 전형적인 질문으로 시작했다.

"아니요. 모릅니다."

예상한 답이 뒤따랐다.

"그렇다면 성경이 진화론과 반대되는지 그렇지 않은지에 대해 생각해보신 적이 있나요?"

이번에도 같은 답이었다. 마지막으로 대로는 원래 품었던 궁금증을 드러냈다.

"법정에서 제시된 증거를 토대로 이러한 문제에 대해 마음의 결정을 내리실 건가요?"

"예"라는 답이 돌아오자 대로는 다음과 같은 말로 심문을 마무리지었다.

"저도 그럴 거라 생각합니다. 배심원이 되신 걸 축하합니다."[13]

후보에 올랐던 모두가 배심원이 되고 싶어했다. 다른 건 고사하고 배심원이 되면 재판 내내 앞줄에 앉을 수 있었기 때문이다. 상황이 이러하다보니 자기 의견에 상관없이 상대가 듣고자 하는 답을 늘어놓는 사람들이 과반수였고, 개중에는 진화론이나 진화론과 기독교의 관계에 대해 의견이 있더라도 없다고 부인하는 사람이 많았다. 물론 이 문제에 관해 자신의 무지함을 솔직하게 인정하는 사람들도 있었다. 관련 서적을 읽어본 적이 있느냐는 질문에 "저는 글을 못 읽습니다"라고 말한 사람도 있었다. 대로가 "눈이 나빠서인가 요?"라고 묻자, "교육을 못 받아서죠"라고 답했다. 이에 대해 헤이스는 훗날 회상했다.

"당황하기는커녕 위엄 있는 태도로 말해 정직한 사람이 적어도 한 명은 있 었다고 우리끼리 이야기하기도 했습니다."

글을 모른다는 이 사람도 배심원단에 들었다. "진화론은 평범한 테네시 주 배심원들에게는 생소한 개념이었습니다"라는 왓슨 데이비스의 말처럼 정 당한 판결을 위해서 진화론에 대한 전문가 증언을 들을 필요가 있다는 피고 측의 주장에 신빙성이 더해졌다.[14]

하지만 배심원들은 결정적인 순간에 원리주의 쪽으로 극명하게 기울었다. 성경에 대해서는 부정적인 말을, 진화론에 대해서는 긍정적인 말을 아꼈고, 한 명만 빼고 모두 교회 신도였다. 대부분 레아 카운티의 시골 지역에서 온 중년의 농부들로 정규 교육을 받지 못했다. 대로가 신앙을 문제삼은 몇몇은 판사에 의해 제외됐다. 진화론에 대해 아무것도 알지 못한다고 주장한 시골 목사 한 명이 특히 대로의 의심을 샀다. 속사포 같은 질문 공세에 처음에는 진화론을 주제로 설교를 한 적이 없다고 부인했던 목사가 "다른 주제와 관련 해" 설교를 했다고 시인했다. 그리고 결국에는 소리쳤다.

"그래요. 진화론을 믿지 말라고 설교했습니다. 당연한 일 아닙니까?"[15]

현지 방청객들이 박수로 호응했지만 이 목사는 스콥스 재판에 참여할 기 회를 잃고 말았다.

배심원을 택할 때 대로는 보통 그들이 하는 말을 있는 그대로 받아들이고 뒤따르는 결과를 불가피한 것으로 본 채 연연하지 않았다.

"배심원들이 만장일치로 「창세기」의 손을 들 것이라는 사실을 깨닫는 데는 얼마 걸리지 않았습니다. 당시 대로가 가질 수 있는 유일한 희망은 스콥스에게 유죄를 선고하기 전에 증언을 들어보겠다고 공개적으로 선언할 만한 용기가 있는 사람을 배심원단에 몰래 투입하는 것이었죠."

멩켄이 현장에서 한 말이다.

"법적으로 봤을 때 공정한 배심원단으로 보였을지 몰라도 이성과 사리를 따지자면 공명정대와는 거리가 멀었죠."[16]

불과 2시간 만에 20명의 배심원이 선정됐다. 대로는 나중에 기자들에게 "역시 예상한 대로더군요"라고 말했고, 브라이언은 원고 측을 대신해 "매우 만족합니다"라고 말했다.[17] 북부에서 온 많은 평론가가 배심원단의 자질을 두고 과학 이론을 평가할 만한지 의심스럽다고 비평했지만 더 큰 관점에서 평가한 이도 있었다. 피츠버그의 흑인 신문 편집자는 다음과 같이 말했다.

"지난 주 스콥스 재판의 배심원단으로 선정된 사람들을 놓고 백인 언론이 떠들썩하던데, 이런 상황이 전혀 특이할 것 없다는 사실을 원고 측에 상기시켜주고 싶군요. 남부 지방에서 흑인 남성이나 여성이 백인을 상대로 범죄를 저질렀다는 혐의로 법정에 섰을 때 흔히 접할 수 있는 아주 전형적인 집단이 바로 이번 스콥스 재판의 배심원단입니다."[18]

이번에는 스콥스라는 인물이 그러한 형사 재판의 피고로 섰고, 판단의 잣대는 브라이언이 이끄는 다수가 쥐고 있었다.

배심원단 선정은 생각보다 훨씬 더 빨리 마무리됐고, 법정이 이른 휴정을 준비하던 중에 문제가 하나 제기됐다.

"과학자들을 증인석에 세움으로써 성립되는 증거의 자격과 관련된 문제입니다."

스튜어트가 말문을 열었다.[19] 대로가 이미 여러 차례 언급한 내용이기도 했다. 그날 아침 법정에서 대로가 처음 한 말은 "재판장님, 배심원단 선정 전에 다른 어떤 문제에 앞서 증인 문제에 대해 이야기를 나누고 싶습니다"였다. 롤스턴은 유보했다. 피고 측 증인의 자격에 대해서는 원고 측 주장이 끝나고 피고 측이 증인을 요청할 때까지 제기되지 않는 것이 보통이었는데, 대로가 빠른 결정을 촉구한 것이다.

"재판장님, 우리 측 증인들은 워낙 먼 곳에 계시기 때문에 제가 하고 싶은 말은 딱 하나입니다. 증인의 자격에 대해 조금이라도 의구심이 있다면 그들을 여기까지 데려오기 전에 먼저 처리해야 할 것입니다."

원고 측에서도 태도를 명확히 했다. 다음은 스튜어트의 답변이다.

"이 문제에 대해 저희끼리 몇 번 회의를 가졌습니다만, 결론은 진화론이 무엇인지 증언하거나 성경 또는 그런 식의 해석을 위해 이번 소송에 과학자들을 불러들이는 것은 부적합하다는 것입니다."[20]

하지만 그가 말한 그런 식의 해석이 피고 측 변론의 전부였다.

"피고 측이 실질적으로 해야 할 일은 교육인지도 모릅니다."

첫날 데이턴에서 왔슨 데이비스가 한 말이다. 그는 피고 측 증인을 모으는 역할을 맡았고, 독자들에게 자신 있게 말했다.

"역량 있고 박식한 학자들이 얼마든지 많이 준비돼 있습니다. 데이턴에서 인간의 사고와 정신적 발달에 중요한 도약이 이루어질지도 모릅니다. 어쩌면 지나치게 큰 바람일지도 모르지만 말입니다."[21]

물론 기대가 무척 컸던 것도 사실이다. 주지사 피와 그 밖의 테네시 주 유명 인사들이 이미 법정을 상대로 전문가 증언을 허용하지 말라고 경고한 상태였고, 원고 측 또한 관련성이 없다는 이유로 반대하겠다고 서약했다. 스튜어트는 다음번에 또 한 번 문제가 제기될 경우 자격 여부를 거론하겠다는 데 동의했다. 롤스턴 판사는 "피고 측이 증인 참석을 주선할지 안 할지 일요일에 시간을 갖고 논의할 수 있도록" 토요일에 이 문제에 관해 공판을 열겠다고 했지만 여행에 지친 스콥스의 변호인들은 월요일까지 기다려달라고 했다.[22] 원고 측도 이 결정에 반대하지 않았고, 재판은 주말 동안 휴정에 들어갔다. 그 유명한 "황금 십자가Cross of Gold" 연설 29주년 기념일을 맞은 브라이언은 법정에서 이 문제에 대해 언급하지 않고 법률적인 문제를 다른 검사들에게 맡겼다. 당초에 그는 최종 변론까지 법정에서 연설을 하지 않을 생각이었다. 매우 신중하고 치밀하게 준비했다가 마지막 순간에 전 국민에게 다위니즘의 위험성을 알리는 것이 그의 계획이었다.

윌리엄 랜돌프 허스트의 국제 통신사INS(International News Service) 소속 잭 레이트는 토요일에 "데이턴의 오전 재판은 금일 이후에 열린다"고 보도했다.

"여러 가지 면에서 개정일은 대실패였다. 극적인 요소가 부족했고, 48시간 동안의 휴정 탓에 그나마 달아올랐던 분위기까지 차갑게 식어버렸다."23

주말 동안 데이턴은 평정을 되찾았다. 근처 마을에서 재판을 보러 왔던 사람들이 집으로 돌아갔고, 테네시 주 외부에서 온 대부분의 방문객도 유흥을 위해 채터누가로 가거나 더위를 피해 그레이트 스모키 산맥으로 빠져나갔기 때문이다. 기자들과 피고 측 변호인들은 『채터누가 뉴스』의 초대로 테네시 강에서 유람선을 타고 하루 동안의 휴가를 만끽했으며, 원고 측은 산으로 드라이브를 떠났다. 그나마 구경거리라면 독립적이고 자유로운 사상가 겸 강연자를 자칭하는 한 사람이 시내 한복판에서 큰 소리로 기독교를 비판한 일인데, 결국 체포됐다가 공개적인 장소에서 떠들지 않겠다는 조건으로 석방됐다.24 비슷한 사건을 방지하기 위해 마을 공무원들은 법원청사 잔디밭에서 연설을 하려는 또다른 떠돌이 불가지론자의 허가 신청을 거부했고, 이틀 뒤에는 해당 장소를 연설 용도로 사용하지 못하도록 폐쇄했다.

"데이턴만큼 도덕을 강조하는 마을은 찾아보기 어렵습니다. 그 어떤 방문자도 데이턴에 주류 밀매업자가 있다는 얘기는 못 들어봤을 겁니다."

멩켄이 마을에서 첫 주말을 보내고 나서 자신의 감상을 적은 글이다.

"매킨리 정권 이후에 이 마을에서 화려하게 멋을 낸 여성을 봤다는 사람이 없을 정도입니다. 도박은커녕 춤을 출 장소도 없더군요."25

토요일 밤마다 재즈 파티가 열리기는 했지만 그마저도 데이턴에서 10킬로

미터 떨어진 모건 스프링스 호텔까지 가야 했다.

브라이언은 다른 검사들과 드라이브를 가지 않고 재판 준비에 매진했다. 한 신문에서 그를 원고 측의 "확성기"라고 부를 정도로 그는 법정 밖에서도 폭넓게 진화론 교육을 공격했다. 반대로 스튜어트는 법정 안에서 반진화론법에 대해 제한적인 지지활동을 펼쳤다.[26] 그날 아침 브라이언은 일어나자마자 전문가 증언 도입을 반대하는 스튜어트의 결정을 지지하는 성명을 발표했다. 그의 논리는 이랬다.

"테네시 주민에게 자녀의 종교를 보호하는 법을 통과시킬 권리가 있다면 무엇이 해로운지 스스로 결정할 권리도 있습니다. 다른 주에 사는 전문가가 와서 테네시 주의 부모님들에게 무엇이 해로운지 알릴 필요가 없다는 것입니다."[27]

오후 대부분의 시간은 앞뜰 단풍나무 아래 그늘에 앉아 그를 응원하는 사람들에게 인사를 건네고 다음 날 발표할 두 가지 연설을 준비했다. 만에 하나 피고 측의 전문가 증인 요구가 받아들여질 경우를 대비해 스트레이턴, 라일리, 노리스에게 전보를 쳐 원고 측을 반박하기 위해 그들의 증언이 필요할 때 급작스런 통지를 받고도 바로 출두할 수 있도록 준비해달라고 부탁했다.

기자들은 브라이언이 이른 아침에 발표한 성명의 내용을 곧바로 대로에게 알렸다. 그때까지만 해도 대로는 아직 맨션에 머무르고 있었다. 워낙 방이 좁아 앉을 만한 곳이 없었던 대로는 침대에 앉아 찾아온 기자들을 맞았다. 대로는 피고 측의 논리를 다 만들어놓은 상태였다. 반진화론법의 자구字句를 표적으로 삼아 원고 측에서 스콥스가 인류진화론을 가르쳤다는 사실뿐 아니라 이러한 가르침이 성경의 창조론에 위배된다는 사실을 증명해야 한다는 것이 그 내용이었다. 물론 대로 자신은 진화론이 성경에 반대된다는 사실을 잘 알고 있었다. 하지만 그렇지 않음을 증언할 기독교 과학자와 신학자를 내세우는 것이 피고 측의 계획이었다.

"브라이언 씨께서는 (배심원단이) 증거 하나 없이 이 모든 문제를 결정할 것이라고 하는데, 그럴 수 있는 배심원이 과연 있을지 모르겠군요."

대로가 말했다.

"과학자들이 테네시 주 출신인지 아닌지는 진화론의 의미를 논하는 데 전혀 문제가 되지 않습니다. 과학은 어디서나 같으니까요. 입법기관이 테네시 주 주변에 만리장성을 쌓으려 하는데, 헌법이 허락하겠습니까?"[28]

늦은 오후에 이르러 원고 측에서 전문가 증언에 대한 긴급 심의에 더는 동의할 의사가 없다는 소식을 접한 대로는 크게 화를 냈다. 재판의 규정을 벗어나 문제를 결정하는 것이 법원의 권고적 의견에 따라 절차상의 오류에 해당되지 않을까 고심하던 스튜어트는 드라이브에서 돌아온 뒤 피고 측 변호사들을 만나 이러한 우려를 전했고, 헤이스와 닐의 동의를 얻어냈다. 스튜어트가 떠난 뒤에 소식을 들은 대로가 완강하게 거부했지만 때는 이미 늦었다. 시카고 변호사가 "격노했다"고 『뉴욕 타임스』는 당시 분위기를 전했다.

"(원고 측의) 동의를 얻기 위해 노력하겠지만 끝까지 고집한다면 달리 방법이 없다고 봅니다."

당시 피고 측이 발표한 내용이다.[29]

양측의 신경전은 일요일로 넘어가면서 브라이언으로 인해 더욱 고조됐다. 아침 일찍부터 데이턴의 남부 감리교회에서 설교를 맡은 브라이언은 그 자리를 빌려 대로가 가장 최근에 발표한 성명에 다음과 같이 회답했다.

"피고 측 변호사들은 전문가 증언을 반대하는 원고 측이 문제를 회피하려 한다고 비난하고 있습니다. 하지만 우리는 그들의 주장과 달리 재판을 당면한 문제에만 국한시키려는 것뿐입니다. 법 자체가 명백히 진화론이라는 가설을 가르치지 말라고 금하고 있습니다."

이 발언은 성경과 충돌하는지 여부와 상관없이 한 말이다.

"그렇다면 그들의 증언도 어쩔 수 없이 편파적일 것입니다."

미국의 대립적인 사법제도를 논하며 이와 같이 덧붙였다.

"여전히 종교를 고수하며 종교와 진화론의 조화를 꾀하는 자들만 증인으로 불러들이겠죠. 그런 식으로 진화론과 그에 따른 결과에 대해 매우 편파적인 견해만 제시할 겁니다. 반쪽 진실이 거짓보다 더 나쁠 때도 있습니다. 그들이 제시하려는 진화론은 반쪽 진실보다도 못합니다."[30]

롤스턴 판사와 그의 가족은 맨 앞줄에 앉아 브라이언의 설교와 이어지는 신도들의 환호성을 듣고 있었다. 같은 시간에 데이턴 북부 감리교회에서 진화론과 종교에 관해 연설하려던 찰스 프랜시스 포터의 계획은 신도들의 반대에 부딪혀 물거품이 됐다. 진화론자들에 대한 데이턴 현지의 불만으로도 모자라 컬럼비아대학교에서 테네시 주 공립학교 졸업생을 받아들이지 말자는 제안이 일고 있다는 소식이 조간신문에 보도되면서 교육감 화이트의 입에서 데이턴에 자체적인 대학을 설립하고 브라이언의 이름을 붙이자는 말까지 나오는 지경에 이르렀다.

오후 한가운데에 브라이언은 3000여 명의 관중이 모인 법원청사 잔디밭에서 연단에 올라 준비한 연설을 시작했다. 관중의 대다수는 데이턴과 인근 시골 마을에서 온 사람들이었다. 당시 마을 규정에 따르면 연단에서 진화론에 관한 발언을 할 수 없었지만 브라이언은 예외로 간주됐다.

"학교는 우리 자녀들을 가르치는 것 외에도 지켜야 할 것이 분명히 있습니다."

그가 주장한 것은 바로 신앙심에서 비롯된 가치였다. 『뉴욕 타임스』는 다음과 같이 전했다.

"브라이언의 연설은 설득력이 매우 강하다. 목소리만으로 청중의 마음을 어루만지는 듯하다."

언저리에서 연설을 듣고 있던 피고 측 관계자가 저널리스트에게 불평을 쏟아냈다.

"지역 주민들의 판단에 영향력을 행사하려는 의도가 아니고 뭐겠습니까?"

그날 저녁 브라이언에 맞서 같은 연단에서 연설을 하려던 포터는 뜻밖의 어려움에 봉착했다. T. T. 마틴이 진화론을 논하지 않겠다는 조건하에 재판 기간 동안 매일 저녁 그곳에서 연설 허가를 받아둔 것이다. 마틴은 유니테리언이었던 포터도 같은 규칙을 따른다는 조건을 걸고 이번만 양보하는 데 합의했다. 규정을 어기지 않았지만 가치의 기준으로 자율적 교육을 호소한 포터의 연설은 별 감흥을 일으키지 못했다. 하지만 피고 측은 재판이 재개된 월요일부터 서둘러 공격권을 되찾아왔다.

외부 언론과 마을 방청객이 또 한 번 법정 안을 꽉 채웠다. 현장에 있던 목격자는 말했다.

"사람들이 복도와 창가, 문, 변호석 뒤쪽 공간에 빽빽이 들어섰고, 사진기자와 촬영기자들이 의자, 탁자, 사다리에 걸터앉아 있었다."

시골 사람들이 차지했던 객석은 마을 사람들로 채워졌고 여성 방청객의 수가 남성만큼 늘어났다.[31] 사진기자들이 쉴 새 없이 셔터를 눌러대고 라디오 방송국에서 마이크 테스트를 하는 사이에 15분간 정숙하라는 판사의 명령은 지연됐다. 대로는 비공식적으로 판사에게 "종교적 측면을 다루는 재판이니만큼" 법정 기도의식을 생략해달라고 요구했다.[32] 롤스턴은 이 요청을 무시하고 보수적인 현지 목사를 앞으로 불렀다. 이 목사는 "땅과 하늘, 바다 그리고 그 안의 모든 것을 창조하신 주님"[33]이라는 기도문으로 피고 측의 빈축을 샀다. 주말 동안 레아 카운티는 공기 순환을 위해 휴대용 선풍기 3대를 법정 안에 설치했지만, 열기를 식히는 데는 큰 도움이 되지 못했고 코드가 짧아 피고 측 탁자 근처에도 미치지 못했다. 열악한 환경에도 불구하고 기온만큼이나 열띤 분위기는 방청객으로 하여금 더위마저 잊게 만들었다.

전문가 증언의 적격성에 대한 논의가 배제되기는 했지만 피고 측에는 아주 중요한 날이었다. 재판 초기에 소송 각하 발의를 통해 반진화론법의 합헌성에 도전할 수 있는 기회였기 때문이다. 항소에 필요한 가능한 모든 문제를 보존해두기 위해 공식 발의를 통해 반진화론법의 위헌 사항 열네 가지를 확인했지만 그중 대다수는 실체화되기 어려웠기에 구두 변론에서 전혀 언급되지 않았다. 권리장전에 의해 주에 불리한 법의 적용이 제한됐기 때문에 대부분의 중대한 위헌 사항은 테네시 주 헌법 조항에 적용됐다. 주요 국헌 조항에는 개인의 언론과 종교의 자유에 대한 명시적 보장, 명확하게 이해할 수 있는 기소와 법안 표제 요건, 과학과 교육을 소중히 하도록 입법기관에 지시하는 조항이 포함됐다. 더 나아가 테네시 주와 미합중국 헌법은 정당한 법적 절차 없이 정부가 개인의 자유를 박탈하는 행위를 금했는데, 당시 법원에서는 이 조항을 명백히 불합리한 주법과 소송을 저지하는 것으로 해석했다.

피고 측은 이 발의에 신중을 기했다. 처음부터 닐은 법원에 발의에 대한 논의 절차를 확정해달라고 요구했다.

"우리는 우리 나름대로 견해를 밝히는 성명을 발표할 권리를 행사할 테고, 검사도 나름대로 주장을 펼칠 테고……. 결국에는 우리가 최종 변론을 하겠죠."

법원이 나중에 전문가 증언을 배제한다면 피고 측에게는 오히려 법정에서 논거의 정당함을 입증할 절호의 기회가 될 수도 있었다. 그 기반은 닐과 헤이스가 마련할 테지만 브라이언에게 반박의 여지를 주지 않으려면 극적인 최종 변론은 대로의 몫으로 남겨두어야만 했다. 결국 판사의 동의를 이끌어냈다.[34] 이 과정에 배심원단은 제외됐는데, 관례에 따르면 법의 합헌성 및 기소의 유효성과 관련한 법적 문제 결정은 판사에게 달려 있었다. 두 가지 문제 다 심사를 통과해야만 피고의 유죄 여부 결정권이 배심원단에게 돌아가므로 이쯤에서 잠시 배심원들을 퇴장시키기로 했다. 월요일 이른 시간에 법정을 나선 배심원들은 수요일 오후까지 돌아오지 않았다.

공판은 닐이 발의에 의해 제기된 주요 헌법 문제에 대해 두서없는 논평을 낭독하는 것으로 시작됐다. 평소와 마찬가지로 지저분하고 덥수룩한 모습으로 나타난 그는 교수로 일할 때처럼 정리되지 않은 어조로 법정에 모인 사람들을 가르치려 들었다. 발표 중에 닐은 꽤 자주 공립학교에서 종교가 자리잡는 것을 금하는 법적 장벽을 언급하며 주장했다.

"입법기관에서는 반진화론법 통과가 테네시 주민의 과반수를 대변한다고 하는데, 우리는 헌법의 위대한 조항의 보호를 받는 소수를 대변합니다."[35]

헤이스가 바통을 이어받아 주 및 연방 헌법의 정당한 법 조항 절차에 의거해 경찰권 발동 형태의 반진화론법이 합리적인지 여부에 초점을 둔 좀더 조리 있는 주장을 펼쳤다.

"사법 경찰권에 따라 국가의 권한이라는 테두리 안에 속하는 법만이 적법하다는 것이 제 주장입니다. 또한 합리적인 경우에만 국가의 권한 안에서 법을 통과시켜야 합니다."

반진화론법의 비합리성을 설명하기 위해 헤이스는 지구가 태양 주위를 돈다고 가르치지 못하도록 하는 가상의 법을 들어 비교했다.

"이러한 행위는 명백히 위법이라고 주장하는 바입니다. 재판장님께서 제가 가설로 제안한 법과 저희 앞에 놓인 이 법을 구분할 수 있는 단 한 가지 근거는 코페르니쿠스의 이론은 기초가 아주 확실한 상식의 문제이기 때문입니다. 진화론도 코페르니쿠스의 이론만큼이나 과학적인 사실입니다."

상식이 아닌 과학적 전문 지식이 과학 교육의 합리성을 판단하는 척도가 돼야 한다는 주장이었다. 나중에 자신의 주장을 요약 설명하는 자리에서 헤이스는 다음과 같이 설명했다.

"물론 국가가 어떤 과목을 가르쳐야 하는지 결정할 수는 있겠지만, 그 대상이 생물이라면 거짓을 가르치도록 강요할 수 없는 일입니다."[36]

원고 측은 데이턴 재판구의 전 검찰총장 벤 매켄지와 현 검찰총장 톰 스튜어트의 주장을 인용해 반론했다. 두 검사의 어조는 무척 대조적이었다. 매켄지는 스튜어트가 태어나기 전에 이미 변호사 활동을 시작했고, 전형적인 남부의 구식 정치인을 대표하는 인물이었다. 한마디로 화려한 언변과 의미 없는 수사적인 찬사, 서민적 유머 감각을 구사하는 말 많은 정치인이었다. 매켄지는 코페르니쿠스설을 금지하는 법에 비유한 헤이스의 주장부터 맞받아 쳤다.

"인간이 원숭이와 관계가 없듯 그의 주장도 이 소송과는 아무 관련이 없습니다."

웃음소리가 수그러들자 목이 쉰 듯 고성을 내며 덧붙였다.

"충분한 두뇌를 소유한 우리 테네시 주민에게 그런 억지 논리가 먹힌 적이 있던가요?"

또 한 번 폭소가 터졌다.

"그가 사는 북부에서는 어떨지 모르겠지만 말입니다."

안경 너머로 그의 눈빛이 반짝였다. 반진화론법의 명확성을 옹호하는 과정에도 이 노장 변호사는 지금까지와 비슷하게 농담을 섞어가며 말했다.

"레아 카운티 학교에서 가장 나이가 어린 재학생도 이해할 수 있는 법인데 어째서 뉴욕에서 사람이 와서 그 의미를 설명해주려는 거죠?"

순간 멀론이 끼어들어 '지리적' 비방은 삼가달라고 부탁했다.

"왜 이리 초면인 사람이 많죠? 아무튼 반갑군요."

매켄지가 강한 남부 말투로 답했다.

"저도 반갑습니다만, 발의에 충실해주시죠."

멀론이 딱 부러지는 뉴욕 말씨로 되받아쳤다. "반갑습니다"라고 매켄지가 한 번 더 말하자 대로가 "물론 그러시겠죠"라고 대꾸했다.[37]

점심시간 이후에는 스튜어트가 원고 측의 변론을 맡았다. 그는 신세대 남부 정치인을 대표하는 인물로, 꼼꼼한 성격과 강한 의지, 북부 최고의 변호사들과 견줄 만한 능력을 겸비하고 있었다. 원리주의자가 아닌 데다 반진화론법에 대한 지식이 없다고 의심을 받기도 했지만 개신교 전통을 비롯해 남

스콥스 재판 휴정으로 잠시 쉬고 있는 검사 톰 스튜어트의 모습(브라이언대학 기록보관소)

부의 문화에 큰 자부심을 가지고 있었고 문제로 제기된 법에 대한 의회의 헌법적 권한을 전적으로 옹호했다. 피고 측 변호인단에서 반진화론법이 여러 종교 가운데 기독교를 편애하는 것이 아니냐는 질문으로 제동을 걸자 터무니없다며 한마디로 일축했다.

"이 땅의 법은 성경을 인정합니다. 우리는 이교도 국가에 살고 있지 않습니다."[38]

반진화론법과 관련해서는 계속해서 본론으로 돌아갔다.

"주의 자금 지출을 제어하려는 입법부의 노력이자 권한입니다."

개인의 자유가 걸린 문제가 아니라는 말이었다.

"스콥스 씨가 길거리에서 자신의 주장을 펼쳤다면 모르겠지만 공립학교에서 자신만의 이론을 가르치는 것은 용납할 수 없습니다."

그는 "유권자, 즉 테네시 주민들을 책임지는 의원들"이 공교육을 제어하는 것은 당연한 일이라고 주장했다. 브라이언과 마찬가지로 다수결원칙을 강조했지만 진화론을 맹공격하지 않는다는 점에서 분명한 차이를 보였다. 의원들이 공립학교 교과과정에서 어떤 과목이든 제외시킬 수 있다는 스튜어트의 주장은 그가 인용한 수많은 판례가 뒷받침해주었다.[39] 한 기자는 전했다.

"법정을 나서는 많은 사람이 서른세 살밖에 안 된 젊은 검사가 상대편 베테랑 변호사들에 맞서 '꽤 잘하더라'라는 평을 했다."[40]

하지만 대부분의 방청객 사이에서 화제는 단연 대로의 멋진 반론이었다.

"완벽하게 그리고 공격적으로 공판을 시작했습니다."

대로가 나중에 그날 일을 설명했다.

"그 어떤 시점에도 최종 변론은 하지 않겠다는 이유에서였죠."

보류 중인 발의에 대한 논의가 끝나고 배심원단을 상대로 열릴 공판에서 원고 측은 스콥스가 인류진화론을 가르쳤다는 증거를 제시할 예정이었고, 피고 측은 과학과 종교에 대해 전문가 증언을 도입할 예정이었다. 이를 앞둔 피고 측에서는 최종 변론을 포기하고 문제를 배심원단에게 맡길 계획이었다. 브라이언은 몇 주에 걸쳐 재판의 최종 변론을 준비했다. 재판이 끝나는 시점에 그에게 변론의 기회가 주어진다면 피고 측에서는 법정의 반응을 이끌어 낼 수 있는 가능성이 희박했다. 또한 브라이언의 변론이 배심원단과 대중에게 미칠 영향력도 우려하지 않을 수 없었다.

"우리 쪽에서 최종 변론을 하지 않는다면 그의 개입을 사전에 잘라낼 수 있다."[41]

대로의 설명이었다. 재판 마무리 전략이 이렇다보니 기소 각하를 호소하는 시작 연설에 대한 가중치가 커질 수밖에 없었다. 어쩌면 대로가 법정에서 주장을 진술할 기회가 다시는 없을지도 모를 일이었다. 그뿐만이 아니다. 기소 각하 발의에 대한 주장을 아껴두었다가 반론에 사용함으로써 첫 사안에 대한 최후 발언권을 갖는다면 원고 측이 대응하지 못하게 발목을 잡아둘 수도 있었다. 대로가 제대로 수완을 발휘한 셈이다.

『뉴욕 타임스』는 머리기사로 다음 글을 실었다.

"클래런스 대로가 오늘 성경을 글자 그대로 믿는 사람들로 꽉 찬 법정에서 윌리엄 제닝스 브라이언과 정면충돌해 원리주의 사자의 털을 뽑고, 엄지손가락을 멜빵바지에 넣은 구부정한 자세로 이들이 신성시하는 모든 믿음을 거역했다."[42]

강력한 여느 연설과 마찬가지로 그의 주장은 단순하면서도 엄청난 영향력을 발휘했다.

"의회가 공립학교에서 교과과정을 지시할 권한이 있다는 말씀 잘 들었습니다. 사리에 맞는 지당하신 말씀이지요. 하지만 테네시 주민들은 헌법을 채택했고, 그 사실을 전국에 알렸으며, 테네시 주민들에게는 종교의 자유가 있다고 말합니다. 그렇다면 그 어떤 입법기관도 종교의 자유에 위배되는 수업 과정을 결정할 수 없다는 결론에 이르는데요."[43]

스튜어트의 발언에 대한 변론이다.

대로는 초기 발언을 통해 반진화론법이 공립학교에 특정 종교의 관점을 주입하려 하므로 위법이라는 논쟁의 골자를 내놓았다. 미국 대법원에 의해 헌법의 국교 조항[의회는 특정 종교를 국교로 정하는 법을 만들 수 없음]이 주의 법을 제한할 수 있다고 해석된 적이 없고, 만일 그랬다 하더라도 국헌과 연방 헌법에 비슷한 보호 제도가 마련됐기에 대로는 국헌의 내용에 입각해 변론했다. 대로는 테네시 주 헌법을 낭독하고 그에 대한 자신의 의견을 밝혔다.

"모든 국민은 자기 양심이 지시하는 대로 전능한 신을 숭배할 수 있는, 파기할 수 없는 당연한 권리를 갖고 있다.' 이 구절은 건방지게 똑똑하다는 이유로 멸시를 받는 근대주의자까지 포용합니다."

낭독이 이어졌다.

"'그 어떤 종교기관이나 숭배의식도 법에 의해 특혜를 받을 수 없다.' 정말 그런가요? 재판장님, 법에 의거해 이보다 더 많은 특혜를 줄 수 있는 건가요?"

대로가 설명했다.

"테네시 주는 자체 방식으로 운영돼왔습니다. 진화론도 수년간 가르쳐왔고요."

이 말을 한 뒤 브라이언에게로 시선을 돌렸다.

"그런데 갑자기 누군가가 나타나 모두가 자기가 믿는 대로 믿어야 한다고 말합니다. 나보다 많이 아는 것은 범죄라고 말합니다. 그것도 모자라 배움을 금하는 법까지 만듭니다."

그 법이 종교적 기준을 세웠다고 대로는 몰아세웠다.

"모든 이의 지적 능력과 모든 이의 지능, 모든 이의 배움을 평가하는 잣대로 성경을 내밀고 있습니다. 브라이언은 이 어리석고 해로우며 사악한 법에 대한 책임이 있습니다."

대로가 고함쳤다.

"원리주의자들이 테네시 주에 발을 들이기 전까지는 전례를 찾아볼 수 없었던 일입니다."[44]

대로는 종교에 관해 자유주의적 회의론자의 관점에서 본격적으로 주장을 펼쳐나갔다. 기독교만 하더라도 수백 가지 교리가 있는데, 하물며 전 세계의 다른 모든 종교까지 합치면 이 세상에 얼마나 많은 교리가 있겠느냐고 운을 뗐다.

"테네시 주의 법이 헌법의 정직하고 공정한 해석 아래 신성한 책인 성경을 가르칠 권한을 갖고 있다면, 코란, 모르몬 경전, 공자나 부처의 경전, 에머슨의 수필은 왜 안 되는 거죠?"

그는 한층 더 격앙된 목소리로 말했다.

"재판장님, 의견 대립, 비통함, 증오, 전쟁, 잔혹함의 원인 중에 종교만 한 것이 또 있을까요?"

대로는 "미친개로 자라날 강아지는 목 졸라 죽여도 된다"는 격언을 인용하면서 이 말이 "종교적 편협성과 증오에 불을 붙이고 있는" 원리주의에 적용된다고 말했다. 또한 성경 자체에 상이한 창조 이야기가 실려 있다고 덧붙였다.

"성경은 생물학 책이 아니고 (성경을 쓴 사람들이) 생물학에 대해 알았을 리도 없습니다. 그들은 지구가 기원전 4004년에 창조됐다고 생각했습니다. 이 부분에 대해서는 현재 우리가 더 잘 알고 있죠. 테네시 주에 사시는 분들도 이 정도는 다 아실 거라 확신합니다."

그는 지성을 가진 대부분의 기독교인은 진화론을 수용했고 "자신들이 믿는 하나님께서 첫째 날에 창조를 모두 마친 것이 아니라 여전히 인간을 좀더 고결하고, 좀더 나은 존재로 만들기 위해 노력하고 계시다고 믿습니다"라고 말했다.

대로는 반진화론법이 편협성, 무지, 증오로 얼룩져 있다고 주장했다.

"하지만 여러분의 삶과 저의 삶 그리고 모든 미국 시민의 삶은 결국 동포에 대한 포용과 관용에 의해 달라질 수 있습니다."[45]

『뉴욕 타임스』는 다음과 같이 보도했다.

"그가 말하는 동안 전보를 치는 소리 외에는 법정 안에서 아무 소리도 들리지 않았다."

"그가 내뱉는 말에는 엄청난 힘이 실려 있었고, 그의 풍자를 듣는 이들은 망치로 머리를 맞은 듯 멍한 표정으로 앉아 있었다."[46]

멩켄도 한마디 거들었다.

"그의 이야기에는 글로는 명확히 전달할 수 없는 무언가가 있다. 직접 들어야만 그 참맛을 알 수 있다. 쩌렁쩌렁한 음성은 그가 펼치는 논리만큼이나 중요하다. 마치 바람처럼 다가와 웅장한 팡파르로 끝맺는다."[47]

대로는 속도를 조절하려는 듯 연보라색 멜빵을 잡아당기며 말했다. 『뉴욕 타임스』에서는 다음과 같이 묘사했다.

"잠시 말을 멈추고 어깨를 구부렸다 내리며 했던 말을 되짚어보았다. 그러다가 상대를 향해 과격한 언사를 던질 때면 고개를 치켜들고 아랫입술을 내밀었다."[48]

대로의 고향 신문인 『시카고 트리뷴』은 "대로의 변호사 생활 중 최고의 연설"이라고 평가했다.[49] 2시간 반째 그의 변론이 멈출 기미를 보이지 않자 판사가 예정된 휴정 시간에 맞춰 중단시켰다. 그럼에도 대로는 10분만 더 시간을 달라고 요구했다. 조지프 우드 크러치는 『더 네이션The Nation』에 기고한 글에서 다음과 같이 말했다.

"발언에 담긴 열정과 발언 시기의 계산 모두 더할 나위 없이 훌륭했다. (대로가) 마지막에 근엄한 어조로 '우리는 지금 인간의 정신에 지성과 계몽, 문화를 불러오고자 했던 용감한 사람들을 불태워 죽이려고 장작더미에 불을 붙이는 편협한 자들의 영예로운 세상, 바로 16세기로 후퇴하고 있습니다'라고 경고했을 때 데이턴 사람들마저 잠시 깊은 생각에 빠졌다."[50]

그날 데이턴에서 전송된 전신 기사는 글자 수만 20만 자나 됐다. 하나의 사건에 관련된 기사로는 기록적인 숫자였다. 전국의 신문사가 대로의 연설을 상세히 소개했고, 수많은 편집인이 관용에 대한 그의 호소를 반복해서 실었다. 피고 측 변호인단은 서둘러 대로에게 축하 인사를 전했다.

"우리가 지켜본 바로 그날 연설은 정말 대단했습니다. 테네시 주에 한 줄기 빛이 내리쬐는 것 같더군요."[51]

헤이스가 나중에 한 말이다. 벤 매켄지는 과장된 찬사로 대로의 연설에 대해 "주제를 막론하고 평생 들어본 연설 중 단연 최고"라고 일컬었다. 루비 대로는 남편의 소매 단추가 튕겨져나갈 정도로 열정이 대단했다고 자랑스러움을 내비쳤다.

법정에 있던 모든 사람의 반응이 같았던 것은 아니다. 막판에 야유를 퍼부은 몇몇 방청객도 있었고(멩켄은 이들을 "멍청이들"이라고 했다), 어떤 이는 "저자는 끌어내야 해!"[52]라고 소리쳤다. 재킷도 입지 않고 깃을 뺀 셔츠를 입은 채 연신 땀을 흘리며 앉아 있던 브라이언은 아무 말도 하지 않고 종려잎 부채로 바람을 일으켜 파리를 쫓고 있었다.

"왠지 그날 그의 모습은 전혀 영웅 같지 않더군요. 아니, 위대한 평민으로도 보이지 않았어요. 그냥 파리를 쫓는 일반인의 모습이었죠."[53]

나중에 대로가 한 말이다. 멤피스의 『커머셜 어필』은 1면에 시사만화를 실어 그날의 현장 분위기를 전달했는데, 그림을 보면 대로가 '소멸'의 해골과 '불신론'의 용에 둘러싸여 지옥의 검은 산 꼭대기에 냉담하고 초연한 자세로 앉아 있고, 한쪽 구석에 '영혼의 절망'이라는 이름표가 붙어 있는 사탄의 포로가 보인다. 이 그림의 제목은 '대로의 낙원!'[54]이었다. 다음 날 멩켄이 말했다.

"어제 클래런스 대로가 한 위대한 연설의 결과는 그가 아무도 못 알아듣는 아프가니스탄 오지에 가서 호통을 친 것이나 다름없었습니다. 불신자 스콥스를 고소한 자들과 테네시 주 고지대 출신의 원리주의자들에게는 공허한 울림이었을 테니까요."[55]

헤이스가 거들었다.

"개인적으로 연설 중에 단 한순간이라도 원고 측 변호인들이 종교 문제에 대한 우리 요지를 이해했을지 의문이 드는군요. 감정은 말할 것도 없고 대로가 한 말 한 마디 한 마디가 문제를 제기할 틈조차 허락하지 않았으니까요."[56]

다음 날 아침에 정확히 시간에 맞춰 재판이 다시 소집됐지만 시작하자마자 오후까지 휴정에 들어갔다. 거센 폭풍우가 몰아닥쳐 월요일 밤 마을의 전력과 물 공급이 차단됐기 때문이다. 몇몇 방문 기자는 대로의 연설에 노한 신이 폭풍을 내렸다고 농담처럼 말하기도 했다. 폭풍 때문에 롤스턴이 고소를 각하하는 발의에 대한 판결 준비를 마치지 못한 상태였기에 몇 시간 정도 기다려야 했다. 그사이에 법원 공무원들만 참석한 채로 재판 전 기도가 시작됐다. 이번 소송이 종교 문제와 필연적인 관계가 있다는 주장을 강조해 국교 조항의 내용을 부각시키기 위해 피고 측은 법정 기도의식에 공식적으로 참여를 거부했다.

"국가적으로 과학과 종교 간에 분쟁이 발생했다는 사실이 공식화된 상태에서 기도를 통해 심의에 영향을 주려 해서는 안 됩니다."

대로의 설명이다. 벤 매켄지가 배심원들의 자율적 기도를 허용한 주 대법원의 결정을 인용하며 반문하자 대로는 현 시대에 공적 종교와 개인 종교가 어떻게 구분되는지 설명했다.

"배심원만이 아니라 그 누구라도 비밀리에, 아니면 개인적으로 기도하는 것이 무슨 문제가 되겠습니까? 제 말은 법정 전체를 예배당으로 둔갑시키지 말라는 것입니다."[57]

스튜어트는 이 말을 귀가 닳도록 들었고 무엇보다 재판에서 주도권을 잃

스콥스 재판 중에 대로의 호전적 불가지론에 대한 대중적인 견해를 그린 시사만화
(©1925 『커머셜 어필』, 멤피스, 테네시 주)

고 싶지 않았다. 기도에 대한 반대가 대로의 전략임을 감지한 그는 즉시 소송에서 종교적 문제가 존재한다는 사실 자체를 부인하고 "학교 교사가 법에서 금지한 교리를 가르쳤는지 아닌지를 판가름하는 것이 이번 소송의 취지입니다"라고 주장했다. 또 한 번 진화론의 언급을 피한 것이다. 그는 또한 공개 기도의 적합성에 관한 대로의 견해를 받아들이지 않았다.

"불신론자로 이루어진 피고 측 변호인단의 그러한 생각은 불신에 대해 아무것도 모르고 신경조차 쓰지 않는 사람들의 사고와 사상에는 전혀 어울리지 않는군요."

대로는 한 기자의 표현대로 "마지막 문장을 내뱉으며 억눌렀던 감정에 몸을 떨던" 이 피 끓는 젊은 검사에게 날카로운 시선을 고정시켰다. 상황을 진정시키려고 판사가 나섰다.

"여러분, 이 문제로 지나치게 날을 세우지는 마십시오."

그러고는 피고 측의 반대를 기각하고 기도를 계속했다.[58]

오후 개정에 이르러 기도 문제가 다시 한번 수면 위로 떠올랐다. 피고 측에서 법정에 탄원서를 제출해 소송 밑바탕에 깔려 있던 종교적 문제를 또 한 번 들고 일어난 것이다. 이 탄원서는 포터와 방문 중이던 근대주의 성직자들이 서명한 것으로, "원리주의 교회 소속이 아닌 다른 성직자"가 대신 개정 기도의식을 주도할 수 있도록 허용해달라는 내용이었다. 헤이스가 부연 설명을 했다.

"하나님께서 계시한 말씀의 책만큼이나 자연의 신비와 자연의 책을 통해 신성을 보여주셨다고 믿는 분들의 기도를 듣고자 합니다."

어쩌면 전 재판을 통틀어 근대주의와 원리주의의 차이를 한 문장에 가장 적합하게 표현한 글인지도 모른다.[59] 롤스턴 판사는 탄원서를 현재 목사 협회로 보내 향후 법정 기도를 누가 주도해야 할지 선택해달라고 묻겠다며 술수를 발휘했다. 방문 중이던 저널리스트들이 웃음을 터뜨렸고 방청객들은 환호했다. 헤이스가 반대를 외쳤다. 모두가 이 결정으로 근대주의자가 기도의식에서 완전히 배제될 것이라고 생각했지만 협회는 바로 다음 날 포터를 선택했고 그 이후로 원리주의자와 근대주의자가 번갈아가며 기도를 주도했다.

그날 오후 긴장감이 절정에 달했다. 방청객이 꽉 차 통로와 벽 주변에 수백 명의 사람이 늘어섰다. 공무원들은 무게 때문에 바닥이 내려앉는 것이 아니냐며 걱정을 했다. 여전히 전력과 물이 공급되지 않아 선풍기가 작동을 멈추었고 마실 물조차 없었다. 『커머셜 어필』은 "1시간 반 동안" 아무 일도 일어나지 않았다고 보도했다.

"북적이는 방청객들이 더위에 숨을 헐떡거리며 연신 부채질을 해대고 자욱한 담배 연기 속에 음료수를 들이키며 판사를 기다렸다."[60]

스콥스는 쉬지 않고 담배에 불을 붙였다. INS 기자가 판사의 판결문을 사전에 독점 입수했다는 소문이 돌았다. 3시 45분이 돼서야 롤스턴이 법정에 들어섰고, 성직자들의 탄원서를 처리한 뒤에 기자들에게 단호한 어조로 말했다.

"대도시에서 제 의견에 대한 추측성 기사를 담은 신문이 판매되고 있다는 소식을 들었습니다. 지금 이 순간부터 그러한 정보를 법원의 허락 없이 유출하는 이가 있다면, 또한 그러한 정보를 부정한 방법으로 취득했다는 사실이 확인되면 법에 따라 엄중하게 처벌할 것입니다."

판사는 판결을 공표하지 않은 상태로 휴정을 선언하고 정보 유출의 근원을 조사할 5명의 대표 저널리스트로 구성된 위원회를 임명했다. 한 기자가 당시 분위기를 전했다.

"롤스턴 판사는 몹시 화가 나 있었고, 정보를 빼낸 장본인을 찾으면 엄중하게 다스리겠다는 의지가 확고해 보였습니다. 결과적으로 각 진영의 신문기자들이 팽팽히 맞서 서로에게 칼을 겨누게 된 거죠."[61]

고조됐던 분위기가 조금씩 가라앉았다. 스튜어트는 성직자들의 탄원서에 대해 여전히 화가 난 모습으로 법정 밖으로 나왔다. 그리고 기자들을 향해 물었다.

"도대체 저들은 여기가 어디라고 생각하는 거죠? 무슨 전당대회라도 되는 줄 아는 겁니까?"

멀론이 위협적으로 말했다.

"이제부터는 거친 싸움이 될 겁니다."

기자회견에서 브라이언은 엄숙한 표정으로 말했다.

"이번 소송은 소수의 무신론자, 불가지론자, 무종교인이 계시 종교에 대해 합동으로 하는 공격입니다."62

자리에 모인 일부 저널리스트는 참지 못하고 소문에 대해 우스갯소리를 던지기 시작했다. 술기운을 빌려 언론위원회는 그날 저녁에 문제가 되는 기사를 쓴 젊은 INS 기자의 모의재판을 열었다. 여기저기서 웃음이 터지는 가운데 젊은 기자는 소문의 출처가 판사라고 했다. 듣고 보니 롤스턴이 점심식사를 하러 이동하던 중에 이 기자와 맞닥뜨려 질문에 답하다가 무심코 판결 후에도 재판이 연장될 것이라는 말로 고소 취하 계획이 없음을 누설한 것이다.

수요일에는 법정 분위기가 한층 밝아진 상태에서 재판이 재개됐다. 언론위원회의 보고를 받은 롤스턴은 엄격하게 꾸짖는 말로 INS 기자를 면제해주었고, 고소를 각하하려는 발의에 대해 기다리고 기다리던 판결문을 읽어 내려갔다. 그리고 피고 측이 반대를 외칠 때마다 이를 기각했다. 종교적 자유의 헌법 문제에 관련해서는 다음과 같이 의견을 밝혔다.

"헌법의 해당 조항에 의거해 쟁의 중인 법이 교사의 권리를 어떤 식으로 침해하는지 본인은 이해할 수 없습니다. 교사와 고용주 간의 관계는 전적으로 계약에 구속되며, 만일 교사가 자기 양심에 따라 진화론을 가르쳐야만 한다면 그럴 수 있는 다른 장소를 찾으면 될 문제입니다."63

법정은 당시 지배적인 헌법 해석에 따라 원고 측의 견해를 받아들였다.

"그 결정에 놀란 사람은 아무도 없었습니다."

스콥스가 나중에 쓴 글이다.

"피고 측에서는 그 누구도 롤스턴 판사가 버틀러 법안이 위헌이라고 판결하거나 각하 발의를 호의적으로 볼 것이라 예상하지 않았습니다."[64]

이제 본격적인 재판은 점심시간 이후부터 시작이다.

수요일은 재판 일정 중에서 가장 무더운 하루였다. 아니, 적어도 법정 안에 있는 많은 사람이 그렇게 느꼈다. "최악의 하루"라고 표현한 사람이 있는가 하면 "법정 안에 사람이 지나치게 많아서 창문을 통해 숨 한번 들이마시기조차 불가능했다"라고 말한 사람도 있었다.[1] 재판에 참석한 사람들 사이에 가까스로 쇄신된 화기애애한 분위기마저 없었다면 참기 힘든 날씨였다. 벤 매켄지 검사가 열사병으로 또 한 번 쓰러지려는 순간, 멀론이 달려가 부채질을 해주었다. 정오 휴회 시간에 원고 측의 변론을 맡은 두 젊은이, 윌리스 해거드와 윌리엄 브라이언 주니어가 피고와 함께 연못으로 수영을 하러 갔다. 스콥스는 훗날 그날 일을 떠올리며 "물이 몹시 차갑고 맑았습니다"라고 말했다.

"그 시간만큼은 재판이며 모든 일을 잊고 즐겼습니다. 그러다 재판에 늦게 복귀했지만 말이죠."

이들이 법정에 돌아왔을 때 스콥스는 빽빽하게 서 있는 사람들을 간신히 뚫고 피고인 자리에 앉았다.

"대체 어딜 갔다 온 거요?"

헤이스가 추궁했지만 그 말고는 누구도 피고가 자리를 비웠다는 사실을 알아채지 못한 듯했다.[2]

검사들은 원고 측을 도울 증인들의 자리를 마련하느라 스콥스가 어디 있는지 신경 쓸 겨를이 없었다. 학생 증인들은 어른들에 파묻혀 보이지 않았고, 겨우 찾아낸 후에도 방청객들이 자리를 모두 차지해버려 변변한 의자 하나 없는 상황이었다. 벤 매켄지는 몇몇 사람을 불러 증인들을 위한 자리를 회수했다. 그는 "법정에서 우리가 악역을 자처할 수밖에 없었다"고 말했다.

검사와 원고 측 증인들이 겨우 자리를 잡고 앉자 재판장은 배심원단을 불러들이고 양측에 모두 진술을 하도록 지시했다. 그전에 스튜어트는 자신의 주장이 "한 시간 정도" 걸릴 것이라고 예측했는데, 예정된 시간에 맞추기 위해서 두 문장으로 진술을 시작했다.[3] 스콥스가 "인간이 하등동물의 후예"라고 가르침으로써 반진화론법을 위반했다는 것이 주된 내용이었다.

"따라서 이는 성경에서 말하는 신의 인류 창조를 거역하는 행위입니다."[4]

피고 측 변호인단은 증언이 허락될 경우 전문가들의 이야기를 모두 들으려면 몇 주는 걸릴 것이라 예상했고, 그에 따라 신중하게 작성한 진술로 논박했다.

"이 법이 합헌이든 위헌이든, 피고 스콥스가 법을 어기지 않았고 애초에 어길 수 없는 법임을 증명할 것입니다."

멀론은 타자기로 친 원고를 읽어 내려갔다.

"과학과 신학에서 배움을 쌓은 분들의 증언을 기반으로 진화론과 성경에 나와 있는 창조론을 믿으면서도 이 둘이 충돌하지 않는다고 믿는 수백만 명의 사람이 있다는 사실을 보여드리겠습니다. 저희 피고 측은 이것이 개인이 알아서 결정해야 하는 신앙과 해석의 문제라고 주장하는 바입니다."

"오해의 소지를 없애기 위해 말씀드리지만, 저희 피고 측은 진화론과 「창세기』에 나와 있는 창조론 사이에 직접적인 충돌이 있다고 생각합니다."

하지만 이는 변호인단의 의견을 표현한 것뿐이었다.

"진화론과 구약 성경 간에 충돌이 있다고 생각하기는 하나, 이것이 진화론과 기독교 사이의 충돌이라고 생각지는 않습니다."

피고 측 변호사 중에 이 문장을 강한 신념을 가지고 읽을 수 있는 사람은 멀론뿐이었다. 그러나 이 발언에는 근대주의 기독교 전문가 증인의 믿음이 반영됐다. 멀론은 성경과 진화론 사이의 관계에 대한 세 가지 관점을 요약해 말했다. 바로 완벽한 조화, 직접적 충돌, 점진적 공존성이었다. 그중 하나만 받아들여도 개인의 종교적 의견차가 성립되며, 원고 측에서 인류진화론을 가르치는 일이 성경의 창조론에 반한다는 사실을 상정하거나 증명하는 것은 한마디로 불가능하다는 것이 그의 주장이었다.[5]

멀론은 브라이언에게 직격탄을 날렸다.

"원고 측의 복음주의 대표 브라이언 씨의 주장대로라면 진화론과 기독교의 특정 사상에 충돌되는 부분이 있을 수 있겠으나, 우리는 원고 측의 복음주의 대표가 미국 기독교를 대변할 자격이 있다고 생각하지 않습니다."

종교적 견해의 일시적인 성격을 강조하기 위해 멀론은 22년이나 된 오래된 문서를 들춰냈다. 이 글은 브라이언이 토머스 제퍼슨의 종교자유법을 지지하기 위해 쓴 것으로, 반진화론법과 같이 종교 신앙을 강요하거나 장려하는 법을 부인하는 듯한 뉘앙스를 풍겼다.

"피고 측은 오늘날 원리주의자 브라이언에게 어제의 근대주의자 브라이언의 처지에서 묻고 싶습니다."

멀론이 선언했다. 브라이언의 이름이 계속해서 언급되는 상황에 불만이 쌓인 스튜어트가 이의를 제기하려 했지만 브라이언이 손사래를 쳤다.

"법정의 보호는 필요하지 않소. 적당한 시간이 되면 여기 신사분들께 그때나 지금이나 내 입장은 똑같고, 이 문제가 현재 심리 중인 사안과 아무 관련이 없다는 사실을 밝힐 수 있을 것이오."[6]

일명 독보적인 리더 브라이언이 법정에서 입을 열기만 며칠째 기다려온 방청객들로서는 환희의 순간이 아닐 수 없었다. 한 기자는 당시 반응을 다음과 같이 전했다.

"발을 구르고 휘파람을 부는가 하면 일제히 환호성을 지르며 박수를 쳤습니다. 그 순간만큼은 브라이언의 승리였죠. 간결하지만 강렬한 어법으로 적의 궤변을 꿰뚫어버렸으니까요."[7]

당시 상황을 보고 있던 멩켄은 다음과 같이 말했다.

"이 신의 땅에서 브라이언은 퇴물 정치인이라는 이미지에서 벗어나 위대한 사제 또는 반인 반천사 정도로 부상해 있더군요. 말하자면 일종의 원리주의 교황 같은 존재 말이죠."[8]

법정이 질서를 되찾고 멀론이 진술을 모두 마친 후에 신속하게 원고 측의 진술이 이어졌다. 스튜어트는 4명의 증인을 불렀다. 교육감 화이트가 첫번째로 나와 스콥스가 고등학교 생물 과목 복습 시간에 헌터의 『도시 생물학』에서 인류진화론에 대해 가르친 것을 인정했다고 증언했다. 그러자 스튜어트가 이 교과서에서 문제가 되는 단락을 지목했는데, 대로가 이후 반대 심문에서 해당 단락을 읽었을 때 크게 문제가 있어 보이지는 않았다. 대로는 또한 화이트를 심문해 주 교과위원회가 그전에 이미 이 책을 테네시 주 공립학교에서 사용하도록 공식적으로 채택했다는 사실을 확인했다. 스튜어트가 화이트에게 흠정역King James version 성경을 내밀며 "반진화론 법안에서 말하는 '성경'"의 증거로 제시했을 때에는 피고 측이 거세게 반발했다. 성경 해석의 차이를 강조할 기회를 잡았다고 판단한 헤이스는 즉시 다르게 해석한 성경의 수정판이 10개도 넘는다는 이유를 들어 이의를 제기했다.

"당면한 법은 형사법이고 오로지 그러한 관점에서만 해석돼야 합니다. 이 법 조항 어디에도 교사의 가르침을 흠정역 성경에 따라 통제해야 한다고 나와 있지 않습니다."

하지만 개신교도가 압도적으로 많은 테네시 주 동부 지역에서는 이것이 바로 그들이 믿는 성경이었다. 롤스턴 판사도 이의를 기각하면서 이와 같이 말했다.[9]

화이트에 이어 고등학생 2명이 연이어 증인석에 섰다. 첫번째는 하워드 모건이라는 앳된 모습의 9학년 학생으로, 피고가 과학 수업에서 한 번 인류진화론에 대해 논했다고 증언했다.

"그래요. 혹시 선생님이 그 밖에 나쁜 얘긴 안 하던가요?"

대로가 반대 심문에서 물었다. 모건이 "아니요. 제 기억엔 없는데요"라고 답했을 때 브라이언의 얼굴에도 살짝 미소가 번졌다.[10] 소년은 긴장한 나머지 귀 아래쪽에서 넥타이를 배배 꼬다가 셔츠 단추가 튕겨나갔다. 그 와중에 스콥스에서 배운 내용이 해가 된 적은 없다고 말했을 때에는 법정에 있는 모든 사람이 웃음을 터뜨렸다. 시무룩한 표정의 졸업반 학생 해리 셸턴이 다음 차례로 증인석에서 스콥스가 생물 시간에 헌터의 교과서를 사용했다고 확인했다. 반대 심문에서 대로는 셸턴이 스콥스의 수업을 들으면서도 계속해서 교회를 다녔다는 사실을 환기시켰다. 인류진화론에 대한 가르침이 이 학생들에게 해를 끼친 흔적은 거의 찾아볼 수 없다는 주장이었다.

마지막으로 프랭크 로빈슨이 증인으로 나왔다. 그는 스콥스 자신이 "이 주에서 헌터의 생물학을 가르치는 선생은 죄다 법을 어기는 것"이라고 시인했다고 했다. 반대 심문에서 대로는 이 교과서에 대해 물었다.

"그런데 증인께서는 이 책을 판매하셨죠? 아닌가요?"

그러고는 바로 되물었다.

"교육위원회의 일원으로 활동하고 계시지 않나요?"

질문의 취지를 파악한 방청객 사이에서 웃음이 터졌고, 대로가 마치 주류 밀수업자를 대하듯 증인에게 "제 질문에 반드시 답해야 하는 건 아닙니다"

라고 주의를 주었을 때 또 한 번 웃음이 터졌다. 이 상황에서 스튜어트가 할 수 있는 것이라고는 농담으로 받아치는 것뿐이었다.

"법에서 가르치지 말라고만 했지 팔지 말라고 한 건 아니지 않나요?"[11]

누가 봐도 원고 측이 요청한 증인을 대로가 제 주먹 안에서 쥐락펴락하고 있는 양상이었다. 스튜어트는 추가 증인을 부르지 않기로 했다. 준비된 다른 증인들도 비슷한 증언을 할 것이라는 이유를 댔다. 원고 측의 진술은 시작된 지 1시간도 안 돼 그렇게 끝이 났다.

오후 재판이 막바지를 향해 가는 사이에 대로는 피고 측의 첫번째 증인 메이너드 M. 멧커프를 불렀다. 그때 스튜어트가 대로를 멈춰 세우며 말했다.

"테네시 주의 법에 따르면 피고가 먼저 증인석에 앉아야만 증인을 세울 수 있다는 사실을 상기시켜드리고 싶군요."

그러자 대로가 판사를 향해 말했다.

"재판장님, 지금까지 피고에게 불리하게 증언된 내용은 모두 사실입니다."

대로는 이것을 이유로 스콥스가 증언하지 않을 것이라고 선언했다.[12] 피고 측은 스콥스가 한 행동을 부인하는 대신 그의 행동이 법을 어기지 않았고, 따라서 진화론과 성경에 대한 전문가 증언이 필요함을 입증하려 했다.

"그래서 저는 제 이름을 건 재판에서 구경꾼처럼 서커스가 끝날 때까지 구석에 아무 말도 없이 앉아 있었습니다."

스콥스가 나중에 한 말이다.

"대로는 제가 생물교사가 아님을 알았기에 저를 증인석에 앉히면 생물을 실제로 가르쳤는지 대답해야 할까봐 걱정했던 게죠. 과학에 대해 어느 정도 지식은 있었지만 증인석에서 과학에 대한 질문에 속속들이 답하는 것은 전혀 다른 문제이니까요."[13]

57세의 노련한 과학자 멧커프는 논리적으로 볼 때 피고 측이 내세울 수 있는 첫번째 증인이자 어쩌면 유일한 증인이었을 것이다. 그가 오벌린대학을 졸업했을 때만 하더라도 복음주의 개신교와 강한 유대관계를 맺고 있었고, 존스홉킨스대학이라는 미국 최고의 연구기관에서 동물학 박사학위를 취득한 후 돌아온 곳이었기 때문이다. 연구원과 교사로서 확고한 명성을 쌓은 멧커프는 여러 전문 협회의 간부직도 역임하고 있었다. 제1차 세계대전 중에 워싱턴으로 거처를 옮겨 미국국립연구회의National Research Council의 생물학 및 농학 부서장을 지내다가 나중에 존스홉킨스대학에서 수석연구원으로 활동했다. 멧커프는 이 기간 내내 교회활동도 활발히 했으며 오벌린과 볼티모어에 있는 근대주의 조합교회의 주일학교에서 대학생들을 가르쳤다. 그리고 지금 이 순간 법정에 모인 사람들과 온 나라에 진화론과, 기독교와 진화론의 양립 가능성에 대해 알리기 위해 증인석에 섰다.

멧커프의 이력을 나열한 뒤에 대로가 물었다.

"인류의 기원과 관련해 진화론이 어떤 내용인지 설명해주시겠습니까?"

순간 스튜어트가 벌떡 일어나 끼어들었다.

"이의 있습니다. 법정에서 진화론과 관련된 발언이나, 창조론과 진화론이 대립되거나 그렇지 않음을 증명하려는 발언은 받아들일 수 없습니다."[14]

원고 측은 반진화론법이 진화론의 의미나 진화론이 성경과 충돌하는지 여부와 상관없이 인류진화론의 교육을 금지한다고 주장했다. 이 주장대로라면 해당 문제에 대한 증거는 재판과 관련이 없는 것이었다. 하지만 피고 측은 성경의 창조론을 거부하는 진화론의 교육만 금지한 것이므로 그러한 증거가 관련이 있다고 맞받아쳤다. 실제로 이 부분을 뺀다면 피고 측의 논증 자체가 성립되지 않았다. 증거의 채택 여부는 판사가 결정할 문제였다. 그러한 이유로 법정에 입장한 지 2시간도 채 되지 않아 배심원단이 다시 한번 퇴장했고 그 주가 끝날 때까지 돌아오지 않았다. 증거 채택 문제에 대해 양측은 목요일에 논의하기로 했다. 법정에서 전문가 증언이 배제되더라도 피고 측은 여전히 항소를 위해 증거를 제출해 기록에 남길 수 있었다.

"그리고 시작된 그의 증언은 지금까지 들어본 것 중 가장 명확하고 간결하며 설득력까지 겸비한, 진화론자의 입장을 대변하는 최고의 연설이었다."

멩켄이 멧커프의 증언에 대해 쓴 글이다.

"멧커프를 이끌어나가는 대로의 활약 또한 대단했다. 한두 마디로 주변을 침묵에 빠뜨렸다가, 이내 생각지도 않은 질문을 퍼부어댔다."[15]

대로는 멧커프에게 진화론에 대해 설명하고 과학자들 사이에서 현재 진화론의 위치를 평가해달라고 했다. 그리고 성경의 창조론과 어떤 관계가 있는지도 설명해달라고 요구했다.

"진화와 진화론은 근본적으로 다릅니다. 진화는 의심할 여지 없이 명백한 사실입니다."

교수가 답변을 시작했다.

"하지만 짚고 넘어가야 할 부분이 분명히 있습니다. 진화가 어떻게 발생했는지 그 방법은 이론상으로만 유효할 뿐 현재 우리가 가진 과학적 지식으로는 답할 수 없는 부분이죠. 하지만 누군가가 '진화가 발생했는가?'라고 묻는다면 주저 없이 완벽한 답을 줄 수 있을 정도의 과학적 지식을 보유하고 있는 것 또한 사실입니다."[16]

멧커프는 뒤이어 진화의 기술적 증거를 들고 생물학자들이 보편적으로 수용하고 있다고 확인해주었다. 하지만 휴정이 임박한 바람에 성경에 대한 대목은 언급하지 못했다. 원고 측은 침묵 속에 증인의 상세한 증언을 경청했다. 롤스턴 역시 큰 관심을 보였다. 반면 방청객의 수는 눈에 띄게 줄어들었다. 어떤 이는 "저 사람 말 다 믿을 수나 있는 거야?"라고 투덜거리며 법정 문을 나섰다. 그날 재판 일정이 모두 끝난 뒤에 브라이언은 대로에게 다가와 재판 기념품으로 작은 나무 원숭이 조각품을 건네는 친절함을 보였다.[17] 하루 동안 무르익은 화기애애한 분위기가 절정에 달한 순간이었다.

목요일, 재판 참가자들은 다시 대립 구도에 섰다. 전문가 증언 문제에 대해 거의 모든 변호사가 목청을 드높이며 서로를 견제했고, 그러는 사이 오전 시간이 훌쩍 지나가버렸다. 찌는 듯한 더위에 기운을 모두 빼앗겨버린 윌리엄 브라이언 주니어가 들릴 듯 말듯한 목소리로 원고 측의 첫 진술에 나섰다. 연방 검사로 일할 때 경험을 토대로 전문가 증거 채택을 결정하는 기준이 되는 당시 국가의 규정을 토씨 하나 틀리지 않고 정확하게 읊었다.

"아버지만큼 화술이 뛰어나지는 않았지만 사실 문제를 따지려는 성향은 확실히 아버지와 비교가 되더군요. 별 의미 없는 소송 사건을 연거푸 인용하면서 본인은 꽤 즐거워하는 표정이었어요."[18]

당시 상황을 지켜보던 누군가가 한 말이다. 브라이언의 아들은 법정을 향해 진화론 교육을 금지하는 것이 반진화론법의 핵심이라며 참조 사례에 의거해 말했다.

"이 문제에 대해 전문가의 증언을 허용하는 것은 배심원에 의한 재판을 전문가에 의한 재판으로 대체하는 것이며, 재판장님께서 온 세상을 향해 이번 재판의 배심원단이 간단한 사실 문제를 결정하는 것조차 버거울 만큼 어리석다고 공표하는 것과 다를 바 없습니다."[19]

항변에 나선 헤이스는 법에 대한 피고 측의 해석을 강조했다.

"아니요. 교사의 범죄가 성립하려면 법에 성경에 쓰인 이야기를 부인하는 학설을 가르쳐야 한다고 나와 있는 거겠죠. 성경에 있는 내용이 무엇인지 우리 중 누구라도 정확하게 말할 수 있나요? 결국 여러분도 거기 쓰인 말들을 글자 그대로 해석한 것 아닌가요?"

브라이언 주니어가 인용한 증거법을 똑같이 적용하자면 과학자와 신학자로 이루어진 전문가 증언을 허용할 수 있다는 논리가 성립된다는 것이 헤이스의 주장이었다. 변론을 마무리하며 헤이스는 롤스턴을 향해 좀더 넓은 시각에서 이번 재판이 주는 의미를 되새겼다.

"전국, 아니 전 세계의 시선이 여기 계신 재판장님을 향해 있습니다. 스콥스 씨가 진화론을 가르쳤는지 아닌지를 가리는 것이 이번 재판의 유일한 목적은 아니지 않습니까?"[20]

반진화론법이 시험대에 올라 널리 알려지는 것을 원했던 데이턴 주민들이 이제는 주제를 회피하는 지경에 이르렀다.

"이곳은 법정이지 대중을 가르치는 곳이 아닙니다."

허버트 힉스가 판사에게 말했다. 벤 매켄지도 나름대로 그의 의견에 동의를 표했다.

"우리는 이미 돌이킬 수 없는 선을 넘었습니다. 재판장님께서 반진화론법의 타당성을 인정한 이상 이제 남은 일은 피고의 유무죄를 가리는 것밖에 없습니다."

학계에 몸담은 신학자들에 대한 원리주의자들의 불신감을 대변하듯 두 검사 모두 헤이스의 지적을 무시한 채 성경 해석을 위해 전문가 증언이 필요한지에 대해 의문을 던졌다.

"이 전문가 분들이 우리 배심원들보다 성경에 대해 더 많이 안다고 어떻게 확신할 수 있죠?"

힉스가 물었다. 방청객들의 "아멘" 소리가 뒤따랐다. 매켄지는 말했다.

"하나님께서 어느 날 바다에 뭔가를 던져넣고 '6만 년 후에 이걸로 뭔가 만들 것이다'라고 했다는 식의 이야기보다는 「창세기」가 저에게는 훨씬 더 그럴싸하게 들리는군요."

헤이스가 이의를 제기하자 매켄지가 되물었다.

"신의 창조를 믿습니까?"

헤이스는 "그건 당신이 상관할 일이 아니죠"라는 답으로 한 걸음 물러섰다.[21] 헤이스의 원론적 질문에 대한 답은 브라이언의 몫으로 넘어갔다. 멀론과 스튜어트는 최종 변론을 맡기로 했다. 정오가 얼마 남지 않은 시간, 브라이언의 연설을 감행했다가 점심시간과 맞물려 중단시키는 위험을 감수하고 싶지 않았던 롤스턴은 대안으로 이른 점심식사를 위한 휴정을 택했다. 그리고 휴회 시간을 연장해 인부를 불러 미뤄왔던 천장 선풍기 설치 공사에 착수했다.

"그 유명한 브라이언이 연설할 것이라는 소문이 퍼지자 법정에 사람들이 벌 떼처럼 몰렸고, 예정된 오후 심리 시간이 되기 훨씬 전부터 법정이 발 디딜 틈 없이 꽉 찼다."

필립 킨슬리가 『시카고 트리뷴』에 보도했다.

"스피커를 통해 나오는 소리라도 듣기 위해 법정 안의 사람보다 더 많은 수가 미루나무 그늘 아래로 모여들었다. 마을 전체가 마치 거대한 공명판 같았다."22

아니나 다를까. 브라이언은 모두의 기대를 저버리지 않았다. 멀론 역시 훌륭했고, 스튜어트는 돌풍을 일으켰다. 돌발 행동을 염려한 판사는 방청객들에게 다음과 같이 경고했다.

"지금 이곳에 사람들이 많아 바닥이 매우 불안정한 상태입니다. 그러니 최대한 정숙해주시고 과격하게 감정을 드러낸다거나 박수를 치는 행동은 삼가주십시오."23

그러나 아직 벌어지지도 않은 물리적 재앙을 핑계로 그날 오후 고조된 감정을 잠재우기는 어려워 보였다. 대로는 자서전에서 스콥스 재판의 당시 상황을 회고하며 말했다.

"한마디로 그때 상황을 표현하자면 신들의 여름이었다!"24

브라이언은 전문가 증인에 대한 의견을 발표하는 중간에도 1시간에 걸쳐 진화론 교육에 집중 포격을 퍼부었다.

"존경하는 재판장님, 이곳에 전문가들을 불러들여 테네시 주민들이 맹렬히 비난하고 법으로 금지한 행위를 미화하고 주민들의 의도를 짓밟아버리려는 시도를 간과해서는 안 됩니다."

이 말을 시작으로 진화론 교육이 비난받는 이유는 사회도덕을 저해하기 때문이라고 주장했다.

"이게 바로 그 책입니다!"

헌터의 『도시 생물학』을 손에 들고 브라이언이 외쳤다.

"여러분의 자녀들에게 인간이 포유동물이라고 가르치고 다른 동물과 거의 구분이 안 된 나머지 코끼리를 비롯해 3499마리의 다른 동물과 인간을 같은 부류로 취급한 책이란 말입니다!"

민주당원인 브라이언은 공화당원과 관련된 농담으로 공격을 이어갔다.

"사자 우리에 다니엘을 집어넣는 격이죠!"

청중은 그의 말을 한 단어라도 놓칠세라 열심히 귀를 기울였고 때에 맞춰 웃음으로 화답하기도 했다.

"기독교인은 인간이 저 높은 곳에서 왔다고 믿고, 진화론자들은 인간이 땅 밑에서 왔다고 믿습니다."

그러더니 레오폴드와 로에브 재판에서 대로가 한 말을 인용해 다위니즘이 이기적이고 동물적인 행동을 조장한다고 주장했다.

"동료 여러분, 대로 씨께서 하워드 모건 학생에게 물었죠. 해가 된 적이 있냐고?"

브라이언은 스콥스의 교육에 대한 맹점을 다시 한번 끄집어냈다.

"그 질문을 왜 학생의 어머니에게 묻지 않았을까요?"[25]

이 반문 뒤에 브라이언은 전문가 증인 문제로 되돌아왔다.

"성경 전문가였다면 저들이 과연 여기에 데려와 배심원들을 가르쳐도 된다고 생각할까요? 하나님의 말씀의 묘미가 무엇인지 아십니까? 하나님의 말씀은 전문가 없이도 이해가 가능하다는 겁니다."

큰 박수갈채가 이어졌다.

"이처럼 간단한 사실과 진위 여부가 명백한 사건을 놓고 교육 분야 종사자들을 끌어들여 모의재판을 열려 한다니…… 사람들의 마음에서 이미 계시된 하나님의 말씀을 몰아내려는 것이 그들의 목적이라면 모의재판이라는 오명을 받아 마땅합니다."[26]

멀론은 30분 동안 자유를 호소하는 항변으로 듣는 이들에게 감동을 주었다. 청중이 예상했던 내용이 아니었기에 그 여파는 생각보다 컸다.

"브라이언의 연설에 답하기 위해 자리에서 일어났을 때 그는 재킷을 벗어던져 단번에 시선을 사로잡았습니다. 어느 누구도 생각하지 못한 방법으로 청중의 주의를 집중시킨 거죠."

스콥스가 훗날 회상했다.

"그가 입을 열기도 전에 모든 이의 시선이 그를 향해 있었습니다."[27]

멀론은 탁자에 반쯤 걸터앉아 낮은 목소리로 이야기를 시작했다. 그 태도는 마치 위대한 평민의 뒤를 잇는 연사로서 겸손함을 보이려는 것 같았다.

"브라이언 씨의 연설을 듣고 나서 감히 이것이 종교적인 문제가 아니라고 생각할 사람이 있을지 궁금하군요. 아니, 브라이언 씨의 말대로라면 아주 방대한 문제임이 틀림없죠."

재판에 앞서 브라이언이 던진 도발적 발언을 떠올리자 그의 목소리가 조금씩 격앙됐다.

"우리는 결투를 위해 이곳에 왔습니다. 하지만 상대편이 말하는 결투가 피고 한 명을 나무판자에 묶어놓고 자기들만 손에 칼을 쥔 채 싸우는 건가요? 우리가 가진 유일한 무기는 진화론의 정확성을 증언해줄 증인인데, 그것마저 빼앗아갈 심산인가요?"

그 말과 함께 탁자에서 일어나 큰 소리로 외쳤다.

"우리는 과학을 믿습니다. 우리는 지성을 믿습니다. 우리는 미국의 근본적인 자유를 믿습니다. 그리고 우리는 두렵지 않습니다."

이내 다음과 같이 결론지었다.

"올바른 법과 온당한 절차, 피고를 위한 공정함을 시행하는 의미에서 증거 채택을 허락해주실 것을 재판장님께 요청합니다."[28]

한 기자가 말했다.

"멀론의 연설이 끝나자 데이턴 전체가 우레와 같은 함성으로 판결을 대신했다. 여자들은 소리를 지르며 찬성의 뜻을 표했고, 대로의 달변에도 꿈쩍 않던 남자들마저 터져나오는 환호성을 막지 못했다."

1시간 전에 브라이언이 박수갈채를 받았다는 사실이 무색할 정도였다. 채터누가에서 파견된 한 아일랜드계 경찰관은 야경봉으로 탁자를 거세게 내리쳤는데, 그 바람에 탁자에 금이 갔다. 청중을 진정시키려는 줄 알고 또다른 경찰관이 가세했는데, 정작 그가 들은 말은 "정숙하라고 친 게 아닐세. 에잇, 알게 뭐람. 나도 환호하는 중이었다고!"였다. 침묵으로 중립을 지켜온 기자들도 기립박수로 관례를 깨뜨렸다. 멩켄은 "더들리, 내 평생 이렇게 시끄러운 연설은 처음일세"라며 멀론을 칭찬했다. 평론가로 직함을 바꾼 반진화론법 창시자 J. W. 버틀러도 "세기 최고의 연설"이라며 극찬했다. 민중의 정의감에 호소하고 현지인들의 종교적 감성을 최대한 건드리지 않으려는 노력이 엿보인 연설이었지만 감정적 동요에 의존한 것만은 확실했다.

"이제 와서 멀론의 연설문을 읽어보니 건조하고 밋밋하다는 생각이 든다. 워낙 대립이 극에 달했던 시점인지라 청중을 열광케 한 것 같다."

40여 년이 지나 스콥스가 쓴 글이다.

"그가 브라이언에게 정면으로 맞섰던 그때 상황은 내가 살면서 경험한 가장 극적인 순간이었다."[29]

엎치락뒤치락했던 두 연사의 대결 뒤에 원고 측의 최종 변론은 스튜어트가 맡았다. 그는 법적 해석의 확고한 근거를 되짚으며 전문가 증언의 필요성을 부인했다. 반진화론법은 의심의 여지가 없었다.

"여기 나와서 법을 법이 아니라고 말할 수 있는 사람 있습니까?"

더들리 필드 멀론이 팔짱을 끼고 사람들이 꽉 찬 법정 안에서 연설하는 모습. 정면에 WGN 마이크가 있고, 뒤쪽에 뉴스 카메라가 재판을 촬영하고 있다. 멀론을 중심으로 왼쪽에 검사 월리스 해거드, 바로 뒤에 허버트 힉스의 모습이 보인다.(브라이언대학 기록보관소)

스튜어트가 질문을 던졌다.

"과학자들이 나와서 무엇을 증명하려는 걸까요? 그들은 (진화론이) 단지 신께서 인간을 만든 방법이라고 말할 겁니다. 상관없습니다. 이 법은 (진화론을 가르치지) 말라고 말하고 있습니다."

재판 전까지 스튜어트는 진화론 교육에 대해 한 번도 이렇다 할 감정을 드러낸 적이 없었다. 하지만 브라이언의 연설이 계기가 돼 문제를 심각하게 받아들이게 됐다.

"과학적 탐구에 참여할 권리는 누구에게나 있습니다. 하지만 과학이 인간에게 영원이라는 희망을 주는 원천을 공격한다면 인간의 문명 기반이 무너지는 결과로 이어질 것입니다. 자녀들의 영혼을 좀먹는 과학은 내쳐버리십시오."

원래 과묵한 편인 스튜어트도 앞서 발표된 연설에 감동을 받았는지 하늘을 향해 두 팔을 내밀고 갑자기 신앙 고백을 시작했다.

"다들 이번 재판이 종교와 과학 간의 싸움이라고 합니다. 그렇다면 지금 이 자리에서 전능하신 하나님의 이름을 걸고 공표하건대, 저는 종교의 편에 서겠습니다. (…) 현세 뒤에 영원한 행복이 제 자신과 다른 사람들을 기다리고 있을 거라 믿고 싶기 때문입니다."

헤이스가 진화론의 진실을 증명할 기회를 달라며 중단시키려 했지만 스튜어트는 아랑곳하지 않았다.

"피고 측이 준비한 변론은 문명과 기독교의 급소를 겨냥하고 있으므로 들을 가치가 없습니다."[30]

변덕스러운 청중은 방금 전의 일은 새까맣게 잊은 듯 꽤 오랜 시간 동안 박수를 보냈다. 법정은 스튜어트의 오후 변론을 끝으로 휴정에 들어갔다. 금요일 아침에 법정 문이 다시 열리면 판사가 원고 측의 전문가 증언 거부 발의에 대한 판결을 내릴 것이다.

그날 데이턴은 늦은 밤까지 낮에 열린 재판 이야기로 떠들썩했다. 『내슈빌 배너』에 다음과 같은 기사가 실렸다.

"전신 기사들은 피로한 가운데 밤을 꼬박 새워 전국에 파란만장한 재판 소식을 전달했다."

"장엄했던 순간은 역사 속으로 사라졌고, 레아 카운티 교사의 재판이 갈릴레오의 재판과 같은 반열에 오를 것이라던 예언이 현실화돼가고 있다."[31]

『뉴욕 타임스』는 그날의 재판을 "최근 몇 년간 과학과 종교 사이에서 벌어진 논쟁 중 단연 최고"라고 치켜세우며 1면에 브라이언과 멀론의 연설 전문을 실었다.[32] 두 사람의 연설 중에 특히 두 문장은 전국의 헤드라인 작성자들에게 좋은 소재가 됐다. "브라이언 왈, '성경을 버리지 않겠다고 하니 우리를 광신자라고 부른다"라는 머리기사가 『시카고 트리뷴』에 실렸고,[33] 멀론의 반론을 헤드라인으로 내보낸 "성경은 고이 간직하십시오"라는 기사에서는 "하지만 제자리에 잘 두십시오. 바로 당신들의 양심 속에 말입니다. 그리고 이 세상의 현명한 사람들과 이 나라의 지식층 사이에 널리 수용된 과학의 기본적인 지식을 전혀 모르는 사람들이 쓴 이 책을 과학에 포함시킬 수 있다고 말하지 마십시오."[34] 양측 모두 자신의 뜻을 효과적으로 전달했고 성공을 자축했지만 그 어느 쪽도 미국인의 마음과 정신을 얻기 위한 이 대결의 타협점을 전혀 제시하지 않았다.

금요일 심의는 1시간도 안 돼 끝났다. 판사가 전문가 증언을 판결하기에 충분한 시간이었지만 법정 모독을 이유로 대로를 소환하기에는 턱없이 부족했다. 두 사건의 전개는 연관성이 있었다. 처음부터 롤스턴은 평소답지 않게 방어적인 말투로 일관했다. 전문가의 증언을 듣고 싶어하는 것은 분명했지만 그러한 증언이 테네시 주와 반진화론법을 더 큰 웃음거리로 만들까봐 우려한 주 지도자들이 재판을 길게 끌지 말아야 한다는 비난의 목소리로 판사에게 큰 부담을 안겨준 것이다. 그래서인지 원고 측의 주장이 그대로 반영된 판결문을 읽는 중간에 실수를 연발했다. 내용 자체는 반대 입장을 취한 『뉴욕 타임스』와 테네시 주 동부 지역 변호사들을 상대로 피고 편에 선 『채터누가 타임스』가 실시한 비공식 설문에 응답한 사람들까지도 마지못해 지지를 표할 만큼 타당성이 있어 보였다. 그럼에도 불구하고 헤이스와 대로는 그 즉시 롤스턴에게 정면으로 반박해 재판부의 편견을 널리 알리고자 했다. 상황이 여기까지 온 이상 그들로서는 더 이상 잃을 것이 없었다. 헤이스가 모욕적인 언사로 판결에 이의를 제기했고, 스튜어트는 헤이스의 말투를 문제삼았다.

"법정의 명예를 떨어뜨리는 행태라고 생각합니다."

롤스턴은 다음과 같은 말로 넘어갔다.

"글쎄요. 우리 법정에는 해가 되지 않는 것 같군요."

대로가 조롱 섞인 말로 공격을 이어받았다.

"우리에게 해가 될 위험은 없습니다. 테네시 주가 이 세상을 지배할 날은 아직 멀었으니까요."[35]

헤이스가 항고 심사를 위한 기록을 남기기 위해 법정에 전문가 증언을 제출하는 방안에 대해 물었다. 이에 롤스턴은 전문가들이 선서 진술서를 제출하거나 법정 서기를 위해 자신들의 증언을 요약할 수 있게 허용하는 대안을 제안했다. 헤이스가 전문가에 의한 실황 증언을 계속해서 요구하자 이번에는 브라이언이 나섰다.

"그 증인들의 증언이 허용된다면 반대 심문에도 응할 것이라고 봐도 되는 건가요?"

피고 측의 허점을 노린 질문이었다. 나중에 헤이스는 당시 직면한 딜레마에 대해 다음과 같이 설명했다.

"우리가 증인으로 선정한 분들은 과학자이면서 신앙심을 지녔는데, 그런 그들이 반대 심문에 나와 동정녀 탄생과 그 밖의 기적을 믿지 않는다는 사실을 만천하에 드러내야 한다니……."

그런 식의 증언은 ACLU의 활동에 먹칠을 하는 것이나 다름없었다.

"교육의 자유라는 대의명분이 승리하기 위해서는 성경에 쓰인 기적에 대해 의심하지 않는 지식 있는 교인들의 지지가 절실하다는 것이 우리 측의 공통된 의견입니다."

브라이언의 말이 끝나기 무섭게 대로가 반격했다.

"원고 측에게는 더 이상의 반대 심문 권한이 없습니다."

롤스턴에게는 지금이 늘 자신을 곤란하게 만든 대로에게 제대로 보복할 수 있는 기회였다.

"반대 심문의 목적이 뭐죠? 진실을 확인하는 것 아닌가요?"

대로는 어깨를 구부리며 판사를 빤히 응시했다.

신들을 위한 여름

"이 재판에서 단 한 번이라도 진실을 확인하려 노력한 적이 있었나요?"

대로가 일침을 가했다. 결국 판사는 피고 측이 서면 진술서를 제출하거나 준비된 진술서를 읽어 기록에 남길 수 있지만 어떤 증인이 증인석에 나오든 원고 측에서 반대 심문을 할 수 있다고 판결했다.[36]

대로는 당일 남은 시간을 증인 진술서 작성을 위해 허락해달라고 요청했다. 롤스턴이 왜 그토록 많은 시간이 필요한지 묻자 대로가 폭발했다.

"원고 측의 요청과 제안에는 매번 무한대의 시간 낭비를 허락하면서 저희가 요구하는 것은 아주 기본적인 제안일 뿐인데도 어째서 듣자마자 기각하는 건지 이해가 되지 않는군요."

롤스턴도 팽팽히 맞섰다.

"법정을 모독하려는 의도는 아니기를 바랍니다."

대로는 멜빵을 잡아당기며 신중하게 그럴듯한 답변을 구상해냈다.

"글쎄요. 바라는 권한은 재판장님께 있으니까요."

특히 '바라는'이란 단어에 의도적으로 힘을 주어 말했다.

"저한테 또 어떤 권한이 있을지 모를 일이죠."

판사는 이와 같이 답한 뒤 피고 측 증인들이 진술을 준비할 수 있도록 월요일까지 휴회 기간을 갖는 데 동의했다.[37]

"이제 이교도 스콥스를 벌하는 테네시 주의 거룩한 사명을 이루기 위해 남은 임무는 피고를 숙청하는 것뿐이다."

멩켄이 데이턴에서 쓴 최종 보고서의 한 대목이다.

"월요일에 이런저런 법적 다툼이 벌어지고, 화요일에 천박한 연설을 또 들어야겠지. 하지만 진정한 싸움은 끝났다. 그것도 「창세기」의 완벽한 승리로……"[38]

토요일에 멩켄과 10여 명의 걸출한 저널리스트가 데이턴을 떠나며 대체로 동감한 결론이었다. 대로는 자신의 복귀 계획을 짰다.

"신문기자들이 느끼기에 아주 질질 끄는 바람에 짜증스럽고 씁쓸한 재판이었습니다."

떠나던 기자 한 명이 말했다.

"기자들 모두 오랫동안 익힌 음식과 위생 상태가 의심스러운 급수, 밀림을 방불케 하는 더위, 진을 빼는 재판 진행에 지칠 대로 지쳤습니다. 가슴을 후비는 증오의 말을 아무렇지 않게 내뱉고, 눈에 보이는 빤한 거짓말로 법정 예의를 짓밟는 감정적 상황을 담아내기란 노역에 가까운 일입니다. 다들 조금만 건드려도 폭발할 것처럼 신경이 곤두서 있습니다."[39]

멩켄이 서둘러 떠난 데에는 또다른 이유가 있었다. 데이턴과 주민들에 대해 멩켄이 내뱉은 비방의 말에 화가 잔뜩 난 현지 공무원들이 강제 추방당하기 전에 먼저 떠나라고 경고했기 때문이다. 수석행정관 A. P. 해거드가 기자들에게 말했다.

"누구도 그를 해치지 않기를 바랄 뿐입니다. 다행히 제가 현장에 있어서 한 번은 막았지만 또다시 그런 일이 일어난다면 말릴 사람이 없을지도 모르니까요."[40]

이처럼 현지인들의 위협에 노출된 멩켄이었지만 대로가 월요일 재판을 위해 어떤 계획을 세웠는지 미리 알았더라면 위험을 감수하고서도 데이턴에 남았을 것이다.

"내일모레쯤 성경 전문가를 증인석에 세울 겁니다."

이 말은 찰스 프랜시스 포터가 토요일에 대로에게서 들은 것으로, 나중에 포터의 회고를 통해 알려졌다.

"당신보다 더 훌륭하다고, 자신이 세계 최고라고 자부하는 그런 분이죠."

포터는 누구인지 곧바로 알아차리고 절묘한 선택이라며 무릎을 쳤다.

"그런 말씀 안 하셔도 됩니다."

대로가 답했다.

"아, 그리고 너무 크게 말하지 마세요. 여긴 기자들이 사방에 깔려 있어요."[41]

맨션에서 10여 명의 증인이 진술서를 작성하는 동안 대로는 은밀하게 브라이언을 증인석에 세울 준비에 몰두했다. 그리고 일요일 밤에는 하버드 지질학자 커틀리 매더와 함께 심문 예행연습을 했다. 매더가 브라이언 역할을 맡았고, 2년 전 『시카고 트리뷴』에 보낸 공개 편지에서 브라이언에게 물었던 것과 똑같은 유형의 질문을 했다. 일요일 즈음부터는 기자들이 조금씩 냄새를 맡기 시작했다. 『내슈빌 배너』는 기사를 통해 "피고 측이 쿠데타를 일으킬 준비를 하고 있다는 소문이 돌고 있다"고 전했다.[42]

대로의 계획을 알 리 없는 원고 측은 눈앞으로 다가온 승리의 기쁨을 만끽하고 있었다. 스튜어트는 판사의 결정을 두고 "영광의 승리"라고 공표했다. 재판의 결과를 확신한 윌리엄 브라이언 주니어는 캘리포니아로 돌아갔고, 그의 아버지는 본인 입으로 "완전히 새로운 것"이 될 거라 장담한 최종 변론을 마지막으로 다듬고 재판 이후 일정에 대해 논했다. 향후 2년 동안 7개 주 의회를 돌며 진화론 교육 반대운동을 펼칠 계획이었다. 그 첫걸음으로 토요일에는 재판의 긍정적인 영향을 기술한 장문의 성명서를 발표했다.

"우리는 지금 진보하고 있습니다. 테네시 주 소송을 통해서 성경 중심의 기독교를 향한 음모가 밝혀졌습니다."

브라이언은 이렇게 적고 문명에서 동정과 자비를 앗아간 자연선택이라는 '잔인한 원리'의 '실체를 폭로'했다. 그는 이 음모의 주범으로 대로를 지목했다.

"대로는 개정 전에 기도를 올리는 의례를 거역했고 기회가 생길 때마다 정통 기독교를 믿는 사람들의 지적 수준을 비방했습니다. 기독교 세계는 진화론 교육을 장려하는 세력이 기독교에 대해 실질적으로 얼마나 큰 적대감을 품고 있는지 이 소송에 대로가 연루된 계기와 재판 중 그의 행태를 보고 깨우쳐야 합니다."

브라이언은 데이턴에서 서쪽으로 25킬로미터 떨어져 있는 파이크빌이라는 작은 마을에서 교회 신자를 모두 모아놓고 야외 예배를 열어 비슷한 내용으로 설교했다.[43]

대로가 법정 기도의식을 열지 못하게 하려 했다는 사실은 큰 반감을 일으켰고 여전히 시민 종교에 대한 과시욕에 사로잡혀 있던 사람들을 술렁이게 했다. 그전까지만 해도 재판에 대해 말을 아꼈던 주지사 피도 공개적으로 "기도를 회피하려 하다니 매우 유감입니다"라고 말했다. 재판 진행에 남다른 관심을 보였던 플로리다의 철학자 조지 F. 워시번은 브라이언대학을 설립하자는 교육감 화이트에게 1만 달러를 후원하겠다고 약속하고, 그에게 보내는 편지에 "데이턴에서 벌어지는 대결은 '전 세계를 에워쌀 전쟁의 시작'입니다"라고 썼다.

"원리주의 대학이 설립되는, 심리학적으로 중요한 순간입니다."

워시번이 제안한 후원금 액수가 우습다는 듯 존 D. 록펠러 주니어는 같은 날 셰일러 매슈스의 시카고 신학대학에 100만 달러를 기부했다.[44]

토요일이 되자 브라이언의 성명서에 대한 회답으로 대로도 성명서를 냈다. 법정 기도 문제를 되짚으며 자신은 "(이 소송의) 특수한 상황 때문에 거부했다"고 말했다. 그러면서도 도덕성의 기반으로 진화적 자연주의에 대한 주장은 굽히지 않았다. "이 (철학이) 제 동료들에 대한 이해심을 넓히고 그들을 향해 좀더 친절하고 자비로운 마음을 가질 수 있는 계기가 됐기를 바랍니다"라고 적었다. 일요일에는 채터누가 유대인 단체를 상대로 톨스토이에 대한 강연을 펼치며 윤리와 진화 문제를 재조명했다. 주말 동안 대로는 시간을 내 데이턴 근처에 거처를 마련한 오순절파의 열정적인 예배의식에 참관했다.

"브라이언보다는 낫더군요."

기자들을 향해 웃으며 한 말이다. 특히 브라이언이 기자들에게 법에 따라 법정에서 전문가 증언을 못 듣게 됐지만 "개인적으로" 듣고 싶다고 말한 후에 대로는 유리한 입장에 놓였다.

"브라이언은 반대 의견을 듣지 않아도 되는 곳에서는 얼마든지 과학과 종교에 대한 의견을 표명하겠다면서 공개 재판에서 선서를 하고 말하는 것은 감히 엄두를 내지 못하더군요."[45]

기자들에게 던진 이 말에는 브라이언에게 미끼를 던지려는 의도가 분명히 숨어 있었다.

이렇듯 대로가 브라이언과 말싸움에 전념하는 동안 헤이스는 증인 진술서를 준비하는 총책임자 역할을 맡았다. 이 모든 활동은 맨션을 중심으로 전개됐다.

"이곳에서 과학자 증인들은 막바지 준비에 박차를 가했다."

현장에 있던 사람의 증언이다.

"다양한 자연과학 분야만큼 다양한 각도에서 문제에 접근했습니다. 동물학, 축산업, 농경학, 지질학, 식물학, 인류학 등 거의 모든 분야의 전문가가 동원됐죠. 각자 진화론이 사실이며 이것을 배제하고는 균형 잡힌 교육이 제대로 이루어질 수 없다고 증언할 예정입니다."[46]

모두 합쳐 8명의 과학자가 단어 수만 총 6만 개가 넘는 증언을 구술했고, 이 내용을 타자로 친 속기사들은 언론에 뿌릴 복사본을 만들었다. 또한 4명의 종교 전문가가 헤이스가 법정에서 읽을 증언 내용을 요약했다. 주말 동안에 진술서를 완료한 대부분의 전문가는 짐을 싸서 마을을 떠났다.

파이크빌에서 브라이언이, 채터누가에서 대로가 각각 연설을 하고 피고 측 증인들이 맨션 안에 틀어박혀 있던 재판 2주차 주말이 되자 데이턴은 어느 정도 평소의 모습을 되찾았다. 『내슈빌 테네시안』은 당시 데이턴의 분위기를 "쥐 죽은 듯이 조용했다"고 전했다.[47] 많은 기자가 철수했고, 나머지는 토요일과 일요일을 채터누가에서 보냈다. 시내 상인들은 수입이 줄어들었다며 투덜거렸고, 법원청사 잔디밭에서 고등학생 밴드 콘서트가 열렸지만 몇 안 되는 방문객만이 모습을 드러냈다. 스콥스는 산으로 수영을 하러 떠났다. 법정 방청객들은 하루 이틀 정도 뒤면 법정 연설도 끝나고 마을도 예전 상태로 돌아가 사람들의 기억에서 사라질 것이라 생각했다. 『내슈빌 배너』는 다음과 같이 표현했다.

"월요일을 맞이한 데이턴의 분위기는 방금 배불리 저녁식사를 마친 사람이 아침식사를 떠올릴 때 느끼는 기분과 비슷해 보인다. 존 T. 스콥스의 재판이 다시 흥미를 불러일으키기는 그 정도로 불가능해 보였다."[48]

나중에 안 일이지만 대로의 창의력은 데이턴 주민들보다 풍부했다.

하루의 시작은 다들 예상한 대로였다. 최종 변론을 듣기 위해 일찍부터 사람들이 모였고 오전 8시 반에 이미 좌석이 꽉 찼다. 경찰이 정문을 폐쇄했지만 옆문을 통해 사람들이 계속해서 들어왔다. 9시 직후에 도착한 롤스턴 판사는 간신히 통로를 빠져나와 판사석으로 향했다. 곧이어 원리주의 목사가 피고 측을 대놓고 겨냥한 고해 기도로 재판의 문을 열었다.

"아버지, 아버지께서는 좀더 고귀하고 뛰어나며 다채로운 아버지의 피조물을 보여주시고자 끊임없이 우리를 인도하고 계십니다. 그런데 우리는 어리석게도 가끔씩 인간의 마음으로 감히 끝없는 영원불멸의 계시에 맞서려 합니다."[49]

다른 사람이 입을 열기 전에 판사가 먼저 나서서 준비해온 성명서를 읽기 시작했다. 금요일에 그가 한 법정 모독성 발언을 문제삼아 대로를 법정 소환하고 선고를 위해 화요일에 출두하라는 내용이었다. 이미 테네시 주 판사와 변호사들이 주말에 이 문제에 대한 조치를 강력히 촉구한 뒤였기에 대로는 예상한 결과라는 듯 저항하지 않았다. 채터누가의 검사 프랭크 스펄록이 그 자리에서 대로의 보석금을 내면서 재판이 재개됐다.

피고 측 변호인단은 항소 기록에 증인 진술을 제출하는 방법을 모색하는 데 온 힘을 기울였다. 지방 검사가 제외된 증거의 개요를 법정 서기에게 구술하거나 금지된 증인의 진술서를 제공하는 것이 일반적인 절차였다. 헤이스는 여전히 진화론을 올바로 알리겠다는 희망을 버리지 못한 변호인단을 대표해 배심원단이 부재한 공개 법정에서 증인들의 진술을 낭독할 것을 요구했지만, 조서에만 추가해야 한다고 주장하는 스튜어트의 반대에 몰렸다. 거의 1시간 동안 양측의 공방이 계속되던 중 브라이언이 원고 측에 피고 측의 구두 진술에 답할 기회가 주어져야 한다고 말했다. 그 말을 들은 대로가 바로 절충안을 제시했다. 서면 진술을 제출하되 헤이스가 선별된 발췌문을 법정에서 낭독할 수 있게 허용하자는 것이었다. 롤스턴이 이에 동의함에 따라 헤이스에게 1시간이 주어졌지만 낭독은 결국 2시간이 넘어갔고, 점심시간 이후까지 이어졌다.

헤이스가 낭독한 발췌문은 법정 안에서 그다지 큰 반향을 일으키지 못했다. 진화론을 옹호하는 매우 상세한 내용이었지만 무더운 여름날에 듣기에는 무리가 있었다. 총 8명의 과학자가 진화론에 대해 서면 진술을 제공했다. 소개하자면, 인류학자 페이쿠퍼 콜, 심리학자 찰스 허버드 저드, 동물학자 H. H. 뉴먼은 시카고대학교에서 왔고, 동물학자 윈터턴 C. 커티스는 미주리대학교, 농학자 제이컵 G. 리프먼은 러트거스대학교, 지질학자 커틀리 F. 매더는 하버드대학교, 동물학자 메이너드 M. 멧커프는 존스홉킨스대학교에서 왔으며, 브라이언이 외부 전문가에게만 의존하려 한다고 비난한 뒤에 피고 측에서 증인 목록에 추가한 지질학자 휴버트 A. 넬슨은 테네시 주 출신이었다. 커티스, 매더, 멧커프도 진술을 통해 성경의 창조론과 진화론의 조화를 도모했고, 셰일러 매슈스, 허먼 로젠와서(초청도 받지 않은 채 데이턴에 나타났다가 피고 측 변호인단을 감동시켜 바로 발탁된 유대교 성경학자), 그리고 2명의 테네시 주 근대주의자(채터누가의 감리교 목사 허버트 E. 머켓, 녹스빌의 미국 성공회 목사 월터 C. 휘터커)로 구성된 종교 전문가 4명도 마찬가지 내용의 진술서를 제출했다.[50] 배심원단은 이들 중 그 누구의 진술도 듣지 못했다.

점심시간 후 법정이 재소집됐을 때 대로는 증언을 잠시 중단시키고 금요일에 자신이 한 말에 대해 사과했다. 마을 주민들이 매우 정중하게 대했다면서 자신의 행동을 후회한다고 작은 소리로 말했다.

"어쩌다보니 말이 헛나갔습니다. 법정에 사과드리고 싶군요."

그 말을 들은 롤스턴은 자리에서 일어나 법정 모독죄 소환장을 기각하면서 의외의 말을 해 피고 측을 놀라게 했다. 테네시 주의 명예에 대해 논한 뒤 용서에 관한 장문의 종교시를 암송하고 그리스도의 이름으로 대로의 사과를 받아들였다.

"우리는 그를 용서합니다."

판사가 감정에 북받쳐 떨리는 목소리로 말했다.

"그리고 집으로 돌아갔을 때 '목마른 자여, 나에게 오라. 내가 너에게 생명을 주리니'라고 한 그분의 말씀을 가슴 깊이 새기고 살아가십시오."[51]

이 법정에서는 시민 종교보다 기독교가 확실히 우세했다.

롤스턴은 사람들로 넘쳐나는 법정의 안전이 염려됐다. 소문에 의하면 아래층 천장에 균열이 일어나기 시작했다고 했다. 스콥스는 '숨 막히는 더위'가 제일 큰 문제라고 생각했지만 말이다.[52] 롤스턴은 최종 변론 외에는 재판이 얼마 남지 않았다고 판단해 모두에게 최종 변론을 들을 기회를 주고 싶었는지도 모른다. 이유가 무엇이든 남은 재판 과정이 법원청사 잔디밭 연단으로 이전됐다.

"보기 드문 인상적인 장면이 연출됐습니다. 롤스턴 판사가 중앙에 있는 조그만 나무 탁자에 앉았고, 왼쪽에 원고 측, 오른쪽에 피고 측이 자리했습니다."

현장에 있던 한 사람이 말했다.

"앞쪽에 몰린 수많은 인파의 시선이 연단 위를 향했다. 모두 평범한 논쟁이 될 것이라 심작했는데 대로가 피고 측 증인으로 브라이언을 요청할 것이라 발표하면서 잠잠했던 사람들이 술렁이기 시작했다."[53]

실질적으로 브라이언을 소환한 것은 헤이스였지만 증인 진술을 마친 뒤의 일이었다. 대로는 임시로 마련된 배심원석 근처에 걸려 있던 '성경을 읽어라' 라는 현수막에 이의를 제기했다. 브라이언도 차별로 해석될 수 있다는 데 동의함에 따라 현수막은 바로 철거됐다. 배심원들이 여전히 출석하지 않은 상태에서 헤이스가 성경에 대한 피고 측의 최종 전문가로 브라이언의 이름을 불렀고 브라이언은 다시 한번 협조적인 자세로 응했다. 그 직전까지만 하더라도 스튜어트가 논쟁의 주제가 초점에서 벗어나지 않도록 잘 이끌어갔고 원고 측에 우호적인 판사의 도움을 얻어 약삭빠른 상대 진영을 제대로 제압했다. 실제로 주지사 피가 이 젊은 검사에게 전보를 쳐 "전문가답게 사건을 잘 처리해주고 있어 매우 자랑스럽게 생각합니다"라고 격려하기도 했다.[54] 하지만 이토록 성급하게 나서는 공동 변호인을 막을 길이 없었다. 게다가 판사도 독보적인 리더가 자신의 신앙을 어떻게 변호하는지 듣고 싶어하는 기색이 역력했다.

"말이 떨어지기가 무섭게 모든 변호사가 자리에서 일어났습니다."

스콥스가 회상했다.[55]

벤 매켄지가 이의를 제기했고 스튜어트의 표정이 싸늘하게 굳었다. 브라이언은 나중에 대로, 멀론, 헤이스를 심문할 수 있게 해주는 조건 하나만 걸고 피고 측의 요구를 받아들였다.

"세 명을 한꺼번에 다 말입니까?"

대로가 물었다. 브라이언은 앞서 증언을 통해 밝혔다.

"그들은 이 사건에 대한 재판을 위해 이곳에 온 것이 아닙니다. 계시 종교를 재판하기 위해 온 것입니다. 그리고 저는 종교를 변호하기 위해 온 것이므로 궁금한 것은 무엇이든 물어보십시오."[56]

대로는 그 요구를 있는 그대로 이행했다.

두 사람이 맞붙는다는 말에 방청객 수가 크게 불어났다. 법정에서 나올 때만 해도 500명이던 인원이 잔디밭에 이르러 3000명 정도까지 늘어난 것이다. 이는 마을 인구의 두 배에 달하는 숫자였다. 『뉴욕 타임스』는 다음과 같이 보도했다.

"남성들이 주를 이루었던 보통 때와 달리 관중 속에는 여성, 어린이는 물론이고 흑인도 여기저기 섞여 있었다."

"어린 소년들이 인파를 가로지르며 음료를 팔았고, 대부분의 남성은 모자를 꾹 눌러쓴 채 담배를 피우고 있었다."[57]

『내슈빌 배너』는 덧붙여 보도했다.

"심문이 시작됐는데, 법정 역사상 유래를 찾아볼 수 없는 광경이었다. 사실상 그것은 성경 이야기, 불신론과 계시 종교에 대한 믿음을 두고 벌어진 대로 대 브라이언의 토론이라 할 수 있었다."[58]

대로는 자신의 아버지가 오하이오 주 킨스먼에서 50년 전에나 물어봤음 직한 시골 마을 회의론자의 전형적인 의문을 제기했다. 예를 들면 다음과 같았다. 요나가 고래 뱃속에서 3일 동안 살았습니까? 여호수아는 어떻게 지구가 아닌 태양을 멈추게 해 하루를 늘렸죠? 카인은 아내를 어디서 만났나요? 좁은 의미에서 대로의 질문은 스튜어트가 계속해서 불평했듯이 인류진화론에 대한 내용이 아니므로 소송과 관련이 없었다. 하지만 넓은 범위에서 볼 때 헤이스가 여러 차례 반박한 대로 성경직역주의를 걸고 넘어진 것이므로 연관성이 있었다. 무엇보다도 그럴싸한 답을 제시할 수 없는 질문이라는 점에서 대로에게는 유리하게 작용했다. 브라이언은 "자신의 믿음을 그대로 말할지, 근대사회의 공통된 지성을 택할지" 아니면 대로가 나중에 표현한 대로 무지함을 인정할지 기로에 섰다.[59] 브라이언은 오후 동안 시간차를 두고 세 가지 접근 방식을 모두 시도해봤지만 이렇다 할 결실을 거두지 못했다.

대로가 증인석에 선 브라이언을 대하는 태도는 적대감 그 이상이었다. 난감한 질문을 퍼붓고 제대로 설명할 기회를 주지 않아 곧 시한폭탄이 터질 것 같은 긴장감이 조성되기도 했다.

"성경에 나오는 모든 이야기를 글자 그대로 해석해야 한다고 주장하시죠?"

"저는 성경에 나오는 모든 이야기를 그곳에 있는 그대로 받아들여야 한다고 믿습니다. 일부 내용은 예를 들어……"

"하지만 고래가 요나를 삼켰다는 내용을 읽을 때…… 글자 그대로 어떻게 해석하시죠?"

"……고래와 인간을 창조할 수 있는 하나님이므로 그들이 어떤 행동이든 하도록 만들 수 있다고 믿습니다……."

"하지만 증인은 그분이 요나를 삼킬 수 있을 만큼 커다란 물고기를 만들었다고 믿습니까?"

"예. 한마디 보태자면, 기적은 한번 믿기 시작하면 얼마든지 쉽게 믿을 수 있습니다."

"저는…… 믿기가 좀 어렵군요."

"당신은 믿기 어렵겠지만 저한테는 쉬운 일입니다. (…) 인간의 능력을 뛰어넘어 생각하다보면 기적의 영역 안에 들어가게 되죠. 요나의 기적은 성경에 쓰인 다른 기적만큼 믿기 쉬운 일입니다."[60]

이러한 증언은 오히려 원리주의의 호소력을 떨어뜨렸다. 브라이언은 선거 유세 중에 삶의 중대한 문제에 일종의 해답을 제시하는 방법으로 성경적 신앙의 명분을 효과적으로 지켜냈다. 인간은 신의 형상을 본떠 창조된 특별한 존재임을 강조해 목적의식을 부여했고 예수의 부활을 내세워 믿는 자들에게 영생에 대한 희망을 심어주었다. 하지만 대로는 이런 장대한 기적에 대해 전혀 묻지 않았다. 많은 미국인이 듣기에 신앙심 자체는 감탄할 만하지만 요나와 고래, 노아와 홍수, 아담의 갈비뼈 이야기에 접목시켰을 때에는 무언가 웃음을 자아내는 조잡함이 느껴졌다. 하지만 브라이언은 이 모든 성경의 기적을 신앙의 힘으로 받아들인다고 인정했고, 기적은 어떤 것이든 쉽게 믿을 수 있다고 고백했다.

대로가 지목한 두 개의 성경 구절을 합리화하는 과정에서는 그나마 브라이언이 선전했다. 근대 천문학을 차마 부정할 수 없었던 브라이언은 신이 태양이 아닌 지구를 멈추게 만들어 하루의 길이를 늘렸다고 주장했다. 마찬가지로 19세기 복음주의 학문에 발맞춰 「창세기」에 언급된 창조 일수가 기간을 나타내는 것으로 이해하고 있다고 말했다. 이 발언은 다음과 같은 언쟁으로 번졌다.

"이 기간이 얼마나 되는지 알고 계십니까?"

"아니요, 모릅니다."

"태양이 4일째 만들어졌다고 생각하십니까?"

"예."

"그러면 그전에는 태양 없이 아침과 저녁이 있었던 건가요?"

"저는 그저 기간이라고 말했을 뿐입니다."

"태양 없이 네 개의 주기 동안 아침과 저녁이 있었다고 생각하시는 건가요?"

"저는 성경에 적혀 있는 대로 창조를 믿습니다. 설명을 제대로 못 한다 하더라도 저는 그렇게 믿습니다."[61]

브라이언은 성경직역주의의 경계를 넘어서지 않았지만 피고 측은 주어진 심문 기회를 십분 활용했다.

"브라이언은 자신이 성경을 해석했다고 인정했습니다."

헤이스가 흡족해하며 말했다.

"다른 사람들도 똑같이 할 권리가 있다는 데 동의한 셈이죠."[62]

여기에 덧붙여 스콥스가 말했다.

"브라이언이 한발 물러서는 모습을 보며 그를 응원하러 나온 성경직역주의자들의 얼굴에 놀라거나 언짢아하거나 실망하는 기색이 역력하더군요."[63]

대로가 질문의 강도를 높이면서 브라이언이 답을 모른다고 시인하는 횟수가 점점 더 늘어났다. 지구가 회전을 멈춘다면 어떤 일이 벌어질지, 인류 문명이 얼마나 오랜 세월을 거슬러 올라가는지, 심지어 지구의 나이가 얼마인지 전혀 알지 못했다.

"카인이 어디서 아내를 만났는지 알아내셨는지요?"

대로가 물었다.

"아니요. 그 질문의 답은 불가지론자들의 몫으로 남겨두지요."[64]

애매모호한 답변이었다.

『뉴욕 타임스』는 다음과 같이 보도했다.

"대로의 거듭되는 질문에 의해 브라이언이 자신이 수년간 지지해온 종교 문제와 밀접하게 연관된 문제에 대해 전혀 관심이 없다는 사실이 극명하게 드러났다."[65]

2시간이나 지속된 심문을 중단시키려 스튜어트가 적어도 열 번 이상 나섰지만 도리어 브라이언이 거부했다.

"미국에서 손꼽히는 무신론자, 아니 불가지론자에 맞서 하나님의 말씀을 보호하려는 것뿐입니다."

분노에 찬 주먹을 내리치며 소리쳤다.

"아무런 거리낌 없이 이 증인석에 서서 얼마든지 그를 난처하게 만들 수 있다는 사실을 모든 언론 매체에 알리고 싶습니다."[66]

관중의 환호성이 이어졌다. 브라이언이 반격을 시도할 때마다 응원이 끊이지 않았다. 대로를 향해 박수를 보내는 사람은 매우 적었지만 공격 횟수는 월등히 앞섰다.

"대로 씨의 유일한 목표는 성경을 비방하는 것이지만, 어쨌든 그의 질문에 성실히 답하지요."

심의가 거의 끝나갈 무렵 브라이언이 말했다.

"그 말에 이의를 제기합니다."

대로가 맞받아쳤다. 두 사람은 서로를 향해 주먹을 부르르 떨 정도로 감정이 격해 있었다.

"저는 지금 이 지구상의 지식 있는 기독교인 누구도 믿지 않는 당신의 어리석은 사상을 검증하고 있는 것입니다."[67]

그 순간 롤스턴이 나서서 휴정을 선언하면서 길고 긴 그날의 심리가 끝이 났다.

대로의 지지자들이 뛰쳐나가 자신들의 영웅을 축하했다. 반면 브라이언은 홀로 남아 생각에 잠겼다. 기자들도 소식을 전하기 위해 황급히 현장에서 벗어났다. 한 저널리스트는 말했다.

"지금까지 이 위대한 대결을 다뤄온 기자들은 월요일에 열린 두 차례 공판에 대한 기사를 쓰기에 앞서 그 방대한 양에 중압감을 느꼈다."[68]

전국의 신문사가 공판 전문을 인쇄해 내보냈다. 멤피스의 『커머셜 어필』은 다음과 같이 평론했다.

"대결이 아니었기에 승자도, 패자도 없었다. 대로는 브라이언이 과학에 문외한이라는 사실을 증명했고, 브라이언은 증인으로서 조금도 굴하지 않고 인간의 배움을 초월한 자신의 신앙을 지켜냈다."[69]

대부분의 신문기사는 브라이언에게 우호적이지 않았다. 그날 밤, 스튜어트는 브라이언을 찾아가 증언을 즉각 중단할 것과 피고 측 변호인단을 증인석에 세우지 말 것을 요구했다. 처음에는 브라이언이 거부했지만 스튜어트는 고집을 세울 경우 판사가 금지하거나 테네시 주에서 소송을 취하할 것이라고 말했다. 대로는 멩켄에게 보내는 글에서 그날 브라이언의 심문에 대해 다음과 같이 썼다.

"저는 국민에게 그가 얼마나 무지한지 보여주기로 마음먹었고 결국 성공했소."[70]

수요일 아침에 데이턴에는 보슬비가 내렸다. 그 바람에 재판이 실내로 옮겨져 진행됐고 방청객의 수도 줄었다. 판사는 대로와 스튜어트가 도착하기도 전에 몇 분 일찍 개정을 선언했다. 양측 변호인단이 허겁지겁 법정 안으로 들어와 착석하자 롤스턴이 직접 나서서 브라이언의 추가 심문을 금하고 그전의 증언 내용을 모두 기록에서 삭제하도록 명했다.

"브라이언 씨의 증언은 고등법원의 결정이 걸린 사안에 어떠한 새로운 사실을 제공하지 못합니다. 스콥스 씨가 인간이 하등동물의 후손이라고 가르쳤는지 아닌지를 판가름하는 것이 현재 당면한 문제입니다."[71]

이 판결을 들은 대로는 포기를 선언했다.

"방금 법원에서 규정한 문제에 대해 제시할 증인도, 증거도 더 이상 없습니다. 시간이라도 절약하자는 의미에서 배심원단을 불러들여 그들에게 피고에게 유죄 판결을 내리라고 하시지요."

스튜어트가 기다렸다는 듯이 수긍했다.

"기쁜 마음으로 대로 씨의 제안을 받아들이겠습니다."

피고 측의 마지막 술책으로 브라이언은 최종 변론을 할 기회를 영영 잃었다. 또한 불일치 배심으로 인해 고등법원에서 반진화론법의 적법성을 따지려던 피고 측의 계획이 자칫 무산될 위험 가능성을 피할 수 있었다. 브라이언도 불가피한 결정임을 받아들였다.

"어제 공판의 내용을 보도한 언론이 법정이 아닌 언론을 향해 제가 하려는 말을 공정하게 다뤄주리라 기대하는 수밖에 없겠군요."

브라이언이 말했다.

"저 또한 상대측 변호사들을 소환하는 것이 가능했더라면 던졌을 질문을 법정이 아닌 언론에 적극 알릴 것입니다."[72]

스튜어트, 대로, 롤스턴은 배심원들에게 내리는 판사의 지시 사항에 동의했고, 배심원단이 드디어 법정에 다시 등장했다. 배심원단은 앞줄에 앉아서 전체 재판 과정에 참여할 줄 알았지만 스콥스에 대한 2시간 동안의 반대 증언 외에 역사에 남을 중요한 연설은 하나도 듣지 못한 상태였다. 제한된 내용 밖에 들을 수 없었던 현실을 비꼬아 대로는 배심원들에게 말했다.

"여러분께서 피고에게 무죄 평결을 내려야 한다는 저희의 생각을 설명할 길이 없군요. 이 상태에서 그럴 수 있을 거라는 기대도, 요구할 생각도 없습니다."

스튜어트는 다음과 같이 덧붙였다.

"대로 씨께서는 여러분이 자신의 의뢰인에게 유죄 판결을 내리되 본인은 유죄를 인정하고 싶지 않다는 뜻으로 한 말입니다. 그래야만 항소법원에서 권리를 인정받을 수 있으니까요."[73]

배심원단 중에서 적어도 한 사람은 드디어 재판이 끝난다는 데 기쁨을 표했다.

"복숭아 수확이 곧 시작되거든요."

농부 출신의 배심원이 기자에게 한 말이다.[74]

배심원단은 정오 직전에 사건을 넘겨받아 정확히 9분 후에 평결을 내렸다. 그 짧은 시간마저도 대부분 사람들로 꽉 찬 법정을 나갔다가 들어오는 데 허비했다.

"배심원들은 앉아서 고민조차 하지 않았다. 그저 짧은 휴식 시간 동안 법원청사 복도에 모여 서서 웅성거리고 있을 뿐이었다."[75]

현장에서 이들을 지켜본 사람의 말이다. 그들이 돌아오기를 기다리는 동안 브라이언은 멀론에게 말했다.

"난 도박을 좋아하지 않지만 만일 좋아했다면 유죄 평결에 돈을 걸겠소."

멀론이 크게 웃었다.

"저도 그럴 겁니다. 아무래도 저희가 진 것 같군요."[76]

사람들이 꽉 찬 법정 안에서 스콥스 재판의 배심원단을 앞에 두고 연설하는 클래런스 대로(브라이언대학 기록보관소)

실제로는 두 사람 다 자신이 그날의 승자라고 느꼈다. 이제 남은 문제는 최소 100달러의 벌금 부과를 판사의 몫으로 돌린 배심원단의 결정이었다. 스튜어트는 주의 법에 따라 배심원단이 벌금 액수를 정해야 한다고 주장했다. 이에 롤스턴은 경범죄의 경우 현지 관례상 판사가 유죄 판결을 받은 사람에게 최소 벌금을 부과할 수 있다고 답했고, 대로도 절차에 동의했다. 나중에 크게 후회할 결정이었지만 말이다.

이제 연설 몇 개만 들으면 재판은 끝이 난다. 스콥스는 선고를 받으며 짧게 소감을 말했는데, 법정에서 그가 공식적으로 입을 연 것은 처음 있는 일이었다. 닐의 주도로 피고 측은 반진화론법이 부당한 법이라고 규탄하고 학문의 자유라는 이름을 걸고 계속해서 싸울 것이라고 맹세했다. 그리고 양측이 돌아가며 법정과 지역사회에 고마움을 전했다. 언론 대표와 주 변호사협회도 축사를 낭독했다. 고별 연설에서 브라이언과 대로는 각자 재판에 관한 대중의 폭넓은 관심에 대해 설명하려 했다. 브라이언은 사소한 사건이 대의를 불러왔다며 "대의는 세상을 움직이게 한다"고 주장했다. 반면 대로는 모든 문제의 탓을 원고 측의 종교적 성향으로 돌렸다.

"이번 사건은 미국에서 마술을 이유로 국민을 법정에 세우는 것을 중단한 이래로 그와 유사한 최초의 재판이기에 오랫동안 기억될 것입니다. 모든 과학적 사실을 종교 교리로 시험하려는 형세를 뒤집기 위해 우리는 최선을 다했습니다."[77]

재판에 대해 만족감을 표한 롤스턴은 현지 목사의 축도가 끝난 뒤 점심시간에 맞춰 휴정을 선언했다. 그러자 수많은 관중이 앞쪽으로 몰려나와 대로와 브라이언에게 환호를 보냈다. 이로써 스콥스 재판은 역사책의 한 장으로 사라졌고, 그 전설은 또다른 형태로 다시 태어났다.

제3부

재판 후

제8장

한 시대의 끝

스콥스 재판도 반진화론운동을 잠재우지는 못했다. 어떻게 그럴 수 있겠는가? 스콥스가 패소하고 법이 유지됐으며, 대로가 증인석에 선 브라이언을 곤란하게 만들기는 했지만 노련한 정치인이었던 브라이언은 패배를 딛고 일어서는 데도 매우 능했다. 무엇보다 그는 타고난 낙관론자였다. 브라이언의 전기 작가 로런스 W. 러바인은 말했다.

"한 작가가 최근에 말했듯이 브라이언은 '지치고 쇠약한 모습'으로 스콥스 재판정을 나섰지만 남은 5일 동안 그 일을 숨기는 데 탁월한 능력을 발휘했다."[1]

브라이언은 재판이 끝나자마자 공세를 취했다. 법정이 휴정에 들어간 지 몇 시간도 채 지나지 않아 피고 측 변호인단에게 신, 성경의 진실, 예수, 기적, 사후 세계에 대한 믿음과 관련된 그들의 의견을 묻는 법정 질문을 공개한 것이다. 대로는 브라이언이 제기한 질문 하나하나에 맞서 자신의 불가지론을 옹호하며 단호하게 응수했다. 그리고 영생에 대한 질문에 대해서는 다음과 같은 간결한 답변으로 마무리했다.

"평생 영생에 대한 증거를 찾으려 노력했습니다. 영생이 살아 있는 모든 생명체에 해당된다는 증거를 찾겠다는 마음으로 말이죠. 하지만 아무것도 찾을 수가 없었습니다."[2]

다음 날 브라이언은 데이턴의 호의적인 분위기에서 행사를 열어 본격적인 행동에 착수했다.

"사안이 워낙 중대하다보니 개인이나 장소는 비교적 중요하지 않습니다."

기자회견에서 그가 주장했다.

"성경이 진실인가 하는 질문이 테네시 주 반진화론법에 의해 제기됐고 그 질문에 대한 답은 이번 재판에서 최대한 명백하게 밝혀졌습니다."

그는 법정에서 대로가 보인 모욕적인 태도를 두고 신앙 없는 자에 대한 윤리적 소송의 '증거물 제1호'로 여겼다. 이에 대해 대로도 비슷한 투로 대응했다.

"브라이언 씨가 예민하게 반응하는 이유는 아무래도 저 때문에 증인석에 섰기 때문인 것 같습니다. 물론 증인석에서 그가 간단하고도 적절한 질문에 제대로 답하지 못해 무지함을 드러낼 수밖에 없었다는 사실에 대해서는 저도 매우 애석하게 생각합니다."[3]

그날 오후 대로가 기자들에게 한 말이다. 저녁 즈음에 브라이언은 저널리스트들을 한자리에 모아놓고 자신의 지적 능력에 문제가 있는 것이 아니라 과학에 관해 상대적으로 기술적 지식이 부족한 자신의 약점을 대로가 악용한 것이라고 주장했다. 대로의 교묘한 질문에 비해 자신의 답변이 간결할 수밖에 없었던 이유를 대조적으로 설명하기 위해 그는 말했다.

"진화론은 인간의 정신이 삶에 미치는 영향을 과대평가하고, 인간의 마음이 삶에 미치는 영향은 과소평가한다."[4]

이후 이틀 동안 브라이언은 데이턴에 남아 재판에서 끝내 써먹지 못했던 최종 변론의 아쉬움을 연설에 쏟아부었다. 1만5000단어나 되는 이 연설은 진화론을 향한 네 가지 '고발 사항'으로 이루어졌다. 첫째, 진화론은 성경의 창조론에 위배된다. 둘째, 인류 발전에 대한 진화론의 적자생존 법칙은 다윈의 불신론이 상징하듯, 신에 대한 믿음과 니체의 철학에서 나타나듯, 타인의 대한 사랑을 파괴한다. 셋째, 진화론을 배우는 것은 영적으로나 사회적으로 유용한 학문으로부터 우리의 관심을 흩뜨린다. 넷째, 생명을 대하는 진화론의 결정론적인 시각이 사회 개혁을 불러오려는 노력을 저해한다.

"그렇다면 전반적인 문제에 대한 결론은 무엇일까요? 과학은 참으로 위대한 물질적 힘이지만 우리에게 윤리를 가르칠 수는 없습니다. 과학은 기계적으로 완벽에 이를 수 있지만 기계의 오용으로부터 사회를 보호하기 위한 도덕적 통제자 역할은 하지 못합니다."

브라이언의 연설 끝부분 내용이다.

"과학은 우리에게 필요한 영적 요소를 공급하지 못할 뿐 아니라 입증되지 않은 몇몇 가설로 사회의 도덕적 기준을 무너뜨립니다. 따라서 인류를 위태롭게 합니다."[5]

브라이언은 여전히 식지 않은 스콥스 재판에 관한 관심에 힘입어 몇 달 동안 전국을 돌며 이러한 내용의 연설을 할 계획이었다. 7월 24일 금요일, 채터누가로 이동한 브라이언은 『채터누가 뉴스』 편집자 조지 포트 밀턴과 협의하에 연설문을 발행하기로 했다. 밀턴은 반진화론법을 거세게 반대하기는 했지만 민주당 동지로 브라이언과 오랜 세월을 함께했다는 이유로 독보적인 리더에 대한 대로의 심문을 "엄청난 잔혹 행위"라고 비난했고, 대중의 반발이 도화선이 돼 법이 확고히 자리잡게 될 것이라 예상했다.[6] 토요일이 되자 브라이언은 채터누가를 떠나 톰 스튜어트의 고향인 윈체스터로 향했다. 그리고 그곳에서 스튜어트에게 약속한 대로 새로운 내용의 연설을 했다. 중간에 재스퍼라는 작은 마을에 들러 무려 2000명이 모인 야외 토론회에서 해당 연설의 일부를 선보이기도 했다. 전체 내용을 공개한 윈체스터 행사에는 그보다 더 많은 사람이 모였다. 역사학자 레이 진저는 브라이언의 이러한 열성이 '자포자기'에서 비롯됐다고 했지만 그가 한 가지 간과한 사실은 브라이언이 선거운동 덕분에 이보다 훨씬 더 분주하고 빠르게 움직이는 것이 습관화됐다는 점이다. 브라이언은 윈체스터에서 한 저널리스트에게 다음과 같이 말했다.

"제가 만일 내일 숨을 거둔다 해도 지난 몇 주간 일궈낸 성과를 놓고 볼 때 가슴에 손을 얹고 잘했다고 말할 수 있습니다."[7]

스콥스 재판 때문에 마음이 상하기는 했지만 좌절할 정도는 아니었다. 연설문의 교정쇄 작업을 위해 그날 밤 채터누가로 돌아온 브라이언은 진화론 교육 반대운동의 범위를 한층 더 넓혀야 한다고 말했다.

브라이언 부인에게는 모든 것이 근심거리로 다가왔다.

"어머니께서는 여러 주에서 반진화론 법안 통과를 돕기 위해 아버지께서 벌이시는 활동에 크게 반대하셨어요."

딸 그레이스가 훗날 편지로 털어놓은 내용이다.

"아버지께서 스콥스 재판에 관여하시는 것을 막기 위해 모든 노력을 기울이셨죠."[8]

재판이 끝나고 테네시 주 교외를 지나는 차 안에서 메리 베어드 브라이언은 반진화론운동이 공교육을 통제하려는 납세자들의 제한된 노력과 언론 및 신앙에 관한 개인의 자유를 통틀어 억압하려는 시도 사이에서 애매한 위치에 놓일 수도 있다는 우려를 표했다. 같은 해에 발표된 글에서 당시 대화 내용을 알 수 있다.

"'여보, 내가 아직 그런 실수를 한 것은 아니잖소?'라고 묻기에 저는 '지금까지는 괜찮았지만 원래 의도에서 벗어나지 않고 이끌어나갈 수 있겠어요?'라고 답했습니다. 그러자 그가 여유로운 미소를 지으며 말했습니다. '할 수 있을 것 같소만……' 그 말에 저는 솔직하게 물었습니다. '하지만 여보, 당신을 따르는 사람들을 통제할 수 있겠어요?' 그의 대답은 그 어느 때보다 더 진지했습니다. '할 수 있을 것 같소.'"[9]

하지만 브라이언에게 그런 기회는 찾아오지 않았다. 남부 감리교회에서 일요일 아침 기도를 올리기 위해 데이턴에 돌아온 후에 낮잠을 자다가 숨을 거두었기 때문이다. 그의 마지막 연설은 그가 즐겨 부르던 찬송가의 한 대목에서 절정에 이르렀는데, 그것은 마치 공립학교에서 인류진화론 교육을 하지 않음으로써 얻을 수 있는 희망적인 결과를 극대화하는 적절한 추도문처럼 들렸다.

"환난과 핍박 중에도 성도는 신앙 지켰네!"[10]

브라이언의 사망 소식은 그날 오후 스모키 산맥에서 휴가를 즐기고 있던 대로에게 전달됐다. 한 저널리스트가 "마을 사람들은 브라이언이 당신의 심문에 상심한 나머지 숨을 거두었다고 생각합니다"라고 말하자 대로는 어깨를 으쓱하고는 데이턴 재판을 통해 식욕이 왕성하다고 알려진 브라이언의 생전 이미지를 들먹이며 답했다고 한다.

"상심해서라니요. 배가 터져 죽은 거겠죠."

볼티모어로 돌아온 멩켄은 평소와 마찬가지로 농담으로 받아쳤다.

"하나님이 대로를 겨냥했다가 놓치고 대신 브라이언을 맞췄나보군요."

하지만 비공개적으로 그의 죽음을 고소하게 여기는 말을 남기기도 했다.

"그 망할 놈의 인간을 우리가 저세상으로 보냈어!"[11]

재판이 끝난 직후 며칠 동안 대로도 나름대로 바쁜 나날을 보냈다. 브라이언이 이따금씩 내보내는 성명에 답하는 것은 물론 녹스빌에서 공개 강연을 하고 데이턴을 떠나는 저널리스트들의 작별 파티에도 참석했다. 헤이스는 이 파티에 참석한 현지 고등학생에 대해 훗날 쓴 글에서 대로가 "이들과 춤을 추고 담배를 피기도 했다"고 회상했다. 헤이스와 대로는 테네시 주의 젊은이들이 부모의 억압적인 교육 방식에서 벗어나는 모습을 보고 싶어했다.

"흡연, 춤, 자유로운 이성 교제, 일요일에 게임과 영화 즐기기는 가정에서 늘 문제가 돼왔습니다. 이곳에서는 우리가 실로 투사더군요."[12]

헤이스가 덧붙였다. 하지만 테네시 주에서 진화론 교육과 관련하여 이들이 예상한 세대 차이는 발견되지 않았다. 스콥스 변호인단을 지지하는 세력 중에는 닐을 포함해 장년층이 차지하는 비율이 낮지 않았던 반면 가장 열성적으로 활동했던 검사의 나이는 30세 미만이었다. 청년층이 곧 반진화론법 퇴치에 적극적으로 나설 것이라던 대로의 예상이 실현되지 못한 것이다. 실제로 스콥스에 대해 현지 학생들을 인터뷰한 한 저널리스트는 "스콥스는 싫지 않지만 내가 원숭이의 후손이라고 믿지는 않는다"는 답변이 가장 일반적이었다고 전했다.[13] 나이를 불문하고 대다수의 테네시 주민이 이러한 생각에 동감했다.

재판이 끝나자 데이턴은 금세 일상으로 돌아갔다. 브라이언과 대로를 빼고는 주말까지 남아 있는 방문객이 거의 없을 정도였다. 재판 홍보인 프레드 로빈슨은 "데이턴은 실질적으로나 정신적으로 '진화론 재판'에서 큰 수혜를 입었다"며 떠나는 기자에게 호언했다. 새로운 모습으로 단장한 법원청사와 주민들이 받은 지적 자극을 두고 한 말이다. 그렇지만 많은 사람이 인지할 만큼 지속적인 변화는 아니었다.

"데이턴이 재판 전, 산속에 자리잡은 작고 나른한 마을로 돌아갔다는 사실은 어디를 가든 알 수 있다."

『내슈빌 배너』가 주중의 마을 풍경을 묘사한 글이다. 스콥스마저도 재판이 끝난 지 1주일도 지나지 않아 데이턴을 떠났다.[14]

스콥스는 더 이상 데이턴이 편안하게 느껴지지 않았다. 판결 이후에 현지 교육위원회는 반진화론법을 따른다는 조건을 걸고 그의 교사 계약을 1년 더 연장해주겠다고 제안했지만 스콥스는 이미 대학원 진학으로 마음을 돌린 상태였다. 스콥스는 나중에 당시의 결정을 다음과 같이 설명했다.

"재판이 끝나기 직전에 하버드대학교의 커틀리 매더와 『사이언스 서비스』

의 왓슨 데이비스로부터 전문가 증인들이 제가 원하는 분야에서 대학원 공부를 할 수 있도록 장학금을 마련해줄 것이라는 이야기를 들었습니다. 데이턴에서 저는 우연치 않게 맨션에 머무르고 있던 유수한 과학자들의 이야기를 듣고 그들과 관계를 맺는 소중한 기회를 얻게 됐습니다. 그들은 세상을 바라보는 제 시야를 넓혀주었습니다."

브라이언이 사망했을 때는 이미 스콥스가 법대 가을학기 입학 가능 여부를 타진하기 위해 켄터키대학교로 떠난 후였다. 결국 그는 시카고대학교에서 지질학을 공부하기로 결정했고, 석유 기술자로 거듭났다. 중간에 그간 얻은 유명세를 이용해 강연과 소규모 순회공연, 영화 등에 돈을 받고 출연해달라는 제안을 받았지만 거절했다.

"스포트라이트 속에서 행복한 삶을 살 수 있을 것 같지 않았어요. 제 삶을 변화시키고 알려지지 않은 채 조용히 사는 것이 최선이라는 깨달음을 얻은 거죠."[15]

재판이 남긴 수혜가 얼마나 오래 지속될지 판별하는 기준이 된 것은 비단 로빈슨과 스콥스만이 아니었다. 재판이 끝난 직후 결과를 놓고 볼 때 피고 측과 원고 측 그 어느 쪽도 승리를 자축할 분위기가 아니었다. 법적 승리는 원고 측에 돌아갔을지 몰라도 피고 측은 도덕적 승리를 거머쥐었다. 『뉴욕 타임스』의 베테랑 기자 러셀 D. 오언은 설명했다.

"양측 모두 투쟁을 끝내며 서로 상대방의 터무니없는 가식의 가면을 벗겨냈다는 데 만족했다."[16]

판결이 발표되던 날만 보더라도 허버트 힉스가 동생 이라에게 보낸 편지에 다음과 같이 호언했다.

"우리가 무신론자인 유대인 아서 가필드 헤이스와 불신론자인 클래런스 대로, 가톨릭에서 외면당한 더들리 필드 멀론에게 참패를 안겨주었어. 비록 편견으로 똘똘 뭉친 언론에서는 아니라고 할지 모르지만 말이야."

하지만 힉스가 패배자라고 언급한 사람들의 생각은 전혀 달랐다. 이틀 후 뉴욕 **지그펠드 폴리스**Ziegfeld Follies 무대에 선 멀론은 재판이 "승리의 패배"였다고 선언하고 그 덕분에 "우리 후손들이 진실을 알게 될 것"이라고 말했다. 헤이스는 『더 네이션』에 기고한 글을 통해 멀론의 의견을 되풀이하고 "앞으로 이러한 종류의 법이 또 한 번 발의된다면 격앙된 여론의 반대에 부딪히게 될 수도 있다"고 말했다.[17]

승리를 주장하는 피고 측은 법정 안에서 벌어진 상황보다는 대중의 반응에 더 귀를 기울인 것으로 보인다. 특히 멀론과 헤이스는 확신에 찬 태도를 취한다면 원하는 반응을 이끌어낼 수 있을 거라 기대했을 것이다. 하지만 재판과 깊이 연관된 다른 이들은 여세가 브라이언에게 유리하게 흘러간다고 보았다. 멩켄은 데이턴에서 보낸 최종 보고서에서 다음과 같이 경고했다.

"네안데르탈인이 이 땅의 황량한 벽지에서 의식과 양심이 결여된 광신도에 이끌려 조직화되고 있다. (…) 훈족이 문 앞에 이르기 전에 무기고를 살펴야 하는 다른 국가도 있다."

재판 이후 뉴욕으로 돌아온 찰스 프랜시스 포터는 기자들과 가진 간담회에서 스콥스 판결 이후 반진화론법의 입법화가 국가적으로 급속히 확산될 것이라 예측했다. 존 로치 스트레이턴 역시 포터의 의견에 동의를 표하면서 반진화론법의 제정이 남부를 기점으로 서부로 이어져 북부와 서부를 휩쓸 것이라고 장담했다.[18]

테네시 주 신문은 대체로 초기에 재판과 그 영향에 대해 모호한 평가를 내놓았다. 피고 측에서 대중에게 자신들의 명분을 알리는 와중에도 원고 측은 법정에서 법을 존중했다는 사실에 주목한 『내슈빌 배너』 특파원은 다음과 같이 말했다.

"무승부라고 부르는 것 자체가 잘못된 일이다. 원고 측과 피고 측 각각 명백하고 결정적인 승리를 거머쥐었다."[19]

『채터누가 타임스』의 양대 평론가들이 내놓은 결론은 양 갈래로 갈렸다. 원리주의자들은 "불신론자 대로와 그가 이끄는 무리가…… 위대한 평민이라는 적수를 맞았다"고 평한 반면, 근대주의자들은 브라이언이 대로의 심문 앞에서 "힘을 잃었다"고 주장했다.[20] 원고 측의 편을 들었던 멤피스 『커머셜 어필』조차 증언에 애를 먹는 브라이언의 모습을 본 탓인지 어느 한쪽의 승리임을 섣불리 발표하려 하지 않았다. 편집자는 "데이턴에서 과학과 종교의 맞대결"이 벌어졌지만 양측 모두 불리한 입장에 놓여 한발 물러섰다고 결론지었다.[21]

마찬가지로 미국 전반의 언론 매체도 초기에는 재판을 통해 브라이언의 무지와 대로의 야비함이 만천하에 드러났다는 사실 외에 별다른 중요성을 찾지 못했다. 판결 후 『뉴 리퍼블릭The New Republic』에 실린 특집 기사에서는 재판을 "기만과 위선으로 얼룩진 사사로운 문제"[22]라고 비난했다. 그다음 날 『뉴욕 타임스』와 『시카고 트리뷴』에 등장한 사설은 진화론 교육을 옹호하는 사람과 반대하는 사람 사이의 갈등이 종전과 변함없이 계속될 것이라고 예측했다.[23] 주간 『문학 다이제스트Literary Digest』는 언론의 일치된 의견을 다음과 같이 요약했다.

"데이턴 재판은 언쟁의 시작 그 이상도, 그 이하도 아니다. 뉴욕 『이브닝 포스트Evening Post』는 '뚜렷한 결과를 내놓지 못하는 피켓 호스트의 충돌'이라고 했고, 다른 신문과 평론가들은 원리주의자와 근대주의자 간의 대격돌이 시작되는 기점이 될 수도 있다는 데 의견을 같이했다."[24]

이 모든 신문사와 잡지사가 재판 결과의 불투명성을 지적하고 있지만 불과 1주일 전만 하더라도 전례를 찾아볼 수 없을 정도로 재판 보도에 열중했다. 재판 기간 중에 데이턴에 머물렀던 저널리스트들이 전송한 기사의 양이 200만 자에 육박할 정도였고, 역사상 미국에서 유럽으로 보도된 뉴스 기사 중에서 가장 큰 비중을 차지했다. 데이턴의 소식을 전하기 위해 재판 당시 전신선을 5개나 사용했던 『뉴욕 타임스』였지만 끝난 후에는 재판이 급히 마무리된 덕에 "아무 영양가 없는 소리를 듣느라 귀 아플 일이 없어졌다"고까지 말했다.[25] 재판이 진행된 2주 동안에는 데이턴에서 벌어지는 모든 일이 전국 일간지의 1면을 장식할 정도로 뉴스를 장악했지만 스콥스가 패소한 즉시 기사화될 만한 가치를 잃었고, 브라이언의 사망 소식만이 아주 잠깐 주목을 받았을 뿐이다. 변화무쌍한 광란의 1920년대를 보낸 사람들에게 테네시 주 재판은 잠시 스쳐 지나가는 흥밋거리일 뿐이었다. 실력파 남부 사회학자 하워드 W. 오덤은 당시 언론 보도 내용을 추적한 결과 "미국 내 2310개 일간지"가 스콥스 재판 기사를 실었고 "농업, 상업 등 모든 분야를 망라하고 재판 이야기를 다루지 않은 정기 간행물이 없었다"는 사실을 발견했다.[26]

브라이언의 사망은 시기상 몇몇 사람에게 재판의 잠재적 의미를 다시 한 번 평가하게 만드는 계기를 마련했다.

"윌리엄 제닝스 브라이언이 데이턴 법정에 등장한 지 얼마 지나지 않아 명을 달리하다니, 시기적으로 볼 때나 분위기를 고려할 때 이보다 더 극적인 전개가 또 있겠는가?"

월터 리프먼이 『뉴욕 월드』에 기고한 글에서 발췌한 대목이다.

"시기상 그의 죽음은 그가 데이턴에서 남긴 말들을 엄숙한 유언으로 승화시키고 국민에게 좀더 강력한 인상을 남길 것이다."[27]

브라이언의 사인이 뇌졸중이기는 했지만 재판에서 받은 스트레스가 상태를 악화시킨 것이라는 의견이 지배적이었다. 그 탓은 고스란히 대로에게 돌아갔다.

"브라이언은 숭고한 원리주의 종교를 지키려다 숨을 거둔 순교자로 미화되고 있었습니다."

1주일 후에 잠시 데이턴에 돌아온 스콥스가 당시 여론의 분위기를 이와 같이 전했다.

"곧이어 마을에 '늙은 악마 대로'가 종교재판으로 브라이언을 죽였다는 소문이 돌기 시작했죠."

8월 초에 조지 래플리에는 뉴욕에 있는 ACLU 관계자에게 다음과 같이 보고했다.

"우리가 테네시 주민들 앞에서 어렵게 얻은 승리가 브라이언의 죽음으로 무산돼버렸습니다. 이제 데이턴에 남은 근대주의자는 저 하나뿐입니다."

주지사 피는 공식 선언을 통해 브라이언이 "우리 조상들의 신앙을 지키려다 순교했다"고 말하고 그의 장례식 날짜를 주 공휴일로 선포했다.[28] 몇 주간 의도적으로 스콥스 재판을 무시했던 그가 이제는 전면에 나서서 브라이언과 테네시 주에 대한 피고 측의 대우에 적극적인 반응을 보이기 시작했다.

브라이언의 장례는 국가 행사가 됐다. 알링턴 국립묘지에 안장하기 위해 워싱턴으로 시신을 싣고 갈 특수 풀먼카[미국의 호화로운 침대차] 뒤로 긴 애도 행렬이 줄을 이었다. 데이턴을 기점으로 열차 이동 경로에 위치한 주요 도시를 거쳐 수도 워싱턴까지 그의 마지막 모습을 보기 원하는 사람들이 줄지어 모여들었다. 조기가 게양되고 상점들이 문을 닫기까지 했다. 미국의 정치 지도자들이 장례식에 참석했고, 상원의원과 각료들이 운구 행렬을 뒤따랐다. 한때 브라이언을 공격했던 언론계도 그의 열정과 청렴결백을 칭송했다. 한 예로『뉴욕 헤럴드 트리뷴New York Herald Tribune』은 논평을 통해 "올바르다고 생각하는 일은 끝까지 밀어붙였다"고 평가했고, 여기에 덧붙여 필라델피아 신문은 "그의 죽음은 생전에 크고 작은 오해가 있었을지라도 그를 선지자이자 조언자로서 존경했던 사람들에게 큰 충격을 안겨주었을 것이다"라고 말했다.[29] 이러한 대중의 반응은 그의 사망 1주일 후에 녹음된 '윌리엄 제닝스 브라이언의 죽음Death of William Jennings Bryan'이라는 컨트리 음악에 잘 표현됐다. 자본주의자에 맞서 싸우고 노동자들을 도운 그의 업적이 후렴구 전반을 차지하지만 스콥스 재판을 직접적으로 언급한 가사도 등장한다.

"진화론자와 무신론자, 학교에서 어린이들의 정신을 어지럽히려 하는 어리석은 자들에 맞서 싸우셨죠."

재판에서 그의 활약이 대중에게 어떻게 비쳤든 많은 추종자를 거느렸던 것만은 사실이다. 추도사를 맡은 윌리엄 벨 라일리는 테네시 주 재판이 "브라이언 인생 최고이자 최후의 투쟁"이었다고 말했다.[30]

독보적 리더의 죽음을 애도하는 많은 이가 그의 마지막 성전聖戰을 이어나가겠다고 맹세했다. 네브래스카 주지사를 역임하고 1924년 민주당 부통령 후보로 선정됐던 브라이언의 동생 찰스는 장례식장으로 향하는 길에 망자의 이루지 못한 숙원을 계승할 것이며 "의회가 결국에는 진화론 논란에 종지부를 찍기 위해 한자리에 모일 것"이라고 했다.[31] 브라이언을 안치한 자리에서 미시시피 주지사는 자기 주에서도 "테네시 주의 선례를 따라 학교에서 진화론 교육을 금지하게 될 것"이라고 공언했는데, 이러한 그의 예측은 다음번 주 의회가 개회된 자리에서 바로 실현됐다. 법안 홍보운동에 연설자로 참석해 데이턴에서 브라이언의 최후 행적을 알린 벤 매켄지의 공이 컸다.[32] 1925년 가을에는 남부 최초의 여성 주지사 미리엄 퍼거슨 텍사스 주지사가 주 교과서편찬위원회에 고등학교 교과서에서 진화론을 삭제할 것을 지시했다. 이때부터 수십 년 동안 텍사스 주의 출판사에서는 생물교과서의 특수 수정본을 제작해야 했다. 전국적으로 라일리, 스트레이턴, 노리스, 마틴을 포함해 브라이언이 못다 한 역할을 이어받고자 한 수십 명의 원리주의자가 황급히 반진화론운동을 재개했지만 마음만 앞서다보니 체계화되지 못했다. 이후 20여 년간 그 어느 때보다도 더 많은 주에서 의회를 중심으로 진화론 교육을 제한하려는 움직임이 활발해졌다.

브라이언을 스콥스 재판의 절대적 승자이자 전설로 묘사하는 대중의 분위기는 남부 애팔래치아 지역에서 특히 두드러졌지만 오래가지는 못했다. 그가 죽기 전에 이미 데이턴에서 한 특파원이 재판의 결론을 지켜보며 다음과 같은 글을 썼다.

"이곳에 모인 수천 명의 사람 중에서 하나님의 천사들이 찾아와 죄인들을 영예롭게 물리친 브라이언을 불전차에 태워 천국으로 데려갔다는 이야기에 놀랄 사람은 아무도 없을 것이다."

판결이 내려진 지 한 달도 지나지 않아 클리어 크리크 스프링스 진영(켄터키 주의 지역 원리주의자 모임)에서 채택한 반진화론 결의안을 읽어보면 스콥스 재판을 "연로한 윌리엄 제닝스 브라이언이 아주 훌륭하고 용감하게 이끈 투쟁"이라고 지칭했다. 데이턴에서 브라이언의 '정복'에 대해 WFCA 저널에 기고한 글에서 윌리엄 벨 라일리는 위대한 평민이 "판사의 판결뿐만 아니라 배심원의 판결과 그 자리에 참석한 테네시 주 대중의 판결, 더 나아가 이 세상 모든 지식인의 판결에서 승리를 거두었다"고 말했다.[33]

이러한 전설은 컨트리 음악과 서부 음악에서도 찾아볼 수 있다. 다음은 잘 알려진 조지아 출신 발라드 가수 앤드루 젱킨스가 부른 노랫말의 일부다.

얼마 전 화창한 테네시 주에서 재판이 벌어졌네.

죄인은 다름 아닌 성경. 성경의 무죄를 입증해야 했다네.

오, 과연 누가 이 싸움을 끝낼까? 오, 과연 누가 나서서

박식하고 힘 있는 자들에 맞서 성경을 위해 싸울까?

후반부로 가면 "싸움을 끝내러 간" 영웅이 브라이언이라는 가사가 나온다. 1925년에는 컬럼비아 레코드사에서 다음과 같은 내용의 민요를 발표했다.

저 멀리 데이턴에서 선량한 사람들이 위기에 처했을 때,

브라이언이 그들을 돕기 위해 내려가 밤낮을 가리지 않고 노력했다네.

정의를 위해 싸웠고 결국 승리를 거뒀지만,

이 땅에서 할 일을 마친 그를 주님께서 천국으로 데려가셨다네.

이 두 곡 외에도 '스콥스 노래'라고 총칭된 다른 곡들은 이미 역사 속으로 사라져버린 재판에 대해 대중이 어떻게 인지하고 있는지 잘 보여준다. 앞서 등장한 곡에서 스콥스의 전설은 영웅 브라이언이 나타나 사악한 진화론 교육으로부터 테네시 주 학생들을 구한 것으로 묘사된다. 1925년 9월에 한 인기 음악 잡지는 컬럼비아 레코드사에서 발표한 곡이 "엄청난 판매 실적을 올리고 있으며, 남부 지방과 죽기 전 브라이언이 가장 활발하게 활동했던 지역에서 특히 두드러진다"고 보도했다.[34] 재판이 끝나고 3개월 뒤 멩켄은 자신이 그토록 경멸했던 브라이언을 조롱하는 것으로 씁쓸한 마음을 달랬다.

"테네시 주 성인聖人 정치판에서 그의 위치는 확고해졌습니다. 만일 마을에 그의 머리카락을 버리지 않고 보관해둔 이발사가 있다면 지금쯤 그걸로 담석을 치료하고 있을 겁니다."[35]

시간이 흐르면서 전설은 점차 시들해졌지만 그사이에 월터 화이트가 꿈꾸었던 원리주의 대학이 데이턴에서 문을 열었다. 브라이언을 기리는 의미에서 이름도 브라이언대학으로 정했다. 브라이언과 스콥스의 전설이 종교적으로 냉담했던 데이턴을 신앙의 중심지로 변모시킨 것이다.

스콥스 재판 이후 수많은 일화와 논평이 쏟아져 나왔지만 피고 측의 승리라고 보는 이는 아무도 없었다. 로널드 L. 넘버스는 "각기 다른 지역의 5개 신문사와 10개가 넘는 국내 잡지사의 보도 내용을 살펴본 결과, 진화론을 주장하는 세력의 승리이며 반진화론운동이 종국에 달했다고 발표한 곳은 단 한 군데도 없었다"고 말했다. 실제로 브라이언이 죽은 후에 반대 세력은 정반대의 상황을 걱정해야 했다. 진보 성향의 정치 이념을 표방하는 『네이션』은 8월 중반에 한 논평을 통해 반진화론자들이 "데이턴에서 성공"했다는 표현을 썼고 전국적으로 반진화론법을 입법화하려는 원리주의자들의 시도가 "홍수"

처럼 밀려들 것이라 예상했다. 10월에 멩켄은 암울한 어조로 다음과 같이 경고했다.

"인간의 악행은 그가 죽은 후에도 남아 있나봅니다. 브라이언은 쉽게 끌수 없는 악의의 불꽃을 일으키고 떠났습니다."

메이너드 시플리의 과학연맹은 반진화론운동이 전염병처럼 전국을 휩쓸 것이라는 예언을 발표해 성경의 예레미야와 같은 역할을 자청했다.

"미국의 반계몽주의 세력이 공공연하게 반란을 일으키고 있습니다!"

시플리가 스콥스 재판이 끝난 2년 후에 쓴 글이다.

"지금 당장은 진화론이 공격의 중심에 있지만 그 핵심은 근대 교육 체계를 겨냥하고 있습니다. 수백만 명에 이르는 무지한 자들이 하나로 결집해 근대 과학에 정치적 폭격을 마구 쏟아붓는 격입니다."[36]

법정 기도의식을 거부한 그 순간부터 반진화론운동 반대자들 사이에 피고 측이 원리주의의 확장을 막지 못한 탓을 대로에게 돌리는 사람들이 생겨났고, 브라이언이 죽은 후에 비판은 더 거세졌다. 그 배경에는 이들의 종교적 견해가 반영됐다. 테네시 주 반진화론법을 반대하는 몇몇 세속적인 비평가가 대로의 편을 들기는 했지만 불신론자인 대로는 원리주의자만큼이나 종교적 근대주의자와 주류 기독교인들에게 따돌림을 당하는 처지였다.

"대로가 브라이언에게 망신을 주었다는 사실을 고소해하고 비웃던 시기는 지나갔습니다. 진화론을 옹호하는 사람들은 그러한 행동 때문에 과학이 천대받고 있다는 사실을 깨달아야 합니다."

월터 리프먼이 『뉴욕 월드』에 기고한 글의 내용이다.

"대로는 브라이언에게 망신을 주겠다는 욕심이 앞서 성경을 조롱하고 멸시하는 길을 택했습니다. 그의 태도는 결국 눈에 보이는 대로 생각하고 행동하는 수백만 명의 사람에게 데이턴 재판은 기독교에 대한 찬반 논쟁이라는 브라이언의 주장이 옳다는 확신을 주었습니다."

가장 직접적인 영향을 받은 지역으로 손꼽히는 뉴올리언스의 『타임스 피카윤Times-Picayune』은 다음과 같이 평했다. "'기도에 반대합니다'라는 냉소적인 한마디와 브라이언을 증인석에 세워놓고 고약하며 오만한 태도로 일관한 반대 심문이 전국적으로 불러일으킨 '반진화론' 법안 열풍은 오히려 브라이언과 동료 성경직역주의자들이 직접 나섰을 때보다 효과가 더 컸습니다."[37]

다양한 교파의 기독교인들이 소송에서 대로의 역할에 불만을 드러냈다.

"대중 교육의 미래가 걸린 그토록 중대한 재판에 어째서 제대로 교육을 받은 평범한 기독교인의 견해를 이해하는 변호사를 택하지 않았는지 후회하는 사람이 많습니다."

주류 기독교 저널의 논평이다. 한 회중파 교회 관계자는 ACLU에 편지를 보내 자신이 느낀 바를 다음과 같이 말했다.

"솔직히 말씀드리자면 이곳 진보 교파에서 대로가 재판에서 보인 행동에 동감하는 목사의 수가 전체의 5퍼센트에도 못 미칩니다."

밴더빌트대학교의 인문주의자 에드윈 밈스는 다음과 같이 불평했다.

"클래런스 대로가 과학 지식을 위해 싸우는 계몽주의 세력의 투사로 비춰진 순간, 원리주의자로 전향해야 할지 갈등하게 됩니다."

ACLU 상부에서 문제의 심각성을 깨달은 것은 레이먼드 B. 포스딕이 피고 스콥스를 위한 모금위원회의 초대를 받고 일언지하에 거절한 9월의 일이다. 그는 록펠러 사의 고문 변호사이자 해리 에머슨 포스딕과 형제 사이다. 그는 거절 의사를 표하며 다음과 같이 질타했다.

"관용과 불관용 사이의 문제가 명백한 이 사건을 있는 그대로 드러낼 수 있는 기회가 잘못된 변호인단 선정으로 인해 사라졌습니다."

로저 볼드윈은 포스딕에게 답장을 보냈다.

"처리 과정에 대해 저희도 모두 같은 생각을 갖고 있습니다. 지금 저희는 항소심에서 문제를 확실하게 표명하기 위해 노력하고 있습니다."[38]

볼드윈이 포스딕에게 보낸 편지에서도 알 수 있듯이 뉴욕 ACLU 관계자들의 관심은 이미 항소 단계로 넘어가 있었다. 이번에도 역시 변호인단에서 대로를 제외시키려는 작전이 발동했다. ACLU 집행위원회는 8월 초부터 테네시주 변호인단의 더 높은 '우선순위'를 권고해 대로를 물러나게 만들려는 계획을 실행에 옮겼다. ACLU의 스콥스 소송 관리를 맡았던 부책임자 포러스트 베일리는 존 닐에게 쓴 편지에서 다음과 같이 말했다.

"소송이 주 대법원으로 넘어갈 경우 닐의 역할을 늘리고 대로의 역할을 줄여야 한다는 것이 우리 모두의 의견입니다. 이 시점부터 대로가 소송에서 빠져야 한다는 수많은 사람의 긴급 제안에 따라 내린 결정임을 알려드리는 바입니다."

헤이스가 반대 의사를 표하자 베일리는 "우리와 같은 시각에서 문제를 바라봐주시리라 기대합니다"라고 말했다. 닐은 이들의 기대에 부응했다. 여기에 래플리에까지 가세해 닐과의 만남에서 대로가 대법원에 나타나지 않는 것이 좋겠다는 데 합의했다고 ACLU에 보고했다. 래플리에는 그 이유를 다음과 같이 설명했다.

"대의를 위한 소송이 아닌 테네시 주 대 클래런스 대로의 소송이 될 것이 불 보듯 뻔합니다. 반대 심문에서 브라이언을 말 그대로 십자가에 매달아 처형한 대로 아닙니까?"[39]

법원의 기록에 등재된 변호인단 대표로서 닐에게는 얼마든지 대로를 제외시킬 권한이 있었다. 결정을 독려하기 위해 베일리는 ACLU와 밀접한 관계를 맺고 있는 여러 명의 진보 종교 지도자에게 편지를 써 닐에게 이 문제에 관해 편지를 보내달라고 했다.

"대로의 인격과 그로 인해 우리가 입을 수 있는 피해에 대해 계속해서 비판과 반대 의견이 나오고 있습니다."

베일리가 편지에서 속내를 드러냈다.

"제가 말한 내용과 의견을 같이하신다면 대로 씨나 존 R. 닐 박사 중 한 명에게 여러분의 개인적인 소신을 밝히는 편지를 쓰시되, 전적으로 여러분 자신의 의도가 반영된 것임을 알려주시겠습니까?"

며칠 후 편집자가 ACLU와 긴밀한 관계를 맺고 있던 『뉴 리퍼블릭』에 신랄한 평론 하나가 등장했다. 스콥스 변호인단의 행동을 규탄하고 테네시 주 출신 변호사들이 항소를 맡을 것을 촉구하는 내용이었다.[40]

그러나 ACLU가 대로나 닐의 개입을 조정하는 것은 불가능한 것으로 드러났다. 두 사람의 명분이 일치했기 때문이다. 얼마 지나지 않아 ACLU의 음모를 알게 된 대로는 협회 임원들에게 자신이 알고 있다는 사실을 알렸다. 이에 베일리는 현지 변호인단의 역할에 관해 '오해'가 있었다는 내용의 편지를 보내 사과했고, 다음과 같은 거짓말도 덧붙였다.

"귀하의 초대를 취소해달라고 단 한 번도 요청한 적이 없습니다."

눈치가 빠른 대로는 베일리의 사과를 받아들이고 더 나아가 "테네시 주 출신 변호사가 주도"하여 항소를 진행해야 할 필요성에 동의하면서도 소송을 이끌어나갈 잠재적 경쟁 상대였던 닐이 그 역할에 적합하지 않다고 부연했다. 대로의 편지는 확신에 차 있었다.

"훌륭한 사람이고 시간을 좀더 할애했더라면 좋은 변호사가 됐을 테지만 그 자신이 교수의 길을 택하는 바람에 법정 논쟁을 이끌고 나갈 준비가 된 인물은 아닙니다."

그리고 적임자로 테네시 주 변호사협회 내부에서 반진화론법 반대운동을 펼쳐온 멤피스 변호사 로버트 K. 키블러나 법정 모독 소송 절차에서 대로를 변호하러 왔던 채터누가 변호사 프랭크 스펄록을 추천했다.[41] 베일리의 입장에서는 변호사로서나 변호인단에 대한 통제권을 행사하기 위한 수단으로 닐을 포기하는 것이 쉽지만은 않았다. 그 때문에 두 번이나 뉴욕으로 초대해 대로의 역할을 약화시킬 방법을 논의하고자 했지만 ACLU 임원과의 만남을 앞두고 번번이 닐에게 퇴짜를 맞았다. 아마도 닐은 이 문제에 관해 헤이스와 맞서고 싶지 않았을 것이다. 대신 그는 반진화론법의 시행을 저지하기 위해 연방법원에 보내는 의미 없는 탄원서 2통을 작성하며 시간을 때웠다.

9월 초에 ACLU 변호인 월터 넬스가 베일리에게 대로를 쫓아낼 수 있는 다른 방법을 제안했다. ACLU가 소송에 대한 권한을 저명한 변호사들로 구성된 위원회에 넘기고 그들에게 항소를 주도할 인물로 전직 대법관으로 1916년 공화당 대통령 후보로 낙점됐던 찰스 에번스 휴스를 선정하도록 한 것이다. 소식이 전달되자 휴스는 곧이어 열린 1925년 미국변호사협회 연례회의의 회장단 연설을 통해 원리주의자들의 입법 관여를 강도 높게 비난하면서 합류 의지를 내비쳤다. 베일리가 넬스의 제안을 알려왔을 때 헤이스는 광분했다.

"역전의 기회는 소송의 홍보 효과와 재판의 진행 방식에 있지 문제를 달리 처리한다고 해서 나아질 것이라 생각하지 않습니다."

그리고 넬스에게 분노에 찬 편지를 썼다.

"다른 변호사들이 상고에서 승소한다면 본래 대로와 멀론이 세웠던 공이 다른 이들에게 돌아가게 됩니다. 무엇보다도 저는 보수파 변호사와 보수파 조직이 진보주의자 또는 급진주의자가 일궈낸 결실로 이익을 보는 것을 용납할 수 없습니다."

특히 휴스를 겨냥한 듯 다음과 같이 덧붙였다.

"자신의 신임을 떨어뜨릴 수도 있는 소송을 처음부터 기꺼이 맡겠다고 나서는 보수파 변호사는 아직 단 한 명도 본 적이 없습니다. 그러다 상황이 다르게 전개되고 홍보 효과나 명예를 얻을 수도 있겠다는 생각이 들면 전국 각지에서 돕겠다고 나서는 변호사들이 줄을 잇죠."

넬스는 일단 주장을 굽혔지만 소송이 대법원에 이르게 될 경우 대체할 변호인단을 최소한 고려만이라도 해달라고 헤이스에게 부탁했다.[42]

대로에게는 헤이스 외에도 꽤 영향력 있는 다른 협력자들이 있었다. 아마도 이들의 지지와 닐의 부족한 기량이 접목돼 변호인단에서 자리를 지킬 수 있었던 것 같다. 멩켄과 조지프 우드 크러치를 주축으로 원리주의자들을 향한 대로의 적대감에 공감했던 일부 저널리스트는 소송에서 지고 주류 기독교인들에게서 멀어지는 결과로 이어지더라도 대로가 재판에서 말했듯이 브라이언과 종교에 대한 그의 '어리석은 생각'을 폭로할 필요가 있다는 주장을 굽히지 않았다. 더 나아가 왓슨 데이비스의 『사이언스 서비스』는 과학 전문가 증인 모두에게 대로의 "능력, 숭고한 목표, 진실성, 도덕적 감각, 이상주의"를 보증하는 편지에 서명하도록 주선했다.[43]

ACLU는 대로의 개입을 계속해서 반대했다가는 지지층 가운데 한쪽의 반감을 살 수밖에 없으며 닐이 원하는 역할을 맡기에는 역부족이라는 결론에 다다랐다. 닐이 변호인단 대표를 뽐내고 다닐 뿐 공동 변호인과의 원만한 의사소통을 이루어내지 못했고 주 대법원에 제 날짜에 항고서를 제출하지 못한 탓이 컸다. 항고서 제출이 미뤄지면서 변호인단은 반진화론법의 효력에 이의를 제기할 뿐 전문가 증언에 대한 판결을 비롯해 재판 진행과 관련된 문제에 대해서는 항소하지 못하게 됐다. 베일리마저도 체념한 듯 대로와 공조해 스콥스에게 키블러와 스펄록을 현지 변호인단으로 섭외해달라고 요청했다.[44] 하지만 스콥스는 분쟁에 끼어들 의지가 전혀 없어 보였고, 몇 달 동안 계류 중이던 항소는 키블러, 스펄록 그리고 동조를 표한 몇몇 테네시 주 변호사가 현지 행정 및 절차상의 문제를 도맡으면서 겨우 빛을 보게 됐다.

"닐 판사에게서 주도권을 되찾아와야 했습니다."

대로가 ACLU에게 알려왔다.

"그를 배제시키려는 노력과 절차가 없었더라면 이번 소송을 결코 대법원까지 끌고 가지 못했을 겁니다."

쓰디쓴 내분이 확산되는 가운데서도 항소 과정 내내 변호인단의 기본적인 주도권 문제는 끝까지 해결되지 못한 채로 남았다. 12월까지도 베일리는 현지 보조 변호사 중 한 명이 ACLU 임원진에게 누가 항소 변호를 맡을 것인지 물었을 때 확실하게 답하지 못했다.

"우리 입장에서는 대로, 멀론, 헤이스 중 누구에게도 변호를 계속 맡기고 싶지 않은 것이 사실입니다. 하지만 우리가 그 사람들을 내쫓은 것처럼 보여서는 안 된다는 것만은 확실하게 해두고 싶군요."[45]

변호인단을 위한 모금활동 또한 시들해졌다. ACLU가 연말까지 스콥스 소송을 위해 모은 금액은 5400달러에 육박했지만(대부분 전문가 증인을 위한 비용이었음) 특별히 고안된 테네시 주 진화론 소송 변호 자금의 경우 3800달러를 밑돌았다. 그나마도 3분의 2가량은 멀론을 통해 들어온 금액이었다. ACLU 의장 대행 존 헤인즈 홈스가 기금자문위원회에서 활동할 유명 교수들을 초빙했지만 (베일리의 표현을 빌리자면) "돈 있는 사람들"은 대부분 대로가 소송에 관여한다는 이유로 참여를 꺼렸다.[46] 결국 적자를 메우기 위해 미국과학진흥회 회원들에게 도움을 호소해야 했지만 이 또한 1926년이 돼서야 성사됐다.

내부 갈등과 혼란은 테네시 주의 항소 준비에도 차질을 빚었다. 주 대법원 앞에서 반진화론법을 변호하는 주된 임무는 테네시 주 검찰총장으로 선출된 프랭크 M. 톰프슨이 맡았는데, 주지사 피도 일조하겠다는 강한 의사를 밝혔다. 문제는 두 사람 모두 만성질환을 앓고 있던 탓에 소송에 따른 스트레스를 견디기 어려웠고 극심할 경우 사망에 이를 위험을 안고 있었다. 피는 재판 내내 미시간 주 배틀 크리크에 있는 요양원에 머물렀는데, 사건이 전국적으로 보도되는 것을 보며 매우 불안해했다고 한다. 내슈빌 변호사 K. T. 매커니코는 훗날 다음과 같이 설명했다.

"주지사 피가 배틀 크리크에 머무르는 동안 톰프슨 검찰총장이 저에게 스콥스 소송에서 주를 대표하는 특별 고문으로 법정에 출두하는 것이 어떻겠냐고 묻더군요. 그와 그의 보좌관들은 부서의 과중한 임무와 자신의 건강 문제 때문에 필요한 연구와 관심을 충분히 쏟을 수 없다면서 말이죠."[47]

하지만 주를 대표할 특별 변호인 고용 권한은 주지사에게만 있었고, 피는 항소 담당자로 내슈빌 변호사 에드 T. 세이를 지목했다. 결국에는 두 변호사 가 공동으로 일했지만 톰프슨과 피가 재직 중에 사망하면서 테네시 주는 이 처럼 큰 희생을 감수할 가치가 있는 일인지 잠시 고민에 빠졌다.

윌리엄 제닝스 브라이언 주니어와 새뮤얼 언터마이어가 테네시 주 편에서 돕겠다는 의사를 밝히면서 상황은 더 복잡해졌다. 브라이언이 생전에 두 사 람을 모두 재판에 불러들였지만 피와 톰프슨은 외부인이 변호에 관여하는 것을 바라지 않았다.

"테네시 주민들은 대로, 멀론 그 밖의 인물들이 이곳에 와서 반진화론법 을 무효화하는 것을 철저히 반대하고 있으며 저 또한 그들의 뜻에 따라 현지 변호인단을 고용하는 것이 낫다고 제안하는 바입니다."

피가 언터마이어에게 쓴 편지 내용이다. 언터마이어는 이 편지를 받기 얼 마 전에 ACLU 국가위원회에 합류했으면서도 스콥스 소송에서는 테네시 주 편에 서는 모순적인 행보를 보인 인물이다.[48] 브라이언의 아들에 대해서는 동정심 때문인지 피가 예외를 허용했지만 나중에 테네시 주가 경비를 정산하 지 않으려 해 마찰이 일어나기도 했다.

피고 측과 원고 측 모두 문제에 대한 조기 숙려를 요구하지 않음에 따라 항소 과정은 18개월이나 지연되는 난항을 겪었다. 그 기간 동안 스콥스 소 송은 테네시 주의 골칫거리로 남았다. 테네시 주 과학원Tennessee Academy of Sciences은 11월에 개최된 연례회의에서 반진화론법에 대한 반대 입장을 공 식 표명하고 곧이어 스콥스를 대신해 대법원에 소송 사건 적요를 제출했다. 그 밖에 유일하게 스콥스를 지지하는 변론취지서를 제출한 단체로는 테네 시 주를 비롯해 전국적으로 회원을 둔 유니테리언 평신도연맹Unitarian Laymen's

League이 있다. 1925년 말에는 근대주의 대학 단체인 테네시 주 기독학생연맹 회의Tennessee Christian Students Conference가 반진화론법이 교육과 종교에 유해하다고 비난하는 내용의 결의안을 채택했다.[49] 반대쪽에서는 보수파 종교 및 애국 단체가 주지사 피에게 강경 노선을 취해줄 것을 촉구하는 편지와 탄원서가 빗발쳤다. KKK도 적극적으로 나섰다. 성직을 박탈당한 에드워드 영 클라크가 동남부에 최고의 왕국Supreme Kingdom이라는 경쟁 단체를 만들어 운영했지만 오래가지는 못했다. 이 단체의 주된 목표는 진화론 교육을 반대하는 브라이언의 성전을 이어나가는 것이었다. 지역 여론이 워낙 확고했던 터라 1926년 초에 미시시피 주에서 반진화론법이 통과됐을 때 ACLU가 과거에 스콥스를 영입했을 때와 비슷한 제안을 했음에도 불구하고 발 벗고 나설 현지 교사나 납세자를 단 한 명도 찾지 못했다.[50]

애매한 상황에 놓인 테네시 주민들의 불만은 날로 커졌다. 한 예로, 조지 포트 밀턴은 가족들을 데리고 서부 해안으로 장거리 여행을 떠나며 피에게 다음과 같은 내용의 편지를 남겼다.

"데이턴 재판의 기억을 모두 지워버리고 싶습니다. 아시다시피 그 재판은 스콥스 단 한 사람이나 테네시 주의 재판이 아닌 우리 모두의 용기와 냉정을 시험하는 재판이었기 때문입니다."

더불어 그는 다음과 같이 호소했다.

"주지사님의 동지들이 이 문제를 정치적으로 승화시켜 테네시 주 정치에 원리주의를 주입하지 못하도록 막아주십시오."

그러나 1926년에 테네시 주는 대법원 의석을 비롯해 모든 주 정부 요직을 선출하는 선거의 해를 맞았다.

"가장 큰 과제는 소송을 정치에 결부시키지 않는 것입니다."

현지 보조 변호인 중 한 명이 ACLU에 보고한 내용이다.

"주지사에 출마한 민주당 후보 모두 신앙을 지킬 것이라고 제각기 큰 소리로 떠들어댔고, 피의 유일한 적수는 헤롯 왕을 능가하는 포악함을 보이기 위해 안간힘을 쓰고 있습니다."

진보 개혁가와 종교 옹호자로 이미지를 굳힌 피는 건강이 악화되었음에도 불구하고 손쉽게 3선 주지사라는 위업을 달성했지만 그로부터 몇 달 후 숨을 거두었다. 선거운동에서 스콥스 논란이 거론되는 것을 바라지 않았던 주 대법원 판사들은 소송에 대한 결정을 선거 이후로 미루었다. 이를 두고 스콥스는 법원이 반진화론법을 번복하려는 것이 아니냐는 해석을 조심스럽게 내놓았고, 이러한 낙관적 전망은 스콥스의 변호인들 사이에서도 공감대를 형성했다.[51]

피고 측 변호인단이 이처럼 낙관할 수 있었던 이유는 자신들이 대법원에 제출한 서면 및 구두 변론에 어느 정도 자신감이 있었기 때문이다. 상고이유서 초안은 헤이스와 키블러가 작성했고 대로, 멀론, 닐을 포함한 9명의 변호인이 서명을 했다. 방대한 양의 문서를 검토한 베일리는 헤이스에게 서명인 중 "여섯 명이 '외부인'이고 단 세 명만이 '현지인'"이라는 사실에 우려를 표했지만 그 내용에 관해서는 키블러의 손을 들어주었다.

"흠잡을 데가 없군요. 이 정도면 효과가 있겠죠."

이 말을 들은 두 변호인은 승리를 자부했다. 비록 앞서 헤이스가 넬스에게 "어쩌면 제가 쓴 내용에 제 자신이 지나치게 확신을 갖고 있는 게 아닌가 싶군요"라고 시인하기는 했지만 말이다.[52]

변호인단의 주장이 데이턴에서 벌어진 결과에 아무런 기여도 하지 못했지만 적어도 그들 자신과 주변인들에게는 신빙성이 있어 보였다. 이번에도 역시 그들은 반진화론법이 공교육 현장에서 근대 과학 사상의 결론을 무시하고 특정 종교의 신앙에 특혜를 주는 수법으로 교사와 학생의 자유를 불합리하게 억압한다고 주장했다. 종전의 주장에서 전혀 달라진 내용이 없다는 점을 미루어볼 때 변호인단은 전자보다는 세련된 내슈빌 청중의 올바른 판단을 기대했던 것이 분명하다. 상고이유서를 접한 원고 측 변호인단의 반응을 예측하면서 닐은 흡족한 표정을 지었다.

"예상했던 것보다 훨씬 더 어려운 문제가 저들에게 주어진 셈이죠. 이젠 승소가 무조건 불가능하거나 꿈같은 얘기로만 보이지 않는군요."[53]

테네시 주 변호인들이 피고 측 상고이유서를 보고 얼마나 큰 위기감을 느꼈을지 모르지만 적어도 이들이 보낸 400쪽 분량의 반박서에는 그런 위기감이 드러나지 않았다. 테네시 주를 대변하는 세이와 매커니코는 고인이 된 브라이언이 들었다면 얼굴을 붉혔을 정도로 후안무치한 다수결주의 주장으로 학문의 자유를 외치는 피고 측에 정면 반박했다. 반박서는 브라이언의 화법을 재현한 듯 다음과 같은 문장으로 시작한다.

"공립학교는 의회가 세운 것이며, 법원은 어떤 방식으로도 의회의 권한 행사를 통제하거나 제한하거나 금지할 수 없다."

여기서 끝이 아니다.

"'과학자'를 자칭하는 소위 '지식인' 집단에서 진실이라고 믿는 특정 설이 공익에 해롭다고 판단된다면 이를 가르치거나 이행하는 행위를 금지하려는 주 의회의 결정에 그 누구도 지장을 주어서는 안 된다."

브라이언의 반진화론운동이 공립학교에서 진화론을 가르치지 말라는 주장에 국한됐고 진화론자들이 자체적으로 학교를 설립하는 대안은 허용한 반면, 테네시 주의 반박서는 다수결원칙에 대해 어떠한 제한도 인정하지 않았다. 더 나아가 "더럽혀진, 아니 심지어 붉은 빛깔의 '학문의 자유' 플래카드를 내걸고 '과학'이라는 이름 아래 활동하는 **사이비 학자와 편협한 학자들**은 무엇이 공익에 필요한지를 놓고 국가의 합헌성과 선출된 대표의 **규제권**을 볼모로 삼을 수 없다"고 강조했다. 그즈음 미국 대법원에서 강제 학교 예방접종 프로그램을 인정한 판결에 의거해 "대중이 공익을 위한다고 믿는 법이라면 실제로 그러한지 아닌지에 관계없이 공익을 증진시키는 것으로 받아들여야 한다"고도 주장했다.[54] 이 문서의 내용은 종합적으로 볼 때 브라이언보다는 빌리 선데이가 했을 법한 주장에 가깝다.

테네시 주 과학원과 유니테리언 평신도연맹에서 제출한 변론취지서에서는 피고 측에서 제출한 부가 각서와 마찬가지로 상대측의 주장에 답하려는 노력이 엿보였다.

"핵심만 말하자면…… 그들의 주장은 입헌정치를 무효화하고 다수 독재의 막을 연다고 할 수 있다."

과학원이 보낸 취지서의 내용이다.

"국가가 근거로 삼는 사례에는 공공사업과 관련하여 입법기관의 합리적인 규제가 수반돼야지 불합리하고 독단적이며 변덕스러운 규제가 적용돼서는 안 된다."

추가로 제출된 항소 문서 3건 모두 반진화론법의 불합리를 밝히려는 노력이 돋보인다. 과학원은 진화론 교육을 지지하는 과학적 논쟁을, 유니테리언 단체는 이에 반대하는 종교적 논쟁을 강조했다. 과학원의 취지서는 다음과 같이 끝을 맺는다.

"수없이 많은 위대한 기독교 과학자, 철학자, 교육자, 성직자들이 진화론에서 가르치는 인류의 기원을 굳게 믿고 있는 현실에서 국가는 법의 힘으로 그들의 영향력을 억제할 수 없다."[55]

테네시 주 대법원은 구두 변론 일정을 5월 마지막 이틀로 잡아두었다. 일반적인 소송에 비해 오랜 시간이었다. 스콥스 재판 팀이 재집결한 가운데 키블러가 합류했고 멀론이 빠졌다. 원고 측은 세이와 매커니코가 단독으로 나섰다. 한 현지 신문이 보도했다.

"전국 각지의 신문 기자들이 내슈빌로 모여들었고 법정 소식을 가장 빨리 전달하기 위해 여러 통신사가 특수 전선을 빌렸다."

구경꾼들이 또다시 성황을 이루었다. 또다른 신문이 보도했다.

"법정에 들어가지 못한 사람들이 출입문과 창문을 막아섰고, 그들 대부분은 의자와 테이블 위에 서서 보는 것으로 만족해야 했다."

"그마저도 여의치 않아 많은 사람이 집으로 발길을 돌려야 했다."

대로가 이번에는 대도시풍의 정장과 조끼를 입겠다고 약속했지만 "멜빵 없이는 질 것이 뻔하다"는 농담을 던지며 안에 멜빵을 꼭 착용할 것이라고 기자들에게 귀띔했다. 재판을 성사시키는 데 가장 큰 공을 세운 조지 래플리에와 존 버틀러는 맨 앞자리를 차지했다. 반면 스콥스는 참석을 단칼에 거부했다. 이유를 묻자 "결과에 관심이 없으며 사건 자체를 잊고 싶다"고 언론에 말했다. 2년 가까이 여러 사람에게 시달리면서 혼자만의 시간을 갈망했던 것으로 보인다.[56]

명목상 스콥스 변호인단의 대표 역할을 맡은 닐이 가장 먼저 사건을 소개했다. 하지만 변호인단 내에서 누가 구두 변론을 맡을지 합의에 이르지 못했다는 사실이 드러났고 결국 모두가 참여하는 상황이 벌어졌다. 유니테리언 평신도연맹의 변호사가 먼저 일어나 "진화론 교육으로 인해 젊은이들이 하나님에 대한 믿음을 잃을 수 있다"는 거부 의사를 장황하게 늘어놓았다. 그다음으로 헤이스가 수정 헌법 제14조의 정당한 법 절차 조항을 근거로 그 어떤 주에서도 불합리한 법을 집행할 수 없다며 열변을 토했다. 테네시 주의 "말도 안 되는" 반진화론법이 코페르니쿠스의 천문학을 금지한 법만큼이나 이 기준에 위배된다고 그는 주장했다.

"헌법의 원칙상 사상의 경쟁에서 진실이 승리할 것입니다."

그가 내린 결론이다.

"우리는 교육의 자유, 가르침의 자유, 배움의 자유를 호소하는 바입니다. 별것 아닌 듯 보이는 이 법이 세대를 거쳐 교육을 억압하는 정책으로 나아갈 위험한 씨앗을 품고 있습니다."

피고 측의 마무리는 테네시 주 과학원의 변호인단이 맡았다. 그들은 법이

스콥스 소송 당시 아서 가필드 헤이스의 모습(브라이언대학 기록보관소)

실효성을 유지할 경우 과학과 의학 교육에 끔찍한 결과를 몰고 올 것이라고 경고했다.[57]

원고의 반박은 세이의 공격적 발언으로 시작됐다.

"피고 측에서는 이 문제가 근대주의자와 원리주의자 간의 논쟁이라고 말합니다. 하지만 재판장님, 그게 다가 아닙니다."

그가 경고했다.

"삶의 법칙이 밀림의 법칙이라고 가르치는 것을 허락한다면 공산주의를 수용하고 심지어 살인을 옹호하는 지경까지 사람들을 이끌어나갈 수 있는 근거를 마련해주는 것이나 다름없습니다."

이 말은 공산주의자와 살인자는 물론 진화론자의 대변인 대로를 겨냥한 것이다. 그는 "테네시 주 의회가 단순히 진화론 교육이 아닌 그보다 더 나쁜 것들을 근절하기 위해 이 법을 통과시킨 것"이라고 단언하면서도 법 자체가 종교를 장려할 정도로 도를 넘어서지는 않는다고 주장했다. 왜냐하면 "그 어떤 교사도 공립학교에서 신성한 창조론을 가르칠 권한이 없기 때문"이라고 했다. 이처럼 세이의 논리는 반진화론법에 종교만이 아닌 세속적 목적을 부여했다. 그리고 윌리엄 제닝스 브라이언 주니어가 법정에 제출한 진술서를 낭독해 자신의 발언에 힘을 실었다. 여기서 그는 반진화론법이 "공립학교에서 인간의 성스러운 기원에 대한 자녀들의 믿음을 지키고, 이로써 하나님과 신앙인들의 의무를 다할 수 있도록 설계된, 자주적인 국민의 생각을 신중하게 배려한 법"이라고 설명했다. 브라이언은 피고 측이 무기로 내세운 '자유'를 언급하면서도 이 개념을 그의 아버지와 같은 방식으로 정의했다. 즉 "공립학교에서 테네시 주 어린이들의 공통된 신앙을 보호하기 위한" 다수의 '자유'였다.[58]

법원은 소송의 특수성을 고려해 예정된 최종 변론을 듣기 전에 세이의 발언에 키블러와 과학원의 공동 변호인의 답변을 허용하도록 절차를 조정했다.

ACLU에 비난의 화살을 퍼부었던 적색공포 시절을 재현하듯 세이는 스콥스 소송에 대한 ACLU의 이해관계에 용공사상이 숨어 있다고 말했다. 이에 키블러는 그러한 이해관계의 출발점이 학문의 자유를 거부한 반진화론법에 있다고 맞받아쳤다. 또한 이 법이 미국인의 가치를 보호하려는 폭넓은 대중적 목적은 무시하고 원리주의라는 "기독교 교회의 특정 교조주의敎條主義"를 촉진할 뿐이라고 덧붙였다.[59] 법정이 휴회에 들어간 뒤 과학원 공동 변호인은 다음 날 아침에 이러한 맥락의 변호를 이어나갔다. 무엇보다 대로와 진화론자들에 대한 세이의 인신공격을 맹렬히 비난했다.

"바로 이 주에 독실한 기독교인이면서 인간의 신성한 기원과 하등동물에서 진화를 믿는 수천 명의 사람이 살고 있습니다."

내슈빌 출신의 변호사가 말했다.

"보시다시피 인류에게 적용되는 진화론과 인간의 신성한 기원은 대립관계에 있지 않습니다."

변호사들의 변론을 들은 한 기자는 다음과 같은 기사를 썼다.

"데이턴에서는 스콥스의 변호인들이 마을 주민들 사이에서 동조를 얻지 못하고 변호사협회 회원들에게는 더욱 외면당했는데, 이곳에서도 반진화론법의 무효성에 대한 신념을 피력하는 현지 변호사들에게 사람들이 전혀 관심을 보이지 않았다."[60]

법의 유효성에 대한 대중의 무관심에도 불구하고 소송에 대한 관심은 전혀 수그러들지 않았다. 그 결과 대로의 최종 변론을 듣기 위해 둘째 날 유례없이 많은 사람이 모여들었다. 한 기자의 관찰에 따르면 그중에는 "도시의 사교계에서 이름을 떨치던 많은 여성"이 섞여 있었다. 현지에서 꽤 유명세를 탔던 매커니코는 대로와의 맞대결을 위해 상대가 발표한 글을 대량 선집해 현장에 일찍 도착했다. 이어 도착한 대로는 자신이 쓴 "공산주의자를 위한 변론"이 서류 더미 맨 위에 놓여 있는 것을 보고 매커니코에게 농담을 던졌다.

"저것만 파고들어도 다른 얘기를 할 시간은 없겠군요."[61]

이로써 극적인 마무리를 향한 준비가 모두 끝난 듯 보였다.

연좌를 이끌어내고자 했던 매커니코는 피고 측에 대해 광범위한 공격을 이어나갔다. 그는 대로의 불신론과 ACLU의 급진주의를 거듭 강조했고, 반진화론법을 시험대에 올려놓기 위해 원조를 구하는 과정에서 "닐 박사는 어디서 위안을 찾을지 잘 알고 있었다"며 비난했다. ACLU의 재판 홍보와 대로가 브라이언에게 보인 태도가 가장 혹독한 비판을 받았다. 지방 검사단이 피고 측에 선 현지 변호사들을 비판하기 시작하자 법원은 결국 "재판의 주제를 소송으로 국한할 것"을 당부했다. 할당된 시간이 다 돼가자 매커니코는 두 가지 쟁점을 언급하며 변론을 마무리지었다. 법을 통과시키는 과정에서 의회는 원리주의의 편을 든 것이 아니라 "모든 종파를 위해 성경을 지키려 한 것뿐"이라는 주장과 함께 테네시 주민의 95퍼센트가 사후세계를 믿는다는 추정치를 내놓고 진화론 교육이 이처럼 중요한 신앙을 약화시킨다고 말했다. 더 나아가 반진화론법이 종교를 확립하는 것이 아니라 "성경을 (공립학교에서) 가르칠 수 없으므로 이러한 반성경 이론 또한 가르쳐서는 안 된다"고 규정할 뿐이라고 덧붙였다. 그러고는 법정을 향해 물었다.

"옳고 그름을 떠나 테네시 주가 사람들의 정신을 피폐하게 만드는 교리를 공립학교에서 가르치지 못하도록 하는 데 앞장서지 않는다면 시민정부에 이보다 더한 비극이 또 있겠습니까?"

좌석에서 환호가 이어지자 그는 재판장들에게 "주 공립학교에서 '이 동물 교리'를 가르치려는 '불길하고 불결한' 시도에 굴하지 말 것"을 요구했다.[62]

대로는 자신에게 집중된 인신공격에 개의치 않고 준비해온 최종 변론을 발표했다. 그 내용은 법적 논쟁이라기보다는 과학과 종교에 대한 철저한 근대적 시각이 반영된 자유를 향한 호소에 가까웠다. 세이와 매커니코는 성경이 진실, 과학은 견해라고 했지만 대로는 그 반대로 정의했다. 종교는 "개인

사로 여겨야 하는" 개인적 문제이지만 과학은 "발전······ 그리고 오늘날 문명을 만들어낸 모든 것의 원인"에 해당되는 공공의 활동이라는 것이 그의 설명이었다. 이러한 관점에 따라 주장했다.

"테네시 주의 학교는 종교를 가르치기 위해 설립된 것이 아닙니다. 과학을 가르치기 위해 설립됐습니다."

대로는 공개연설과 종교 기득권층의 보호 때문에 테네시 주 법과 미국 헌법이 공립학교에서 종교로부터 과학의 방패막이 되고 있다고 가정했다.

"미국 공교육 제도의 미래와 자녀 교육은 법령집에서 반진화론법을 지워야만 비로소 안전성이 확보될 수 있습니다."

재판장 한 명이 세이와 매커니코의 제안대로 종교, 과학을 통틀어 인류의 기원에 대한 모든 교육을 금지해도 될지 묻자 대로는 다음과 같이 답했다.

"그보다 먼저 생물을 가르쳐야 한다는 학교법부터 수정해야 할 겁니다. 생물 자체가 인류의 기원을 다루는 학문이기 때문입니다."

대로는 스콥스에게 내려진 선고를 소크라테스의 처형에 비유하며 1시간 동안 이어진 논쟁을 큰 박수로 끝맺었다.

"우리는 이 자리에서 다시 한번 해묵은 인간의 지식 자유를 놓고 싸우고 있습니다."[63]

마지막 날 온갖 미사여구가 난무했지만 항소 공판은 별 감흥을 일으키지 못했다.

"대법원에 앞서 벌어진 논쟁은 이전 재판 때와 분위기가 사뭇 달랐습니다."

헤이스가 말했다. 『채터누가 타임스』는 "재판과 비교해 뉴스거리로서는 실패작"이라고 평했다. 막바지에 이르러 연합통신사는 다음과 같이 보도했다.

"걸출한 변호인들 사이의 언쟁을 기대하고 법정에 모여든 사람들은 실망을 금치 못했다."

격식을 따지는 법적 절차가 감정을 억제시키는 데 일조한 것만은 분명했다. 헤이스는 회상했다.

"모두가 품위를 지키는 가운데 차분하고 조용히 진행됐다."

『채터누가 타임스』가 덧붙였다.

"중간에 이의를 외치거나 변호인단 사이에 말다툼이 벌어지거나 종교적 분위기 또는 반종교적 분위기가 전혀 조성되지 않았다."**64**

브라이언의 부재로 극적 요소가 줄어들었고 대로의 스타일은 재판에 가장 잘 맞는 것으로 드러났다. 무엇보다 공판을 절정에 올려놓을 판결이 선포되지 않았다. 고등법원은 변론을 참조용으로 채택했을 뿐 의견을 발표하기까지 7개월이나 걸렸다. 그사이 양측 모두 자신의 승소를 예측했다.

ACLU는 공개적으로 발표한 계획과 달리 비공개적으로는 소송을 계속 진행할 계획을 세웠다. 이 계획에서 대로는 철저히 배제됐다.

"스콥스 소송이 테네시 주 대법원에까지 이른 마당에 이제는 추가 항소와 관련해 정책을 고려할 때입니다."

베일리가 구두 변론 이틀 후에 대로에게 쓴 편지의 내용이다.

"미합중국 대법원에 앞서 이번 소송의 변론을 맡은 사람이라면 대법원의 위엄 있는 자리에 앉아 있는 분들의 편견에서 전적으로 자유로워야 할 텐데 귀하나 멀론 또는 헤이스 씨는 이러한 요건에 맞지 않는 것 같군요."

결코 물러나지 않겠다는 굳은 의지를 대로는 다음과 같이 표현했다.

"헤이스 씨나 저를 향해 편견이란 것이 존재한다면 귀하의 조직을 향한 편견이 훨씬 더 클 것 같습니다만……."

ACLU 지도자들의 입장은 확고했다. 이번 소송은 ACLU 최초의 대승이자 찰스 에번스 휴스를 내세워 체면을 세울 수 있는 기회라는 점에서 이들에게 던지는 의미가 무척 컸기 때문이다. 그들은 스콥스에게 시선을 돌렸다.

"은밀히 말씀드립니다만, 대로와 헤이스가 계속해서 변호인단에 남아 대법원에 앞서 변론하겠다고 고집을 부린다면 미국시민자유연맹에서 스콥스 씨를 제명해야 할 겁니다."

로저 볼드윈이 스콥스에게 알렸다.

"피고는 당신입니다. 따라서 소송을 맡길 사람을 선택해 선임할 권리가 당신에게 있습니다. (…) 그 선택을 할 수 있는 위치에 서게 될 수도 있습니다."

ACLU 자문위원 W. H. 핏킨은 대로가 계속 참여한다면 "대법원 판사 몇 명에게 안 좋은 인상을 줄 것이고, 교회를 다니는 평판 좋은 변호사의 이름을 변론취지서에 올리는 일이 불가능해질 것"[65]이라고 비공개적으로 설명했다.

비록 나중에 대로와 끝까지 함께했을 것이라고 말하기는 했지만 스콥스가 선택을 해야 하는 상황은 발생하지 않았다.[66] 테네시 주 대법원은 현지에서 호응이 좋았던 반진화론법을 뒤엎는 위험을 감수하지 않고 곤혹스러운 소송에 종지부를 찍는 영리한 술책을 동원했다. 반진화론법은 공적인 자리를 맡은 공무원에게만 적용되기에 개인의 자유를 침해하지 않는다는 판결을 내린 것이다. 스콥스는 "주에서 규정한 조건의 제약을 받지 않는 이상 한 주를 대표해 봉사할 권리나 권한이 없다"는 것이 법원의 설명이었다. 더 나아가 법이 "그 어떤 가르침도 요구하지 않기 때문에, 금지법이 종교 기득권층에 특혜를 준다고 볼 수 없다"고 덧붙였다. 이에 따라 다수를 차지하는 3명의 판사가 반진화론법에 대해 합헌 판정을 내렸고, 이 법이 전체 공립교육기관에서 인류진화론 교육을 금지한다고 해석한 판사는 단 둘뿐이었다. 그중 한 명은 반진화론법의 모호한 표현에서 무신론적 진화론을 예외로 규정했고, 또다른 판사는 "의미가 불확실하므로 법 자체가 무효"라고 선언했다. 다섯번째 판사의 경우 판결 전에 숨을 거두었지만 후임자가 결정에 관여하지 않았다.[67]

그러나 법원은 판결 내용을 확인한 후에 배심원이 아닌 판사가 벌금액을 책정했다는 이유로 스콥스의 유죄 판결을 번복했다. 실제로 롤스턴은 배심원단에게 벌금액을 더 높게 책성할 기회를 준 다음 최소 벌금형을 부과했다.

당시 양측 모두 이 결정을 수용했기에 항소심에서 문제를 제기하지 않았다. 이 사실만 놓고 볼 때 이미 해결된 문제였는데도 법원은 끝까지 선고를 뒤집는 구실로 이용했고, 검찰총장에게 기소를 기각할 것을 촉구했다.

"이 기이한 소송을 길게 끌고 가봤자 득보다는 실이 많을 것이다. 이 시점에서 소송 철회를 도입하는 편이 테네시 주의 평온과 존엄성을 지키는 데 더 큰 효과가 있을 것이라고 본다."[68]

법원이 발표한 글의 내용이다. 새로 부임한 테네시 주 검찰총장이 다음 날 아무런 언급 없이 법원의 뜻에 따르면서 피고 측에서는 더 이상 항소할 사건이 남아 있지 않게 됐다.

미국 역사상 언론에서 가장 큰 관심을 받은 경범죄 소송이 승자도, 패자도 없이 대단원의 막을 내리자, 졸렬한 처사라는 피고 측의 비난이 잇따랐다. 멀론은 법원의 판결이 "스콥스에게 유죄를 선고한 법의 적법성을 미국 대법원이 판단하지 못하도록 테네시 주가 수작을 부린 것"이라는 강도 높은 비난을 서슴지 않았다. 대로도 불만을 토로했다.

"이로써 이 문제는 미해결 상태로 남게 됐군요. 문제를 확실하게 매듭지으려면 또 한 번의 소송이 불가피할 것 같습니다만……."

스콥스는 법원의 결정에 대해 "실망"이라는 한마디로 정리했고, 이후로 테네시 주 교사 중에 반진화론법에 대항하기 위해 나선 사람은 단 한 명도 없었다.[69] 그러나 법을 지지하는 세력의 경우 검사들에게 법을 시행하지 않도록 지시한 것이나 다름없는 판결을 무턱대고 반길 리 없었다. 『내슈빌 배너』는 보도했다.

"스콥스 소송에 이미 '질릴 만큼 질려 있는' 주민들의 정서를 고려할 때 기소를 통해 문제를 들쑤실 지방 검찰총장은 없을 것이라는 게 몇몇 공무원의 공통된 의견이었다."[70]

실제로도 그러한 사례는 없었고 반진화론법은 주지사 피가 법안에 서명할 때 예상했던 대로 그저 상징적인 법에 불과했다.

스콥스 재판의 결과인지 몰라도 반진화론법이 주는 의미는 받아들이는 사람마다 달랐다. 무엇보다 남부인들에게는 자부심과 지역 정체성을 상징했다. 앨라배마에 거주하는 한 주민은 피에게 편지를 써서 말했다.

"위대한 평민께서는 테네시 주가 북부 양키들의 간섭 없이 자신의 문제를 스스로 충분히 해결할 수 있는 의식이 있다는 사실을 주장하던 중에 순직하셨다."[71]

테네시 주 대법원의 판결이 발표되고 얼마 지나지 않아 메이너드 시플리는 반진화론운동이 여전히 "심각한 위협"으로 남아 "남부가 위기에 처했다"는 내용의 글을 썼다.[72] 아칸소 주민들은 주민투표를 통해 1928년 남부에서 반진화론법을 제정하는 세번째 주로 등극했다. 루이지애나 주도 텍사스 주의 뒤를 이어 주 정부가 승인한 교과서에서 진화론 언급을 금지하는 움직임에 동참했다. 남부 전역의 교육위원회가 진화론 교육에 자체적인 제한 규정을 시행하기 시작한 것이다. 뒤이어 발표된 연구 조사에 따르면 남부 사회를 구성하는 다양한 단체 사이에서 이러한 규제에 대해 점점 더 폭넓은 지지층이 형성됐다.[73]

같은 무렵에 북부에서는 스콥스 재판의 탓을 남부인들에게 돌리려는 북부 진화론자들의 성향에 힘입어 반진화론운동이 힘을 잃어가고 있었다. 한 예로 뉴욕의 유명한 지그펠드 폴리스 후원자들은 다음과 같은 멀론의 복귀 성명에 커다란 성원을 보냈다.

"우리는 남부에 가서도 북부인의 사고를 끝까지 고수했습니다."

한 북부 저널리스트는 대표적인 재판 후 평론을 통해 "테네시 주의 종교 재판"을 "문화적 황무지인 남부"와 결부시켰다. 멩켄의 경우 수년간 계속해서 스콥스 재판을 호되게 비평했고, 이에 지극을 받은 에드윈 밈스는 볼티모어 출신의 저널리스트인 멩켄을 남북전쟁에서 남부를 정복한 장군 윌리엄 테쿰세 셔먼에 비유했다. 북부인들은 멩켄의 풍자에 동조했고 스콥스 재판 이후에도 반진화론법을 채택하는 데 별 관심을 보이지 않았다. 1927년에 로드아일랜드 의원이 반진화론법 계획안을 제출했을 때만 하더라도 그의 동료들은 어이없다는 반응을 보이며 수렵위원회Committee on Fish and Game에 회부했다. 라일리나 스트레이턴 같은 북부 도시 출신들의 주도하에 국가적인 입법활동으로 시작했던 반진화론운동이 스콥스 재판 이후부터는 지역적 현상 정도로밖에 비춰지지 않았던 것이다. 진화론 교육을 금지하는 남부의 온갖 규제를 폐지하려던 자체 노력이 모두 실패에 이르자 ACLU는 그 원인을 "과학과 신앙에 대한 북부의 신념을 적대시하는 완고한 남부의 분위기"로 돌렸다.[74]

스콥스 재판 직후 몇 년 동안 양측의 열성적인 지지자들은 재판의 역사적 의의를 놓고 각축을 벌였다. 대로, 헤이스, 멀론은 각종 책, 기사, 강연을 통해 원고 측을 풍자했다. 특히 증인석에 선 브라이언이 성경에 나오는 창조 일수가 매우 긴 시간을 상징한다고 인정한 사실을 놓고 헤이스는 "브라이언에게조차 우리 주장이 입증된 것인지도 모른다"고 말했고, 대로는 "브라이언이 자신의 믿음을 부정했다"고 으스대듯 말했다.[75] 헨리 페어필드 오즈번 같은 유명 과학작가들까지 가세해 생물과 과학 교육에 대한 원고 측의 생각에 비난을 퍼부었다. 피고 측 전문가 증인 가운데 일부는 자신들의 재판 진술 내용을 바탕으로 책이나 기사를 집필해 어느 정도 인기를 끌기도 했다. 이 모든 후일담은 '시골뜨기' 배심원들마저도 주저했던 판결만 빼면 재판이 스콥스의 완승이라는 인상을 확실하게 심어주었다.

원리주의자들도 출판과 발표 수단을 이용해 적극적으로 대응했다. 라일리는 WFCA 학술지에 장문의 기사를 기고해 재판에서 피고 측이 했던 주장을 반박하고 브라이언의 증언을 변호했다. 자신의 추종자들을 향해서는 다음과 같이 말했다.

"변호사로서 일말의 자부심이 있는 자라면 「창세기」만 봐도 수백만, 아니 수억 년이 될 수도 있는 시간을 놓고 온갖 야비한 수단을 동원해 브라이언 씨로 하여금 '하나님께서 600년 전에 세상을 창조하셨다'고 말하게끔 하겠습니까?"[76]

무엇보다 원리주의자들의 설교에서 가장 큰 비중을 차지한 주제는 재판에서 대로가 보인 극악무도한 언사였다. 1927년에 반진화론운동가로 이름을 떨쳤던 과학 교수 아서 I. 브라운은 오즈번이 발표해 큰 인기를 끈 '지구가 브라이언에게 입을 열다'라는 제목의 재판 관련 기사에 『과학이 오즈번에게 입을 열다』라는 책자로 답했다. 진화론 교육을 반대하는 그 밖의 인물들은 피고 측이 재판에서 내놓은 과학 진술이 대중에게 진화론의 주장을 대표한다고 판단했는지, 이를 철저히 분석하는 식으로 대응했다. 그리고 마치 진화론자들이 데이턴에서 완패를 당한 것처럼 묘사하는 것도 잊지 않았다.

반진화론운동가들이 계속해서 맹위를 떨치고 양측이 재판의 해석을 놓고 첨예하게 대립하는 가운데 역사학자들은 데이턴 재판의 의미를 평가하기를 꺼렸다. 하지만 찰스 A. 비어드는 공동 집필한 『미국 문명의 발흥The Rise of American Civilization』이라는 당대의 걸작을 통해 재판의 결말에 대한 논란에 마침표를 찍는 과감함을 보였다. 이 책의 완결판은 1928년에 출간됐는데, 당시 비어드는 좌파 성향의 역사학자로 최고의 권위를 누렸고 역사적 사건에 대한 변증적 해석에 능했다. 그는 이 책을 통해 스콥스 재판이 지방의 원리주의자들과 도시의 근대주의자들 간에 여전히 진행 중인 '전쟁'에서 '가장 화려한 전투'로 기록될지 몰라도, 결정적인 전투는 아니며 전쟁을 해결한 것은 더욱 아니라고 못 박았다.

"양극의 자유사상가 사이에서 테네시 주 소송은 미국 후배지後背地의 희생으로 대단한 볼거리를 선사했지만, 원리주의자들은 정작 해당 지역 사람들의 야유에도 태연자약하게 사신들의 활동을 이어나가겠다고 공표하고 있다."[77]

역사학자 프레스턴 윌리엄 슬로슨은 1920년대 역사를 담은 선구적인 책 『위대한 개혁운동과 그 이후The Great Crusade and After』에 재판에서 나온 진술을 두 단락 포함시켰지만 그 의미에 대해서는 언급하지 않았다. 다만 그는 "'재판은 불신론자 대로와 원리주의자 브라이언 두 사람 간의 말다툼으로 귀착됐다.' 하지만 브라이언이 '신앙을 지키려다 죽은 순교자'로 승화된 반면 '반대쪽에는 교권 반대주의 투사로서 톰 페인이나 로버트 잉거솔의 법통을 이어 받을 만한 역량이나 배포를 가진 자가 클래런스 대로를 비롯해 아무도 없었다'고 평했다. 그리고 다음과 같이 대답 없는 공허한 질문으로 끝을 맺었다.

"미국 대중의 종교적 신앙의 현주소는 무엇인가?"

스콥스 재판이 미국 역사에 한 획을 긋기는 했어도 결정적인 역할을 하지는 못했다는 결론이다.[78]

슬로슨의 질문에서도 알 수 있듯이 1920년대 말에 활동한 역사학자들은 원리주의자들의 정치적 행동주의에 전혀 제동이 걸리지 않았음을 인식했다. 1930년대에 들어 이러한 추세가 더욱 극명해지자 몇몇 역사학자는 그 원인이 데이턴 재판의 결과에 있다고 보았다. 그럼에도 ACLU와 미국과학연맹은 1930년까지도 반진화론운동에 대한 부정적인 기사와 논평을 지속적으로 발표했다. 지식인들은 재판이 적어도 브라이언에게는 개인적으로 모욕을 안겨주었다고 해석했다. 헤이스와 대로가 각각 1928년과 1932년에 집필한 자서전을 통해 이와 같은 해석을 내놓았고, 멩켄도 저술활동을 통해 같은 의견을 취했다. 1929년에는 비슷한 맥락의 브라이언 전기 2편이 출판됐는데, 그중 하나에는 대로가 위대한 평민을 "짓밟아버렸다"는 과격한 표현까지 등장했다.[79]

앞서 언급한 책에서 공통적으로 시사하는 바가 있다면, 브라이언의 결점을 아무리 파헤치고 폭로해도 반진화론운동이 시들지 않을 것이라는 점이었다. 왜냐하면 원리주의자들은 당시 진보 평론가들의 눈에 수치심이란 모르는 비굴한 시골뜨기의 이미지로 비쳤기 때문이다. 예를 들어 스튜어트 G. 콜은 1931년에 『원리주의의 역사History of Fundamentalism』라는 책을 출간해 원리주의자들에 대한 비판의 강도를 높였다. 그는 스콥스 재판에서 브라이언이 맡은 역할은 보잘것없었지만 그가 못다 한 숙원이 라일리, 스트레이턴 등의 추종자들에게 계승됐다는 점에서 반진화론운동에 활기를 불어넣었다고 썼다. 모든 상황을 감안할 때 초기 역사학자들은 스콥스 재판을 결정적인 전환점이라기보다는 시대상의 일면으로 보았던 것 같다.[80] 1920년대가 저무는 시점에서도 스콥스 재판의 유산은 여전히 주인을 기다리고 있었다.

제9장

재조명

스콥스 재판의 전설은 이후 30여 년에 걸쳐 엄청난 인기를 끈 2개의 창작물이 등장하면서 급부상했다. 1931년에 『하퍼Harper』 편집자 프레드릭 루이스 앨런이 쓴 베스트셀러 『어제-1920년대의 비공식 역사Only Yesterday-An Informal History of the Nineteen Twenties』를 시초로 1960년에 제롬 로런스와 로버트 E. 리의 장기 흥행 브로드웨이 연극 「신의 법정Inherit the Wind」이 영화로 제작돼 인기를 끌면서 관심이 극에 달했다. 후세대가 스콥스 재판을 바라보는 시각은 실제 데이턴에서 벌어진 사건보다 두 작품의 영향을 더 많이 받았다고 할 수 있다.

앨런이 『어제-1920년대의 비공식 역사』를 집필할 때만 해도 재판에 대한 대중의 인식을 바꾸려는 의도는 없었다. 당시 대공황의 늪으로 점점 더 빠져들고 있던 국가 분위기를 고려해 앨런은 광란의 1920년대의 행복했던 기억을 기자의 시각에서 활기차게 재조명해보려던 것뿐이었다. 역사에 대한 정규교육이 전무한 상태에서 오로지 기자로서 쌓은 경험에 입각해 연대기적 사건을 다룬 그는 1920년대를 하나의 시간표로 그리고 그 시대의 연감과 간행물에서 매달 가장 화제가 된 뉴스를 뽑은 뒤 각 사건의 개요를 간결하게 해석했다. 1925년 중반에 전국을 떠들썩하게 만든 스콥스 재판이 앨런의 책 한 가운데를 차지한 것은 당연한 일이었다.

앨런은 재판을 만화처럼 단순하게 묘사했다. 날로 성장하는 "과학의 권위"가 근대 미국에서 "영적인 힘"을 무너뜨렸다고 주장했다. 원리주의자들은 과학의 도전에 맞서 "성경을 글자 그대로 고수하고 과학을 비롯해 그 어떤 학문도 성경에 어긋난다면 받아들이지 않았다." 반대로 근대주의자들은 "자신들의 신앙을 과학적 사고와 접목해 시대에 뒤떨어진 사고방식을 과감히 내던졌다." 회의론자들은 "과학의 총론을 기반으로 성장"하는 대가로 종교를 등졌다. 앨런은 말했다.

"이 세 세력 간의 마찰은 1920년대를 떠들썩하게 만들었고, 1925년 스콥스 재판을 계기로 절정에 달했다. 대중의 눈에 비친 재판은 원리주의와 근대주의의 지지를 받은 20세기 회의론 사이의 대립이었다."

앨런은 부차적으로 "독실한 지방 주민들"과 세련된 도시인 그리고 남부와 북부의 대립도 엿볼 수 있었다고 설명했다. 개인의 자유를 향한 피고 측의 투쟁과 다수결주의를 호소하는 원고 측은 앨런의 해석에서 제외됐다. ACLU와 WCFA의 관계도 마찬가지였다. 서커스를 방불케 하는 데이턴의 선동적 분위기와 언론으로부터 열띤 관심을 받은 대로와 브라이언의 만남을 작가는 씁쓸하고도 우스꽝스럽게 묘사했다. 앨런은 말했다.

"7월 20일 오후, 대로의 강도 높은 심문으로 궁지에 몰린 브라이언이 구약 성경의 기적에 대한 자신의 믿음을 강조하는 장면이 이 사건의 씁쓸하고도 우스꽝스러운 절정이라고 할 수 있다. 그가 제시한 종교적 신앙은 증인으로서 아무런 영향력을 발휘하지 못했을 뿐 아니라 원고 측 입장에서 사리에도 맞지 않았다."

그러고는 덧붙였다.

"이론적으로 법의 심판에 따라 원리주의가 승리했지만 실제로는 진 것이나 다름없다. (⋯) 그리고 원리주의에 확신을 갖지 못하는 사람들이 서서히 이탈하는 현상이 계속됐다."[1]

『어제─1920년대의 비공식 역사』에서 앨런은 원리주의를 반진화론으로, 더나아가 반진화론을 브라이언으로 축소시켜 나갔다. 이러한 해석은 문제를 지나치게 단순화하기 때문에 작가가 이야기를 재구성해야 할 수밖에 없었다. 예를 들어 대로가 심문할 당시 "브라이언은 지구가 기원전 4004년에 만들어졌다는 믿음을 강조했는데, 대로가 브라이언에게서 「창세기」에 나와 있는 창조 일수가 매우 긴 시간을 상징한다는 진술을 받아냄에 따라 브라이언이 자신의 믿음에 모순을 초래했다는 대로의 주장에 힘이 실렸다"고 말했다. 또한 브라이언이 과학에 대한 무지함을 억지로 인정했다는 사실을 언급하지 않았다. 초창기 평론가들의 경우 반진화론의 오류를 밝히는 과정에서 이 부분이 매우 중요하게 작용한다고 해석했지만 앨런은 성경에 대한 브라이언의 맹신에만 주목했다. 그럼에도 브라이언을 원리주의자와 동일시함으로써 브라이언이 데이턴에서 겪은 굴욕을 원리주의 전체의 결정적 패배로 변형시킨 최초의 평론가로 자리매김했다. 물론 미국인이 종교를 등지고 있다는 주장을 뒷받침할 만한 구체적인 증거는 제시하지 못했다. 실제로 그 자신조차 "전후 시대에 종교가 설 자리를 잃었다는 징후를 그 어떠한 교회 통계에서도 찾아볼 수 없다"고 인정하면서도 그러한 통계가 피상적이라는 지적은 잊지 않았다. 또 "교회에 대한 충성심을 점차 잃고 교회가 과연 무엇을 해줄 수 있을지에 대해 의문을 갖는 신도들이 눈에 띄게 늘어났다"[2]고 주장했다. 이런 주장은 앨런 자신의 삶을 비추어볼 때는 일리가 있을지 몰라도 미국인 전체를 놓고 가정한다거나 스콥스 재판이 이러한 현상에 기여했다는 것은 말 그대로 추측일 뿐이었다.

앨런은 자신이 전달하는 내용 외에 어떠한 주장도 내놓지 않았다.

"이 책은 훗날 미국 역사에 길이 남을 한 시대의 이야기를 전하고 일정 부분 해석하려는 의도를 담고 있다."

앨런이 서문에 남긴 한 대목이다.

"한 시대가 끝난 지 얼마 지나지 않아 기억이 여전히 생생할 때 글을 쓰는 사람에게는 당시의 유행과 풍습, 어리석음을 폭로하되, 그 영향력을 오랜 시간 완벽하게 가늠하기 어려운 특정 사건의 해석은 뒤따르는 역사학자들에게 떠넘길 수 있는 특별한 기회가 주어진다."[3]

이러한 접근 방식은 1930년대 사람들에게 커다란 반향을 일으켰다. 앨런 본인은 대중을 겨냥해 책을 썼고 어느 정도 성공할 것이라고 조심스레 기대했지만 1920년대에 대한 향수는 상상 이상의 판매고를 올렸다. 출간되자마자 베스트셀러로 등극한 것은 물론이고 수백만 권 이상이 팔려나가 1930년대에 출간된 논픽션 중에서 판매 1위를 차지하는 기염을 토했다. 더 놀라운 사실은 역사학자들에게까지 영향력을 미쳐 50여 년 이상 대학에서 역사 교재로 널리 사용됐다는 것이다. 역사학자 로더릭 내시는 앨런의 책에 대해 다음과 같이 말했다.

"1920년대 미국의 사회 통념에 대해 프레드릭 루이스 앨런만큼 제대로 다룬 작가는 지금까지 없었다. 그의 책은 이후 이 시대를 다루려는 대부분의 작가에게 초기 참고서가 됐다."

내시는 다음과 같은 말을 덧붙였다.

"이 시대의 가장 화려한 사건을 포착하고 몇몇 헤드라인을 통괄하는 앨런의 고전적 방식은 훗날 역사학자들에게 고스란히 전해져 미국인들의 오랜 가치, 전통, 사상이 1920년대에 별 의미가 없었다는 논증이 됐다."[4]

스콥스 재판을 구식 종교의 결정적 패배로 묘사한 앨런은 이 사건이 미국인들이 빅토리아 시대의 전통을 과감히 거부하고 나선 1920년대의 통념에 꼭 맞아떨어진다고 설명했다. 그 결과 앨런의 해석을 받아들인 독자들은 스콥스 재판이 근대 미국 역사에서 논리가 계시를 누르고, 과학이 초자연적 힘을 누른 발판이 됐다고 생각했다. 이러한 결론이 대로는 만족시켰을지 몰라도 종교와의 싸움이 아닌 자유를 위한 투쟁 수단이 되기를 바랐던 ACLU에게는 별 도움이 되지 않았다. 실제로 앨런이 원리주의를 완파당한 적이라고 묘사한 부분은 원리주의가 여전히 개인의 자유를 위협한다고 강조하려 했던 ACLU의 노력에 찬물을 끼얹는 것이나 다름없었다. 게다가 진화론자들이 긴장을 늦추는 계기가 될 수도 있다는 점에서 문제가 됐다. 앨런의 책이 출간되던 해에 미국으로 이민 온 하버드대 생물학자 에른스트 마이어는 다음과 같이 표현했다.

"지나간 날들을 돌아볼 때 문제로 제기된 재판이 진화론을 향한 원리주의자들의 마지막 공격이라는 인상을 받았다. 미국 진화론자들이 대체로 나와 같은 해석을 했으리라 믿는다. 그로 인해 미국의 진화론자들이 진화론의 사실을 입증하고 원리주의자들의 주장을 반박하기 위해 들이는 시간이나 노력이 줄어들었다."[5]

『어제-1920년대의 비공식 역사』는 재판의 결정적인 결과를 가져온 원인을 지목하는 것 외에도 데이턴에서 일어난 사건들에 대한 여러 오해를 고착시키는 결과를 낳았다. 한 예를 들자면, 앨런은 브라이언의 재판 증언을 변조해서 전했을 뿐만 아니라 그날의 전반적인 상황을 실제보다 더 극대화해 표현했다. "요나와 고래, 여호수아와 태양"에 대한 질문을 비롯해 대로가 모든 질문을 속사포처럼 쏘아대는 바람에 브라이언은 마치 한마디도 답하지 못한 것처럼 묘사됐다. 그리고 브라이언을 증인석으로 부른 극적인 순간이 신중하게 계획된 작전이 아닌 '충동적인' 결정인 듯한 인상을 주었다. 앨런은 재판의 근원에 대해 완전히 혼동하고 있었던 것으로 보인다. 그의 책에서는 소송에 대한 발상이 ACLU가 아닌 래플리에와 스콥스에게서 나왔다고 말한다. 스콥스가 고의로 법을 어겨 "체포"됐고, 그사이에 래플리에는 "클래런스 대로와 그 밖의 인물들에게서 법률 자문을 받아 스콥스를 변호"했다는 것이다. 물론 이야기를 왜곡하려는 의도가 있었던 것은 아닐 것이다. 다만 부정확한 뉴스 기사와 본인의 잘못된 기억에서 비롯된 실수로 보인다. 이 책을 통해 조명된 사건의 해석은 결국 스콥스 전설의 일부가 됐다.[6]

앨런의 뒤를 잇는 작가들은 그의 결론과 사건에 대한 설명을 수용했다. 1932년에 가이어스 글렌 앳킨스가 집필해 어느 정도 이름을 알린 『우리 시대의 종교Religion in Our Times』라는 책은 『어제-1920년대의 비공식 역사』의 내용에 크게 의존하고 있다. 저널리스트 마크 설리번도 1935년에 베스트셀러로 이름을 떨친 『우리의 시대: 미국, 1900~1925Our Times: The United States, 1900-1925』에서 같은 길을 걸었다. 두 책 모두 스콥스 재판을 미국 원리주의 역사의 결정적인 사건이라고 소개했다. 앳킨스는 재판이 "원리주의 운동이 한 걸음 더 나아가는 계기"가 됐다고 말했고, 설리번은 원리주의 논란의 "격정적 클라이맥스"라고 표현했다. 두 책 모두 브라이언에 대한 대로의 심문이 전환점을 마련했다고 묘사했는데, 앳킨스의 표현에 따르면 종교가 "우스꽝스러워지는 계기"가 됐고 그 결과 과학과 비판적 사고가 승리를 거두었다.

"스콥스 재판은 '아멘'의 시대가 끝나고 '바로 그거야!'의 시대가 시작됨을 알리는 신호였다."[7]

윌리엄 W. 스위트는 널리 사용되던 자신의 대학교 종교학 교재 『미국 종교 이야기The Story of Religion in America』를 새로운 시각을 반영하도록 수정했다. 이 책의 1930년도 개정판에서는 재판이 원리주의가 제기한 "광범위한 문제"에 도달하지 못한 매스컴용 사건이라고 묘사했다. 그러나 1939년도 개정판에서는 재판이 대중의 마음에서 이러한 문제를 해소시켰다고 전했다.

"브라이언은 진화론이 하나님을 불필요한 존재로 만들고 성경을 거역했으며 초자연적인 현상에 대한 모든 믿음을 짓밟았다고 말했고, 대로는 브라이언을 우스꽝스럽게 만들려 했고 심문을 통해 조롱했다. 이는 원리주의의 최후의 저항이었다."

스콥스 재판은 분수령이 됐다. 세속적 평론가들은 대로와 브라이언 사이의 충돌이 "원리주의에 필살의 일격을 가했다"[8]는 1941년 소설가 어빙 스톤의 분석에 전적으로 의견을 같이했다.

앨런이 재판 자체를 포함해 재판에 이르기까지 벌어진 사건을 본의 아니게 잘못 해석했지만 계속해서 전개되는 국면은 이후 평론가들로 하여금 그의 해석을 따르게 만들었다. 1930년대에 이르러 원리주의 정치활동은 외부 관찰자들이 원리주의 운동이 사라졌다고 생각할 정도로 크게 줄어들었다. 이러한 변화의 원인을 설명하기에 스콥스 재판만큼 편리한 구실은 없지만 시기적으로 들어맞지 않는 부분이 있다. 라일리, 스트레이턴, 그 밖의 원리주의 지도자들은 초기에 재판이 자신들의 승리라고 자부했고 당시 결과에 대해 아무도 낙담하지 않는 것처럼 보였다. 더군다나 판결 이후 수년간 여러 주에서 추가로 규제를 도입하는 등 반진화론운동이 눈에 띄게 확산됐다. 1920년대를 기점으로 원리주의 교회의 신도 수도 꾸준히 늘어났다. 1920년대 말에 원리주의와 근대주의 간의 공개적인 충돌이 수그러들고 1930년에 진화론 교육을 불법화하려는 정치운동이 사실상 종식됐지만 원리주의의 극명한 쇠퇴에 스콥스 재판은 간접적인 기여밖에 하지 못한 것이 사실이다.

양측 모두 데이턴으로 향할 때만 해도 사건을 공개적으로 다루게 되면 각자 자신들의 명분에 큰 힘을 실어줄 것이라고 자부하고 있었다.

"데이턴에서 전파되는 정보의 결과로 엄청난 반응이 일어날 것이라 예상한다."

브라이언이 재판 전에 쓴 글의 일부다. 피고 측도 재판의 전망을 놓고 비슷한 예측을 했다. 스콥스의 논평을 예로 들어보겠다.

"개인적으로 공개된 환경에서 솔직하게 터놓고 토론을 벌인다면 문제에 대한 이해도가 높아질 것이라 믿어 의심치 않습니다."

데이턴을 떠날 때에도 역시 양측은 각자 주어진 목표를 충실히 달성했다고 자부했다.[9] 양측 모두 자신의 입장에 대해 워낙 완강했기에 토론이 의견 충돌을 해소하기는커녕 폭주하는 정보에 맞서 각자 열의만 더 거세졌다.

진화론 교육이라는 주제에 초점을 맞춰 말하자면, 스콥스 재판은 양측 모두에 힘을 실어주었다. 1920년대 말까지 원리주의자들이 정치적 주도권을 잡고 있는 대부분의 주와 지방에서 법원, 행정기관 또는 교육위원회 결의안을 통해 반진화론법을 시행했는데, 여기에는 남부 대다수와 서부 일부 지역이 포함됐다. 그러나 북부에서는 진화론 교육을 금지하려는 시도가 완강한 저항에 부딪혔고 결국 굴욕적인 좌절을 맛봤다. 1927년 한 해에만 10여 곳에 달하는 북부 주에서 반진화론 법안이 백지화됐다. 가장 뜻밖의 장소는 라일리의 고향인 미네소타 주였다. 원리주의자들이 전면적인 공세를 펼쳤음에도 불구하고 주 의회에서 법안이 8대 1이라는 큰 표 차로 통과되지 못한 것이다. 라일리의 전기작가 윌리엄 밴스 트롤링거 주니어는 그 일을 두고 다음과 같이 적었다.

"참담한 패배로 헤어나기 힘든 충격에 빠졌다. 이 일은 반진화론법을 끝까지 고수하려던 윌리엄 벨 라일리의 노력에 종말을 알렸다."[10]

누가 봐도 양측의 영향력이 지리적 한계에 도달했음이 분명해진 뒤에야 캠페인은 끝이 났다. 원리주의가 데이턴에서 끝을 맞았다고 훗날 주장한 앨런, 앳킨스, 설리번 같은 평론가 모두 재판의 결과 반진화론운동이 역행한 북부 지방 출신이었다. 남부인들의 시각은 달랐다. 1930년대를 예로 들면, 노스캐롤라이나 주의 사회학자 하워드 W. 오덤은 자신이 거주하는 지역에 대해 "정치, 금융, 교육, 과학, 기술을 망라하는 모든 문제에 종교와 성경의 판단이 적용될 가능성이 높았다"[11]고 발표할 정도였다. 심지어 일단 자리를 잡은 반진화론 규제법은 40년 이상 폐지되지 않았다.

당시 반진화론운동의 쇠퇴를 설명할 이유가 몇 가지 더 있다. 1930년대에 원리주의자들에게는 스콥스 재판이 벌어지기 전만큼이나 진화론 교육을 우려할 만한 이유가 없었다. 이미 다수의 주와 학구에서 제한한 부분이고 이러한 규제는 전국 고등학교 생물교과서의 내용에도 영향력을 행사했다. 국정교과서 저자들은 워낙 민감한 사안이라는 점과 남부 지역의 정서를 고려해 다윈이즘을 소개할 때 교리적 내용은 최대한 배제하려고 애썼고, 이러한 분위기는 재판 전에 이미 형성됐다. 예를 들어 한 대형 출판사에서는 생물학 교재의 판매량을 걱정한 나머지 진화론을 "교리"가 아닌 "이론"으로 소개해 브라이언의 공개적 지지를 구하려 했다. 이 소식을 접한 브라이언은 제안 자체는 반기면서도 다음과 같이 답했다.

"진화론이 가설로만 제시됐다는 사실을 명백하게 드러내려면 굉장히 많은 삭제와 첨가 작업이 필요할 겁니다."[12]

스콥스 재판 후에 많은 생물교과서가 그의 말대로 진화론과 관련하여 수정 작업에 들어갔다.

조지 W. 헌터의 『도시 생물학』에 나온 진화론이야말로 이 과정을 단적으로 보여준다. 테네시 주 교과서편찬위원회는 스콥스가 이 책을 사용한 혐의로 고발당한 직후에 승인 목록에서 제외시켰다. 1년 후에 이 책을 낸 출판사는 몇몇 남부 주에서 판매된 교재 사본에서 진화론을 다룬 6쪽을 삭제했고, 헌터가 직접 나서서 전체 내용을 수정하기에 이르렀다. 그는 진화 원칙이라는 제목을 빼고 종의 진화를 보여주는 차트를 삭제했다. "인류의 발달"로 수정된 부분은 "현재 인간보다 문명적으로 크게 뒤떨어지는 인류"에 대해서만 고찰할 뿐 인간 아래 종에 대해서는 다루지 않고 "인간은 도덕과 종교적 본능을 가진 유일한 피조물"이라는 정통적인 문장을 첨가했다. "자연선택"에 대한 단락은 유지됐지만 문장마다 다윈이 "제안"했다거나 "믿었다" 또는 "말했다"는 식의 단서를 달았다. 헌터는 더 이상 다윈을 "생물학의 아버지"로 추켜세우지 않았고, "진화 원칙의 위대한 발견"이라는 구절을 "모든 생명이 변화하는 방식에 대한 다윈의 해석"으로 수정했다. 실제로 스콥스 재판 이후 발간된 이 교재에서는 진화라는 선동적인 단어가 모조리 사라지고 진화의 개념이 남아 있는 부분에서는 얼버무리기 식의 표현이 확신을 대체했다. 다른 교과서 저자들도 헌터의 뒤를 따랐다.[13] 헌터가 수정을 마칠 무렵 반진화론자들은 대놓고 인정하려 하지는 않았지만 더 이상 불평할 근거를 찾지 못했다.

진화론 교육 반대운동은 멈췄을지 몰라도 다위니즘을 향한 원리주의자들의 불평은 계속됐다. 원리주의는 사라지지 않았다. 오히려 정반대로 보수적인 기독교 출판사가 펴낸 반진화론 서적, 기사, 논문이 꾸준하게 인기를 끈 덕분에 지지자들의 수가 그 어느 때보다 늘어났다. 라일리는 반진화론 법안을 밀어붙이려는 노력이 수포로 돌아간 지 한참 후에 반진화론 팸플릿을 대량으로 제작해 배포하는 일을 계속했다. 그는 종종 해리 리머와 함께했는데, 리머는 스콥스 재판 후 10여 년간 꽤 많은 반진화론 소책자를 만든 순회 전도사이자 자칭 과학자였다. 최소한 두 차례 정도 반진화론 연설가로 잘 알려진 이 두 사람은 '날-시대 이론'과 '간격론'이 「창세기」와 늙은 지구라는 지질학적 증거를 일치시키는 데 상대적으로 유리하다는 내용의 토론으로 수많은 원리주의자 청중에게 만족감을 안겨주었다. 그렇지만 아담과 이브의 인류 창조 이야기에 대해서는 두 사람 모두 맹목적인 믿음을 부인하지 않았다.

같은 시기에 재림파 과학교육자 조지 매크레디 프라이스를 추종하는 원리주의자가 크게 늘어났다. 그가 내세운 홍수 지질학이라는 창조론 이론에 따르면 「창세기」와 노아의 방주에 대한 초자구적 해석에서 제시하는 1만 년 미만이라는 지구의 나이를 더 늘릴 필요가 없다. 창조론계 역사학자 로널드 L. 넘버스는 프라이스에 대해 다음과 같이 말했다.

"프라이스는 스콥스 재판 이후 원리주의자들 사이에서 가장 많은 인기를 끈 권위 있는 과학자로, 재림파 잡지에 정기적으로 등장하는 것은 물론이고 많은 독자를 둔 원리주의 학술지에 그가 쓴 글이 자주 게재됐다."

리머의 경우 윌리엄 B. 이드먼스라는 보수 기독교 출판사에서 그의 반진화론 소책자를 시리즈로 출판하면서 1940년대와 1950년대에 10만 권이 넘는 판매 부수를 기록했다. 리머와 프라이스가 반진화론법을 옹호한 적은 없지만 스콥스 재판 이후에 미국 원리주의자들 사이에서 반진화론운동의 확고한 기반을 다지는 데에는 큰 공을 세웠다.[14]

평론가들의 주장과 달리 반진화론운동은 사라지기는커녕 계속해서 번영했다. 이는 지지자들이 외부의 대중을 겨냥하는 대신 원리주의 교회 내부에 노력을 집중한 덕분이다. 1930년대의 리머와 프라이스 이야기는 교회 안에서만 떠돌았을 뿐 1920년대의 브라이언과 라일리처럼 바깥세상에서 회자되지는 않았다. 복음주의 역사학자 조지 M. 마즈던은 이러한 변화의 원인으로 스콥스 재판을 꼽았다.

"원리주의에 커다란 변화를 가져온 요인으로 테네시 주 데이턴에서 벌어진 '원숭이 재판'의 영향을 과대평가하기는 어려울 것이다. 시골이라는 배경이 원리주의 활동 전반에 지울 수 없는 이미지를 남겼다. 얼마 지나지 않아 원리주의의 현실은 이처럼 각인된 이미지와 일치하기 시작했고, 국민의 삶 중심에서 떨치던 위력이 급격히 약화됐다."[15]

북부와 서부 해안 도시의 부흥 속에서 출발한 원리주의가 점차 남부 시골 지방을 연상시키기 시작한 것이다. 국내 대중매체가 이들의 활동에 대한 보도를 중단했고, 주류 개신교 종파 내부에서도 보수파가 영향력을 잃었다. 북부 주 의회에서 반진화론 법안이 연달아 통과되지 못하면서 남부 이외 지역에서의 정치활동은 헛된 일이 돼버렸다. 스콥스 재판 이후에 미국 상류사회에서 원리주의자들과 그들의 사상을 더는 심각하게 받아들이지 않게 된 것이다.

스콥스 재판의 결과로 원리주의가 미국 문화에서 상투적인 단어가 되면서 원리주의자들은 한발 물러서는 반응을 보였다. 그렇다고 자신들의 믿음을 저버린 것이 아니라 독립적인 종교, 교육, 사회 기관을 설립해 따로 하위문화를 구축해나가기 시작했다. 역사학자 조엘 A. 카펜터는 1930년대의 원리주의 대학과 학교, 학회와 캠프, 라디오 전도, 선교 조직에서 이러한 활동의 흔적을 찾아냈다. 그중에서도 데이턴에 세워진 브라이언대학은 이러한 패턴에 완벽하게 맞아떨어졌다. 대공황 중에 주류 개신교 연대에서 설 자리를 잃은 원리주의 종파 사이에서 이 대학의 등장은 가히 독보적이었다. 카펜터는 대학을 뒷받침하는 교회가 "일반인들을 상대로 현대사회에 대해 그럴싸하게 비판"하는 역할을 맡아 이 같은 현상에 이바지했다고 말했다.[16]

반진화론운동은 계속해서 이러한 비판의 중심에 서서 미국 개신교 원리주의의 실질적 교리로 유지됐다. 리머, 프라이스를 비롯한 반진화론자들은 전국을 돌며 원리주의 교회와 학회에서 연설을 했다. 이들을 따르는 자들은 원리주의 대학과 학교에서 과학을 가르쳤고, 해당 교육기관에서 교사와 학생들은 성경의 무오성에 대한 믿음을 맹세해야 했다. 브라이언대학의 경우 리머에게 학장 자리를 두 번이나 제안했고, 프라이스가 캠퍼스에서 연설할 기회를 제공했다.

원리주의자들은 자신들을 외면한 전통 개신교 조직에 상응할 만한 자체적인 종교기관을 세우는 한편 과학적 창조론을 선전하기 위한 별도의 제도를 마련하고자 애썼다. 넘버스는 다음과 같이 해석했다.

"1920년대 소위 전성기만 해도 자신들의 행동 하나하나가 신문 1면을 장식하던 창조론자들은 세상을 개종시킬 수 있다는 꿈에 부풀었다. 하지만 10년 뒤 사람들의 기억에서 사라지고 기독교 조직에서조차 거부당하자 에너지를 내부로 돌려 자신들만의 제도적 기반을 마련하기 시작했다."[17]

프라이스는 1935년에 창조론에 기반을 둔 종교과학협회Religion and Science

Association를 공동 설립했지만 곧 이 조직을 떠나 좀더 엄격한 성향의 대홍수 지질학회Deluge Geology Society를 창설했다. 원리주의는 또한 잠시나마 미국과학연맹American Scientific Affiliation 내부에 둥지를 틀기도 했다. 이 단체는 복음주의 과학교육자들로 구성된 전문 단체로, 1941년에 문을 열었다. 여기 언급된 단체와 학술지를 통해 창조론은 주류 과학에서 벗어나 독립된 제도적 기반을 일궈냈다. 1940년대에 이르러 미국 사회에는 창조론을 다른 과학기관의 등장과 함께 바야흐로 원리주의자들의 하위문화가 형성됐다.

스콥스 재판이 원리주의자들을 주류 미국 문화 밖으로 몰아내는 데 큰 몫을 하기는 했지만 어찌 보면 그들이 바란 결과인지도 모른다. 1620년에 청교도들이 플리머스의 바위Plymouth Rock에 첫발을 내디딘 순간부터 분리주의 성향이 보수적인 미국 개신교파의 특징으로 자리잡았다. 아미시파[현대 기술 문명을 거부하고 소박한 농경생활을 하는 미국의 한 종교 집단]와 여호와의 증인 같은 몇몇 특색 있는 창조론 종파는 항상 세속적인 사회로부터 자신들을 고립시켰다. 모르몬교도와 일부 초정통파 유대인, 기독교인들은 자신들만의 공동체 안에서 삶을 영위하려는 경향이 있다. 흑인 교회의 경우 미국의 과학기관과 접촉이 거의 없었다. 1900년대 초에 세대주의적 전천년설과 성결운동 등 원리주의라는 기치 아래 통합을 이룬 다양한 파벌과 세력은 근대사회와 금을 그으려는 강한 의지를 보였다. 그들이 믿는 성경은 자신들이 "이 세상에 속하지 않으며" 또한 "하나님의 지혜에서는 이 세상이 자기 지혜로 하나님을 알지 못한다"고 가르쳤기 때문이다.[18] 브라이언, 라일리, 스트레이턴은 원리주의자들에게 그들의 빛으로 세상을 밝히라고 재촉했지만, 세상이 빛을 거부하고 그들의 영웅을 데이턴에서 순교자로 만들자 존 R. 라이스, 칼 매킨타이어, 밥 존스 1세를 비롯한 그다음 세대의 원리주의 선봉장들은 분리주의로 돌아갈 것을 천명했다. 1930년대에 널리 불리던 찬송가의 가사는 원리주의자들의 심정을 대변하는 듯하다.

이 고달픈 나날이 며칠만 지나면, 나는 날아가리라.

기쁨이 끊이지 않는 그곳으로, 나는 날아가리라.

……내가 숨을 거둘 때, 할렐루야, 머지않아 나는 날아가리라.[19]

그러는 동안 원리주의자들은 지배적 문화에 굴복할 필요성을 덜 느끼게 됐고, 더 크고 복잡한 자신들만의 하위문화를 조용히 조성해나갔다.

미국의 사회 지배층은 수십 년간 이러한 변화를 무시하고 스콥스 재판에 대한 자신들의 관점을 제도화했다. 프레드릭 루이스 앨런의 등장 이후로 재판은 보수 세력에 대한 자유 진보주의의 중요한 상징적 승리로 점차 자리매김했다. 하지만 앨런이 다룬 것은 1920년대뿐이었고 이후 근대 미국 역사의 격변을 다루는 정치 역사학자들은 딜레마에 빠졌다. 미국 역사의 커다란 분수령이라 평가받는 1890년대의 인민주의 운동과 1920년대 스콥스 재판 두 사건의 중심에 브라이언이 있었지만 그는 각기 다른 편에서 싸웠다. 1890년대의 젊은 브라이언을 신격화하다시피 하던 역사학자들은 1920년대의 나이든 브라이언을 악마로 묘사했다.

이 시기에 분위기를 주도한 인물은 20세기 중반 최고의 미국 역사학자로 각광받는 리처드 호프스태터였다.

"브라이언은 말년에 급격히 쇠퇴하는 모습을 보였다. 전후 시대를 맞은 그를 통해 사람들은 미국인의 삶에서 가장 그릇된 것으로 여겨지는 몇 가지 성향을 발견하게 됐다. 바로 금지, 진화론을 겨냥한 종교운동, 부동산 투기 그리고 클랜이었다."

호프스태터는 1948년에 발표된 고전 『미국의 정치적 전통The American Political Tradition』에서 이러한 생각을 밝혔다. 그리고 다음과 같이 설명했다.

"정치력이 소실되면서 브라이언은 새로운 종교운동으로 쇄신할 수 있는 기회를 기쁜 마음으로 받아들였다. 브라이언이 종교에 품은 유치한 신념이 만천하에 드러나는 계기가 된 스콥스 재판은 아직 숙성되지 않은 민주주의에 대한 그의 개념마저 우스꽝스럽게 만들어버렸다."

요약하자면 호프스태터는 브라이언을 "예순다섯의 나이에 자신에게 주어진 시간보다 훨씬 더 오래 산 사람"이라고 묘사했다. 이후 브라이언을 좀더 균형 잡힌 시선으로 재조명한 역사학자들은 그가 정치인으로서 살아오며 실제로 달라진 것은 아니지만, 호프스태터의 해석이 한 세대를 지배했고 그보다 더 오랜 기간 미국 역사교과서에 영향을 준 것이라고 설명했다.[20]

스콥스 재판은 1950년대 역사학자들이 즐겨 다루는 주제로 부상했다. 1954년을 예로 들면, 노먼 F. 퍼니스가 원리주의 논란에 대해 쓴 자신의 책에서 스콥스 재판을 핵심적인 사건으로 다루었다.[21] 그로부터 2년 뒤 윌리엄 E. 루첸버그가 발표해 큰 파장을 일으킨 『호황의 덫, 1914~1932The Perils of Prosperity, 1914~1932』에서는 반진화론운동이 진보의 발목을 붙잡았으며 스콥스 재판이 정화제 역할을 했다고 설명했다. 레이 진저의 경우 1958년에 최초로 권위를 인정받은 책 한 권 분량의 스콥스 재판 관련 논문을 발표했다. 퍼니스와 루첸버그의 책에서 비춰진 재판 당시 데이턴의 상황은 앨런의 서술과 결과에 대한 해석에 크게 의존하고 있다. 루첸버그는 말했다.

"미국을 과거의 모습 그대로 보존하고 변화의 물결에 저항하고자 하는 캠페인이 개신교 원리주의자의 운동을 통해 급물살을 탔으며 스콥스 재판에 이르러 절정에 달했다."

그는 다음과 같은 결론을 내렸다.

"반진화론자들이 스콥스 재판에서 이겼지만 중요한 의미에서는 코즈모폴리터니즘cosmopolitanism이라는 대세에 밀려 패배한 것이나 다름없다."[22]

진저는 책의 마지막 장 제목을 '전리품은 패자에게 속한다'라고 짓고 브라이언의 "치명적인 전략적 오류"에서 교훈을 이끌어냈다. 그가 말한 교훈은 다음과 같다.

"비논리적인 생각을 가진 사람이 자신의 권위적인 출처를 들먹이며 다른 사람들에게 그 생각을 받아들이도록 강요한다면 그것에 대한 심문을 받는 데 결코 동의해서는 안 된다."[23]

1955년에 선보인 『개혁의 시대: 브라이언에서 F.D.R.까지The Age of Reform: From Bryan to F.D.R.』에서 호프스태터는 다시 한번 역설했다.

"한때 진정성 있는 수많은 개혁을 주도했던 브라이언의 정치 인생이 전후에 이르러 무기력해진 모습은 향토적 이상주의의 몰락과 복음주의적 사고의 초라함을 완벽하게 보여준다."[24]

호프스태터의 미국 대학교 역사 교재(1957년을 기점으로 여러 저자가 공동으로 참여해 다양한 개정판이 나옴)에서는 스콥스 재판에 대한 역사 해석의 기준을 세웠다. 작가는 1920년대에 그늘을 드리운 '불관용' 절에서 원리주의가 적색공포와 KKK, 이민제한, 금지법과 함께 등장했다고 설명했다. 그 아래의 '원리주의' 절은 스콥스 재판에 대한 개요 설명만으로 이루어졌다. 이후 등장한 거의 모든 미국 역사학 개론은 1920년대의 보수 세력과 원리주의를 한데 묶어 소개하는 한편 스콥스 재판에 대해 비슷한 내용을 담고 있다. 많은 이가 앨런의 해석을 계속해서 답습하고 있다. 이에 대해 한 유명 교과서는 스콥스가 고의로 "학생들에게 진화론을 가르쳐 체포됐다"고 주장했다. 대부분은 재판을 대로와 브라이언 사이의 감정적 격돌로 축소하고 그 결과 원리주의가 결정적인 도덕적 패배를 맛보았다고 전한다. 루첸버그의 교과서는 이를 두고 "19세기 미국의 최후 저항"이라고 칭했다. 또다른 교재는 1920년대를 다룬 장의 제목을 '어제'라고 명명하고 이 책에 나와 있는 내용대로 재판을 결론지으며 다음과 같이 논평했다.

"대로와 그의 동지들은 재판이 끝난 후에도 원리주의를 웃음거리로 만들며 대승을 일궈냈다."

대다수의 역사 교재에서 ACLU와 대로의 변호인단은 설 자리를 완전히 잃

었다.[25]

라일리, 스트레이턴 그리고 스콥스를 기소하는 데 일조한 반진화론 지도자들이 세상을 뜨면서 원리주의자들은 세속적인 평론가와 역사학자들이 제시해 널리 알려진 재판에 대한 해석에 크게 반격하지 않았다. 대중문화로부터 분리되고자 하는 의지가 워낙 강했던 차세대 원리주의 지도자들은 재판 자체나 재판이 사회에 미친 영향을 대체로 무시하고 넘어가려 했다. 이러한 소극적 자세는 훗날 세속적 성향을 띤 원리주의자들의 개탄을 샀다.[26] 원리주의 학생들은 점차 자신들의 신앙을 비판하거나 부정하는 교과서를 쓰지 않는 다른 특수학교와 대학교로 옮겨가기 시작했다. 아마 세속적인 작가들이 스콥스 재판에 대해 쓴 책을 실제로 읽어본 원리주의자들은 손에 꼽을 정도로 적었을 것이며, 대부분은 아예 신경조차 쓰지 않았을 것이다.

창조론 과학교육자와 작가들마저도 스콥스 재판의 원고 측 변호인들에게 등을 돌렸다. 1920년대 말에 데이턴에서 브라이언의 활약을 변호했던 해리 리머와 아서 I. 브라운도 점차 목소리를 낮추었다.[27] 그중에서도 가장 극단적으로 변화를 보인 것은 단연 조지 매크레디 프라이스였다. 재판 1주일 전에 그는 브라이언을 찾아가 진화론 교육의 "분열을 초래하는 '교파적' 특성"을 강조할 것을 조언했다.

"충분히 잘해내실 수 있을 겁니다. 당신만큼 잘할 수 있는 사람은 아무리 생각해도 떠오르지 않는군요."

그랬던 프라이스가 돌아선 것은 브라이언이 「창세기」의 창조 일수가 지질학적 역사의 기간을 나타낸다고 증언한 후였다. 처음에는 단순히 브라이언이 "소송의 과학적 측면에 대해 전혀 모르고 있다"는 언급만 했지만, 1940년대에 이르러 세속적 평론가들을 뛰어넘어 재판이 원리주의의 완패라고 서슴없이 평가했다. 덧붙여 "인류의 사상과 종교 역사를 통틀어 전환점으로 간주될 수도 있다"고 말했다. 그는 이 참패의 탓을 「창세기」의 날-시대 이론에 의지한 무능한 브라이언"에게 돌렸다.[28] 이보다 근래의 창조론을 지지하는 후대의 원리주의자들도 그의 의견에 동의했다. 프라이스의 뒤를 이어 '과학적' 창조론 운동의 실세로 등극한 헨리 M. 모리스는 다음과 같이 평했다.

"증인석에서 브라이언이 저지른 가장 심각한 실수는 반복해서 성경의 무오류성에 대한 암묵적 확신을 주장하다가 지질학 관련 질문에서 날─시대 이론에 의존해 얼버무리듯 말한 것이라고 볼 수 있습니다."[29]

물론 브라이언으로서는 그 당시에 자신과 저명한 원리주의자들이 믿고 있던 사실을 증언한 것뿐이다. 그럼에도 20세기 말에 원리주의를 주도했던 제리 폴웰은 브라이언이 "하루 24시간의 일수가 아닌 창조의 기간에 대한 발상에 동의함으로써 원리주의자들로부터 외면당했다"고 주장했다.[30]

원리주의자들이 자체적으로 대중문화에 선을 그었던 기간 동안 테네시 주에서 반진화론법이 폐지될지도 모르는 위협에 처하자 자극을 받은 브라이언대학의 충실한 지지자들이 재판에서 브라이언의 역할을 옹호하고 기념하려는 움직임을 보였다. 위협이 처음 드러난 것은 1935년의 일이다. 22세의 테네시 주 대표(언론에서는 그를 "파이프 담배를 피는 밴더빌트대학교의 법학도"라고 묘사함)가 반진화론법 폐지를 제안한 것이다. 브라이언대학의 교수진과 학생들은 반진화론법 폐지론자를 규탄하는 편지와 탄원서로 의원들에게 호소했다. 당시 주대표였던 수 힉스는 동료들에게 경고했다.

"법의 폐지가 대학을 위기에 처하게 할 수 있다."

주 의회 의사당에서 또다른 의원이 다음과 같이 외쳤다.

"하나님께서는 윌리엄 제닝스 브라이언이 데이턴에서 인간만이 아니라 하나님의 이익을 위해 피를 흘려 희생하는 모습을 천국에서 분명 내려다보셨을 겁니다."

그다음 대표의 의견도 뒤따랐다.

"윌리엄 제닝스 브라이언이 만족한 법이라면 저도 만족합니다."

이 제안은 투표 수 67대 20으로 통과되지 못했다.[31] 그로부터 17년 뒤, 반진화론법을 폐지하려는 두번째 시도가 있었지만 그것에도 브라이언대학의 격렬한 항의가 뒤따랐다. 오랫동안 학장을 지낸 저드슨 A. 러드는 브라이언의 최종 변론을 사본으로 만들어 주 의원 모두에게 빠짐없이 보내면서 다음과 같은 메모를 첨부했다.

"브라이언의 주장은 25년 전이나 지금이나 변함없이 온전합니다."[32]

다시 한번 폐지는 무산됐다.

러드의 편지는 브라이언을 옹호하고 있기는 하지만 세기 중반의 원리주의자들이 브라이언에게 등을 돌린 또 하나의 이유를 여기서 볼 수 있다.

"귀하의 투표권과 영향력을 발휘해 역사에 남을 만한 이 중대한 법률을 지켜주실 것을 당부드립니다."

러드가 1951년에 쓴 편지의 내용이다.

"이 법률을 지켜야 하는 이유가 오늘날 더 중요한 것은 인간의 존엄성을 부정하고 우리 국가의 기독교 근원을 폄하하려는 무신론적 공산주의에 저항하기 위해서입니다."

20세기 중반에 정쟁에 돌입한 원리주의자들을 가장 거슬리게 한 것은 다름 아닌 공산주의였다. 특히 1950년대 초 원리주의 지도자 칼 매킨타이어가 조지프 R. 매카시 상원의원이 추진한 미국 정치, 교육, 문화, 종교 기관에서 공산주의 세력 몰아내기 운동을 적극 지지하면서 이들의 우려는 극에 달했다.[33] (브라이언을 제외한) 손꼽히는 원리주의자 대부분은 정치 색깔을 놓고 볼 때 애초부터 보수 쪽으로 기울기는 했으나 그 시기 동안 극단적인 우파로 돌아섰다. 새롭게 부상한 지도자들은 브라이언 같은 자유민주적 정치인을 옹호하려는 의향이 없었다. 특히나 스콥스 재판을 통해 느낀 좌절감에 대해 브라이언이 별 저항 없이 「창세기」의 극단적인 직역적 해석과 절충했기 때문이라고 탓하는 편이 훨씬 더 편리했을 것이다. 주요 원리주의자들이 진화론 교육에 맞서기 위해 브라이언의 도움을 요청한 1920년대 초에도 역사학자 페렌츠 M. 사즈는 다음과 같이 말했다.

"그들 중에 과연 몇 명이나 브라이언에게 표를 행사했을지 의문이다. 무디 성경학원Moody Bible Institute 관계자들은 그가 죽고 나서야 그를 뽑지 않았다고 시인했다."

이로부터 세월이 훌쩍 지나 몇몇 복음주의자가 자신들의 사회적 행동주의의 유산을 되찾으려는 움직임을 보이기 시작하고 나서야 그중 소수만이 브라이언의 평판을 회복시키고자 애썼다.[34]

개인의 자유가 탄압을 받았던 1950년대, 일명 매카시 시대에 접어들어 원리주의와 스콥스 재판에 대한 자유주의자들의 관심이 고조됐다. 특히 종교사회학자 제임스 데이비슨 헌터는 이러한 억압과 "보수 개신교가 여기에 동참하고 있다는 사실은 교육기관과 자유주의적 문화층에 속해 있던 광범위한 사람들로 하여금 보수 개신교 하위문화 내의 특정 성향에 대해 경각심을 불러일으키게 만들었다"고 설명했다.[35] 스콥스 재판은 시민적 자유 옹호자가 다수의 횡포에 맞서 이길 수 있는 시대를 상징하게 됐다. 이러한 분위기는 레이 진저가 1958년 재판에 대해 쓴 책에 잘 드러나 있다. 그의 책은 대로가 브라이언을 심문한 사례를 매카시 관련 상원 청문회와 비교하면서 끝을 맺는다.

"조지프 R. 매카시 청문회에서 질문자가 미흡한 질문 내용으로 갈피를 잡지 못하는 와중에도 매카시가 모든 질문에 빠짐없이 답할 수 있었다는 사실은 수많은 사람이 그를 새로운 시선으로 바라보는 계기를 마련했다."[36]

이와 비슷하게 루첸버그가 1920년대 호황의 위험성에 대해 관심을 갖게 된 것도 반진화론운동이 반공산주의를 대신하게 된 1950년대 호황의 위험성에 대한 우려에서 비롯됐다. 퍼니스는 한발 더 나아가 자신의 책에서 1920년대의 원리주의를 1950년대 미국 내 반대파에 대한 정치적 탄압과 결부지어 설명했다.

이번에도 분위기를 주도한 것은 리처드 호프스태터였다. 그는 『미국적 삶의 반지성주의Anti-Intellectualism in American Life』라는 획기적인 책에서 스콥스 재판을 다각도로 분석했다. 책의 서두에서 그는 다음과 같이 밝혔다.

"이 책이 주로 미국의 먼 과거 양상을 담고 있긴 해도 1950년대의 정치와 지성 상태에 대한 반응을 토대로 구상됐다. 애초에 이 나라에서 문제의식이 극한 위기에 처해 있다는 우려를 불러일으킨 장본인은 매카시즘이었다."

그 책은 여러 장에 걸쳐 종교적 반지성주의 사례를 들었고, 그중 한 장에서는 1920년대의 원리주의에 초점을 맞추고 있다.

"원리주의 운동은 진화론 교육 반대운동에 이르러 절정을 맞이했고 스콥스 재판에서 가장 확고하게 입지를 굳혔다."

호프스태터가 그 장에 쓴 글이다. 그러나 그는 재판이 원리주의자들에게 심각한 패배를 안겼다고 설명했다. 그러고는 다음과 같은 결론에 이르렀다.

"스콥스 재판은 30년 후에 벌어진 육군-매카시 청문회와 마찬가지로 지성에 감성을 불러일으켰고 극적인 정화와 실마리를 제공했다. 재판이 끝난 후에는 반진화론운동이 억제되고 있다는 것을 전보다 쉽게 확인할 수 있다."[37]

스콥스 재판에 대해 1950년대 역사학자들이 내놓은 해석과 1930년대 앨런 외의 평론가들이 내놓은 해석 사이에 존재하는 한 가지 극명한 차이는 그 심각성에 있다. 두 시대 모두 재판이 원리주의의 패배라고 보았지만 앨런의 경우 이 사건을 대중매체의 볼거리로 조명한 것이 특징이다. 그가 재판에 대해 쓴 글은 '대소란The Ballyhoo Years'이라는 장에서도 볼 수 있듯이 마작 열풍과 레드 그레인지Red Grange[미국의 유명 미식축구 선수]에 대한 가벼운 묘사 사이에 등장한다. 매카시즘의 그늘이 드리워진 1950년대의 역사학자들의 경우는 재판을 적색공포와 함께 엮어 묘사할 수밖에 없었다. 비록 원리주의자들이 미국 내 공산주의를 겨냥한 조기 공격을 주도했거나 과도하게 가담하지는 않았지만 말이다. 대소란은 정체 모를 불안감에 무너져버렸다.

이처럼 스콥스 재판을 매카시즘의 암울한 전조라고 해석하려는 분위기에 힘입어 재판을 재조명한 그 어떤 글보다 더 독보적인 영향력을 과시하는 연극이 나왔다. 바로 제롬 로런스와 로버트 E. 리의 「신의 법정」(1955년에 브로드웨이에서 초연)이다. 재판을 유쾌하게 풀어나간 앨런과 달리 로런스와 리는 한 편의 현대식 드라마를 선보였다.

"「신의 법정」은 저널리즘 흉내를 내지 않는다. 그리고 배경이 1925년이라고 말하지도 않는다. 지문에는 시기를 '오래되지 않은 일'이라고 설명한다. 바로 어제일 수도, 내일 벌어질 일일 수도 있다."

두 사람이 연극 소개 책자에 쓴 글이다. 그들의 극본은 반진화론운동을 지속되는 위험으로 제시할 의도가 전혀 없었다. 그들에게 스콥스 재판은 별 탈 없이 지나간 과거의 위협에 불과했지만 작가와 배우들을 블랙리스트에 올린 매카시 시대는 큰 우려를 자아내게 했다. 리를 인터뷰한 한 학생은 다음과 같은 기사를 냈다.

"1950년대에 리와 그의 동료는 매카시즘이 확산되는 데 매우 깊은 우려를 나타냈다. 로런스와 리는 매카시즘이 스콥스 재판과 몇 가지 측면에서 유사하다고 했다. 리는 '법이 통과됐을 때 입법기관이 우리의 말할 자유를 제한한다는 점에서 매우 걱정이 됐습니다. 침묵은 위험한 것입니다'라고 말했다."

브로드웨이 첫 상연 당시 무대에 섰던 토니 랜들은 나중에 다음과 같은 글을 남겼다.

"「시련The Crucible」과 마찬가지로 「신의 법정」은 매카시즘에 대한 대응이자 산물입니다. 공연 때마다 작가들은 미국 역사에서 비슷한 사례를 찾으려 했죠."[38]

로런스와 리가 사례로 택한 것은 맥스웰 앤더슨의 「윈터세트Winterset」였다. 이 시극은 사코만제티Sacco-Vanzetti 사건[1920년대 미국에서 있었던 살인사건 재판으로, 이탈리아계 이주민 두 사람을 살인범으로 몰아 처형했으나 1959년에 진범이 판명돼 미국 재판사상 큰 오점을 남긴 사건]을 각색한 것이다. 로런스와 리는 앤더슨이 "이야기를 세밀화하고 전개하고 덧붙이고 각색하고 의견을 표현할 수 있는 시인의 권리"를 주장했다고 설명했다.

"현실이 더 큰 드라마의 발판이 될 수 있도록, 그래서 무대를 통해 정해진 날짜나 정해진 장소에 얽매이지 않은 의미를 큰 소리로 알릴 수 있도록 우리도 같은 자유를 요구하는 바입니다."[39]

이 연극은 로런스와 리가 소개글에서도 강조했듯이 역사가 아니었다.

"그 유명한 스콥스 재판에서 실제로 따온 대사는 몇 줄밖에 되지 않았다. 몇몇 등장인물은 거물 간의 다툼에서 빛을 발한 실존 인물과 연관이 있기는 했지만 이들이 사는 삶과 구사하는 언어는 별개의 것이었다. 그에 따라 이름도 다르게 지었다."

주연 배우 2명은 실존 인물과 비슷한 이름을 택했다. 브라이언은 브래디, 대로는 드러먼드가 됐다. 『볼티모어 선』의 H. L. 멩켄은 『볼티모어 헤럴드』의 E. K. 호른벡이라는 비중 있는 역할로 다뤄졌고, 스콥스는 케이츠Cates로 바뀌었다. 반면 톰 스튜어트는 톰 대븐포트라는 단역으로 그려졌으며, 멀론, 헤이스, 닐, 래플리에, ACLU는 WCFA 그리고 데이턴 출신의 모든 검사와 함께 일제히 줄거리에서 사라졌다. 데이턴(여기서는 힐즈버러라 불림)에 새로운 시장과 열정을 넘어서 위협적인 원리주의 목사가 등장해 마을 사람들을 통제하다가 결국 대로(드러먼드)가 특유의 논리로 이들을 해방시켜준다는 것이 이 연극의 전체적인 줄거리다. 스콥스(케이츠)에게는 약혼녀가 있는데, "스물두 살의, 뛰어나지는 않지만 준수한 외모를 지닌 여성"이라고 지문에 적혀 있다. 그녀는 그 무시무시한 목사의 딸이다. 스콥스는 나중에 다음과 같은 농담으로 받아쳤다.

"발코니 세트를 써먹으려면 사랑 이야기 하나쯤은 지어내야 했겠죠."[40]

역사적으로 정확한 내용은 아닐지라도 실제 재판에 대한 사람들의 기억을 바꿔놓을 만큼 기발하고 강렬했다. 수없이 많은 소소한 차이 외에도 가장 뚜렷하게 바뀐 세 부분에는 매카시즘의 폐단을 고발하고자 하는 작가의 의도가 드러나 있다.

첫째 대목은 스콥스와 데이턴을 겨냥하고 있다. 일찍이 랄프 왈도 에머슨은 군중을 두고 "자발적으로 자기 자신을 이성과 분리하는 사람들의 집단"이라고 설명했다. 「신의 법정」에서 케이츠는 군중이 강요하는 반진화론법의 죄 없는 희생양이 된다. 지문의 시작은 다음과 같다.

"연극의 개념을 이해하기 위해서는 재판만큼이나 피고 개인에게 이 마을이 항상 희미하게나마 눈에 보이는 곳에 존재한다는 사실이다."

영화판에서는 진화론을 가르쳤다는 이유로 마을 학부모들이 케이츠를 교실 밖으로 끌어낸다. 세트가 한정된 연극에서는 피고가 교도소에서 약혼녀에게 다음과 같이 설명하는 장면으로 시작된다.

"내가 왜 그랬는지 알지 않소. 고등학교 2학년 과학 시간에 헌터의 『도시 생물학』의 17장을 열어 다윈의 『종의 기원』을 읽어주었소."

대본에 따르면 악의 없이 단지 교사의 임무에 충실하고자 했던 케이츠는 결국 "벌금형과 금고형에 처할 수 있다는 위협을 받는다."[41] 이와 같은 해석에 자극을 받은 재판 전문 기자 조지프 우드 크러치는 "데이턴이라는 작은 마을이 전반적으로 처신을 잘했다"고 반박했다. "그곳 분위기는 서커스 공연 날짜를 잡자는 제안이 나올 정도로 불길함과는 거리가 멀었다"고 보태면서 다음과 같은 불만을 토로했다.

"「신의 법정」을 쓴 사람들은 이 재판을 우리가 익히 들어온 일종의 마녀사냥 같은 불길한 현상으로 보이게 만들었다."

크러치는 실제로 스콥스가 교도소에 간 적이 없으며 피고 측에서 재판을 선동했다는 사실을 독자들에게 상기시켰다. 그리고 다음과 같은 결론을 내렸다.

"마녀재판이라고 치부하기에는 껄끄러운 부분이 많다. 결과적으로 피고는 대학원에 다닐 수 있는 장학금을 탔고, 재판의 유일한 희생양은 원고 측의 주요 증인이었던 가엾은 브라이언이었으니 말이다."[42]

둘째 대목은 브라이언이 작가들의 손에 의해 군중의 어리석은 반동주의자로 탈바꿈됐다는 것이다. 극중 브래디는 연극 초반부터 "대통령 다음으로 이 나라에서 커다란 권력을 가진 사람인지도 모른다"는 설명과 함께 "오로지 자신의 목소리를 내기 위한 발판을 찾기 위해 이곳에 왔다"고 관중에게 소개된다. 또한 그가 우려했던 광범위한 사회적 영향은 전혀 언급하지 않은 채 편협하게 성경에만 의존해 진화론을 공격하고, 진화론이 소위 거짓 과학이라고 주장한 것이 아니라 과학 전체를 '무신론'으로 폄하한 인물로 그려진다.[43] 로널드 L. 넘버스는 훗날 이 연극에 대해 다음과 같이 평가했다.

"「신의 법정」은 왜 그리도 많은 미국인이 여전히 과학과 종교 사이에 실제로 전쟁이 벌어졌다고 믿는지 극적으로 보여준다. 그러나 그 과정에서 연극 속 이야기보다 훨씬 더 복잡한 역사 현실을 희생시켰다."[44]

증인석에 선 브래디는 실제 브라이언보다 어리석게 질문에 답한다. 「신의 법정」에서 브래디는 신이 "기원전 4004년 10월 23일 오전 9시부터" 6일 안에 우주를 창조했다는 성경의 권위에 대해 확고한 입장을 고수한다. 그가 구약성경에 나오는 이름을 열거하며 횡설수설을 반복하는 사이에 관객은 점점 더 그에 대한 신뢰를 잃는다. 증언을 마무리하며 브래디는 아내를 향해 울부짖는다.

"여보, 저들이 나를 비웃고 있소! 더는 이 비웃음을 참을 수가 없구려!"

연극이 브로드웨이에서 상연됐을 때 헌법학자 제럴드 건서는 이 대목에서 매우 격노해 다음과 같은 글을 썼다.

"혐오감에 연극 중간에 자리를 뜬 것은 내 평생 처음이었습니다. 비록 지금까지 스콥스 사건에 대한 브라이언의 견해에 반대하는 입장은 변함없지만 극작가들이 그를 만화 주인공마냥 우습게 그려 동정심마저 들더군요."

브라이언이 실제로 반진화론법에 처벌 조항을 포함시키는 데 반대했음에도 불구하고 연극에서 그는 판사가 부과한 벌금의 액수가 지나치게 적다고 목에 핏대를 세우다가 적대적으로 변해버린 관객이 자신의 최종 변론에 귀를 기울이지 않자 법정 안에서 쓰러지는 결말을 맞는다. 이 장면에서 "물에 젖은 **폭죽이 힘없이 터지듯 위풍당당했던 진화론법이 폭파됐다**"는 지문은 조롱거리로 전락한 매카시즘을 빗댄 듯 보였다.[45]

로런스와 리가 관객에게 브래디-브라이언의 실체를 폭로하면 할수록 드러먼드-대로의 위상은 높아졌다. 「신의 법정」에서 케이츠 변호에 이름난 시카고 변호사를 불러들인 것은 『볼티모어 헤럴드』다. 지문에서 드러먼드는 "불길한 긴 그림자"를 드리우며 "등을 구부린 채 고개를 앞으로 내밀며" 법정에 들어선다. 그때 한 소녀가 "악마다!"라고 소리치지만 극이 전개되면서 점차 반감은 누그러든다.

"저는 시대를 거슬러 중세의 잔재를 미국 헌법에서 부흥시키려는 자들을 막으려는 것뿐입니다. 이런 말도 안 되는 현상을 방관할 수만은 없지 않겠습니까?"[46]

드러먼드는 끝까지 자신이 불가지론자라는 주장을 고수하지만 그의 선전성 유물론은 힘을 잃는다. 연극이 끝날 즈음 브라이언이 "배가 터져 죽었다"는 대로의 유명한 발언은 호른벡의 대사로 재현된다. 브라이언의 어리석은 종교를 조롱하는 호른벡의 대사에 드러먼드는 벌컥 화를 내며 되받는다.

"이런 건방진 사람 보게! 자네에게 내가 믿는 종교만큼이나 그가 믿는 종교에 침을 뱉을 만한 자격이 있는가!"

작가들은 드러먼드를 통해 모든 이가 "틀릴 권리가 있다"는 식의 관용을 호소하는 매카시 시대 자유주의자들을 대변하고자 했다. 연극에 등장하는 비평적인 기자들은 피고 측 변호사를 브래디보다 더 "종교적"이라고 하고 무대를 빠져나간다. 법정에 홀로 남은 드러먼드는 피고가 가지고 있던 『종의 기원』과 판사의 성경책을 집어든다. "그리고 마치 자신의 두 손이 저울인 듯 양손에 들고 한참을 고민하더니 서류 가방에 두 책을 나란히 꽂아넣는다"는 지문이 이어지면서 느린 걸음으로 퇴장해 빈 무대만 남는다.[47] 이에 대해 급진적 성향의 『빌리지 보이스Village Voice』는 "진화론에 대한 이해도가 그다지 높지 않은 관객들을 위해 전설적인 불신론자 캐릭터에 약간의 종교적 조미료를 가미했다"는 냉소적인 논평을 내놓았다.[48]

당시 「신의 법정」 연극과 영화에 대한 대부분의 논평은 스콥스 재판에 대한 작가의 묘사를 비판했다. 『뉴요커』 연극 비평은 "역사가 부가된 것이 아니라 거의 치명적으로 소멸됐다"고 항의했고, 『타임Time』 지 영화 평론은 "대본이 원리주의자들을 싸잡아 악랄하고 편협한 위선자로 부당하게 희화화"했으며 "대로로 의인화된 반대편 또한 한데 몰아 부당하게 이상화했다"고 책망했다. 『코먼윌Commonweal』 『뉴욕 헤럴드 트리뷴』 『뉴 리퍼블릭』 『빌리지 보이스』 등의 간행물에서도 이와 유사한 평론을 발표했다.[49]

비평에도 불구하고 연극과 영화 모두 꽤 오랜 기간 지속됐다. 뉴욕 국립극장에서 1955년 초에 초연한 연극은 거의 3년 동안 상연돼 브로드웨이 역사상 가장 오래 상연된 연극으로 남았다. 1950년대 말에는 순회 배우들이 역을 맡아 전국 주요 도시에서 상연되기도 했다. 1960년에 「신의 법정」은 영화 대본으로 다시 태어나 스펜서 트레이시, 프레드릭 마치, 진 켈리가 출연하는 인기 영화로 자리잡았다. 존 스콥스는 데이턴에서 열린 전 세계 개봉 시사회에 참석한 후에 스튜디오의 부탁을 받아 전국적으로 영화를 홍보하는 데 이바지했다. 그리고 "물론 실제 재판의 사실과 거리가 있었지만 브라이언과 대로 사이에 오간 언쟁 속에 묻힌 감정을 잘 살려냈다"고 평가했다. 스콥스 외에 재판 참가자로 유일하게 시사회에 참석한 수 힉스는 영화에 대해 전혀 다른 견해를 밝혔다. 그는 "윌리엄 제닝스 브라이언을 희화화했다"면서 영화를 비판하기 위해 사비로 TV 방영 시간을 구입하려고까지 했다.⁵⁰ 영화는 최초에 발표된 이래로 TV와 비디오에 꾸준히 등장했으며, 연극은 지역사회와 학교 연극 단체에 의해 자주 공연됐다. 1967년에 재판 전문 기자 조지프 우드 크러치가 한 말은 그 당시 분위기를 잘 반영하고 있다.

"스콥스 재판에 대해 조금이나마 알고 있는 사람들의 생각은 「신의 법정」 연극이나 영화를 바탕으로 한다."⁵¹

진보 미디어를 데이턴에 이끌고 간 인물이었던 크러치는 이 모든 상황이 불편하게 느껴졌다. 그는 글을 통해 다음과 같이 말했다.

"연극은 사건이 벌어지고 한 세대 후에 글로 옮겨졌기 때문에 극중 분위기는 1920년대가 아닌 1940년대나 1950년대의 것이다. 전체 상황에 대한 중요한 사실 중 하나는 1920년대의 특징과 관련이 있기 때문에 사실이 곡해됐다고 할 수 있다. 분명 사악한 면이 있었음에도 불구하고 재판이 희극이 될 수 있었던 것은 1920년대가 어떤 결함과 한계를 안고 있든 지금만큼 냉정하게 처신하지 않았던 그 시대의 특징을 보여준다."

브라이언만 하더라도 스콥스에게 부과된 100달러의 벌금을 내주겠다고 했지만, 매카시는 정반대로 사람들의 일자리와 삶을 가차 없이 짓밟았다. 그대로 두었더라면 원리주의자들의 불관용이 악화됐을 수도 있겠지만, 브라이언과 1920년대에 활동했던 다른 원리주의 지도자들은 특성상 매카시 추종자들에 비해 악의적이지 않았다. 그러나 「신의 법정」은 학교 역사 시간에 1920년대에 대해 가르칠 때 교사들이 즐겨 사용하는 교재가 됐다. 예를 들어 1994년 학교역사교육 전국 센터National Center for History in Schools에서는 교육 기준을 발표하고 1920년대의 가치 변화에 대해 고등학생들을 가르치는 교사들에게 "윌리엄 제닝스 브라이언에 대한 시각이 클래런스 대로에 대한 시각과 어떻게 다른지 설명하기 위해 스콥스 재판의 내용을 선별해 사용하거나 「신의 법정」의 내용을 인용할 것을 권장했다."[52]

1967년에 크러치가 주목했듯이 "(데이턴에서 벌어진) 사건은 역사라기보다 진보주의 민속학에 가까웠다." 천문학자이자 대중적인 과학책을 쓴 칼 세이건은 스콥스 재판이 미국 문화에 끼친 영향이 그리 오래가지 못했을지 몰라도 「신의 법정」 영화가 전국적으로 대단한 영향력을 발휘했다는 사실에 주목하며 크러치와 의견을 같이했다.

"이 영화는 내가 알기로 누구나 아는 「창세기」의 모순을 공공연하게 드러낸 최초의 미국 영화였다."

1920년대 말에 복음주의 교회 내부에서 반진화론에 맞서 투쟁한 주요 인물로 꼽히는 캘빈대학의 하워드 J. 반틸도 비슷한 의견을 밝혔다.

"스콥스 재판에 대한 민속학은 실질적인 역사적 세부 사항보다도 미국 문화에 더 큰 영향을 미쳤다."

하지만 「신의 법정」이 그러한 민속학을 독점했다는 의견에는 쉽게 수긍하지 않았다. 그는 자신의 경험을 토대로 다음과 같이 말했다.

"과학계의 많은 학자가 스콥스 재판을 놓고 클래런스 대로가 북미 원리주의의 무지하고도 편협한 독단을 교묘하게 폭로한 사건이라고 생각할지 모르겠으나 보수 기독교 공동체에 속한 많은 사람은 반유신론적 과학계를 대표하는 노련하지만 방종한 변호사가 윌리엄 제닝스 브라이언을 능숙하게 조종한 사건이라고 생각할 수도 있다."[53]

「신의 법정」이 처음 등장한 이후로 보수 기독교인들은 재판 자체보다는 이 영화가 대중에게 남긴 인상을 반박하는 데 더 큰 관심을 보였다. 창조 과학의 선구자 헨리 M. 모리스는 데이턴에서 브라이언이 당한 굴욕의 원인을 지구의 나이에 대한 증언으로 돌렸지만 「신의 법정」에서 브래디는 모리스만큼이나 「창세기」의 내용을 직역적으로 옹호한다. 모리스는 1973년 뉴질랜드에서 열린 순회강연에서 자신의 활동이 이로 인해 제약을 받는다는 사실을 언급했다.

"많은 관심을 받는 주제이기는 하나 제가 방문하는 도시마다 방문 중에나 혹은 직후에 국영 TV 채널에서 계속해서 스콥스 재판을 다룬 영화 「신의 법정」을 방영하더군요."

창조 과학 지지자들과 다위니즘 비평가들은 「신의 법정」이 자신들의 입장을 공정하게 반영하지 않는다고 거듭 설명하려 했다.[54] 종교역사학자 마틴 E. 마티의 말처럼 재판 자체가 "부적절의 표본"이 된 것이다. 다시 말해 "매체-신화적 비율의 사건", 즉 실제로 발생한 일이 아니라 "습득한 신화적 인물"을 통해 재판의 중요성이 부각됐다. 1960년 이후로 대중에게 이 신화적 인물은 대체로 「신의 법정」을 통해 실현됐다.[55]

신화적인 스콥스 전설은 『어제-1920년대의 비공식 역사』에서 제2차 세계대전 이후의 교과서를 거쳐 「신의 법정」에 이르기까지 꾸준히 유지됐다. 하버드 고생물학자 스티븐 제이 굴드는 다음과 같이 요약하고 비평했다.

"존 스콥스가 기소되자 대로가 스콥스의 변론을 맡았고 구시대를 대표하는 브라이언을 무참히 무너뜨렸다. 그러자 반진화론운동이 점차 줄어들거나 적어도 일시적으로나마 서서히 멈추었다. 지금까지 말한 이 이야기의 세 부분 모두 거짓이다."

굴드는 무엇보다 셋째 대목의 오류에 가장 큰 우려를 표했다. 이로 인해 진화론자들이 이제 모두 괜찮다는 식의 잘못된 생각에 방심할 수도 있다는 이유에서였다. 1983년에 그는 "안타깝게도 스콥스 재판 문제가 미국적인 풍물에 대한 향수로 사라졌을 거라는 기대는 최근 창조론자들의 부활을 보며 완전히 없어졌다"[56]고 말했다.

이 이야기의 셋째 대목은 여전히 스콥스 재판의 전설이 어떤 형식으로 다뤄지든 모두에게 던지는 중요한 교훈으로 남아 있다. 바로 이성의 힘이 종교적 반계몽주의를 내몰았다는 것이다. 1930년대에 프레드릭 루이스 앨런은 스콥스 재판을 이후 사람들이 "원리주의에 대한 확신에서 계속해서 멀어지는 현상"을 부추긴 중요한 분수령이라고 소개했다. 그럼에도 불구하고 1950년대까지 반진화론은 나름 자연스럽게 전개되는 듯 보였다.

"오늘날 진화론 논란은 동부 지식층에게 호머 시대만큼이나 까마득하게 느껴진다."

호프스태터가 쓴 글이다. 로런스와 리는 스콥스 재판의 판결에 대해 추호도 의심의 여지를 남기지 않았다. 피고가 재판의 승소 여부를 묻자 드러먼드는 모두를 향해 자신 있게 말한다.

"당신이 이겼습니다. (…) 그리고 수백만 명의 사람이 당신이 이겼다고 말할 것입니다. 그들은 오늘 밤 신문 기사를 통해 당신이 그릇된 법을 타파하고 웃음거리로 만들었다는 사실을 알게 될 것입니다!"

연극에 출연한 배우들도 이 판결에 대해 확신에 차 있었던 것이 분명했다.

"1955년에 「신의 법정」에 출연했을 때 보수적인 종파는 광신자 집단 취급을 받았습니다."

토니 랜들이 훗날에 쓴 글이다. 1960년에 나온 극장판에 대해 『뉴 리퍼블릭』은 다음과 같이 평했다.

"원숭이 재판은 역사적 호기심을 불러일으키는 소재로, 당시 그랬던 것처럼 희극적으로 다뤄야만 진정한 의미를 찾을 수 있다."

재판에 대한 이와 같은 세속적인 해석이 이성의 승리를 내세웠지만 반진화론은 점점 더 늘어나는 미국의 보수 기독교 하위문화 내부에서 계속해서 성장해나갔다. 이를 두고 랜들은 탄식했다.

"가끔은 사람들이 보고 깨우치는 것이 있기나 한지 궁금해진다."[57]

제10장

먼 곳의 메아리

스콥스 전설에도 불구하고 원리주의는 데이턴에서 사라지지 않았다. 그 지지자들은 1920년대를 주도했던 정신적 지주의 이념을 계승해 정치판에 뛰어들었다. 그러나 세월이 흐르는 사이에 정치 풍토가 달라져 있었다. 1920년대 말에 이르러 미국인들은 비로소 ACLU가 1920년대 초에 일궈낸 개인의 자유와 관련된 기본 개념을 수용하기 시작했다. 미국 연방 대법원은 대법원장 얼 워런의 주도하에 법적 절차에는 표현의 자유에 관한 ACLU의 관점을, 헌법에는 평등의 원칙을 접목시켰다. 미국 단과대학과 종합대학도 학문의 자유에 관한 AAUP의 정의를 널리 지지했다. 뉴딜을 추진한 의회의 경우 볼드윈, 헤이스, 그 밖의 ACLU 설립자들이 추구한 대로 노동자를 보호하는 노동법을 시행했다. 이와 같은 법률의 변화 때문에 1960년대까지 반진화론법은 미국에 어울리지 않는 법으로 비쳤고, 원리주의자들은 다위니즘 교육에 맞설 다른 방안을 모색할 수밖에 없었다. 일부 원리주의자는 반대파를 검열하는 것보다 자신들의 이념에 대해 평등하게 보호받는 것이 더 합리적이라고 느꼈다. 게다가 공립교육과 미국 사회에서 전통 개신교 가치의 붕괴가 보편적으로 인정되면서 학교 교육과정에서 진화론의 개념을 배제하는 것보다는 천지 창조론을 포함시키는 것이 더 급선무로 받아들여졌다. 자신들의 자유와 미국의 미래가 물론 중요했겠지만 개인의 자유에 대한 근대적 개념이 만연하던 시대 분위기를 고려할 때 일반 미국인들에게 종교 기반의 규범을 강요하는 것은 대중의 반감을 살 여지가 충분했다. 또 한 번의 충돌이 불가피한 상황이었다.

반진화론법은 스콥스 전설의 그늘에 가려 1960년대까지 매우 취약한 상태로 남아 있었다. 사회진화론에서 공중도덕을 보존하고 인류 기원에 대해 가르치지 않음으로써 종교적으로 예민한 이 주제에 대해 중립성을 복원하기 위한 수단으로 브라이언이 1920년대에 제시한 반진화론 법안은 나름대로 독특함이 있었다. 하지만 스콥스 전설은 이 법안이 원리주의자들의 편협한 종교적 교리를 교육에 뿌리내리려 하는 돈키호테식 운동에서 비롯한 것이라고 규명했다. 브라이언이 살아 있었더라면 이와 같은 의도에 대해서는 우려를 표했을 것이다. 워런이 이끌던 미국 연방 대법원도 기회만 주어졌더라면 브라이언과 마찬가지 태도를 취했을 것이다. 반진화론주의자들의 가장 큰 숙제는 이 구식 법안을 검토하도록 대법원을 납득시키는 것이었다. 그러나 그사이 40여 년 동안 인권보호법이 변화를 거듭하면서 반진화론법이 위헌이라는 확신만 커졌을 뿐이다.

미국 헌법에는 "어떠한 주도 적법한 절차에 의하지 아니하고는 어떠한 사람으로부터도 생명, 자유 또는 재산을 박탈할 수 없다"는 미국 수정 헌법 제14조 금지 조항 외에는 개인의 자유에 대한 국가의 규제를 언급한 내용이 없다. 이 조항과 관련해 1920년대 자유주의자들의 가장 큰 걱정은 보수적인 연방법원 판사가 최저 임금과 최장 근무 시간처럼 노동자를 보호하기 위해 만든 주의 경제적 규제를 폐지하는 데 이용할지도 모른다는 것이었다. 이로써 같은 조항에 근거해 테네시 주가 스콥스의 고용 조건을 결정하는 것을 막으려 했던 ACLU는 난처한 입장에 처했다. 문제를 폭넓은 시각으로 조명한 진보 성향의 『뉴 리퍼블릭』은 1925년에 다음과 같이 물었다.

"스콥스 씨가 법적으로 무죄임을 밝히기 위해 테네시 주의 위헌 행위를 고발하는 데 인권협회가 동의해야만 했던 이유는 무엇인가? 그들이 굳이 소송에 참여해야 했다면 그 목적은 미국 대법원이 아닌 테네시 주 의회와 주민들의 정당함을 입증하기 위한 책임감 때문이어야 한다."[1]

오랜 세월 ACLU를 지지해온 월터 리프먼은 스콥스 변호에 대해 비슷한 평가를 내렸다. 헤이스는 이 문제의 민감성을 고려해 데이턴에서 적법 절차 조항을 언급할 때 특정한 개인의 권리, 더 나아가 표현의 자유나 종교 세력을 침해하는 것이 아니라 법원이 재산권을 이용해 법안을 폐기할 권한을 갖지 못하도록 명백하게 불합리한 주법을 막는 것이라고 거듭 강조했다.

그러나 1960년대까지 연방법원에서 진보적인 경제 규제를 폐지하기 위해 수정 헌법 제14조를 적용한 사례는 오랫동안 없었다. 다만 탄압적인 사회법을 무효화하는 데는 적용됐다. 이 과정은 스콥스 재판과 같은 해 대법원에서 최초로 적법 절차 조항에 의해 주의 침해로부터 보호되는 '자유'가 수정 헌법 제1조 표현의 자유를 내포한다는 결정을 내리면서 시작됐다. 대법원이 수정 헌법 제14조에 포함된 권리에 국교 금지 조항을 추가하기까지는 20년이 넘는 시간이 걸렸다. 그리고 이후부터 대법원은 오랫동안 공립학교를 장악해온 종교적 관례와 영향력을 몰아내기 시작했다. 연방 권리장전을 수정 헌법 제14조에 완전하게 편입시키는 데 앞장선 대표적인 인물에는 휴고 블랙 대법원 판사가 있다. 국가 경제법의 합헌성을 놓고 벌어진 뉴딜 논쟁이 한창일 때 대법원장으로 임명된 그는 이후에 공교육에 국교 금지 조항을 적용히는 데에도 주도적인 역할을 했다. 1946년에 공립학교에서 종교 교육을 금하는 초기 결의안을 작성했고, 그로부터 14년 뒤 학교에서 기도 시간을 금지하는 획기적인 의견을 내놓기도 했다. 1963년에는 교실에서 성경 낭독을 강요하지 못하도록 하는 판결에도 동참했다.[2] 미국 헌법에 의거해 반진화론 법안에 효율적으로 봉기할 수 있는 발판을 마련한 것이 이와 같은 법원의 판결이라면, 나머지는 스콥스 전설의 성과라고 할 수 있다.

이 기간 동안 미국 교육에서 과학의 역할 또한 달라졌다. 미국이 기술적으로 소련에 뒤처졌다는 냉전시대의 불안은 의회가 1958년 국가방위교육법을 통과시키는 데 큰 몫을 했다. 그 결과 과학 지식 프로그램에 많은 돈을 투자했고 국립과학재단이 최신식 과학교과서 발전에 자금을 대는 계기를 마련했다. 생물 과학 교육과정 연구BSCS(Biological Sciences Curriculum Study) 산하 과학자 및 교육자 팀은 시장성을 고려하지 않고 진화론 개념을 강조하는 새로운 고등학교 생물교과서를 잇달아 편찬했고 상업적인 출판사들도 이런 분위기에 편승해 새로운 교과서를 잇달아 내놓았다. 원리주의자들의 반대가 곳곳에 있었지만 반진화론법이 시행되던 남부 3개 주를 포함해 전국 학구가 BSCS 교과서를 채택했다.[3] 비록 정식 고소는 없었더라도 새로 등장한 교과서는 일부 교사들로 하여금 구식 법에 불만을 갖게 했고, 그중 몇몇은 진화론 교육을 금지하는 주법의 합헌성에 이의를 제기하는 민사소송을 법원에 제출하기도 했다.

그중에서도 반진화론법에 대한 판결을 뒤집는 데 결정적인 역할을 한 소송이 2건 있는데, 하나는 1965년 아칸소 주의 리틀록 공립학교가 새 교과서를 채택한 직후에 벌어졌다. 이 소송은 아칸소 주의 반진화론법에 반기를 든 것이다. 이 법은 본래 아칸소 주 유권자들이 스콥스 재판 후에 주민투표로 채택했으나 현지 검찰에서 적용한 적은 한 번도 없었다. 아칸소 주 교직 단체가 시작한 이 소송의 명목상 고소인은 수전 에퍼슨이라는 젊은 여교사였다. 아칸소 주 검찰총장은 개인적인 신념을 바탕으로 재판에서 주를 대변했다. 그는 빈진회론 법안이 합리적이라고 주장하면서 10년 전 필트다운 화석이 농간이라는 사실을 인류학자들이 밝혀냈다는 점을 특히 강조하면서 인류 진화론을 공격했지만 전혀 공감을 일으키지 못했다. 재판장은 문제의 핵심이 인류의 기원에 대한 여러 학설을 가르칠 수 있는 에퍼슨의 자유에 있다고 한정하고, 그러한 학설에 관한 구체적인 증언을 일제히 차단함으로써 미국 헌법에 의거해 법안을 지체 없이 번복했다. 1년 후 테네시 주에서는 게리 L. 스콧이 학생들에게 성경이 "꾸며낸 이야기로 이루어진 책"이라고 말했다는 혐의를 받고 교단에서 임시로 쫓겨난 뒤 테네시 주의 반진화론법에 대해 소송을 걸겠다고 위협했다. 이 사건은 테네시 주 의회가 마침 이 법의 폐지를 놓고 또 한 번 진통을 겪고 있을 때 일어난 탓에 신문 헤드라인을 장식했다. 반진화론법 폐지를 지지하는 사람들은 스콧이 법의 또다른 희생양이라며 스콥스에 비유하기도 했다. 실제로 매체에서도 그와 에퍼슨의 소송을 "스콥스 2탄"이라고 표현했고, 한동안 사람들의 기억 속에서 잊혔다가 회고록을 발간한 뒤 다시 세상에 모습을 드러낸 존 스콥스가 에퍼슨과 스콧을 지지한다는 뜻을 공개적으로 밝히기도 했다.[4]

"존 토머스 스콥스의 책을 한번 검토해보고 42년이나 된 오래된 '원숭이 법'의 폐지를 향한 대중의 관심을 끌어보고 싶습니다."

이것은 『멤피스 프레스 시미터Memphis Press-Scimitar』의 편집부 부주필이 1967년 초 편집장에게 한 말이다. 편집장이 이에 동의한 순간부터 대중매체의 스포트라이트가 일제히 테네시 주 의회로 향했고 반진화론법을 비판하는 사설과 기사가 연이어 발표됐다. 테네시 주에서 활동하던 논설위원들은 멤피스 의회 의원들이 제시한 법안을 옹호했다. 그들은 한 후원자에게 약속했듯이 다짐했다.

"'원숭이 주'라는 테네시 주의 오명을 벗고 진화론을 가르칠 수 있도록 하겠다."[5]

『내슈빌 테네시안』은 시사만화 연재물을 통해 법안의 진행 상황을 추적했는데, 그중 "테네시 대령"이 원숭이 나무에서 내려올지 말지를 고민하는 그림이 대표적이다. 전국의 대중매체가 이 소식을 다루면서 무지몽매했던 과거에서 탈피해 뉴사우스의 이미지로 거듭나려는 남부의 노력이 탄력을 받았다. 몇몇 신문에서는 이 이미지에 걸맞게 테네시 주 의회가 (국가 인권법에 따라) 아프리카계 미국인 몇 명과 (대법원의 대의원 수 재배분 명령의 결과) 그보다 더 많은 도시 계층 구성원을 영입했다고 보도했다.

스콥스는 기자들에게 다음과 같이 말했다.

"테네시 주민들에게는 정말로 길고도 긴 투쟁이었습니다. 이제야 사람들이 악법임을 깨닫고 조만간 폐지해야 한다는 사실을 인정하는 것 같습니다. 드디어 때가 온 거죠."[6]

『멤피스 프레스 시미터』의 사장은 훗날 자랑스럽게 말했다.

"『멤피스 프레스 시미터』가 주도한 캠페인은 시작된 다음 날부터 정확히 2개월 후에 테네시 주 의회가 '원숭이 법'을 철폐한 것으로 대단원의 막을 내렸습니다."[7]

일단 하원에서 전체적으로 2대 1 정도 비율로 법안이 통과됐다. 1960년대를 대표하는 "Hello Daddy-o"라는 구문을 목에 단 원숭이가 철창에 갇힌 채 의회에서 열린 입법회의에 참석했고, 철폐에 반대하던 몇몇 의원 중 한 명이 동료 의원에게 다음과 같이 말했다.

"다른 사람들의 뜻에 굴복하는 것은 나 자신을 버리는 것이나 다름없다고 오래전에 배웠네. 난 다른 이들이 뭐라고 하건 상관 안 하네."

하지만 대부분의 사람은 다른 건 몰라도 테네시 주가 스콥스 재판의 유산에서 자유로워지기를 바랐다. 다음 장에 등장하는 『테네시안』 만화에서 테네시 대령이 원숭이에게 말한다.

"이제 떠나야 할 것 같아. 원숭이로 살 만큼 오래 살았으니까……."[8]

공영 방송사 세 곳에서 촬영진을 보내 반진화론법을 폐지하기 위한 '역사적인' 상원 투표 과정을 중계했다. 현장에 있던 한 기자는 그날의 분위기를 다음과 같이 전했다.

"토론은 법안의 장점을 논하기보다 신앙심을 공개적으로 고백하는 자리로 변질됐다."

찬반이 16대 16으로 교착 상태에 빠지면서 임시로 현상 유지가 결정됐다. 토론 중에 폐지 반대자 한 명은 탄식했다.

"아, 미국이여. 아버지, 저는 죄인이지만 아버지의 말씀을 하나도 빼놓지 않고 믿는다고 자신 있게 말씀드릴 수 있습니다."

그러자 법안 폐지 지지자가 맞받아쳤다.

"오늘 아침 「창세기」를 읽었습니다만 그 어디서도 다위니즘과 성경이 반대된다는 증거를 찾을 수 없었습니다."

토론에서 인용한 말과 「신의 법정」의 장면이 함께 TV에 등장했고, 다음 날 조간신문에는 테네시 대령이 "어쩌다보니 아직도 내가 여기 있군. 땅콩 줄까?"라는 말로 원숭이에게 인사를 건네는 모습이 그려졌다.[9]

법을 반대하는 세력이 상원에 압박을 가하기 위해 이번에 집어든 카드는 스콧이 제기한 소송, 즉 스콥스 2탄이었다. ACLU와 마찬가지로 당시 이름을 날리던 변호사이자 현대판 클래런스 대로로 통하던 윌리엄 M. 쿤스틀러가 도움을 자청했다. 스콧이 1967년 5월 15일 연방법원에 반진화론법에 대해 고소장을 제출했을 때 60명의 테네시 주 교사와 미국과학교사협회가 공동 고소인으로 합류했다. 그날 『테네시안』은 논설을 통해 지적했다.

"그 누구도 입법자들에게 이 법을 폐지함으로써 개인적인 종교적 신념을 희생하라고 요구하고 있지 않다."

"법의 폐지는 자랑스러운 우리 테네시 주가 원숭이 취급을 받으며 또다시 재판장에 서야 하는 시련을 막자는 의도일 뿐이다."

결국 다음 날 상원의원들이 백기를 들었다. 의회 회의실에 뉴스 카메라가 다시 한번 결집한 가운데 그 어떠한 논의 없이 법의 폐지를 가결시킨 것이다. 스콥스는 물론 이 결정에 반색했겠지만, 한 특파원에 따르면 "결과에 대한 데이턴 주민들의 반응은 엇갈렸다"고 한다. 여전히 과거의 법을 지지한다는 주민들도 없지 않았다. 앞서 스콥스 재판의 증인으로 섰던 해리 셸턴은 다음과 같이 말했다.

"진화론을 하나의 학설로 가르치는 것은 괜찮습니다만, 사실이라고 가르치는 것은 다른 문제라고 봅니다."[10]

그로부터 2주 후 아칸소 주 대법원이 에퍼슨 소송에 대한 재판관의 판결을 뒤집으면서 법률 문제가 다시 뜨거운 쟁점으로 부상했다. 당시 법원은 구두 변론을 듣지도, 공식 의견서를 발부하지도 않고 스콥스 시대의 법을 "주가 공립학교의 교과과정을 명시할 수 있는 마땅한 권리를 행사하는 것"이라는 설명만으로 타당성을 인정했다. 그러고는 다음과 같이 덧붙였다.

"이미 입법화된 이 법률이 진화론에 대한 설명을 금지하는지, 아니면 단순히 해당 학설을 진실로 가르치는 것을 금지하는지에 대해서는 어떠한 견해도 밝히고 있지 않다."[11]

스콧을 돕기 위해 결집한 세력은 이제 에퍼슨에게 눈길을 돌려 추가 항소를 준비했다. 스콥스 판결 이후 40년이나 지난 후에야 ACLU는 비로소 미 대법원에 항소하겠다는 결정을 내렸다.

"이 당찮은 일이 시작된 테네시 주가 아니라 아칸소 주에서 소송이 벌어진다는 소식은 신문의 1면을 도배할 것이며 거의 모든 아칸소 주민이 이에 통탄을 금치 못할 것이다."[12]

리틀 록 소재의 한 신문에 실린 논평이다. 그러나 대법원에서 소송의 필요성에 대한 논의가 이루어질 새도 없이 재판관들은 항소 신청을 받아들여야 했다. 이번에도 역시 스콥스 전설이 결정적인 요소로 작용한 것이다.

에이브 포타스 판사는 대법원의 배후에서 에퍼슨의 편에 섰다. 고소인의

'이제 떠나야 할 것 같아. 원숭이로 살 만큼 오래 살았으니까…….'
테네시 대령, 반진화론법

1967년 테네시 주 반진화론법 폐지를 향한 입법상의 노력에 대한 현지 시사만화
(©1967년 4월 15일 『테네시안』)

소장을 받은 그의 서기 피터 L. 짐로스는 포타스에게 메모를 적어 "이번 소송은 무척 비현실적이니 소송을 기각하는 것이 좋겠다"고 조언했다. 법안이 진화론 교육을 금지하는 것이 아닐 수도 있는 데다, 설령 그렇다 하더라도 검사들이 시행을 감행하겠다고 공언한 적이 없다는 것이 짐로스의 설명이었다. 그의 결론은 이랬다.

"안타깝지만 대법원에서 원숭이를 신성한 법의 심판대에 올려놓는 것이 적절해 보이지 않습니다."

반면 포타스의 생각은 달랐다. 그는 메모로 다음과 같이 답했다.

"피터, 자네 말이 맞을 수도 있네만, 난 이 법이 휴지 조각이 되는 모습을 보고 싶군. 아무래도 승인하든가 답변을 받아봐야겠네."

대법원도 아칸소 주의 답변을 요청한다는 조건하에 포타스와 뜻을 같이 했다. 에퍼슨의 원래 재판이 열린 이후에 새로 부임한 진보적 성향의 검찰총장 조지프 퍼셀은 과거의 법에 특별히 관심이 없었다. 그런 그였기에 주의 권한을 마땅히 행사하는 법안이라는 주장 외에는 별로 주목할 만한 내용이 없는 사무적인 답변을 제출했을 뿐이다. 이에 대한 짐로스의 조언은 종전과 다르지 않았다.

"그가 변호하려는 법만큼이나 터무니없는 답변입니다. 판사님과 함께 꼭 이 법이 폐지되는 걸 보고 싶습니다만, 처음에 써서 드린 메모에서 제가 제기한 문제를 간과하셔서는 안 됩니다."

그는 결국 마지막 단락을 지우고 다음과 같이 적었다.

"저는 여전히 대법원이 이번 소송을 기각할 것을 건의하는 바입니다."

하지만 포타스는 결연했다. 그리고 대법원마저 공판에 동의했다.[13]

심리를 향한 포타스의 굳은 의지는 아마도 스콥스 소송에 대한 각별한 관심에서 비롯됐을 것이다. 그는 1920년대 중반에 테네시 주에서 공립고등학교를 다니며 아주 가까이에서 사건을 경험했다. 침례교 근거지였던 멤피스의 유대인 노동자 계층 가정에서 자라난 그에게 원리주의와 근대주의의 격돌은 커다란 반향을 불러일으켰다. 에퍼슨 소송을 놓고 고민할 때 이런 그의 배경이 작용하지 않았을 리 없다. 왜냐하면 소송과 관련해 오랜 친구에게 편지를 보낸 일이 있는데, 그 친구가 다음과 같은 내용의 답장을 보냈기 때문이다.

"이제 결정이 내려졌으니 언젠가는 1925년에 우리가 함께 다닌 브레킨리지 고등학교에서 오갔던 논쟁을 되짚어볼 기회가 생겼으면 하네. 그때 논쟁은 성경의 고등 비평이 주를 이루었지."

포타스는 테네시 주를 떠나 아서 가필드 헤이스와 비슷한 진로를 밟았다. 아이비리그 법대를 졸업하고 공직에 종사한 것도, 동부의 법률 회사에서 높은 연봉을 받고 일한 것도, 인권과 자유 옹호를 위해 ACLU와 긴밀한 관계를 맺은 것도 비슷했다. 포타스는 에퍼슨 재판을 맡게 되기를 간절히 원했고 마침내 다수 의견에 따라 재판장에 서긴 했지만 재정 비리에 연루되는 바람에 판사직에서 물러나야 했다.[14]

스콥스 재판의 메아리는 대법원에 상소된 에퍼슨 소송 과정 전반에 울려 퍼졌다. 처음부터 존 M. 할란 판사의 서기는 내부 메모를 통해 다음과 같이 경고했다.

"법원에서 반드시 피해야 할 한 가지는 스콥스 재판 때와 같은 소동이 벌어지는 것입니다."

하지만 전설적인 스콥스 재판에 비유되는 것을 막을 길은 없었다. 고소인들이 법원에 제출한 변론취지서 또한 테네시 주의 "유명한 스콥스 소송"과 그후에 이어지는 "사법권의 폐단"을 언급했다. 아칸소 주는 스콥스 판결의 권한을 강조하는 답문으로 시작해 당시 사건에 대한 테네시 주 대법원의 견해를 인용한 장황한 글로 마무리했다. ACLU의 변론취지서 내용은 다음과 같이 시작한다.

"40년 전 이 문제가 처음으로 법의 심판대에 올랐던 테네시 주 대 스콥스 사건과 매우 긴밀하게 얽힌 우리 연맹은 이번 소송의 최종적인 해결을 고대하고 있습니다."

스콥스 소송에 대한 암시와 언급은 구두 변론과 언론 보도로도 빠르게 번져나갔다.[15]

구두 변론 이틀 후에 재판관들이 논의를 위해 만난 자리에서 휴고 블랙을 뺀 전원이 법의 폐지에 찬성표를 던졌다. 개인적인 경험 때문인지 포타스는 이 법이 헌법에 위배되는 종교 설립 사례라고 규정하고 이를 토대로 법원에 폐지할 것을 요구했다. 그러나 이날 논의를 기록한 포타스의 메모에 따르면 다른 재판관들은 대부분 이 법의 모호함을 이유로 무효라고 간주했다. 얼 워런 대법원장은 말했다.

"유지하기에는 모호한 법이긴 합니다. 주에서도 법의 필요성을 전혀 호소하지 못했습니다. 어떠한 교리나 학설을 가르치지 못하는 법을 만들고자 한다면 그 법이 공공질서나 복지 등에 필요하다는 사실을 입증할 수 있어야 합니다."

1960년대에는 받아들이기 어려웠을지 모르지만 이미 오래전에 브라이언이 그 필요성을 입증한 바 있다. 하지만 아칸소 주 검찰은 그러한 내용을 전혀 언급하지 않았다. 윌리엄 O. 더글러스 판사는 이전의 모든 종교 설립 조항 판결은 정부 조치가 개입되고 결국 종교가 발전하는 효과를 불러왔기 때문에 "종교의 설립과 이번 소송은 무관하다"는 말로 수석재판관의 의견에 동의했다. 여기서 법안 자체는 거의 영향을 미치지 못했다. 할란 혼자서 "이 법은 위협이다"라는 말로 현재 영향력을 발휘하고 있다고 주장했지만, "여긴 그 어떤 소송도, 논란도 없다"고 블랙이 맞받아쳤다. 구두 변론 중에 블랙의 철저한 질의 대상이 된 에퍼슨의 변호인단을 포함해 그 누구도 이 법이 아칸소 주에서 종교 발전에 이바지했다고 생각하지 않았다. 거의 유일하게 포타스만이 "종교 설립을 근거로 법을 폐지"해야 한다고 주장했고 법원의 의견서를 작

성하겠다고 했다.[16]

그렇게 작성한 의견서에서 포타스는 스콥스 소송을 시작과 끝에 언급하는 등 스콥스 소송의 맥락에서 법원의 입장을 내세웠다. 그리고 아칸소 주 법안이 "민생에 필수적인 요소라기보다 현세의 호기심에 가깝다"고 인정하면서도 원래 목적을 고려할 때 국교 금지 조항을 위반한다는 입장을 고수했다.

"선행 사건인 테네시 주의 '원숭이 법'에 '성경에서 가르치는 신의 창조설을 거역하고 그 대신 인간이 하등동물의 후손이라고 주장하는 이론을 가르치는 행위'를 불법화하려는 목적이 여과 없이 드러나 있다."

이러한 어조가 아칸소 주 법안에는 등장하지 않더라도 테네시 주 반진화론법도 현재 같은 이유로 재판에 회부된 것이라고 포타스는 선고했다. 역사를 거슬러 법안의 목적에 대한 자신의 분석을 뒷받침하기 위해 포타스는 대로와 스콥스의 회고록과 리처드 호프스태터의 책, ACLU가 30년 전에 제작한 팸플릿을 인용했다. 이 모든 자료가 아칸소 주 법안이 아닌 스콥스 재판에 관한 것인데도 말이다. 종교적 목적이 법원에서 법안 폐지를 위해 내세우는 유일한 근거가 된 것이다.[17]

에퍼슨 소송 판결의 결과로 "세속적인 입법 목적"이 국교 금지 조항 위반을 시험하는 별개의 기준이 됐다. 여기에는 이 조항이 스콥스 재판 당시의 상황에 적용돼야 한다는 포타스의 신념이 반영됐다. 훗날 헌법 전문가 제럴드 건서는 다음과 같이 평했다.

"스콥스 재판에 관한 논란이 원숭이 법과 같은 법안에 대한 비판적인 분석의 씨를 뿌렸다. 그리고 수십 년 후 그 씨가 대법원에서 전혀 다른 근거로 열매를 맺었다."

좀더 보편적인 논평을 쓴 수석법률학자 찰스 앨런 라이트는 다음과 같이 덧붙였다.

"대로의 경우 재판을 각색한 다양한 극화에서 보듯이 브라이언을 우스꽝스럽게 만들었고, 그 바람에 창조론자들의 입장도 우스워져 사람들로 하여금 창조론만 가르쳐야 한다고 고집하기가 훨씬 더 어려워졌다."[18]

블랙 판사는 에퍼슨 소송의 결과에 대한 불만을 억누르지 못하고 따로 의견서를 작성해 신랄하게 비판했다. 그는 말을 고쳐가며 이른바 법안의 목적을 이유로 오랫동안 법안 폐지에 반대해온 자신의 입장을 밝혔다.

"도대체 어떤 동기가 작용했다는 것인지 판단하기가 몹시 어렵다."

반진화론운동이 한창이던 시절에 앨라배마 정치인으로서 쌓은 경험을 토대로 82세의 이 노장은 아칸소 주 법의 대체 목적을 제안했다. 그는 브라이언풍의 말투로 종교적인 창조론에 편향되기보다 "학교에서 (인류 기원이라는) 논란이 많은 주제를 아예 빼자는 것이 동기일 수도 있다"[19]고 적었다. 블랙을 염두에 두고 쓴 것이 분명해 보이는 이후 작성된 의견서에서 포타스는 대로를 연상시키는 한마디를 덧붙였다.

"아칸소 주의 법은 종교적 중립에 어긋나므로 도저히 옹호할 수 없다. (…) 말 그대로 성경의 내용에 어긋난다는 이유로 특정 이론을 없애려는 시도로밖에 보이지 않는다."[20]

스콥스 재판이 끝난 지 35년이 지났건만 블랙과 포타스라는 두 인물이 브라이언과 대로 사이에 벌어졌던 논쟁의 일면을 재현하고 있었다. 다만 이번에는 누가 봐도 대로 쪽이 우세했다.

각종 매체는 뒤늦게나마 스콥스가 승리한 것처럼 보도했다. 미국에서 손꼽히는 시사 잡지에 "대법원, '스콥스 소송'의 손을 들다"라는 헤드라인이 등장했고, 『타임』은 「신의 법정」을 언급하기 시작했다. 『라이프Life』는 사실과 허구를 혼합해 처음에 "1925년에 테네시 주의 데이턴이라는 아주 작은 도시에서 장엄하게 분출해 미국 해학을 공부한 학생이라면 누구나 아는 스펜서 트레이시가 혹독한 언사로 프레드릭 마치를 궁지에 몰아넣었다"고 독자들에게 전했다. 『뉴욕 타임스』 머리기사에서는 에퍼슨 소송을 "미국의 두번째 '원숭

이 재판"이라고 묘사하면서도 처음과는 "완전히 다른 결과에 도달했다"고 평했다.[21]

표면적으로 과감해 보였던 에퍼슨 소송의 판결도 스콥스 재판에서 제기된 근본적인 문제를 해결하지는 못했다. 그것은 포타스가 스콥스 전설에서 사용된 방식에 따라 문제를 단순화했다는 데 부분적으로 원인이 있다. 매카시 시대의 불관용을 지적하고자 한 「신의 법정」은 반진화론법이 학교 수업에 성경의 창조설만 남겼다고 시사했다. 포타스는 에퍼슨 판결에 이 해석을 적용해 "아칸소 주민은 주州 안에 있는 학교와 대학의 교과과정에서 인류 기원에 대한 논의를 모조리 차단하는 권한을 행사하려던 것이 아니며" 진화론 교육만이 그 대상임을 강조했다. 1920년대의 반진화론운동 지도자들이라면 창조론만 가르칠 수 있도록 하고 싶었을 테지만 브라이언은 공립학교 교사들이 이미 성경적 관점을 피력하지 못하고 있다는 명백한 가정하에 진화론 교육을 금지해줄 것을 주에 공개적으로 요구했다.[22] 이렇듯 인류 기원이라는 쟁점에 관해 교육의 중립성을 지키는 주장을 펼침으로써 그는 반진화론법에 대해 원리주의자가 아닌 사람들의 지지까지 얻어낼 수 있었다.

데이턴에서 피고 측 변호인단으로 활동한 인물들의 경우 과학 과목에서 진화론과 창조론을 모두 가르치자는 대안은 생각조차 할 수 없었다. 대로만 보더라도 재판 내내 원리주의 신앙을 깎아내렸고 교과과정에 포함시키는 방안은 결코 지지하지 않았다. 헤이스와 ACLU 역시 다위니즘을 가르칠 수 있는 학문의 자유를 논하면서도, 창조론을 가르치고 싶어하는 교사들이 있을 수도 있다는 가능성은 고려하지 않았다. 그나마 데이턴에서 인류 기원 교육에서 두 가지 관점을 모두 포용하자는 쪽에 가장 가까운 사람은 말콤이었다. 그는 관용을 호소하는 연설에서 다음과 같이 말했다.

"제발 아이들이 지식에서는 그 어떤 것에도 귀를 닫지 않고 마음을 활짝 열 수 있도록 내버려둡시다."

하지만 이 발언은 그가 이미 원고 측을 향해 다음과 같이 소리친 직후에 나온 것이었다.

"당신들 성경은 부디 원래 속한 신학의 세계에 두시고 과학 과목에 비집어 넣으려 하지 마십시오."[23]

인류 기원에 관한 학교 학습에 사실상 종지부를 찍는 것보다는 천지 창조론만 가르치겠다는 소송이 비교적 간단해 보였기에 포타스는 아칸소 주 반진화론법이 "공교육에서 특정 이론을 완전히 없애버리려는 시도"라며 폐지를 선고했다.[24]

포타스의 본심은 진화론 교육을 제재하는 법의 테두리에서 공립학교를 자유롭게 하려던 것이었지만 몇몇 원리주의자가 공교육에 창조론을 포함시켜도 된다는 포용의 의미로 잘못 해석하면서 그의 의견서는 역효과를 낳았다.

"에퍼슨 대 아칸소 주 재판에서 대법원은 진화론 교육을 금지하는 법이 일차 효과적인 면에서 중립적이지 않다는 이유로 위헌 결정을 내렸다. 그들이 말하는 중립적이지 않은 일차 효과는…… 「창세기」에 대해서도 비슷한 법을 제정하지 않은 상태에서 진화론만 금지한다는 비중립성에서 출발한다."[25]

창조론 법률 전략가의 주장이다. 이러한 추론에 뒤이어 일부 원리주의자들은 하나의 학설을 배제하는 방안에 대한 합헌적 대안으로 진화론을 창조론과 적절하게 균형을 맞춰 가르칠 필요가 있다고 주장했다. 포타스는 공립학교에서 종교적 가르침을 금지하는 이전의 대법원 판결이 이러한 상황에 적절히 대처한다고 생각했을지 모르지만, 과학적 지원이 창조론에 대한 자신들의 믿음을 위해 존재한다고 믿었던 원리주의자들의 집요한 반응은 예상하지 못했다. 곧이어 창조론에 똑같은 시간 또는 균형 잡힌 대우를 하라는 법안과 결의안이 전국적으로 등장하면서 입법기관과 지역 교육위원회를 당황하게 했다. 지지자들은 허구의 발언을 데이턴에서 대로가 실제로 한 말인 것처럼 인용해 스콥스 전설을 자신들에게 유리하게 이용했다.

"'공립학교에서 단 하나의 인류 기원설을 가르치는 것은 극도의 편협함을 드러내는 것'이다."[26]

물론 이러한 움직임의 근원은 창조론을 지지하는 수많은 미국인에게서 비롯된 것이지 에퍼슨의 견해나 스콥스 전설이 장려한 것은 아니다. 여론 조사 위원 조지 갤럽은 1982년에 실시된 여론 조사를 바탕으로 다음과 같이 보고했다.

"인류 기원에 대한 논의는 1925년의 그 유명한 스콥스 재판 때만큼이나 오늘날에도 활발하게 진행되고 있습니다. 다만 현재 여론은 성경의 창조론을 믿는 사람들과 진화론의 엄격한 해석 또는 신이 개입된 진화 과정 중 하나를 믿는 사람들로 균등하게 나뉘어 있죠."

그 밖의 여러 여론 조사에서도 교과과정에 창조론을 포함시키자는 의견이 한결같이 80퍼센트를 넘어섰다.[27]

이와 같은 정서에 힘입어 대법원이 나서서 흐름을 저지할 때까지 3개 주가 공립학교에서 창조론 교육을 의무화하는 법을 채택하기에 이르렀다. 1974년에 테네시 주는 생물교과서에 인류 기원에 대한 대체 학설을 싣고 "동등한 비중을 두고 가르칠 것"을 명했다. 그들이 말한 대체 학설은 누가 봐도 「창세기」가 분명했다. 그로부터 7년 뒤, 아칸소 주와 루이지애나 주에서도 생물 학습에서 '창조과학'을 "균형 있게 대우"할 것을 요구하는 법을 제정했다. 아칸소 주 법의 경우 이른바 과학을 대홍수와 같이 성경에서 영감을 받은 창조 절차 연구와 연결지었다. 반면 루이지애나 주 법은 "창조에 대한 과학적 증거이며 그러한 과학적 증거에서 시작된 추론"이라고 정의했다.[28] 이 세 가지 법은 각기 다른 소송과 맞닥뜨리게 되며, 대중매체는 그때마다 스콥스 소송에 견주었다.

스콥스 재판의 유산은 지금까지 언급한 소송에 대한 언론 보도에 영향을 주는 것을 넘어서 그들의 어조와 어감을 형성했다. 스콥스 소송과의 연관성을 중요하게 평가한 ACLU는 세 곳 모두의 법안 폐지를 위한 소송을 이끌었고, 특히 마지막 2개의 소송에는 저명한 뉴욕 변호사를 대리인으로 고용했다. ACLU의 창립 이사로 당시 97세를 맞은 로저 볼드윈은 루이지애나 주 법안이 통과되던 시점에 다음과 같이 말했다.

"참으로 이상한 기분이군요. 스콥스와 이곳에 왔고, ACLU가 그때와 같은 자유의 원칙을 옹호하기 위해 이곳에서 또다시 투쟁을 벌이고 있다는 게 말이죠."[29]

고소인들은 3개의 소송이 모두 스콥스 재판과 연관성이 있다는 사실을 역설했다. 이유인즉, 법안의 기저를 이루는 종교적인 목적을 강조하므로 합당한 폐지의 근거를 마련하기 때문이다. 처음 두 법안은 공립학교에서 성경의 교리를 가르칠 것을 요구하므로 국교 금지 조항에 명백히 위배됐기에 연방법원은 즉각 철폐를 결정했다. 루이지애나 주 법안의 경우는 단순히 창조의 과학적 증거에 대해 가르쳐야 한다는 내용만 담고 있었기에 종교적인 가르침에 해당되지 않는다는 것이 변호인 측의 주장이었다. 하지만 결국 스콥스 재판의 유산이 고소인들의 승소에 도움을 주었다.

다음은 한 연방 항소 법원 판사가 루이지애나 주 법안을 분석한 글 내용 중 일부다.

"부인하거나 무시할 수 없는 역사적 배경을 상대로 싸워야 하는 소송이다. 윌리엄 제닝스 브라이언이 숨을 거두는 순간까지 끝내지 못한 투쟁을 계속하는 격이다. 매순간 창조론 교육과 상대적인 균형을 맞춤으로써 진화론의 신빙성을 떨어뜨리는 것이 이 법이 의도한 효과다. 따라서 특정한 종교적 신앙에 편파적인 법이며…… 위헌에 해당된다."

15명의 판사 중에서 이 판결의 지지자가 가까스로 과반수에 달했고, 반대한 7명은 어떻게든 스콥스 재판의 유산을 뒤집어엎으려 했다. 다음은 토머스 깁 지 판사가 불찬성자들을 대변해 쓴 글이나.

"스콥스 재판부는 진화론의 과학적 증거를 가르치지 못하도록 금지하는 주州의 권한은 합헌이라는 브라이언의 관점을 인정했다. 모든 진리를 가르치자고 요구하는 루이지애나 주는 대로를, 그 요구를 무시하려는 재판부의 입장은 브라이언을 연상시킨다."

찬성자와 불찬성자는 스콥스 변호인단이 그랬듯이 저마다 자신들의 도덕적 우위를 주장했다.[30]

스콥스 유산을 놓고 벌어진 다툼은 대법원이 루이지애나 주 법안을 심사하기로 한 시점까지 이어졌다.

"우리는 이번 소송에서 해당 법안을 제정하고자 하는 입법기관의 주된 종교적 목적을 간파해야 합니다."

윌리엄 J. 브레넌 주니어 판사가 다수의 찬성자를 향해 쓴 글이다. 그는 "기념비적인 1925년 스콥스 재판의 핵심이었던 테네시 주 반진화론법"이 루이지애나 주 법의 선례라고 말했다. 그러나 불찬성자들을 향해 쓴 글에서 앤터닌 스캘리아 판사는 스콥스 판례에 대해 완전히 다른 견해를 밝혔다.

"스콥스 씨가 진화론에 대한 모든 과학적 증거를 가르칠 자격이 있었던 것처럼 기독교 원리주의자를 포함하는 루이지애나 주민은 진화론에 반대되는 모든 과학적 증거를 학교에서 가르칠 자격이 얼마든지 있습니다."[31]

같은 주제를 이처럼 상반되게 적용하는 사례만 보더라도 스콥스 전설이 민간 전승처럼 폭넓게 받아들여졌음을 알 수 있다. 브레넌이 종교 설립의 자유를 옹호하기 위해 그랬듯이 스캘리아도 대체 학설을 가르칠 수 있는 학문의 자유를 옹호하기 위해 스콥스 전설을 원용한 것이다.

일부 원리주의자는 일찌감치 후자의 방식을 채택했다. 보수적인 기독교교사가 과학 수업에서 창조론의 증거를 가르치지 못하도록 억압하는 식으로 주 또는 지방 교육 관계자가 종교적 가르침에 대한 대법원의 판결을 공립학교 교육에 적용하려 하면(실제로 발생 빈도가 점점 더 증가하고 있다) 반진화론 세력은 존 스콥스가 받았던 박해에 비유하곤 했다. 이때 법원이 나서서 다른 이들은 자신들의 종교적 신앙을 가르치려 한 반면 스콥스는 과학 이론을 가르치려 했다는 논리로 이 같은 비유를 묵살했다. 하지만 원리주의자들의 불만은 커졌다. 그들에게 믿음은 그 어떤 과학 이론보다도 더 참되고 과학이 아닌 종교는 개인적인 경험을 기반으로 했기 때문이다.

1990년대 초에 캘리포니아에서 이에 대한 진지한 토론이 이루어진 적이 있는데, 당시 예일대학교 법학과 교수 스티븐 L. 카터는 궁극적으로 인식론의 문제라는 결론을 내렸다. 그는 물었다. 공립학교에서 어떤 것을 과학이라고 가르칠 수 있는지 결정할 '권한'은 과연 누구에게 있는가? 상대적으로 주관적인 종교적 신앙에 따라 창조론을 믿는 부모와 교사인가? 아니면 상대적으로 객관적인 과학 이론을 밑바탕에 둔 전문 과학자와 교육자인가? "창조론을 믿는 부모들을 상대로 하는 소송은 합헌적 해석이라는 난해한 질문에 국한되는 것이 아니라 세상에 대한 진실을 알아내기 위해 성경 문구에 의존하는 자신들이 틀리다고 깨닫는 그들의 의식에 달려 있다"는 것이 카터의 주장이다.[32] 대로는 데이턴에서 이미 이 사실을 인지하고 스콥스 변호를 원리주의 신앙에 도전하는 데 이용했다. 이후에 벌어진 소송에서 진화론의 입장을 대변하는 변호사들이 오로지 합헌적 해석에만 호소한 결과 원리주의 신앙은 문제없이 지속될 수 있었다.

스콥스 소송 이후에 내려진 법원의 판결 때문에 창조론의 확산이 더뎌진 것은 물론 아니다. 오히려 원리주의자들이 진화론을 가르치는 공립학교를 뒤로하고 창조론을 맹신하는 교회나 자택 교육으로 눈길을 돌리는 계기가 됐다. 이러한 변화는 비교적 새롭기는 하나 원리주의-근대주의 논란이 한창이던 시절에 분리된 원리주의 대학 설립을 향한 열망이 스콥스 재판 이후 본격화한 데서 기원을 찾을 수 있다. 그 밑바탕에는 진화론 교육에 대한 우려가 깔려 있었다. 1974년에 출판된 원리주의 고등학교를 위한 생물교과서의 서문에서 창조론 지도자 헨리 M. 모리스는 "새로운 기독교 사립학교를 만들고자 하는 움직임이 최근 들어 널리 퍼진 이유"를 원리주의 목사와 부모들 간에 "세속적인 진화 인본주의라는 무신론적 종교가 실질적으로 공립학교에서 조장하는 공식 국교가 됐다"는 인식이 생겨났기 때문이라고 했다.[33] 그의 글은 과학 과목에 완전히 다른 신학을 제시했다.

모든 보수 기독교인이 모조리 스콥스 유산에 이처럼 냉소적으로 반응한 것은 아니다. 특히나 제2차 세계대전 이후 윌리엄 벨 라일리가 직접 선정한 후계자인 복음주의자 빌리 그레이엄이 주축이 된 자칭 미국 개신교의 '새로운 복음주의' 집단이 부상하면서 분위기는 점차 달라졌다. 1954년에 그레이엄은 침례교 신학자 버나드 램이 집필한『과학과 성경에 대한 기독교인의 관점The Christian View of Science and Scripture』을 널리 알렸다. 램은 이 책을 통해「창세기」 이야기를 헤아릴 수도 없을 만큼 오랜 세월 동안 꾸준히 진행돼온 창조에 대한 회화적 묘사라고 해석함으로써 보수 기독교인들을 근대 과학에 순응시키고자 했다. 한 세대의 복음주의 대학생들이 과학 공부에 파고들 수 있는 물꼬를 터줬을 만큼 파급 효과가 워낙 컸던 이 책에서, 램은 "스콥스 재판에서 브라이언이 겪은 고통"을 묵살하고 그 재판을 "우리가 따르지 않을 추악한 역사"의 일면이라고 불렀다.[34] 이와 같은 접근 방식은 학식 있는 미국인들에게 원리주의에 대한 반감을 갖게 만든 문화적 짐Cultural baggage[자신이 살아온 문화권 내에서 자연스럽게 쌓인 사고, 습관, 말투]에서 벗어나 성경에 입각한 정통 교리를 부활시키려는 그레이엄의 목표와 맞아떨어졌다. 데이턴에서 증언한 내용 때문에 엄청난 조롱의 대상으로 전락한 브라이언의 전철을 밟지 않기 위해 신흥 복음주의 운동을 지지하는 학자들은 호전적인 반진화론 운동을 떨쳐내야 할 짐으로 여겼다.

미국 기독교인들은 복음주의자들보다 스콥스 유산의 직접적인 영향을 덜 체감하고 있다. 근대주의자들과 주류 개신교도들은 재판과 스콥스 전설에 대해 일반인들의 문화적 반응에 공감한다. 전통적인 성향을 가진 미국 가톨릭 교도들마저도 브라이언의 반진화론운동에 동참하지 않았다. 그들에게는 이미 자체적인 교구 학교와 대학이 있었기에 데이턴 재판과 그 여파에 대해 방관하는 태도로 일관할 수 있었다는 점에서 부분적으로나마 그 이유를 찾을 수 있다. 유신론적 진화론을 수용할 만큼 융통성을 가진 역사적 신앙이 깊이 뿌리박힌 로마 가톨릭이 이 문화적 충돌을 정리하기 위해 나섰다. 그럼에도 원리주의자들이 진화론 교육을 반대하고 나오는 이상 문제가 완전히 사라지지는 않을 것이다. 그들은 진화론 교육이 신에 대한 믿음을 깎아내리는 자연주의적 세계관을 주입하고 있다며 지금까지도 비난을 퍼붓고 있다.

인구 대부분이 여전히 기독교 신앙을 고백하고 대다수의 기독교인이 원리주의에 치우쳐 있는 테네시 주가 스콥스 유산에 집착하는 것은 어떤 면에서는 당연한 일이다. 공화당은 보수 기독교 정치 세력의 강력한 지지를 받아 1994년 선거에서 전통적으로 민주당이 우세한 이 주를 겨냥했다. 이러한 공격에서 살아남기 위해 테네시 주의 민주당 원로 상원의원은 심지어 공립학교의 기도 시간을 지지한다는 내용의 TV 광고를 찍기도 했지만 별 소득이 없었다. 공화당이 테네시 주 전 지역을 휩쓸었고, 얼마 지나지 않아 원리주의 단체와 개인의 지지에 힘입어 주 상원에 공립학교의 진화론 교육을 저지하기 위한 새로운 법이 제정됐다. 그 무렵 앨라배마 주 교육위원회에서 진화론이 "사실이 아닌 논란의 여지가 있는 이론"이라는 부인 성명을 새로운 생물교과서에 실으라는 명령을 내렸다. 또한 조지아 하원에서도 창조론 교육에 힘을 싣는 정책을 통과시켰다. 『USA 투데이USA Today』는 이 현상을 다음과 같이 평가했다.

"그러나 전국적으로 문제를 알리는 데 도움을 준 것은 테네시 주에서 열렸던 토론이다. 1925년 스콥스의 위대한 재판을 계기로 양측이 맞붙은 것은 테네시 주였다."

그리고 70년 전 재판을 상세히 다룬 특집 기사를 내보내면서 대로, 브라이언, 스콥스의 사진을 실었다.[35]

스콥스 재판과의 연관성이 크게 작용한 덕에 새로 제정된 법은 국제적인 관심을 끌었다.

"존 스콥스가 테네시 주 데이턴에서 진화론을 가르쳤다는 이유로 유죄 선고를 받은 지 70년이 지난 지금 테네시 주 의회는 교육위원회가 진화론을 인류 기원설이 아닌 진실로 가르치는 교사를 해고할 수 있도록 허용하는 방안을 고려하고 있다."

내슈빌의 『뉴욕 타임스』 일요 신문 1면에 실린 기사 내용이다.[36] 영국방송협회에서 현지에 촬영진까지 보내 데이턴 주민들을 인터뷰했고, 몇몇 미국 네트워크 뉴스는 「신의 법정」 장면을 내보내기도 했다. 신문 기사의 초점은 역시 스콥스 재판에 맞춰졌다. 적대적인 언론 보도가 난무한 가운데 상원 교육위원회가 8대 1로 제안을 승인했고, 상원 전체 회의로 보냈다. 이곳에서 겨우 두 문장짜리 법안에 대한 논의가 사흘이나 이어졌다. 멤피스의 『커머셜 어필』은 다음과 같이 보도했다.

"1925년 테네시 주의 반진화론법이 스콥스 원숭이 재판 중에 국제적인 망신거리가 된 지 70년이 훌쩍 지나서 생명의 기원을 어떻게 가르쳐야 하는지에 대한 끝나지 않는 토론과 이 법안 때문에 테네시 주가 다시 한번 전 국민의 관심을 받고 있다. 카메라와 기자들이 토론 취재를 위해 상원에 배수진을 치고 있다."[37]

반대 세력은 이 법안에 '스콥스 2탄' '스콥스의 아들'이라는 별명을 붙였다. 그들은 진화론을 옹호하기보다 법안의 홍보 효과에 대한 경각심을 불러일으키는 데 더 혈안이 됐다.

"1925년에 제정돼 스콥스 원숭이 재판에 이르게 한 반진화론법의 메아리는 테네시 주의 평판만 떨어뜨리는 결과를 초래할 수밖에 없을 것이다."

『내슈빌 배너』의 논평이다. ACLU는 법적인 조치를 취할 것을 약속했다.

"차세대 존 스콥스가 돼 고소인으로 나서겠다는 교사들의 전화를 벌써 여러 통 받았습니다."

ACLU 내슈빌 책임자가 경고했다. 결국 상원의장과 원로 의원들이 백기를 들었다.

"도저히 이 법안에 찬성표를 못 던지겠습니다. 하지만 사람들이 저를 무신론자라고 생각하지는 않았으면 좋겠군요."

법안은 20대 13으로 기각됐고, 참관인들은 패배의 원인을 스콥스 유산으로 돌렸다.[38]

법안에 대한 데이턴 사람들의 반응은 제각각이었다. 몇 년 전에 "오늘날 다시 재판을 연다 해도 결과는 똑같았을 거라고 생각한다"고 말한 해리 셸턴도 마지못해 수긍했다.

"사실이 아니라 한 가지 학설로 가르치면 대부분의 학교에서 진화론을 가르칠 수 있도록 허용한다더군요."

테네시 주에서 학생 시절을 보낸 또다른 이는 새 법안을 "어리석다"고 했고, 프레드 로빈슨의 딸도 "터무니없다"며 혀를 내둘렀다. 신생 지방 고등학교의 교사들은 교장의 요청에 따라 법안에 대해 말을 아꼈다. 가구 공장이 새로 들어서고 채터누가로 향하는 도로가 개선되면서 1925년 이후 마을의 인구가 3배로 늘어났다. 과거 법원청사에 들어선 스콥스 재판 박물관과 법정에서 당시의 극적인 상황을 재연하는 스콥스 축제가 매년 개최되는 등 재판에 대한 향수가 관광객을 끌어들이는 데에도 한몫했다. 이 지역 신문 편집장은 진화론 교육에 대해 제안된 새로운 법적 제재를 지지하는 입장이다.

"제가 아는 바로는 이곳에서 법의 심판을 받았음에도 불구하고 한 번도 증명된 적이 없습니다."

마을 언덕에 위치한 브라이언대학의 창조론 생물학 교수는 이 말에 동의를 표하며 법안이 "꽤 많은 사람의 마음속 깊은 감성까지 건드리고 있다"고 덧붙였다. 게다가 원리주의자들은 아직까지도 진화론의 과학적 권위에 의문을 제기하는 기사를 읽고 토론을 즐겨 본다. 마을에 남아 있는 스콥스 재판의 기억을 브라이언대학 교직원들이 통제하고 있는 한 데이턴 주민들의 귀는 여전히 브라이언과 그의 이념을 향해 활짝 열려 있다.[39]

데이턴을 제외한 다른 모든 곳에서는 단단하게 뿌리박은 스콥스 유산이 여전히 사람들의 인식을 지배하고 있다. 내슈빌조차도 조간신문이 1996년에 제정된 법에 대한 토론을 '신의 법정: 테네시 주 속편'이라고 이름 붙였다.[40] 법안 통과가 무산되고 1주일 후, 토니 랜들의 제작사는 로런스와 리의 연극을 브로드웨이에서 재상연했다. 이번에 브라이언의 캐릭터는 전보다 더 살이 찌고 악덕하게 그려졌다. 연극평론가들은 이 연극이 상황이나 시기상 매우 적절했다고 치켜세웠다. 공영 방송에 한 비평가가 나와 "창조론자와 진화론자가 여전히 대립하고 있다"면서 새로운 반진화론 법안을 가리켜 "테네시 주에서는 무조건 예스Yes다"라고 말했다. 원작 브로드웨이 공연에 대해서는 극본에 "전반적으로 긴장감과 냉담성이 부족했다"고 비판했던 『뉴욕 타임스』도 이번에는 대사에 "극적 요소가 살아 있다"고 칭찬했다. 평론가는 다음과 같이 설명했다.

"새롭게 열린 합리적 시대의 합리적 사고와 막판에 이르렀다고 여겨지던 구식 기독교 원리주의 간의 헤비급 경기가 연일 헤드라인을 장식했지만 후자는 오늘날까지 온전한 상태로 남아 창조론이라 불리고 있다."

예전에는 "흑백 논리를 내세운 초보적인 내용"이라고 꼬집었던 『뉴요커』도 "아직까지 해결되지 않은 종교적, 정치적 문제를 냉철하고 강렬하게 해석했다"고 극찬했다. 극장 로비에는 1996년 대통령 후보 패트릭 뷰캐넌이 테네시 주 반진화론법을 지지하는 의미로 했던 말을 현판으로 만들어 걸어두었다.[41]

언론의 반응이 이처럼 달라진 덕분에 연극과 재판에 대한 대중의 관심이 지속될 수 있었다. 1950년대 '지식층'의 경우 호프스태터가 지적했듯이 스콥스 재판이 "호머 시대만큼이나 오래전 일"처럼 느꼈고, 그들 중 일부는 연극이 과학과 종교에 대한 미국의 대표적인 토론을 지나치게 단순하게 표현했다고 비판했다. 이러한 비평가들은 인류 기원에 대한 과학적 설명을 인정하고, 분별력 있는 미국인이라면 아무리 신을 믿더라도 자신들과 마찬가지일 것이라고 보았다. 「신의 법정」이 재판을 극도로 단순화한 것은 사실이지만, 실제로 많은 미국인이 문제에 대한 각자의 입장과 별개로 과학과 종교 간의 관계를 다윈 또는 성경이 맞을 것이라는 식으로 간단하게 생각했다. 이 사실을 잘 알고 있던 호프스태터는 다음과 같이 말했다.

"브로드웨이에서 이 연극은 자유로운 사고의 중요성을 일깨우기보다는 그저 오래전의 이야기를 다루는 것으로 여겨졌다. 하지만 지방 순회 극단이 몬태나의 작은 마을에서 이 연극을 상연할 때에는 브라이언 역을 맡은 캐릭터가 연설을 하는 대목에서 관객이 벌떡 일어나 '아멘!'을 외치는 상황이 벌어졌다."[42]

1955년 이후 수년간 창조론에 아멘을 외치는 횟수와 목소리가 점점 더 커지면서 세속적인 평론가들이 연극과 재판에 대한 견해를 수정하려는 경향을 보였다. 이 문제에 관해 냉담한 태도를 보이던 지식인들조차 아직 꽤 많은 미국인이 성경을 믿고 과학보다 성경의 권위를 인정한다는 사실을 깨닫게 됐다. 게다가 현대 생물학의 핵심 이론 중 하나인 과학적인 생물 진화론이 아니라 성경의 특별한 창조설을 받아들이는 사람들은 다른 공공의 문제나 개인적인 문제에 관해서도 성경의 권위를 따를 가능성이 크다. 종교적으로 그들과 다른 시각을 갖고 원리주의자들이 어디선가 과반수를 차지할까봐 걱정하는 미국인이라면 국민에 의한 정부하에서 개인의 자유를 지키는 문제가 무척 익숙하게 느껴질 것이다. 그럴 바에는 「신의 법정」에서 대로의 캐릭터가 작은 마을의 학교 건물보다는 그들의 안방 문 앞에 서서 광분한 마을 사람들을 막고 지나치게 열성적인 그들의 정신적 지주가 틀렸음을 증명해 한쪽으로 비켜나게 만드는 편이 나을지도 모른다. 브로드웨이에서 초연을 했던 배우들은 원리주의 정치인들을 심각하게 받아들이지 않았다. 1996년에 연극이 재상연되고 얼마 지나지 않아 토니 랜들은 다음과 같이 말했다.

"하지만 그사이 미국이 우파로 치우치면서 그들이 중도파에 가까워졌더군요."[43]

로런스와 리가 연극을 통해 관용을 호소하며 공격했던 원래 대상은 매카시즘이었는데, 당시에 원리주의자들이 둘 사이에 허수아비처럼 서 있었는지는 몰라도 이제 와서는 원래 겨냥했던 상대보다 오히려 그 허수아비가 생존력이 더 강하다는 사실이 입증됐다. 그리고 그 후 몇 년간 정부의 힘이 커지면서 개인의 자유를 위협하는 원리주의자들의 상징적 이미지가 일부 미국인에게 점차 불길하게 느껴졌을 것이다. 실제로 스콥스 재판에서 제기된 문제와 전설이 지속될 수 있었던 정확한 원인은 미국이 개인의 자유와 다수결원칙 사이에서 갈등하고 있기 때문이며, 과학과 종교에 대한 끝없는 논쟁에 이러한 갈등이 등장하기 때문이다. 20세기 미국인들에게 스콥스 재판은 전자의 갈등을 평가하는 척도이자 후자의 논쟁이 비치는 유리창과 같다. 『뉴욕타임스』는 1996년 「신의 법정」에 대한 논평에서 원작의 법정 공방전을 두고, "사람들의 감성이 풍부했던 1920년대에 많이 볼 수 있었던 세기의 재판 중에서도 가장 다채롭고 시선을 사로잡는 장면"이라고 묘사했다.[44] 여러 해 동안 수많은 공소가 이와 같은 평판을 받았지만 한 세기에 걸쳐 끊이지 않고 메아리치며 최고의 자리를 지키고 있는 사례는 스콥스 재판이 유일하다.

스콥스 재판 이후 진화론 교육 논란

　진화론과 창조론을 둘러싼 미국의 논란은 근본적으로 미국 공립학교 생물 시간에 무엇을 가르칠지에 대한 싸움으로 이어져왔다. 공립대학에서 진화론을 가르치는 것이나 농업 또는 의학의 진화론 연구를 지원하기 위해 공금을 사용하는 것에 대해 반대하는 사람은 거의 없다. 무엇보다 공통 혈통 common descent의 핵심적인 진화 개념을 놓고 생물학자들 사이에서는 그 어떠한 심각한 논의도 없다. 토론의 중심에는 과학이 아닌 철학과 신학이 있으며, 미국 고등학생들의 사고가 이 문제에 달려 있다. 진화론 교육을 비판하는 세력은 일반적으로 ① 학교 수업에서 진화론을 몰아내거나, ② 창조론 교육과 어떤 형태로든 균형을 맞추거나, ③ 진화론을 '학설' 정도로만 가르칠 것을 요구하고 있다. 실제로 이 세 가지 전략은 어느 정도까지는 늘 존재해왔지만 성쇠를 거듭하며 연대순으로 반진화론운동의 뚜렷한 세 단계로 발전해왔다.

　고등학교 생물 수업에서 진화론을 전면적으로 몰아내기 위한 노력으로 대변되는 반진화론운동의 첫번째 단계는 존 스콥스 재판이 벌어졌던 1925년에 정점에 이르렀다. 하필 그 시기에 미국 개신교 내부에서는 장로교, 감리교, 미국 침례교 등 여러 주류 교파가 깊이 분열되면서 소위 원리주의 최악의 위기를 맞게 됐다. 그들은 전통적인 신앙을 현재의 과학적 사고에 순응시키려는 근대주의자와 새로운 이념에 맞서 성경의 문자적 해석을 굳게 고수하는 새로운 부류의 원리주의자로 나뉘었다. 그러한 분열 때문에 반진화론운동이 더 극단적인 양상을 띠게 된 것이다.

다윈의 인류진화론만큼 근대주의자와 원리주의자 사이에 확실하게 선을 그은 이념은 없다. 이 균열은 문화계와 과학계 지식층 사이에서 표면적으로 불가지론이 상승세를 타면서 한층 더 심화됐다. 처음부터 「창세기」의 해석에 대한 원리주의−근대주의 논란은 설교를 통해 급속히 번져나갔다. 1920년대에는 양측 모두 논쟁을 학교 수업에까지 확대시켰다. 그 어느 쪽도 공립학교 생물 수업 시간에 반대파의 관점을 사실로 가르치기를 바라지 않았다. 1922년에 미국 전역의 원리주의자들은 공립학교에서 다윈의 인류진화론을 가르치지 못하게 막는 법을 제정하기 위해 로비활동을 시작했고, 그 결과 1925년 봄에 테네시 주에서 최초의 반진화론 법안이 통과되기에 이르렀다.

일명 반진화론운동은 시작부터 전통적인 가치와 근대성 사이에 새롭게 자리잡은 깊은 분열의 증거로 비춰졌다. 반진화론운동은 이러한 분열을 일으켰다기보다 단순히 노출시키는 역할만 했다. 1920년대보다 한두 세대 전으로 돌아가보면 미국인(적어도 유럽 개신교 근원)들은 공통된 가치를 공유하려는 경향이 있었다. 19세기 중반의 미국에도 물론 무신론자, 불가지론자, 이신론자가 있었지만, 그 영향력이 매우 미미했고 기독교인들 사이에 신학적인 논쟁이 발생하더라도 교파의 화합을 깰 만큼 심각한 적은 거의 없었다. 학계마저도 19세기 말 실증주의, 고등 성경 비판, 다위니즘이 등장할 때까지 전통적으로 종교적인 기관으로 남아 있었다. 20세기 초에 행해진 조사와 연구로 신앙심 깊은 미국인 대다수와 믿음이 없는 문화계 지식층 사이에 균열이 커지고 있다는 사실이 드러나기 시작했다. 지식층이 신이나 성경의 계시를 부인하려 했던 것은 아니라고 당시 시사평론가 월터 리프먼은 설명했다. 분석이 합리적인 자연주의 방식이 더 우수하다는 사실을 깨달으면서 자연스럽게 믿지 못하게 된 것이다. 근대성의 중심에는 특정한 과학 이론이 아니라 삶의 모든 부분에 적용되는 과학적 방법론이 자리하고 있다. 이런 의미에서 이러한 방법론을 생물의 기원과 인간의 도덕성이라는 중대한 문제에 적용한 다윈의 이론은 매우 의미가 컸다.

테네시 주의 반진화론법이 전국적인 파장을 일으켰다는 사실은 이런 전개와 일맥상통한다. 물론 이것이 새롭게 대두된 문제는 아니었다. 찰스 다윈이 1859년에 진화론을 발표한 순간부터 일부 보수 기독교인들은 종의 기원, 그중에서도 인간의 기원에 대한 그의 자연주의적 설명이 암시하는 무신론적 의미에 반발했다. 더 나아가 하버드대학교의 위대한 동물학자 루이 아가시로 대표되는 전통적인 과학자들은 고도로 복잡한 인간의 기관(예를 들어 눈)과 생태학적으로 의존적인 종(예를 들어 벌과 꽃)이 진화론에서 제시하는 것처럼 무작위적 과정으로는 진화할 수 없다는 주장으로 생물학적 진화론의 기본 개념에 이의를 제기했다. 설계 이론이나 창조론으로는 전혀 말이 되지 않는 자연현상(예를 들어 여러 종의 형태학적 유사성, 흔적기관, 화석 기록, 유사종의 지리적 분포)을 설명할 수 있다는 이유로 과학계가 대체로 진화론으로 돌아서기는 했지만 종교계의 반발은 여전했고, 반대하는 종교인들이 진화론에 맞서 제기한 과학적 주장은 시대에 뒤떨어진 것이 다반사였다. 종교계의 반대는 20세기 초 원리주의가 확산되면서 자연스럽게 격화됐다.

진화론 교육을 금지하는 주의 법과 그로 인해 벌어진 존 스콥스 재판도 테네시 주는 물론 그 어디에서도 논란을 잠재우지 못했다. 미국의 대립적인 사법제도는 피고와 원고의 화해를 이끌어내기보다는 양측의 갈등을 심화시키는 경향이 있다. 윌리엄 제닝스 브라이언이 몸소 증인석에 섰음에도 불구하고(그의 지지자들은 악독한 심문자의 계략으로 그 탓을 돌리고 있기는 하지만) 양측 모두 데이턴에서 각자의 입장을 효과적으로 표명했다. 비록 반대 세력의 마음까지 얻지는 못했지만 이미 자기들 편에 서 있는 사람들의 열정을 북돋우는 역할은 톡톡히 해냈다. 피고 측에서 주장한 대로 더 많은 미국인이 진화론 교육을 제재하는 조치에 대한 위험성을 인식하는 사이에 다윈의 이론을 가르치는 데 따른 신앙적, 사회적 영향을 우려하는 다른 이들, 특히 복음주의 기독교인이 늘어났다.

반진화론 행동주의는 재판 이후, 특히 남부에서 가속화됐지만 다른 곳에서는 커다란 저항에 부딪혔다. 예를 들어 아칸소 주와 미시시피 주가 테네시 주를 뒤따라 인류진화론 교육을 금지하기는 했지만 다른 많은 주에서는 비슷한 법안이 통과되지 못했다. 이러한 추세는 북부와 서부에서 특히 두드러졌다. 40년간 지속된 교착 상태는 진화론 교육에 대한 주와 각 지역의 제재 조치가 뒤엉키는 결과를 낳았고, 부모들의 근심이 날로 커지면서 대다수의 고등학교 생물교과서 편찬자와 교사들이 생물의 기원이라는 주제를 근본적으로 다루지 않게 됐다. 테네시 주 대법원이 법 조항에 의거해 스콥스의 유죄 선고를 뒤집은 후 1960년대까지 반진화론법이 법의 심판대에 오를 기회는 없었다. 그 사이에 사법기관의 분위기는 완전히 달라졌다.

변화는 1947년에 미국 연방 대법원이 수정 헌법 제1조 국교 금지 조항을 수정 헌법 제14조의 국가배상으로부터 보호되는 자유에 접목시키면서 시작됐다. 국교 금지 조항이 갑자기 새로운 형태로 연장된 것이다. 의회가 나서서 종교 설립에 관한 법을 제정한 적이 거의 없음에도(따라서 이에 대한 판례법도 없음) 주와 공립학교에서는 쭉 그래왔기 때문에 이러한 법원의 판결 이후에 국교 금지 조항과 관련된 소송이 줄을 이었다. 공교육에서 종교의 자리를 놓고 싸우는 스콥스와 유사한 법적 공방전이 미국 곳곳에서 펼쳐지면서 스콥스 재판의 관련성이 새롭게 대두됐다.

초기의 소송은 진화론 교육에 대한 제재를 직접적으로 다루지 않았지만 은근히 암시하기는 했다. 1948년을 기점으로 연이은 판결에서 미국 대법원은 수업 시간에 종교를 가르치는 행위, 학교가 후원하는 기도 시간, 성경 읽기 의무화를 폐지했으며, 1968년에는 반진화론법을 철폐하기에 이르렀다. 과거의 법은 인류진화론 교육만 금지하고 다른 이론의 교육을 허가하지 않았다. 실제로 브라이언은 자신이 활동하던 당시만 해도 진화론을 대신할 만한 과학 이론이 없었기 때문에 과학 수업에 창조론 교육을 포함시키자고 주장한 적이 없다. 그조차도 성경의 창조 일수가 지질학적으로 엄청나게 긴 시대를 상징한다고 믿었고 데이턴에서 증인석에 섰을 때에도 똑같이 말했다. 그런데 버지니아 공대 교수 헨리 M. 모리스가 『창세기의 홍수The Genesis Flood』를 발간하면서 신도들에게 성경의 천지창조 6일 이야기를 과학적으로 뒷받침하는 듯한 주장을 내세웠다. 이 책은 미국 원리주의 내부에 이른바 젊은 지구 창조론 운동을 불러일으켰고, 모리스는 과학이 종교를 증명하는 약속의 땅으로 신앙인들을 인도하는 모세로 추앙받았다. '창조 과학' 또는 '과학적 창조론'의 등장은 반진화론 정치의 두번째 단계, 즉 창조 과학에 대해 균등한 대우를 받으려는 움직임의 시발점이 됐다.

창조 과학은 모리스의 미국 창조과학회Institute for Creation Research의 선교 사업을 통해 보수 개신교 교회 내부로 퍼져나갔다. 이 운동은 1970년대에 보수적인 종파가 출현하면서 정치 분야까지 파고들었다. 『창세기의 홍수』 출판 후 20년 안에 3개 주와 수십 곳의 지역 학군에서 공립학교 과학 과정에서 진화론과 함께 창조 과학에 대한 "균등한 대우"를 명했다. 이러한 분위기는 미 대법원이 1987년 에드워드 대 아귈라드Edward vs. Aguillard 재판에서 루이지애나 주의 균등취급법Balanced Treatment Act[공립학교에서 진화론에 할애하는 시간과 동일한 시간을 창조론에도 할애할 것을 규정한 법안]을 폐지함으로써 이러한 명령이 위헌이라고 결정하기까지 10년 동안 지속됐다. 대법원은 창조 과학이 과학을 가장한 종교에 지나지 않으므로, 국교 금지 조항에 의거해 다른 형태의 종교적 가르침과 함께 공립학교 수업에서 금지한다고 포고했다. 하지만 그 당시 보수 기독교인들은 캘리포니아 주에서 메인 주까지 전국 각지와 정치계 도처에 굳게 자리잡고 과학 교육에 깊이 관여하고 있었다.

이 대목에서 캘리포니아대학교 법학과 교수 필립 존슨이 등장하면서 진화론 교육에 대한 세번째 논란이 전개됐다. 존슨은 젊은 지구 창조론자는 아니지만 하나님에 대해 굳건한 신앙심을 지닌 복음주의 개신교도였다. 그의 목표는 자연현상을 총체적으로 설명하는 물리 법칙에 물질이 따르는 과학 안에서 철학적 믿음과 방법론적 실천을 구축하는 것이었다. 이것을 자연주의 또는 물질주의 그 무엇이라 부르든 간에 이러한 철학과 방법은 과학 실험과 교육과정에서 신을 배제했다. 존슨은 다음과 같이 주장했다.

"신이 세상을 한 번에 창조했는지 여러 단계로 나눠 창조했는지는 중요하지 않다. 생물학적 세계가 이전부터 존재하던 지성의 산물이라고 생각하는 사람들은…… 가장 중요한 의미에서 창조론자다. 이 광범위한 정의를 적용할 때 나 자신을 포함해 최소한 80퍼센트의 미국인이 창조론자인 것이다."[1]

그는 또 다윈의 이론이 자연주의에 입각해 종의 기원을 설명하는 최고의 방법이 될 수 있을런지는 몰라도 사실이 아니라는 점은 달라지지 않는다고 역설했다. 만일 특정 종교의 교리를 촉진한다는 이유로 공립학교에서 창조 과학을 가르칠 수 없다면, 자연계의 지식 설계에 대한 과학적 증거 또는 적어도 진화론에 대한 과학적 반대 이론도 허용돼야 한다. 진화론도 결국에는 하나의 이론이며, 알고 보면 그럴듯한 이론도 아니라는 것이 그의 주장이다. 그의 글은 지식 설계ID(Intelligent Design)에 관한 대중의 관심을 다시 한번 증폭시켰다.

존슨의 책은 50만 부 이상 팔려나갔고, 공립학교에서 진화론 교육을 반대하는 목소리가 높아질 때마다 그의 주장은 빠지지 않고 등장했다. 2001년 미국 상원에서 펜실베이니아 주 상원의원 릭 샌토럼이 교사들에게 "철학적 유물론과 진정한 과학을 확실하게 구분하고 생명과 생물의 기원을 가르칠 때 해답이 없는 질문과 문제를 포함할 것"[2]을 장려했을 때에도 존슨의 주장이 확연히 반영됐다. 그가 쓴 글은 상원에서 학업부진아 방지법No Child Left Behind Act에 대한 수정 조항으로 채택됐고, 최종적으로 해당 법에 대한 회의 보고서의 일부가 됐다. 그 즉시 10여 개 주 의회에서 유사한 제안이 독자적인 법안으로 표면화됐다. 실제로 통과된 법안은 하나도 없지만 여러 주와 지역 학교 교육 지침에 이와 비슷한 개념이 적용됐으며, 그중에서 가장 널리 알려진 사례는 캔자스 주와 펜실베이니아 주 도버이다.

지식 설계의 또다른 권위자로 리하이대학교의 생화학 교수 마이클 비히가 있다. 그는 로마 가톨릭 신자로, 복잡한 유기 과정에 대한 다윈의 설명에 반박하는 베스트셀러를 집필했고, 2006년에는 도버 지역의 학교 교육 지침을 고발하는 소송에서 피고 측의 가장 중요한 증인으로 법원에 서기도 했다. 존슨이 근대의 브라이언이라면, 비히는 자연의 환원 불가능한 복잡성irreducible complexity에 대한 증거를 근거로 창조에 대한 주장을 되살렸다는 점에서 아가시즈에 비유될 수 있다. 비히는 단 한 번도 상호 심사 과학 출판물을 통해 지식 설계에 대한 주장을 펼친 적이 없다. 실제로 이 분야에 대해 연구를 진행하고 있지 않으며, 지식 설계 개념을 뒷받침할 만한 긍정적인 과학적 근거가 아직 미흡하다고 수긍하는 지식 설계 운동의 다른 선구자들과 뜻을 같이하고 있다.

지금까지 ID 지지자들은 집요하게 결함을 찾는 식으로 진화론에 대한 신뢰를 떨어뜨리는 데 집중하고 있다. 그들은 창조가 그 결함을 완벽하게 메울 수 있다고 주장하며, 만일 과학이 연역적으로 초자연적 설명을 지배하지 못한다면 그 결함이 한계를 벗어날 것이라고 말한다. 지식 설계의 지지자들은 물리 현상에 대한 자연주의적 설명만 다루는 것에서 관찰 가능한 물리적 데이터와 논리적 추론을 이끌어내는 모든 해석을 포괄하도록 과학의 정의를 넓히자고 제안한다. 적어도 ID를 바탕으로 한 진화론에 대한 비판은 성경의 천지창조론과는 거리가 있으므로 공립학교 과학 과정에 적절한 주제라는 것이 그들의 주장이다. 이 접근 방식을 기반으로 ID 지지자들은 젊은 지구에 대한 모리스의 주장에 공감하는 사람들 외에도 다위니즘의 주도권에 도전장을 내밀 사람들을 다양한 분야로 늘려나갔다.

그러나 모든 여론 조사 결과는 미국에서 반진화론운동의 지지 기반이 과학적 자연주의와 같은 지식 관념보다는 성경에 제시된 지구의 나이를 좀더 중시하는 개신교 원리주의의 성경직역주의에 뿌리를 두고 있음을 보여준다. 『창세기의 홍수』를 예로 들면, 모리스는 성경 이야기 전반에 대한 철저한 믿음이 신학적으로 매우 중요하다고 강조한다. 「창세기」에 하나님이 6일에 걸쳐 세상을 만들었다고 기록됐다면 하루 24시간이 6번 거듭된 것이고, 「창세기」에 하나님이 6일째 되는 날 인간과 동물을 만들었다고 한다면 공룡이 초창기 인간과 함께 살았다는 뜻이다. 그리고 「창세기」에 노아의 후손 가계도가 나와 있으므로 믿는 자들은 이 정보를 토대로 대홍수가 5000~7000년 전에 발생했다는 사실을 유추할 수 있다고 말한다.

공립학교 생물 교육과정에 과학적 창조론을 융합시키려는 시도가 법정 판결에 의해 좌절되기는 했지만, 여론 조사에 따르면 적어도 미국인 10명 중에 4명이 모리스와 창조과학회에서 옹호하는 성경의 천지창조설을 받아들이고 있다. 그 전파 경로가 공립학교가 아니라면 뭔가 다른 수단을 통해 창조론이 확산되고 있는 것이 분명한데, 보수 기독교 종교 단체에는 창조론을 좀더 적극적으로 선전하는 데 필요한 자원이 충분히 있다. 초판이 발행된 지 50년이 지난 지금도 기독교 서점에서 『창세기의 홍수』가 꾸준히 판매되고 있는데 비슷한 부류의 책이 넘쳐나는 것 또한 사실이다. 이제는 기독교 라디오와 TV

방송국까지 가세해 전국에 창조론자들의 메시지를 쏟아내고 있다. 한 예로, 켄 햄의 "『창세기』의 해답Answers in Genesis"은 미국과 전 세계 수백 개의 라디오 방송국을 통해 매일 들을 수 있다.

교육적인 추세를 살펴보자면, 1980년 이후 가정이나 기독교 학교에서 교육을 받는 학생의 수가 꾸준히 늘고 있다. 그들은 대부분 창조론 교과서로 생물 과목을 배운다. 중등 과정 이후부터는 그 수와 규모가 계속해서 늘어나고 있는 성경학원과 기독교 대학이 그들을 책임진다. 그런 학교 중에는 생물학과 과정에 학위를 수여하는 곳도 간간히 찾아볼 수 있는데, 모든 가르침은 창조론이 중심이 되는 환경이다.

창조론자들의 활동은 교회와 종교 공동체를 벗어나는 순간 거의 찾아보기 어렵다. 그렇다고 진화론자들이 반격을 중단한 것은 아니다. 대부분의 생물학자는 종교를 대수롭게 여기지 않겠지만 진화론과 진화론의 사회적 영향에 대해 엄청난 열의를 갖고 연구하는 몇몇 학자는 성경에 입각한 기독교를 향해 대로와 비슷하게 반감을 갖게 됐다. 그 선봉에는 영국의 생물학자이자 인기 과학 작가 리처드 도킨스가 있다.

도킨스는 루이지애나 주의 균등취급법에 대한 법적 공방전이 한창이었을 때 『눈먼 시계공The Blind Watchmaker』이라는 책을 출간해 엄청난 호평을 받았다. 이 책은 창조론자들을 "레드넥[모욕적으로 쓰여 교육 수준이 낮고 정치적으로 보수적인 미국의 시골 사람을 칭하는 말]"이라 비하하면서 "미국 교육과 교과서 편찬을 뒤엎으려는 이들의 불안한 승승장구 행진"을 겨냥했다. 도킨스는 단순한 성경직역주의가 아닌 창조론의 철학적 핵심에 주안점을 두고 의도적인 자연 설계라는 개념 자체를 문제삼았다. 그리고 그 개념을 "신의 존재에 대한 가장 강력한 주장"이라고 일컬었다. 그가 말하는 주장은 1802년 영국의 신학자 윌리엄 페일리가 생명체를 기계식 손목시계에 비유해 표현한 사례가 가장 유명하다. 시계가 제작자의 본래 목적을 드러내듯 복잡하게 작동하는 것처럼 이보다 훨씬 더 복잡한 신체기관과 유기체 또한 어떠한 목적을 갖고 자신들을 만든 창조주의 존재를 증명한다는 것이 그의 추론이었다. 하지만 도킨스의 생각은 달랐다.

"다윈이 설명한 자연선택, 맹인, 무의식, 자동적인 과정을 우리는 목적을 가진 모든 생명의 존재에 대한 설명이자 형태라고 알고 있지만 실제로 아무런 목적이 없는 눈먼 시계공일 뿐이다."

창조에 관한 주장을 일축하듯 도킨스는 공언했다.

"다윈은 지적으로 충만한 삶을 사는 무신론자가 되는 것이 가능하다는 것을 보여주었다."[3]

저명한 하버드 박물학자 E. O. 윌슨도 그와 비슷한 주장을 펼쳤는데, 2005년에 직접 쓴 책을 통해 다음과 같이 말했다.

"(생물학의) 거침없는 성장은 과학과 신앙심을 바탕으로 하는 종교 사이의 구조적 격차를 좁히기는커녕 점점 더 벌려놓고 있다. 종교와 부족주의의 조합은 전혀 다른 관점을 진지하게 받아들이는 것이 합리화될 정도로 위험성이 커져서, 과학에 바탕을 둔 인본주의가 효과적인 해독제이자 우리 앞을 비춰주는 한 줄기 빛 그리고 탈출구 역할을 하게 됐다."[4]

조직화된 과학계는 근대 진화 자연주의와 신에 대한 개인적인 믿음의 공통점을 인정하여 이 논란을 잠재우고자 했다. 자율 선발된 미국 일류 과학자들로 구성된 국립과학원National Academy of Sciences에서는 창조−과학에 대한 반응으로 1980년대에 교사들에게 특별한 책자를 배포해 이와 같은 의지를 밝혔다. 지식 설계의 발흥에 대해서는 과학이 방법론적 자연주의에 전념하는 동시에 종교와 충돌하지 않는다는 점을 거듭 강조하는 새로운 책자를 1998년에 전국적으로 배포했다. 과학과 종교는 서로 다른 지식의 길을 추구할 뿐이라는 것이 이 책자의 골자였다. 풀어 말하자면 다음과 같다.

"과학은 자연적 원인을 근거로 자연계를 설명하는 데 국한되며, 초자연적인 현상에 대해서는 함구할 수밖에 없다. 신이 존재하는지 안 하는지 여부는 과학이 중립을 지켜야 할 문제인 것이다."[5]

회원 수만 해도 8000명에 이르는 국립생물교사협회NABT(National Association of Biology Teachers)도 비슷한 노선을 택했다. 1980년대에 창조-과학 운동에 대응해 이들이 채택한 성명은 무신론자들 사이에서 논란을 빚고 있다. "현재의 후손에 이를 때까지 점진적으로 변화한, 어떤 개입도 없고 무계획적이며 비인격적인 과정"이라고 진화론을 정의했기 때문이다. 1997년 지식 설계 운동에 대항하기 위해 협회 지도자위원회는 투표를 통해 성명에서 "어떤 개입도 없고"와 "비인격적인"이라는 표현을 삭제하기로 했다. 협회 상임이사는 "진화론이 어떤 개입도 없이 발생했다고 말하는 것은 신학적인 발언"이며, 이는 과학의 경계를 넘어서는 것이라고 설명했다. 다시 말해 신이 진화 과정을 통해 지적으로 종을 설계할 수 있다는 것이다.[6]

NABT의 입장 변화는 많은 사람을 당황하게 했다. 『뉴욕 타임스』 기사는 "깜짝 놀랄 반전"이라고 묘사했고, 도킨스는 "지식층의 비겁한 무기력"이라고 반응했다.[7] 존슨 또한 신분의 위선 행위라고 일축했다. 좀처럼 공통분모를 찾을 수 없던 도킨스와 존슨이 이제야 다위니즘과 기독교가 근본적으로 상충한다는 사실에 동의한 것이다. 이 두 사람은 한때 대로와 브라이언이 그랬듯이 글과 연설을 통해 생물 교육에 대한 대중의 열정을 불러일으키는 데 큰 몫을 하고 있다.

일부 지역에서 창조 과학을 굳게 믿는 사람들이 과반수를 차지하고 지식 설계를 수용하는 사람들까지 더해지면서 진화론 교육에 대한 논란은 점점 더 달아오르고 있다. 1999년 캔자스 주에서는 주 교육위원회에 속한 창조론자들이 공립학교 과학 수업 시간에 다뤄야 할 필수 주제 목록에서 빅뱅 이론과 '대진화macro-evolution'를 임시로 삭제하는 데 성공했다. 그로부터 6년 뒤, 그들은 한발 더 나아가 지식 설계론에 우호적인 과학의 정의를 교육 기준에 추가했다. 2004년 조지아 주 교외에 위치한 코브 카운티의 교육위원회가 지역 내 학부모와 납세자들의 우려를 반영해 생물교과서에 진화론이 학설일 뿐이라는 성명을 실어야 한다고 발표했다. 1년 후에는 펜실베이니아 주 도버의 교육위원회도 코브 카운티의 성명과 유사한 구두 부인 성명을 필수화했을 뿐만 아니라 생물학적 기원에 대한 대체 설명으로 지식 설계를 가르칠 것을 권유했다. 이 소식이 미국과 해외 신문의 1면을 장식하면서 연방 지방 법원은 코브 카운티와 도버의 조치를 철폐했다. 이 판결로 스콥스 재판을 시발점으로 시작해 펼쳐진 길고 긴 법정 드라마가 마지막 장에 이르게 됐다.

코브 카운티의 부인 성명의 경우 생물교과서 앞표지에 부착된 스티커에 다음과 같이 적혀 있다.

"진화론은 생명체의 기원과 관련된 학설일 뿐 사실이 아닙니다. 본 자료를 읽고 공부할 때에는 편견 없이 신중하고 비판적인 사고를 유지하시기 바랍니다."[8]

앨라배마 주 교과서에도 비슷한 부인 성명이 수년간 등장했지만 소송의 위협이 전혀 없었고, 다른 지역에서도 부인 성명 채택을 고려하고 있는데도 코브 카운티가 유독 즉각적으로 완강한 반대에 부딪혔던 이유는, 아마도 인구 구성이 워낙 다양하고 애틀랜타의 교외 주택지로 주변에 노출이 많은 곳이었기 때문인지도 모른다. 조지아 ACLU는 바로 카운티 거주 학생과 학부모들을 대신해 제소 절차를 밟았다.

클래런스 쿠퍼 판사는 자신의 법적 견해에 따라 반진화론자들의 "학설일 뿐"이라는 대목에 주목하고, 진화론이 학설일 뿐이기는 하나 예감이나 추측은 아니라고 지적했다. 그리고 다음과 같이 적었다.

"문제가 된 스티커는 어째서 진화론만 그처럼 분리해서 바라봐야 하는지 이유는 설명하지 않은 채 편견 없이 신중하고 비판적인 사고를 유지해야 하는 대상을 진화론에만 국한시키고 있다."

특정 종교 단체가 오래전부터 지금까지 줄곧 진화론에 반대해왔다는 사실을 감안할 때 "이번 사건에 대해 잘 알고 합리적인 사고를 지닌 목격자라면 교육위원회가 종교적 기원설의 지지자들에게 동조했다고 인지할 것"이라는 결론을 내렸다. 그러므로 스티커는 헌법에서 용인하지 않는 공개적인 종교 지지에 해당된다.[9] 사실 이 사건은 종교 단체가 스티커 홍보를 위해 로비활동을 벌인 증거가 포착돼 항소심에 이르렀다가 항소법원이 쿠퍼 판사에게 돌려보내 재심을 요구한 이력이 있었다. 항소법원은 쿠퍼에게 종교활동이 스티커 홍보에 어느 정도까지 영향을 주었는지 기록할 것을 명했고, 그 과정에서 법원은 이 길고 긴 법적 분쟁에 종교가 얼마나 중대한 역할을 하는지 재차 확인했다.

쿠퍼 판사는 원심에서와 다르게 스티커의 혜택을 받는 종교 단체를 일반적인 유신론자가 아닌 "기독교 원리주의자와 창조론자"라고 규정했다.[10] 많은 사람이 논란을 바라보는 시각도 이와 비슷하기에 그 깊이를 설명하는 데 도움이 된다. 수백만 명의 미국 기독교인과 기타 종교 전통을 따르는 사람들이 진화론에 동의한다. 신학적으로 자유주의적 성향을 지닌 기독교인들 중에는 진화가 자신들의 종교적 세계관의 중심축을 이룬다고 말하는 사람들도 있다. 심지어 신학적으로 보수적인 개신교도와 가톨릭 교도들도 생물 진화가 신의 창조 수단임을 받아들인다. 이들의 눈에는 진화와 종교 사이의 충돌도, 성경의 우월성도 보이지 않는다. 유신론적 진화론은 복음주의 기독교 신학 내에서 오랜 세월을 거슬러 올라가 독보적인 내력을 자랑하고 있다. 코브 카운티 교육위원회가 신앙인들 사이의 분쟁에서 이미 한쪽 편에 선 상태에서 학생들에게 세상에 존재하는 진화론을 모두 멀리하라고 경고하면 교회와 주를 위헌적으로 압박하는 결과에 이르게 된다는 일부의 시각에 쿠퍼 판사도 동의했고, 이것이 바로 스티커 사용을 금지하는 두번째 법적 근거가 됐다.

도버 소송에는 그 밖에도 학생들에게 진화론이 논란의 여지가 많고 입증되지 않은 이론이라는 사실을 알려줘야 한다는 지식 설계 이론을 바탕으로 작성된 학교 교육 지침이 결부됐다. 도버 성명에는 다음과 같은 내용이 있다.

"이론은 사실이 아닙니다. 이론의 결함은 증거가 없기 때문에 존재합니다."

법원은 이 문장 하나만으로도 종교적 관점의 공개적인 지지라는 위헌이 성립된다고 판결했다. 코브 카운티 스티커와 달리 도버 학생들은 다음과 같은 내용도 접할 수 있었다.

"지식 설계는 생명의 기원에 대해 다윈의 시각과는 다른 설명을 제공합니다. 지식 설계가 어떤 것인지 자세히 알고 싶은 학생 여러분께서는 참조서로 제공되는『판다곰과 인간Of Pandas and People』을 읽어보십시오."

법원은 바로 이 대목에서 기본적인 생명체(예를 들어 새와 물고기)가 따로 창조됐다는 내용을 비롯해 창조설론의 종교적 자료가 포함됐음을 발견했다. 따라서 이 내용을 공립학교에서 가르치는 것 또한 종교적 가르침을 금지하는 헌법 조항에 위배되는 것이었다.[11]

판결은 여기서 끝나지 않았다. 6주 동안 지속된 재판 기간 동안 존 존스 판사는 지식 설계 이론이 공립학교 과학 시간에 인류의 기원을 설명해줄 대체 이론으로 자리잡을 수 있을지 판단하기 위해 이 주제에 대해 다양한 증언을 들었다. 그리고 이어진 그의 판결은 새로운 지평을 열었다.

"기록과 준거 판례법을 상세히 검토한 결과, 우리 법정은 지식 설계 이론이 사실일 수는 있으나 이는 법원이 결정할 문제가 아니기 때문에 지식 설계 이론은 과학이 아니라는 점만 명시한다."

이에 대해 그는 세 가지 이유를 들었다. 첫째, 과학과 달리 지식 설계 이론은 초자연적 설명을 언급한다. 둘째, 현재의 진화론을 반대하는 증거가 창조라는 대안을 뒷받침한다는 잘못된 주장에 입각한다. 셋째, 지식 설계 이론 지지자들이 진화론을 향해 퍼부은 비판은 이미 과학자들에 의해 널리 논박이 이루어진 상태다. 판사는 지식 설계 이론이 과학계의 인정을 받지 못했고, 상호 심사 출판물에 논문을 싣지 못했으며, 테스트와 연구가 제대로 이루어지지 못했다는 점을 특히 강조했다. 이는 반대 심문에서 마이클 비히가 모두 인정한 부분이기도 하다. 실제로 비히는 지식 설계로 실현할 수 있는 과학의 정의가 "관찰 가능한 물리적 데이터와 논리적 추론에 초점을 맞추거나 이를 가리키는 제안된 설명"이라고 말한 뒤 천문학도 과학으로 인정받는다는 말로 분위기를 역전시키는 듯했다. 그러나 교육위원회 의원들이 명백한 종교적 목적을 갖고 행동한 후에 자신들의 행적을 은폐하려 했다는 증거가 드러나면서 조지 W. 부시 대통령이 임명한 이 보수적이면서 분별력 있는 재판관은 학교 정책에 등을 돌렸다. 존스 판사는 다음과 같이 말했다.

"본 재판을 통해 완전히 드러난 사실에 근거한 배경을 감안했을 때 교육위원회가 터무니없이 어리석은 결정을 내린 것이 자명하다."[12]

코브 카운티와 마찬가지로 도브에서도 반진화론운동 부인 성명을 취한 교육위원회의 결정이 지역사회에 양극화를 초래하고야 말았다. 양극화는 가족, 이웃, 교회에까지 침투했다. 법원 판결 전에 열린 선거에서 교육위원회 의원 중 8명이 유권자들에 의해 정책에 반대하고 법원의 판결에 항소하지 않겠다고 약속한 후보로 교체됐다. 과학과 종교의 논란 가운데서 코브 카운티나 도브의 사례를 지켜본 미국인이라면 내가 사는 마을이나 친구들 사이에까지 이 논란이 번진다면 과연 어떻게 전개될지 궁금해할 것이다. 이를 놓칠리 없는 대중매체는 두 사건을 연일 머리기사로 실어 내보냈다.

존 스콥스를 기소한 데이턴이 헤드라인을 장식한 지 80년도 훨씬 더 지난 지금, 창조론-진화론 논란의 현주소가 바로 이렇다. 거의 하루에 한 명꼴로 과학교사가 다윈에 대해 가르치는 것을 거부했다거나 다윈을 신격화했다는 이야기가 끊이지 않으면서 지금도 미국 어딘가에서는 또다른 데이턴이 태동하고 있는 것이다. 이러한 행동이 소송과 입법 행위로 이어지는 이유는 단하나다. 미국인들이 여전히 종교를 매우 중대한 문제로 여기기 때문이다. 여론 조사 결과도 한결같다. 미국인 10명 중 9명 이상은 신을 믿는다고 답한다. 이는 여론조사기관이 1950년대에 동일한 질문을 처음 던졌을 때와 같은 결과다. 또한 미국인 전체의 4분의 3이 기적을 믿고, 5명 중 3명이 종교가 자신들의 삶에 매우 중요하다고 생각하는 것으로 나타났다. 과학이 자신들의 신앙에 부합하지 않는다는 사실이 많은 미국인에게는 받아들이기 어려운 현실이며, 자녀의 생물 교과과정이 성경적 신앙을 부인하는 것처럼 보인다며 격분하는 부모들도 있다.

다양한 사람이 어울려 사는 미국의 시민들은 가능할 때마다 타협점을 찾는 방법을 습득해왔다. 그러나 인간이라는 종은 본능적으로 마음을 뒤흔드는 언변에 반응한다. 대로와 브라이언은 둘 다 그 기술에 통달한 달변가이다. 그리고 데이턴에서 그 기술을 발휘해 자신을 따르는 두터운 지지 세력을 마련했다. 미국 사회를 깊이 갈라놓은 문화적 균열 속으로 뛰어들었다고 볼 수도 있다. 신앙인이라면 성경 「시편」에서, 그렇지 않다면 브로드웨이 고전 연극을 통해 다음과 같은 구절을 접할 수 있을 것이다.

"자기 집을 해롭게 하는 자의 소득은 바람이라."

그 바람은 지난 80년의 시간 동안 불현듯 찾아와 커다란 폭풍을 일으키고 사라지기를 반복했다. 폭풍 속에서 미국의 관용이라는 국가적 전통이 시험대에 올라 타격을 받기도 했다. 역사가 미래를 예측하는 지표라면 한동안은 악천후가 이어질 것으로 보인다.

주

들어가며

1) 재판에서 나온 모든 인용구는 Transcript, pp.284~304에서 발췌했다.

2) William Jennings Bryan, *In His Image*(New York: Revell, 1922), p.13.

3) Transcript, p.323.

4) William Jennings Bryan, *Is the Bible True?*(Nashville: private printing, 1923), p.10.

5) Henry Fairfield Osborn, "Evolution and Religion," *New York Times*, 5 March 1922, sec.7, p.2.

6) Transcript, pp.236~238, 244~245, 277~278.

7) "The Scopes Trial," *Chicago Tribune*, 17 July 1925, p.8.

제1장

1) Charles Dawson and Arthur Smith Woodward, "On the Discovery of Palaeolithic Human Skull and Mandible," *Quarterly Journal of the Geological Society of London* 69(1913), p.117.

2) 이 화석 유물에 대한 과학적 설명은 Arthur Keith, *The Antiquity of Man*(London:

Williams & Norgate, 1915), pp.497~511; 스콥스 재판 변호인단의 전문가 증인 이후에 설명한 내용은 Kirtley F. Mather, *Old Mother Earth*(Cambridge: Harvard University Press, 1929), pp.52~55 참고.

3) Dawson and Woodward, "Discovery," pp.133~135, 139.

4) Boyd Dawkins, in discussion following ibid., pp.148~149.

5) "Paleolithic Skull Is a Missing Links: Bones Probably Those if a Direct Ancestor of Modern Man," *New York Times*, 19 December 1912, p.6.

6) "Man Had Reason Before He Spoke," *New York Times*, 20 December 1912, p.6.

7) 예를 들면, "Exhibit Skull Believed Oldest Ever Discovered," *Chicago Tribune*, 20 December 1912, p.9.

8) "Darwin Theory Proved True: English Scientists Say the Skull Found in Sussex Establishes Human Descent from Apes," *New York Times*, 22 December 1912, p.C1.

9) "Simian Man," *New York Times*, 22 December 1912, p.12.

10) e.g., Edward Hitchcock and Charles H. Hitchcock, *Elementary Geology*(New York: Ivison, 1860), pp.377~393; James D. Dana Manual of Geology, 2nd ed.(New York: Ivison, 1895), pp.767~770 참고.

11) C. I. Scofield, ed., *Scofield Reference Bible*(New York: Oxford University Press, 1909), 3n2, 4nn1,2.

12) Ronald L. Numbers, *The Creationists: The Evolution of Scientific Creationism*(New York: Knopf, 1992), p.7.

13) George William Hunter, *A Civic Biology*(New York: American, 1914), p.253.

14) Charles Darwin, *The Origin of Species by Charles Darwin: A Variorum Text*, ed. Morse Pechham(Philadelphia: University of Pennsylvania Press, 1959), p.747. 다윈은 더 나아가 라마르크식 요인도 변형의 원인이 될 수 있다고 부연했다.

15) Charles Darwin to Asa Gray, 22 May 1860, in Francis Darwin, ed., *Life and Letters of Charles Darwin*, vol. 2(New York: Appleton, 1896), p.105.

16) T. H. Huxley to Bishop of Ripon, 19 June 1887, in Leonard Huxley, *Life and Letters of Thomas Henry Huxley*, vol. 2(New York: Appleton, 1901), p.173.

17) T. H. Huxley to Charles Darwin, 23 November 1859, in ibid., vol. 1, p.189.

18) T. H. Huxley to Charles Kingsley, 30 April 1863, in ibid., p.52.

19) Charles Hodge, *What is Darwinism?*(New York: Scribner's, 1874), pp.11, 173.

20) Asa Gray, *Natural Selection and Religion: Two Lectures Delivered to the Theological School of Yale College*(New York: Scribner's, 1880), pp.68~69.

21) "Introduction," *American Naturalist* 1(1867), p.2.

22) Joseph LeConte, *Evolution and Its Relation to Religious Thought*(New York: Appleton, 1891), pp.258, 301.

23) Clarence King, "Catastrophism and Evolution," *American Naturalist* 2(1877), p.470.

24) E. D. Cope, *Theology of Evolution: A Lecture*(Philadelphia: Arnold, 1887), p.31.

25) 예를 들어 스콥스 재판 당시 반진화론운동을 주도한 윌리엄 벨 라일리는 르콘트가 "자연 뒤에는 무한한 창조주가 있는 것이 분명하다"고 믿은 모범적인 과학자라고 극찬했다. W. B. Riley, "Should Evolution Be Taught in Tax Supported Schools?"(1928), in Ronald L. Numbers, ed., *Creation-Evolution Debates*(New York: Garland, 1995), p.371

26) Peter J. Bower, *Evolution: The History of an Idea*(Berkeley: University of California Press, 1984), p.233

27) Vernon L. Kellogg, *Darwinism To-Day*(New York: Holt, 1907), p.5.

28) Julian Huxley, *Evolution: The Modern Synthesis*(London: Chatto and Windus, 1968); William Jennings Bryan, "The Prince of Peace," in William Jennings Bryan, ed., *Speeches of William Jennings Bryan*, vol. 2(New York: Funk & Wagnalls, 1909), pp.266~267.

29) A. H. Strong, *Systematic Theology*, vol. 2(Westwood: Revell, 1907), p.473.

30) B. B. Warfield, *Biblical and Theological Studies*(New York: Scribner's, 1911), p.238.

31) James Orr, *God's Image of Man*(London: Hodder & Stoughton, 1904), p.96

32) James Orr, "Science and the Christian Faith," in *The Fundamentals: A Testimony to the Truth* 7(Chicago: Testimony, 1905~1915), pp.102~103(강조는 원문).

33) John William Draper, *History of the conflict Between Religion and Science*(New York: Appleton, 1874), vi.

34) Andrew Dickson White, *The Warfare of Science*(London: King, 1876), p.7.

35) Orr, "Science and Faith," p.89. 역사학자 조지 M. 마즈던은 드레이퍼와 화이트에 대해 다음과 같은 글을 썼다. "증거의 모호한 재구성(예를 들면 과학에 대한 대부분의 토론이 기독교인들 사이에서 이루어졌다는 사실을 무시한 점)을 구상한 그들은 지난 몇 세기 동안의 지적 생활이 반계몽주의를 기반으로 하는 종교 옹호자들과 가치중립적인 과학적 사실을 옹호하는 계몽주의자 간의 충돌이 지배적이었다고 제안했다." George M. Marsden, *Understanding Fundamentalism and Evangelicalism*(Grand Rapids, Mich.: Eerdmans, 1991), pp.139~140.

36) Edwin Mims, "Modern Education and Religion," Mims Papers에 등장한 미국대학 협회의 연설문 사본.

37) A. W. Benn and F. R. Tennant, 제임스 R. 무어의 *The Post-Darwinian Controversies*(Cambridge: Cambridge University Press, 1979), pp.41, 47에서 인용함.

38) Arthur Keith, *Concerning Man's Origin*(London: Watts, 1927), p.41(reprint of essay first published in the *Rationalist Press Association Annual* for 1922).

39) Clarence Darrow, *The Story of My Life*(New York: Grosset, 1932), p.250.

40) Clarence Darrow, Kevin Tierney의 *Darrow: A Biography*(New York: Croswell, 1979), p.85와 Arthur Weinberg and Lila Weinberg의 *Clarence Darrow: A Sentimental Rebel*(New York: Putnam's, 1980), p.42에서 인용함.

41) "Malone Glad Trial Starts on Friday," *Chattanooga Times*, 19 July 1925, p.2; Arthur Garfield Hays, "The Strategy of the Scopes Defense," *Nation*, 5 August 1925, p.158.

42) W. C. Curtis. "The Evolution Controversy," in Jerry R. Tompkins, ed., *D-Days at Dayton: Reflections on the Scopes Trial*(Baton Rouge: Louisiana State University Press, 1965), p.75.

43) Moore, *Post-Darwinian Controversies*, p.73.

44) Asa Gray, *The Elements of botany for Beginners and Schools*(New York: Ivison, 1887), p.177.

45) Joseph LeConte, *A Compend of Geology*(New York: Appleton, 1884), pp.242~282, 313~390.

46) James Edward Peabody and Arthur Ellsworth Hunt, *Elementary Biology: Plants*(New York: Macmillan, 1912), p.118.

47) Clifton F. Hodges and Jean Dawson, *Civic Biology*(Boston: Ginn, 1918), pp.331~335.

48) George William Hunter, *A Civic Biology: Presented in Problems*(New York: American, 1914), pp.194~196, 405.

49) Statistics from U.S. Department of Commerce, Bureau of Census, *Historical Statistics of the United States*, vol. 1(Washington, D.C.: Government Printing Office, 1975), pp.16, 368~369; Tennessee Department of Education, Annual Report for 1925(Nashville: Ambrose, 1925), p.165.

50) Austin Peay, "The Second Inaugural-1925," in *Austin Peay, Governor of Tennessee, 1923~1929: A Collection of State Papers and Public Addresses*(Kingsport, Tenn.: Southern, 1929), p.211.

51) Bettye J. Broyles, *Churches and Schools in Rhea County, Tennessee*(Dayton: Rhea County Historical and Genealogical Society, 1992), p.258.

52) Thomas Hunt Morgan, *A Critique of the Theory of Evolution*(Princeton, N.J.: Princeton University Press, 1916), p.194.

53) Thomas Hunt Morgan, *The Scientific Basis of Evolution*(New York: Norton, 1932), pp.109~110.

54) 예를 들어 커티스는 스콥스 재판 중 변호인 측의 전문가 증인으로 제출한 진술서에서 다음과 같이 주장했다. "유전학이라는 현대 과학이 진화가 어떻게 일어났는지에 대한 문제에 대해 해답을 제시하기 시작했습니다. 아주 난해한 문제이긴 하지만 말이죠." 작은 기독교계 대학에서 과학을 가르치던 반진화론자 해럴드 W. 클라크는 이 점에 관해 커티스에 반박할 근거를 찾았다. 그런데 최근의 유전학적 발견이 진화론에 다시 활기를 불어넣어주고 있다는 점을 인정한다면 무작위 변이가 진화를 설명할 수 있게 된다. Harold W. Clark, "Back to Creationism," in Ronald L. Numbers, ed., *The Early Writings of Harold W. Clark and Frank Lewis Marsh*(New York: Garland, 1995), 100.

55) Albert Edward Wiggam, *The Next Age of Man*(Indianapolis: Bobs-Merrill, 1927), p.43.

56) William Jennings Bryan, "God and Evolution," *New York Times*, 26 February 1922, sec.7, p.1 and sec.7, p.11.

57) Henry Fairfield Osborn, "Evolution and Religion," *New York Times*, 5 March 1922, sec.7, p.2. 같은 해 프린스턴대학교 박물학자 에드윈 콩클린은 반진화론운동에 대해 이와 유사하게 공개적으로 공격을 가했는데, 그 내용은 다음과 같다. "진화론이라는 대의에 대해 과학자들이 확신하지 못하자 과학과 관련이 없는 많은 이가 과학자들이 그 진실에 대해 의문을 품는 것으로 해석했다." Edwin G. Conklin, *Evolution and the Bible*(Chicago: American Institute of Sacred Literature, 1922), p.3. 오즈번과 콩클린 모두 진보적 기독교인이며, 콩클린이 진화론 교육을 옹호한 글은 근대주의 종교 소책자에 연재됐다.

58) Thomas Hunt Morgan, *What Is Darwinism?*(New York: Norton, 1927), viii-ix(대중적인 기사를 재출판한 것임. 강조는 원문).

59) Bryan, "Prince of Peace," p.269.

60) George W. Hunter and Walter G. Whitaman, *Science in Our World of progress*(New York: American, 1935), p.486.

61) Hunter, *Civic Biology*, p.263.

62) William Jennings Bryan, *In His Image*(New York: Revell, 1922), p.108; Transcript, pp.333~336.

63) Billy Sunday, "Historical Fabric of Christ's Life Nothing Without Miracles,"

Commercial Appeal(Memphis), 7 February 1925, p.13.

64) Albert Edward Wiggam, *The New Decalogue of Science*(Indianapolis: Bobbs—Merrill, 1922), p.105. 스콥스 재판의 최종 변론에서 브라이언은 진화론에 대한 공격의 일환으로 이 책과 이 책이 홍보하는 우생학적 사고를 대놓고 비판했다.

65) Wiggam, *Next Age of Man*, p.45(강조는 원문).

66) Raymond A. Dart, *Adventures with the Missing Link*(New York: Harper, 1959), p.5.

67) Raymond A. Dart, "Australopithecus africanus: The Man—Ape of South Africa," *Nature* 115(1925), p.198.

68) Robert Broon, "Some Notes on the Taungs Skull," *Nature* 115(1925), p.571.

69) Raymond A. Dart to Arthur Keith, 26 February 1925, in Frank Spencer, ed., *The Piltdown Papers, 1908~1955*(London: Oxford University Press, 1990), 160(강조는 원문).

70) Dart, *Adventures with the Missing Link*, p.7.

71) Dart, "Australopithecus," pp.198~199.

72) Bryan, "Prince of Peace," p.269.

73) Dart, *Adventures with the Missing Link*, pp.38~40.(신문과 잡지의 인용문 포함); William Jennings Bryan, "Mr. Bryan Speaks to Darwin," *Forum* 76(1925), pp.102~103. 거의 같은 시기에 반진화론 과학 강연자 해리 리머는 필트다운 호미니드가 "파리의 회반죽에 상상을 더해 만들어졌다"고 주장했고, 윌리엄 벨 라일리는 "상상에 의해 창조된 것"이라고 말했다. Edward B. Davis, ed.의 Harry Rimmer, "Monkeyshines: Fakes, Fables, Facts Concerning Evolution," *The Antievolution Pamphlets of Harry Rimmer*(New York: Garland, 1995), p.427; W. B. Riley, "Evolution—A False Philosophy," in William Vance Trollinger, Jr., ed., *The Antievolution Pamphlets of William Bell Riley*(New York: Garland, 1995), p.101.

제2장

1) William Jennings Bryan, "God and Evolution," *New York Times*, 26 February 1922, sec.7, p.1.

2) Henry Fairfield Osborn, "Evolution and Religion," *New York Times*, 5 March 1922, sec.7, p.14.

3) John Roach Straton, " In the Negative," in John Roach Straton and Charles Francis

Potter, *Evolution Versus Creation*(1924), Ronald L. Numbers, ed. 재판 *Creation-Evolution Debates*(New York: Garland, 1995), pp.88~89. 원리주의 지도자 윌리엄 벨 라일리가 훗날 비슷한 태도를 취했다. W. B. Riley, *Evolution-A False Philosophy*, William Vance Trollinger에서 재출판, Jr., ed., *The Antievolution Pamphlets of William Bell Riley*(New York: Garland, 1995), pp.111~112 참고.

4) George McCready Price, *The Phantom of Organic Evolution*(New York: Revell, 1924), pp.110~111. 이 화석의 연대 결정에 대해 오즈번이 제시한 대표적인 예는 Henry Fairfield Osborn, *Evolution in Religion and Education*(New York: Scribner's, 1926), p.146 참고.

5) William Jennings Bryan, "Speech to the West Virginia State Legislature," in William Jennings Bryan, *Orthodox Christianity Versus Modernism*(New York: Revell, 1923), p.37.

6) William Jennings Bryan, "The Prince of Peace," in William Jennings Bryan, ed., *Speeches of William Jennings Bryan*(New York: Funk & Wagnalls, 1909), p.267.

7) A. C. Dixon and R. A Torrey, Ronald L. Numbers, *The Creationists: The Evolution of Scientific Creationism*(New York: Knopf, 1992), p.39에서 인용함.

8) Shailer Mathews, "Modernism as Evangelical Christianity," in Mark A. Noll et al., eds., *Eerdmans' Handbook to Christianity in America*(Grand Rapids, Mich.: Eerdmans', 1983), p.379.

9) "Editorial," *Our Hope* 25(July 1918), p.49.

10) George M. Marsden, *Fundamentalism and American Culture: The Shaping of Twentieth-Century Evangelicalism, 1870~1925*(New York: Oxford University Press, 1980), p.149.

11) Ibid., pp.157~158.

12) William Bell Riley, *Message to the Metropolis*(Chicago: Winona, 1906), pp.24~48, 165~195, 224~227(p.48에서 인용함).

13) WCFA 콘퍼런스의 회의록은 *God Hath Spoken*으로 출판됨(Philadelphia: Bible Conference Committee, 1919), pp.27, 221, 441.

14) [Curtis Lee Laws], "Convention Side Light," *Watchman-Examiner* 8(1920), p.834.

15) William Bell Riley, Ferenc Morton Szasz, *The Divided Mind of Protestant America, 1880~1930*(Tuscaloosa: University of Alabama Press, 1982), p.107에서 인용함.

16) William Jennings Bryan, "Applied Christianity," *The Commoner*, May 1919, p.12.

17) William Jennings Bryan, *America and the european War*(New York: Emergency Peace Federation, 1917), p.14; William Jennings Bryan, quoted in Jonathan

Daniels, *The Wilson Era: Years of Peace, 1910~1917*(Chapel Hill: University of North Carolina Press, 1944), p.428.

18) William Jennings Bryan, Lawrence W. Levine, *Defender of the Faith: William Jennings Bryan, The Last Decade, 1915~1925*(New York: Oxford University Press, 1965), p.274에서 인용함.

19) Levine, Defender of the Faith, vii.

20) Bryan, "Prince of Peace," pp.266~268.

21) Ibid., pp.268~269.

22) Vernon Kellogg, *Headquarters Nights*(Boston: Atlantic, 1917), pp.22, 28.

23) William Jennings Bryan, *Shall Christianity Remain Christian? Seven Questions in Dispute*(New York: Revell, 1924), p.146.

24) James H. Leuba, *The Belief in God and Immortality*(Boston: Sherman, French, 1916), pp.203, 213, 254.

25) William Jennings Bryan, *In His Image*(New York: Revell, 1922), p.118.

26) Ibid., p.120.

27) William Jennings Bryan and Mary Baird Bryan, *The Memoirs of William Jennings Bryan*(Philadelphia: United, 1925), p.459.

28) David Starr Jordan, Harold Bulce, "Avatars of the Almighty," *Cosmopolitan Magazine* 47(1909), p.201에서 대표적으로 인용함. Marsden, *Fundamentalism and American Culture*, pp.130~131, 267~269 참고.

29) Bryan, *In His Image*, p.125. '다윈니즘의 위협'이라는 연설은 인용문을 발췌한 이 책의 4장에 나온다.

30) William Jennings Bryan, *The Bible and Its Enemies*(Chicago: Bible Institute, 1921), p.39.

31) Bryan, *In His Image*, p.94.

32) Ibid., pp.98, 100.

33) Numbers, *The Creationists*, p.43.

34) Bryan, *In His Image*, p.93.

35) Ibid., p.122.

36) William Jennings Bryan, Levine, *Defender of the Faith*, p.277(강조 추가)에서 인용함.

37) William Bell Riley to William Jennings Bryan, 7 February 1923, in Bryan Papers.

38) "The Evolution Controversy," *Christian Fundamentals in Schools and Churches* 4(April–June 1922), p.5.

39) William Bell Riley, "Shall We Tolerate Longer the Teaching of Evolution? *Christian Fundamental in Schools and Churches* 5(January—March 1923), p.82.

40) W. B. Riley, "The Theory of Evolution Tested by Mathematics," in Trollinger, ed., *Anti-evolution Pamphlets*, p.148.

41) William Vance Trollinger, Jr., "Introduction," in Trollinger, ed., *Anti-evolution Pamphlets*, xvii—xix.

42) Bryan, "Speech to Legislature," in William Jennings Bryan, *Orthodox Christianity Versus Modernism*(New York: Revell. 1923), p.46.

43) Bryan, In His Image, 243. William Jennings Bryan, "Applied Christianity," *The Commoner*, May 1919, p.11 참고.

44) William Bell Riley to Charles S. Thomas, 1 July 1925, in Bryan Papers.

45) William Jennings Bryan, *Is the Bible True?*(Nashville: private printing, 1923), p.15.

46) 현재 학자의 대중적 지지 추정치는 Levine, *Defender of the Faith*, pp.270~271; Numbers, *The Creationists*, pp.44~45 참고.

47) William Jennings Bryan, Levine, *Defender of the Faith*, p.218에서 인용함.

48) Bryan, *In His Image*, p.122.

49) Bryan, *Seven Questions in Dispute*, p.154.

50) Bryan, "God and Evolution," sec.7, p.11.

51) Bryan, Speech to Legislature," p.48.

52) William Jennings Bryan, "Prohibition," *The Outlook* 133(1923), p.263.

53) Bryan, "Speech to Legislature," pp.45~46.

54) Edger Lee Masters, "The Christian Statesman," *The American Mercury* 3(1924), p.391.

55) William Jennings Bryan, "Progress of Anti-Evolution," *Christian Fundamentalist* 2(1929), p.13에서 인용함.

56) Bryan and Bryan, *Memoirs*, pp.179~180.

57) "A Remarkable Man," *Commercial Appeal*(Memphis), 29 April 1925. p.6.

58) "Are People People?" *Chicago Tribune*, 20 June 1923, p.8.

59) Amendment to 1923 Okla. House Bill 197.

60) 1923 Fla. House Concurrent Resolution 7.

61) William Jennings Bryan, "W. G. N. Put 'On Carpet,' Gets a Bryan Lashing," *Chicago Tribune*, 20 June 1923, p.14(contains quote and affirmed that "my views are set forth in" the Florida resolution).

62) Bryan, *In His Image*, pp.103~104(강조는 원문).

63) William Jennings Bryan to Florida State Senator W. J. Singleton, 11 April 1923, in Bryan Papers.

64) "Memphis This Week Is Baptist Citadel," *Commercial Appeal*(Memphis), 11 May 1925, p.1.

65) Edwin Conklin, "The Churches," in Philip M. Hamer, ed., *Tennessee—A History, 1672~1932*, vol. 2(New York: American Historical Society, 1933), pp.826~827.

66) T. H. Alexander, "Biography," in *Austin Peay: A Collection of State Papers and public Addresses*(Kingsport, Tenn.: Southern, 1929), xxx(quote); Joseph H. Parks and Stanley J. Folmsbee, *The Story of Tennessee*(Norman, Okla.: Harlow, 1963), p.374; Billy Stair, "Religion, Politics and the Myth of Tennessee Education," *Tennessee Teacher* 45(1978), pp.19~20.

67) Austin Peay, "Address to Graduation Class of Carson and Newman College," in *Austin Peay*, pp.433~434.

68) Bryan, *Is the Bible True?*, p.3.

69) "Bryan's Latest," *Nashville Banner*, 28 January 1925, p.8.

70) "Bryan Angrily Denies He's a Millionaire," *Commercial Appeal*(Memphis), 28 April 1925, p.1; "Remarkable Man," p.6.

71) "Legislature Begins Drive on Evolution," *Commercial Appeal*(Memphis), 21 January 1925, p.1.

72) *Journal of the House of Representatives of Tennessee*(1925 Reg. Sess.), p.180.

73) John W. Butler, "Dayton's 'Amazing' Trial," *The Literary Digest* 86(25 July 1925), p.7에서 인용함.

74) 1925 Tenn. House Bill 185.

75) Bryan, *Is the Bible True?*, pp.15~16.

76) 의회의 조치를 요약한 이 글은 *Journal of the House*, p.248; "Evolution In Schools Barred by the House," *Commercial Appeal*(Memphis), 28 January 1925, p.1; "Peay Master of Assembly on Tax Plans," *Chattanooga Times*, 28 January 1925, p.1; "Peay Program Is Voted by Solons," *Knoxville Journal*, 28 January 1925, p.12; Ralph Perry, "Bar Teaching of Evolution," *Nashville Banner*, 28 January 1925, p.3 에서 엮은 것이다.

77) E. M. Matthews to Editor, *Nashville Banner*, 31 January 1925, p.4.

78) Lee Wilkerson to Editor, *Nashville Banner*, 29 January 1925, p.8.

79) Dillon J. Spottswood to Editor, *Nashville Tennessean*, 4 February 1925, p.4.

80) Atha Hardy to Editor, *Nashville Tennessean*, 4 February 1925, p.4.

81) Thomas Page Gore to Editor, *Nashville Banner*, 27 February 1925, p.6.

82) "And Others Call It God," *Nashville Tennessean*, 1 February 1925, p.4.

83) "Monkey business," reprinted in "State Press Comment," *Knoxville Journal*, 11 January 1925, p.6.

84) Louisville Courier-Journal, "Darwinism Done For," *Chattanooga Times*, 1 February 1925, p.16.

85) "Lie Is Passed in Legislature," *Nashville Banner*, 5 February 1925, p.7.

86) "Proceedings in Legislature," *Nashville Tennessean*, 11 March 1925, p.8.

87) "Bill on Evolution Draws Fire Pastor," *Chattanooga Times*, 9 February 1925, p.7.

88) "Baptists for Science in Church College," *Commercial Appeal*(Memphis), 5 February 1925, p.5.

89) Kenneth m. Bailey, "The Enactment of Tennessee's Anti-Evolution Law," *Journal of Southern History* 41(1950), p.477에서 인용함.

90) *Journal of the Senate of Tennessee*(1925 Reg. Sess.), pp.214, 254, 286, 352.

91) Sam Edwards to Editor, *Nashville Banner*, 4 February 1925, p.8.

92) J. R. Clerk to Editor, *Nashville Tennessean*, 5 February 1925, p.4.

93) J. W. C. Church to Editor, *Nashville Tennessean*, 8 February 1925, p.4.

94) Mrs. E. P. Blair to Editor, *Nashville Tennessean*, 16 March 1925, p.4.

95) Dan Goodman to Editor, *Nashville Tennessean*, 6 February 1925, p.4.

96) John A. Shelton to William Jennings Bryan, 5 February 1925, in Bryan Papers.

97) William Jennings Bryan to John A. Shelton, 9 February 1925, in Bryan Papers, v.

98) 이 논평과 뒤따르는 선데이의 운동에 대한 요약은 멤피스 『커머셜 어필』, 1925년 2월 6일 호부터 23일 호까지 일간지에 실린 기사에서 엮은 것으로, 일일 뉴스 보도와 각 설교의 전체 인쇄본을 포함한다.

99) Ibid.

100) "First Verse of Bible Key to All Scripture," *Commercial Appeal*(Memphis), 13 March 1925, p.11.

101) 상원의 조치를 요약한 이 글은 "Evolution Is Given Hard Jolt," *Knoxville Journal*, 14 March 1925, p.1; Howard Eskridge, "Senate Passes Evolution Bill," *Nashville Banner*, 13 March 1925, p.1; "Legislators Bar Teaching Evolution," *Chattanooga Times*, 14 March 1925, p.2; "Proceedings," p.8; *Journal of the Senate of Tennessee*(1925 Feg. Sess.), pp.516~517; Thomas Fauntleroy, "Darwinism Outlawed in Tennessee Senate," *Commercial Appeal*(Memphis), 14 March 1925, p.1에서 엮은 것이다.

102) Eskridge, "Senate Passes Evolution Bill," p.1.

103) Excerpts from these letters to the governor appeared in "Peay Opens His Ape Law Letters," *Nashville Banner*, in Peay Papers, GP 40-13(including quotation about Middle Ages); James L. Graham to Austin Peay, 18 March 1925, in Peay Papers, GP 40-13; James W. Mayor to Austin Peay, 14 March 1925, in Peay Papers, GP 40-13.

104) H. A. Morgan to Austin Peay, 9 February 1925, in Peay Papers, GP 40-24; "Anti-Evolution Bill Stirs Tennessee," *Atlanta Journal*, 24 May 1925, p.11.

105) W. M. Wood to Austin Peay, 14 March 1925, in Peay Papers, GP 40-13.

106) Austin Peay, "Message from the Governor," 23 March 1925, in *Journal of the House of Representatives of Tennessee*(1925 Reg. Sess.), pp.741~745(emphasis added). In his classic account of the Scopes trial, *Six Days of Forever? Tennessee v. John Thomas Scopes*(London: Oxford University Press, 1958), 레이 진저는 이 증거를 비롯한 여러 증거를 들어 테네시 주 반진화론 법안이 심각한 법이라기보다는 상징적 시위에 지나지 않는다고 주장했다. 그러나 필자가 보기에 반진화론 운동가들은 이 법안을 심각하게 받아들인 것이 분명하다. 준법을 강요하려고 했으니 말이다. 브라이언은 학교 교사들이 법을 잘 지킨다는 특징을 감안해 적극적인 감시 없이도 법이 알아서 자리를 잡을 것이라고 단순하게 생각했다. 그가 예상하지 못한 것은 고의로 법을 어겨 법안에 반대하는 사람들이 멀쩡한 시민 중에도 있을 수 있다는 사실이었다. 상징적인 시위가 존재했다면 법을 지지하는 자들이 시행하는 것이 아니라 반대하는 자들이 거역하는 것이었다.

107) "Give UP Schools Before Bible Is Peay's Attitude," *Nashville Tennessean*, 27 June 1925, p.1; Peay, "Message," p.745.

108) W. J. Bryan to Austin Peay, undated telegram, in Bryan Papers.

109) Peay, "Message," pp.743, 745; Bryan to Shelton, 9 February 1925.

제3장

1) James Harvey Robinson, *The Mind in the Making: The Relation of Intellect to Social Reform*(New York: Harper, 1921), pp.181~186.

2) Woodrow Wilson, "War Message, April 2, 1917," in *Papers of Woodrow Wilson*, vol. 41(Princeton, N.J.: Princeton University Press, 1983), pp.519~527.

3) Postmaster General Albert S. Burleson, Paul L. Murphy의 *World War I and the Origin of Civil Liberties in the United States*(New York: Norton, 1979), p.98에서

인용함.

4) Roger N. Baldwin to W. D. Collins, 25 January 1918, in ACLU Archives, vol. 26.

5) Norman Thomas, "War's Heretics: A Plea for the Conscientious Objector," *The Survey* 33 재판(1917), pp.391~394.(p.394의 인용문)

6) Roger N. Baldwin, Samuel Walker의 *In Defense of American Liberties: A History of the ACLU*(New York: Oxford University Press, 1990), p.39에서 인용함.

7) Walker, *In Defense of American Liberties*, p.21.

8) Robinson, *Mind in the Making*, pp.180~182.

9) Ibid., p.186.

10) Ibid., pp.187~188.

11) "The Real Motives Back of the Tennessee Evolution Case," *National Bulletin*(Military Order of the World War), June 1925, p.3에서 인용함.

12) Roger N. Baldwin, Peggy Lamson의 *Roger Baldwin: Founder of the American Civil Liberties Union*(Boston: Houghton Mifflin, 1976), p.124에서 인용함.

13) Roger N. Baldwin, Walker의 *In Defense of American Liberties*, pp.46~47에서 인용함.

14) Gitlow v. New York, p.268 U.S. pp.652, 666(1925).

15) Schenck v. United States, p.249 U.S. pp.47, 51~52(1919).

16) Oliver Wendell Holmes, Gerald Gunter의 *Learned Hand: The Man and the Judge*(New York: Knopf, 1994), p.163에서 인용함.

17) Abrams v. United States, p.250 U.S. pp.616, 828~830(Holmes, J., dissenting, 1919)(강조 추가).

18) American Civil Liberties Union, *The Fight for Free speech*(New York: American Civil Liberties Union, 1921), pp.6~8.

19) Roger N. Baldwin, in Walker, *In Defense of American Liberties*, p.52.

20) Arthur Garfield Hays, *City Lawyer: The Autobiography of a Law Practice*(New York: Simon and Schuster, 1942), p.227. 언론의 자유에 대한 이와 같은 견해에도 불구하고 헤이스는 의뢰인과 자기 자신을 대신해 명예훼손 소송을 자주 제기했다.

21) *Arthur Garfield Hays, Let Freedom Ring*(New York: Liveright, 1928), xi.

22) Ibid., xx.

23) Walker, *In Defense of American Liberties*, p.53.

24) Arthur Garfield Hays, *City Lawyer*, p.227.

25) David E. Lilienthal, "Clarence Darrow," *Nation* 124(1927), p.417.

26) 주제에 관해 본인의 특징을 잘 드러낸 논평에서 대로는 "지금까지 살면서 유일하게 자유

의지가 있는 것처럼 보였던 건 언젠가 여름 휴가 때 사용했던 전기 펌프였다. 그 물건은 작동하려 할 때마다 멈추기를 반복했다. 그게 자유의지가 아니면 무엇이겠는가? 그러더니 우리가 아무런 행동도 취하지 않자 갑자기 작동하기 시작했다." Clarence Darrow & Will Durant, *Is Man a Machine?*(New York: League for Public Discussion, 1927), p.51.

27) Will Herberg, *Protestant, Catholic, Jew*(Garden City: Doubleday, 1960), pp.259~260.

28) Kevin Tierney, *Darrow: A Biography*(New York: Croswell, 1979), p.85.

29) Robert G. Ingersoll, "Reply to Dr. Lymann Abbott," in Robert G. Ingersoll, *The Works of Robert G. Ingersoll*, vol. 4(New York: Dresden, 1903), p.463.

30) Clarence Darrow, *The Story of My Life*(New York: Grosset, 1932), p.409; Clarence Darrow, "Why I Am an Agnostic," in Clarence Darrow, *Verdicts Out of Court*, Arthur Weinberg and Lila Weinberg, eds.(Chicago: Quadrangle, 1963), p.434.

31) Clarence Darrow, Lilienthal의 "Darrow," p.419에서 인용함.

32) Darrow, "Why I Am an Agnostic," p.436.

33) 예: Darrow, *My Life*, pp.382~423(pp.383, 419의 인용문).

34) Darrow, *My Life*, pp.408~413.

35) "Darrow Asks W. J. Bryan to Answer These," *Chicago Daily Tribune*, 4 July 1923, p.1.

36) See W. B. Norton, "Bryan's Ailment Is Intolerance, Pastor's Assert," *Chicago Daily Tribune*, 28 June 1923, p.3.

37) Darrow, *My Life*, p.249.

38) John Haynes Holmes, *I Speak for Myself: The Autobiography of John Haynes Holmes*(New York: Harper, 1959), p.263. 철학자 윌 듀랜트가 대로와 토론 중에 비슷한 의견을 내놓았다. Darrow and Durant, *Is Man a Machine?*, p.45.

39) Hays, City Lawyer, p.221.

40) 예: Henry R. Linville, *The Biology of Man and Other Organisms*(New York: Harcourt Brace, 1923), pp.4~5. Henry R. Linville and Henry A. Kelly, *A Textbook in General Zoology*(Boston: Ginn, 1906) 참고.

41) American Civil Liberties Union, *The Fight for Free Speech*(New York: American CIvil Liberties Union, 1921), pp.17~18.

42) Lusk Committee, quoted in Robinson, *Mind in the Making*, pp.190~191.

43) Walker, *In Defense of American Liberties*, 59. ACLU는 20세기 동안 학교에 연설자

를 보내고 고등학교 토론자들이 언론의 자유에 대한 토론을 준비하는 과정을 돕는 방법으로 공립학교에 자신들의 메시지를 전하려 했다. 예: Roger N. Baldwin to College and High School Debating Societies, 17 October 1924, ACLU Archives, vol. 253 참고. 학교 수업시간에 '아메리카니즘' 자료가 여러 곳에서 드러난 전형적인 예는 미국의 헌법 제정자와 무력 이용을 찬양하는 미국 교육국의 1923년 '미국 교육의 주American Educaton Week' 교육과정이다.

44) Darrow, *My life*, p.25.

45) Georgia Supreme Court, quoted in William Seagle, "A Christian Country," *American Mercury* 6(1925), p.233.

46) 1915 Tenn. Acts, ch. 102.

47) Joseph Story, *Commentaries on the Constitution of the United States*, vol. 2(Boston: Little & Brown, 1851), pp.590~597.

48) 앤드루 딕슨 화이트는 Andrew Dickson, *A History of the Warfare of Sience with Theology in Christendom*, vol. 1(London: Macmillan, 1896), pp.313~316에서 이 사건을 자세히 설명한다. Paul K. Conkin, *Gone With the Ivy: A Biography of Vanderbilt University*(Knoxville: University of Tennessee Press, 1985), pp.50, 60~62 참고.

49) George M. Marsden, *The Soul of the American University: From Protestant Establishment to Established Non-Belief*(Mew York: Oxford University Press, 1994), p.130.

50) White, *History of the Warfare of Science*, vol, 1. p.315.

51) "The Case of Professor Mecklin," *Journal of Philosophical, Psychological, and Scientific Methods* 11(1918), pp.67~81.

52) Arthur O. Lovejoy, "Organization of the American Association of University Professors," *Science* 41(1915), p.152.

53) "General Report of the Committee on Academic Freedom and Academic Tenure," *Bulletin of the American Association of University Professor* 1(December 1915), pp.21, 23, 27, 29~30.

54) "Report on the University of Tennessee," *Bulletin of the American Association of University Professors* 10(1924), p.217.

55) Ibid., pp.213~259(pp.217, 255의 인용문). Jonas Riley Montgomery, Stanley J. Folmebee, and Lee Seifern Greene, *To Foster Knowledge: A History of the University of Tennessee, 1794~1970*(Knoxville: University of Tennessee Press, 1984), pp.185~187 참고.

56) "Report on Tennessee," pp.56~63(인용문); Montgomery, Folmebee, and Greene,

To Foster Knowledge, pp.187~189.

57) Joseph V. Dennis, "Presidential Address," *Bulletin of the American Association of University Professors* 10(1924), pp.26~28.

58) "Report of Committee M," *Bulletin of the American Association of University Professors* 11(1925), pp.93~94.

59) Henry R. Linville, "Tentative Statement of a Plan for Investigating Work on Free-Speech Cases in Schools and Colleges," in ACLU Archives, vol. 248.

60) Harry F. Ward, "MEMORANDUM on Academic Freedom," ACLU Archives, vol. 248.

61) Harry F. Ward and Henry R. Linville, "Freedom of Speech in Schools and Colleges: A Statement by the American Civil Liberties Union, June, 1924," ACLU Archives, vol. 248.

62) "Free Speech in Colleges Tackled by New Group—Civil Liberties Union Forms Committee to Act in Cases of Interference with Students and Teachers," 22 October 1924, Press Release, ACLU Archives, vol. 248. John Haines Holmes and Roger Baldwin to "Colleges," 15 November 1924, ACLU Archives, vol. 248 참고.

63) Lucille Milner, *Education of an American Liberal: An Autobiography of Lucille Milner*(New York: Horizon, 1954), pp.161~162.

64) Roger N. Baldwin, "Dayton's First Issue," in Jerry R. Tomkins, ed., *D-Days at Dayton: Reflections of the Scopes Trial*(Baton Rouge: Louisiana State University Press, 1965), p.56.

65) "Cries at Restrictive Laws," *New York Times*, 26 April 1925, in ACLU Archives, vol. 273.

66) "Plan Assault on State Law on Evolution," *Chattanooga Daily Times*, 4 May 1925, p.5; "And-Evohition Law Won't Affect Elementary Schools," *Jackson Sun*, 29 March 1925, in Peay Papers, GP 40-13.

제4장

1) *Why Dayton, of All Places?*(Chattanooga: Andrews, 1925), p.3.

2) 미국 통계국은 1870년 인구조사에서 데이턴을 등재하지 않았고 1880년에는 그곳 인구를 200명이라고 보고했다. 1890년 인구 조사의 경우 데이턴의 인구가 2719명이라고 보고했지만 1900년 인구 조사에서는 숫자가 2004명으로 줄었다. 그 이후로 통계국은 인구가

2500명 미만인 마을을 더 이상 별도로 등재하지 않았고 그에 따라 데이턴은 목록에서 제외됐다. 그러나 농업 발전에 힘입어 레아 카운티의 인구는 지속적으로 증가했다. 미국 통계국, *1880 Census: Population*, vol. 1(Washington, D.C.: Government Printing Office, 1883), p.338; U.S. Census Bureau, *1900 Census: Population*, vol. 1, pt. 1(Washington, D.C.: Government Printing Office, 1901), p.373 참고.

3) "Rappleyea Rapped," *Chattanooga Times*, 19 May 1925, p.5. 일부 2차 출처에서 그의 성을 "Rappleyea"라고 적기도 했지만 최근 출처에서는 "Rappleyea"라고 적는다.

4) "Was Converted Through Science," *Chattanooga Times*, 21 May 1925, p.2; G. W. Rappleyea to Editor, *Chattanooga Times*, 19 May 1925, p.5. 독실한 로마 가톨릭 교도였던 그의 어머니는 신문 기사를 통해 사건에서 아들이 맡은 핵심적인 역할에 대해 알았을 때 다음과 같이 꾸짖었다. "아들아, 네가 책에 대한 지식은 풍부할지 몰라도 상식은 부족하구나." "Was Converted Through Science," p.2.

5) Fred E. Robinson, in Warren Allem, "Backgrounds of the Scopes Trial at Dayton, Tennessee," *Master's thesis*, University of Tennessee, 1959, p.58.

6) 테네시 주 변호사협회 앞에서 기소에 대한 답으로 S. K. 힉스가 발표한 내용을 타자로 친 무제 성명서로, Hicks Papers에 등장한다.

7) John T. Scopes, *The Center of the Storm: Memoirs of John T. Scopes*(New York: Holt, 1967), pp.58~59; Juanita Glenn, "Judge Still Recalls 'Monkey Trial'-50 Years Later," *Knoxville Journal*, 11 July 1975, p.17; Allem, "Backgrounds of the Scopes Trial," pp.60~61.

8) T. W. Callaway, "Father of Scopes Renounced Church," *Chattanooga Times*, 10 July 1925, p.1.

9) Arthur Garfield Hays, *Let Freedom Ring*(New York: Liveright, 1928), p.33.

10) Sue K. Hicks in Glenn, "Judge Still Recalls," p.17. 현장을 직접 보고 쓴 기사에 의하면 스콥스가 "기꺼이 법정에 서겠습니다" 또는 "상관없으니 알아서 하세요"라고 했다고 전해진다. 실제로 스콥스는 서로 다른 시기에 두 가지 말을 모두 했다고 회상하면서 "물러설 수 있는" 두 번의 기회가 있었다고 말했다." "Chance Conversation Started Scopes Case," *Knoxville Journal*, 30 May 1925, p.1; Scopes, *Center of the Storm*, p.60의 John T. Scopes. SAllem, "Backgrounds of the Scopes Trial," p.60에서 수 K. 힉스가 스콥스를 인용한 글 참고.

11) Walter White, in Allem, "Backgrounds of the Scopes Trial," p.61.

12) "Arrest Under Evolution Law," *Nashville Banner*, 6 May 1925, p.1.

13) "Cheap Publicity," *Nashville Tennessean*, 23 June 1925, p.4.

14) "Darwin Bootlegger Arrested by Deputy," *Commercial Appeal*(Memphis), 7 May 1925, p.1.

15) John P. Fort, "Final Resolution Demands Chattanooga Cease Move to Bring New Case," *Chattanooga News*, 19 May 1925; "One Evolutionist Out of Hundred," *Chattanooga Times*, 11 July 1925, p.1; H. L. Mencken, "The Monkey Trial: A Reporter's Account," in Jerry R. Tompkins, ed., *D-Days at Dayton: Reflections on the Scopes Trial*(Baton Rouge: Louisiana State University Press, 1965), p.44(1925년 7월 15일 기사 재판).

16) 1920년 연방 인구조사기관에서는 레아 카운티 인구의 6.5퍼센트만이 '흑인'이라고 보고했다. 이는 정확히 말해 테네시 주 평균의 3분의 1에 해당되는 것이다. U.S. Census Bureau, *1920 Census: Population*, vol. 3(Washington, D.C.: Government Printing Office, 1922), pp.961, 167.

17) Mencken, "Monkey Trial," pp.36~37(1925년 7월 9일 기사 재판).

18) "Rebuke to the 'Antis'," *Chattanooga Times*, 4 June 1925, p.4; Edwin Mims, "Address to Southern Conference on Education," in Mims Papers; "Peay Not to Visit Dayton for Trial," *Nashville Banner*, 16 June 1925, p.1; "Doubts Legality of Special Term," *Chattanooga Times*, 24 May 1925, p.9; "J. Will Taylor's Comments," *Nashville Banner*, 26 May 1925, p.1.

19) "Cheap Publicity," p.4; "Hungered and Thirsted for Publicity," *Knoxville Journal*, 18 July 1925, p.6; "A Humiliating Proceeding," *Chattanooga Times*, 8 July 1925, p.4; "Dayton Now Famous," *Nashville Banner*, 26 May 1925, p.8; "Tennessee's Opportunity," *Nashville Banner*, 12 July 1925, p.1.

20) "The Dayton Serio-Comedy," *Chattanooga Times*, 24 June 1925, p.4.

21) "Southerners Open the Exposition," *New York Times*, 12 May 1925, p.11.

22) "The South and Its Critics," *Chattanooga Times*, 8 May 1925, p.1.

23) "Come South," *Nashville Banner*, 6 May 1925, p.8, and "Arrest Under Law," p.1.

24) *Scopes, Center of the Storm*, p.63.

25) "Scopes Held for Trial Under Evolution Law," *Commercial Appeal*(Memphis), 10 May 1925, p.1; "Scopes Held to Grand Jury in Evolution Test," *Nashville Tennessean*, 10 May 1925, p.1; Scopes, *Center of the Storm*, pp.63~65.

26) "Evolution Taught at Central High," *Chattanooga Times*, 19 May 1925, p.5.

27) "Dayton to Raise Advertising Fund," *Chattanooga Times*, 23 May 1925, p.15; "Dayton Seeks Pup Tents and Loud Speakers for Scopes Trial Crowd," *Nashville Tennessean*, 23 May 1925, p.1; "Set Stage for Evolution Case," *Nashville Banner*, 24 May 1925, p.1; "Preparations Begin for Evolution Trial," *Knoxville Journal*, 6 June 1925, p.1; "Nation Divided on Darwinism as Trial Looms," *Nashville Tennessean*, 29 May 1925, p.1.

28) "Trial Can Be Held in June, Says Judge," *Chattanooga Times*, 21 May 1925, p.2; "H. G. Wells May Fight Bryan in Scopes Case," *Commercial Appeal*(Memphis), 15 May 1925, p.35.

29) "You May Not Be for Him, but, Nevertheless, There He Is," *Columbus Dispatch*, 14 July 1925, p.4; W. J. Bryan to Cartoonist, *Columbus Dispatch*, 27 July 1925, p.1.

30) "Material Criticism Decries Supernatural," *Commercial Appeal*(Memphis), 5 May 1925, p.1.

31) "Commoner Believes Evolution Tommyrot," *Commercial Appeal*(Memphis), 11 May 1925, p.1.

32) Ibid., p.1; "Radical Enemies of Evolution Forced to Acknowledge Defeat," *Commercial Appeal*(Memphis), 15 May 1925, p.1; W. B. Riley, "The World's Christian Fundamentals Association and the Scopes Trial," *Christian Fundamentals in School and Church* 7(October–December 1925), p.37; "Bryan May Be in Case," *Nashville Banner*, 12 May 1925, p.1.

33) The Memphis Press to Rhea County, 14 May 1925, in Hicks Papers.

34) Sue K. Hicks to the *Memphis Press*, 14 May 1925, in Hicks Papers; Sue K. Hicks to William J. Bryan, 14 May 1925, William Jennings Bryan and Mary Baird Bryan, *The Memoirs of William Jennings Bryan*(Philadelphia: United, 1925), p.483.

35) W. J. Bryan to Sue Hicks, 20 May 1925, in Hicks Papers.

36) "Darrow Falls Back on Omar," *Commercial Appeal*(Memphis), 18 April 1925, p.6.

37) Clarence Darrow, *The Story of My Life*(New York: Grosser, 1932), p.249.

38) "Darrow Ready to Aid Prof. Scopes," *Nashville Banner*, 16 May 1925, p.1. 브라이언의 딸 그레이스는 훗날 멀론이 스콥스 변호인단에 참여한 이유가 브라이언이 국무장관으로 재임하던 시절 "아버지께서 몇 차례 질책한 탓에 국무부에서 해고된 데 대해 '복수'하기 위해서"라며 비난했다. Grace Dexter Bryan to Sue K. Hicks, 12 April 1940, in Hicks Papers.

39) "Make It Bryan vs. Darrow," *St. Louis Post-Dispatch*, 14 May 1925, p.20.

40) Forrest Bailey to Walter Lippmann, 12 June 1926, in ACLU Archives, vol. 311.

41) American Civil Liberties Union, Minutes of 6/8/25 Executive Committee Meeting, in ACLU Archives, vol. 279.

42) Scopes, *Center of the Storm*, pp.70~72.

43) Bailey to Lippmann, 12 June 1926.

44) W. H. Pitkin to Felix Frankfurter, 10 November 1926, in ACLU Archives, vol.

299.

45) "Scopes Dined, Says Fight Is for Liberty," *New York Times*, 11 June 1925, p.1; "Malone Will Not Be Goat," *Nashville Banner*, 11 June 1925, p.1; "Jazz Faction Puts Malone Back in Case," *Chattanooga Times*, 11 June 1925, p.1.

46) "Darrow Likens Bryan to Nero," *Nashville Banner*, 18 May 1925, p.1.

47) 예: Brewer Eddy to John R. Neal, 10 September 1925, in ACLU Archives, vol. 274.

48) Bryant Harbert, "Darrow an Atheist, Is Bryan's Answer," *Commercial Appeal*(Memphis), 23 May 1925, p.1.

49) "Bryan Hissed and Cheered in Evolution Speech," *Nashville Tennessean*, 19 May 1925, p.1; William Jennings Bryan to James W. Freedman, 10 June 1925, in Bryan Papers. 『뉴욕 타임스』 평론의 시각은 "The End Is in Sight at Dayton," *New York Times*, 18 July 1925, p.12; "Ended at Last," *New York Times*, 22 July 1925, p.18 참고.

50) "Dayton Jolly as Evolution Trial Looms," *Chattanooga Times*, 21 May 1925, p.1; "Dayton to Raise Advertising Fund,15 *Chattanooga Times*, 23 May 1925, p.15.

51) "Clarence Darrow Retires," *Commercial Appeal*(Memphis), 27 April 1925, p.6.

52) "Scopes' Legal Advisors Split on Outside Aid," *Chattanooga Times*, 29 May 1925, p.r; "Dayton Jolly," 1; "Darrow–Malone Defense Scopes Riles Dayton," *Knoxville Journal*, 28 May 1925, p.1; "Evolution Trial Raises Two Sharp Issues," *New York Times*, 31 June 1925, sec.9, p.4; "The Scopes Defense," *Commercial Appeal*(Memphis), 30 May 1925, p.8; "Scopes Glad to Have Help of Notables," *Chattanooga Times*, 30 May 1925, p.1.

53) "Evolution Case Won't Test Truth of Theory, Says Neal," *Nashville Tennessean*, 16 May 1925, p.1.

54) "Dr. Neal Swamped by Mail Over Scopes Case," *Knoxville Journal*, 28 May 1925, p.1.

55) "Two Extreme Views," *Chattanooga Times*, 1 July 1925, p.4.

56) "Not in Favor of Extra Term of Rhea Court," *Chattanooga Times*, 21 May 1925, p.2.

57) "Says Evolution Law Wholesome Statute," *Chattanooga Times*, 24 May 1925, p.9.

58) Philip Kinsley, "Scopes Indicted for Teaching Evolution," *Commercial Appeal*(Memphis), 26 May 1925, p.1.

59) Prompt Action by Grand Jury," *Nashville Banner*, 25 May 1925, p.1; Kinsley, "Scopes Indicted," p.1; "Scopes Is Indicted in Tennessee for Teaching

Evolution," *New York Times*, 26 May 1925, p.1; "Jury Foreman in Scopes Case Is Evolutionist," *Evening World*(New York), 26 May 1925, p.1.

60) "Judge's Own Views," *Nashville Banner*, 25 May 1925, p.5; Kinsley, "Scopes Indicted," p.2.

61) "Trial July ic Suits Bryan," *Nashville Banner*, 26 May 1925, p.1.

62) Kinsley, "Scopes Indicted," p.1.

제5장

1) "Butler Denounces New Barbarians," *New York Times*, 4 June 1925, p.3.

2) "Antievolution Law Termed Outrageous," *Nashville Banner*, 28 June 1925, p.1; "Tennessee Hit by Dr. Potter," *Nashville Banner*, 15 June 1925, p.1.

3) "Shaw and Coleman on Scopes Trial," *New Leader*(New York) 25 July 1925, p.6(reprint of Shaw's pretrial speech); David M. Church, "Net of Dayton Trial Spreads," *Nashville Banner*, 7 June 1925, sec.2, p.7; Frederick Kuh, "Ape Case Loosens Up Tongue of Einstein," *Pittsburgh Sun*, 22 June 1925, p.10.

4) "Scopes Dined Says Fight Is for Liberty," *New York Times*, 11 June 1925, p.1.

5) Oliver H. P. Garett, "Colby Enters Scopes Case: Darrow Chief," *Chattanooga Times*, 10 June 1925, p.1.(reprint of *New York World* article)

6) "Scopes Here Grins, Does Not Know If He Is a Christian," *New York World*, 7 June 1925, p.1; Edward Levinson, "Man and Monkey: An Interview with Scopes," *New Leader*(New York), 11 July 1925.

7) "Scopes Rests Hope in U.S. Constitution and Supreme Court," *Washington Post*, 13 June 1925, p.1.

8) Henry Fairfield Osborn, *Evolution and Religion in Education*(New York: Scribner's, 1925), pp.34, 90, 96, 117, 122(reprint of Osborn's 1925, *The Earth Speaks to Bryan*, with added chapters); "Science and Showmanship," *New York World*, 14 July 1925, p.10.

9) "Dr. Osborn Advises Scopes on Defense," *New York Times*, 9 June 1925, p.5.

10) "Scientists Pledge Support to Tennessee Professor Arrested for Teaching Evolution," *Daily Science News Bulletin*, 18 May 1925(press release), in ACLU Archives, vol. 273.

11) George Hunter, *A Civic Biology*(New York: American, 1914), p.261.

12) C. B. Davenport, "Evidences for Evolution," *Nashville Banner*, 1 June 1925, p.6.

13) Henry Fairfield Osborn, "Osborn States the Case for Human Evolution, *New York Times*, 12 July 1925, sec.8, p.1; Kenneth Kyle Bailey, "The Anti-Evolution Crusade of the Nineteen-Twenties," Ph.D. diss., Vanderbilt University, 1953, p.127; Luther Burbank to John Haynes Holmes, 29 July 1925, in ACLU Archives, vol. 274; Ray Ginger, *Six Days or Forever? Tennessee versus John Thomas Scopes*(Boston: Beacon, 1958), p.79.

14) "'Monkey Law' in Limelight," *Nashville Banner*, 22 May 1925, p.1.

15) "Declares Bryan Befogs the Issue," *New York Times*, 18 May 1925, p.8.

16) "Says Scopes Trial Will Help Religion," *New York Times*, 15 June 1925, p.18; "Bible and Evolution Conflict, Says Potter," *Chattanooga Times*, 2 July 1925, p.2.

17) H. L. Mencken, "The Monkey Trial: A Reporter's Account," in Jerry R. Tomkins, ed., *D-Days at Dayton: Reflections of the Scopes Trial*(Baton Rouge: Louisiana State University Press, 1965), p.40(1925년 7월 13일 기사 재판).

18) Transcript, p.75.

19) "Dean Divinity School Thinks Bible Is Not in Conflict with Evolution," *Chattanooga Times*, 10 July 1925, p.14; Transcript, pp.224~225.

20) "Sees Bryan as a Pharisee," *New York Times*, 18 May 1925, p.8; "Two Extreme Views," *Chattanooga Times*, 1 July 1925, p.4; "Tennessee Held Up to Scorn by Aked," *Nashville Banner*, 12 June 1925, p.2.

21) "Evolution Is Discussed by Two Ministers in Knoxville," *Knoxville Journal*, 8 June 1925, p.5.

22) "V. U. Seniors Hear Theologian Rank Darwin as Saint," *Nashville Tennessean*, 8 June 1925, p.1.

23) Transcript, pp.223~224.

24) Transcript, p.229.

25) William Jennings Bryan, *Seven Questions in Dispute*(New York: Revell, 1924), p.128.

26) "Real Religion and Real Science," *Commercial Appeal*(Memphis), 26 July 1925, sec.1, p.4.

27) "Tennessee Hit by Dr. Potter," p.1; Herbert Sanborn, "Four Species of Evolution," *Nashville Banner*, 5 July 1925, p.2.

28) "Deny Science Wars Against Religion," *New York Times*, 25 May 1923, p.1.

29) "Evolution Given Hard Jolt," *Knoxville Journal*, 14 March 1925, p.1.

30) "Resolution Aimed at Tennessee Law," *Nashville Banner*, 1 July 1925, p.21; "Educators Taboo Evolution Question," *Nashville Banner*, 1 July 1925, p.21.

31) "Pastor Compares D arrow, Devil," *Knoxville Journal*, 1 July 1925, p.2.

32) J. Frank Norris to W. J. Bryan, n.d.(June 1925), in Bryan Papers.

33) "Billy Sunday Not to Go to Dayton," *Nashville Banner*, 7 July 1925, p.9.

34) Ronald L. Numbers, "Introduction," in Ronald L. Numbers, ed., *Creation− Evolution Debates*(New York: Garland, 1995), ix.

35) W. J. Bryan to John Straton, 1 July 1925, in Bryan Papers.

36) "S. F. Debate on Evolution Ends in 'Tie'," *San Francisco Examiner*, 15 June 1925, p.13.

37) "The San Francisco Debates on Evolution," in Numbers, ed., *Creation−Evolution Debates*, pp.196, 289~290, 364.

38) George McCready Price to W. J. Bryan, 1 July 1925, in Bryan Papers.

39) W. J. Bryan to Dorothy MacIver James, 9 May 1925, in Bryan Papers.

40) "Daily Editorial Digest," *Nashville Banner*, 22 May 1925, p.8; "Weird Adventures of 200 Reporters At Tennessee Evolution Trial," *Editor & Publisher*, 18 July 1925, p.1.

41) Edward Caudill, "The Roots of Bias: An Empiricist Press and Coverage of the Scopes Trial," *Journalism Monographs* 114(July 1989), p.32.

42) "Novel View in Evolution Row," *Chattanooga Times*, 6 July 1925, p.12.

43) T. W. Callaway, "One Evolutionist Out of Hundred," *Chattanooga Times*, 11 July 1925, p.1.

44) Ira Hicks to Sue K. Hicks, n.d.(mid June 1925), in Hicks Papers.

45) "Baptist Editor Supports Bryan," *Nashville Banner*, 13 June 1925, p.1.

46) "Evolution in the Public Schools," *The Present Truth*, 1 July 1925, p.1.

47) "Dayton Keyed Up for Opening Today of Trial of Scopes," *New York Times*, 10 July 1925, p.1.

48) Philip Kinsley, "Invoke Divine Guidance for Evolution Case," *Chicago Tribune*, 10 June 1925, p.1.

49) "Anti-Evolution Leagues Form Over Country," *Chattanooga Times*, 2 July 1925, p.1.

50) "Bryan Discusses Tennessee Case," *Nashville Banner*, 2 June 1925, p.3.

51) "Bryan Calls Attention to Decision in Oregon," *Chattanooga Times*, 4 June 1925, p.1.

52) "Modernist Fires Back at Commoner," *Nashville Banner*, 20 May 1925, p.1.

53) "People Will Settle Question, Says Bryan," *Chattanooga Times*, 3 July 1925, p.1.

54) "Bryan Gets the Jump on Defense Lawyers," *Commercial Appeal*(Memphis), 9 July 1925, p.1.

55) W. J. Bryan to Sue K. Hicks, 28 May 1925, in Hicks Papers.

56) Sue K. Hicks to Ira E. Hicks, 8 June 1925, in Hicks Papers.

57) Sue K. Hicks to Reese V. Hicks, 8 June 1925, in Hicks Papers.

58) Bryan to Hicks(강조는 원문).

59) "Bryan Outlines Issues," p.1.

60) Sue Hicks to Reese Hicks; Sue Hicks to Ira Hicks.

61) W. J. Bryan to Dr. Howard A. Kelly, 17 June 1925, in Bryan Papers.

62) Sue Hicks to Ira Hicks.

63) Ira E. Hicks to Sue K. Hicks, 5 June 1925, in Hicks Papers; Sue K. Hicks to W. J. Bryan, 8 June 1925, in Hicks Papers.

64) W. J. Bryan to George McCready Price, 1 June 1925, in Bryan Papers.

65) George McCready Price to W. J. Bryan, 1 July 1925, in Bryan Papers.

66) Howard A. Kelly to W. J. Bryan, 15 June 1925, in Bryan Papers.

67) W. J. Bryan to Howard A. Kelly, 22 June 1925, in Bryan Papers.

68) W. J. Bryan to S. K. Hicks, 10 June 1925, in Hicks Papers.

69) Ibid.

70) Samuel Untermyer to W. J. Bryan, 25 June 1925, in Bryan Papers.

71) Herbert E. Hicks and Sue K. Hicks to W. J. Bryan, 10 June 1925, in Hicks Papers; Herbert E. Hicks and Sue K. Hicks to W. J. Bryan, 13 June 1925, in Hicks Papers; W. J. Bryan to S. K. Hicks, 16 June 1926, in Hicks Papers; Ginger, *Six Days or Forever?*, pp.74~78.

72) Herbert E. Hicks and Sue K. Hicks to John T. Raulston, 1 July 1925, in Hicks Papers.

73) "Give Up Schools Before Bible Is Peay's Attitude," *Nashville Tennessean*, 27 June 1925, p.1.

74) "Dayton Trial Will Be Brief, Nashville Lawyer Predicts," *Nashville Banner*, 9 June 1925, p.10.

75) W. J. Bryan to W. B. Marr, 15 June 1925, in Darrow Papers.

76) "Stewart Predicts Act Will Stand Acid Test," *Chattanooga Times*, 11 June 1925, p.2.

77) "Scopes Counsel Expect Trial to Last Month," *Nashville Tennessean*, 23 June 1925, p.1; Arthur Garfield Hays, "The Strategy of the Scopes Defense," *The Nation*, 5 August 1925, pp.157~158.

78) "Witnesses for Defense at Dayton," *Nashville Banner*, 26 June 1925, p.20.

79) Bryan, *Seven Questions in Dispute*, p.154; "Bryan Discusses Evolution Case," *Nashville Banner*, 2 June 1925, p.3; Transcript, p.172.

80) "No Such Thing as Evolution, Bryan Declares," *Chattanooga Times*, 2 June 1925, p.1.

81) W. J. Bryan to W. B. Riley, 27 March 1925, in Bryan Papers; Transcript, p.230.

82) Mencken, "Monkey Trial," p.40(1925년 7월 13일 기사 재판).

83) John T. Scopes, *The Center of the Storm: Memoirs of John T. Scopes*(New York: Holt, 1967), p.78.

84) Letter from Sue K. Hicks to W. J. Bryan, 23 June 1925, in Hicks Papers.

85) "Darrow Declares He Is Always Seeking Truth," *Knoxville Journal*, 23 June 1925, p.1; "Glut of Laws Threat Against All Freedom," *Commercial Appeal*(Memphis), 24 June 1925, p.1; "Scopes Dined Says Fight Is for Liberty," p.1; "Drab Views Bared Before Capacity Crowd in Speech," *Knoxville Journal*, 24 June 1925, p.1.

86) Arthur Garfield Hays, *City Lawyer*(New York: Simon & Schuster, 1942), p.212.

87) Hicks to Bryan, 23 June 1925; "Drab Views Bared," p.1.

88) James Gibson, "Evolution Stalks State Bar Meeting," *Commercial Appeal*(Memphis), p.17 June 1925, p.1; "Keebler's Attack on Legislation Is Not Sustained," *Knoxville Journal*, 26 June 1925, p.1.

89) "$1000 Defense Fund Is Asked for Scopes; To Be Spent on Case in Lower Courts," *New York Times*, 22 June 1925, p.1.

90) "Anti-Evolution Act Invasion of Rights—Malone," *Knoxville Journal*, 28 June 1925, p.1.

91) "Scopes Counsel, Here, Plans for Evolution Case," *Chicago Tribune*, 30 June 1925, p.6.

92) "Scopes Trial Food for Thought, Colby," *Knoxville Journal*, 25 June 1925, p.1.

93) "Rogers Sidesteps Evolution Trial," *Nashville Banner*, 31 May 1925, p.1.

94) "Scopes Trial Call Test Free Speech," *Chattanooga Times*, 25 June 1925, p.5; "Malone Pays His Respects to W. J. Bryan," *Chattanooga Times*, 26 June 1925, p.5; "Malone Says Constitution Facing Test," *Chattanooga Times*, 27 June 1925, p.5; "Says Legislature Can't Make Morals," *Nashville Banner*, 28 June 1925, p.5.

95) W. B. Marr to Sue and Herbert Hicks, 10 June 1925, in Hicks Papers.

96) "Dr. Neal Says Renaissance Now Dawning," *Chattanooga Times*, 30 June 1925, p.1; "Scopes Dined Says Fight Is for Liberty," p.1.

97) "Scopes Attorney Fight Dayton Trial," *New York Times*, 4 July 1925, p.2; "Federal Judge Refuses to Take Jurisdiction in Scopes Case; Trial Opens Friday in Dayton," *Chattanooga Times*, 7 July 1925, p.1; Scopes, *Center of the Storm*, pp.78~82.

98) "Federal Judge Refuses," p.1.

99) Mencken, "Monkey Trial," p.44(1925년 7월 14일 기사 재판).

100) "Broadcast of Scopes Trial Unprecedented," *Chicago Tribune*, 5 July 1925, sec.7, p.6; Philip Kinsley, "Dayton Raises Curtain Soon," *Nashville Banner*, 5 July 1925, p.6.

101) Mencken, "Monkey Trial," p.43(1925년 7월 15일 기사 재판). 테네시 주에서 메이슨의 활동은 Joe Maxwell의 "Building the Church(of God in Christ)," *Christianity Today*, 8 April 1996, p.25에 나와 있음.

102) "Dayton Keyed Up for Opening Today of Trial of Scopes," *New York Times*, 10 July 1925, p.1.

103) T. W. Callaway, "Dayton Bootblack Gives Preacher His Definition of Fundamentalism," *Chattanooga Times*, 8 July 1925, p.1.

104) "Dayton Cheers the Commoner," *Chattanooga Times*, 8 July 1925, p.1.

105) "Bryan in Dayton, Calls Scopes Trial Duel to the Death," *New York Times*, 8 June 1925, p.1.

106) "Visitors Come on Every Train," *Nashville Banner*, 9 July 1925, p.3.

107) W. C. Cross, "Bryan, Noted Orator, in Favor at Dayton," *Knoxville Journal*, 10 July 1925, p.1.

108) "Bryan Threatens National Campaign to Bar Evolution," *New York Times*, 8 July 1925, p.1.

109) Philip Kinsley, "Bryan Gets Jump on Defense Lawyers," *Commercial Appeal*, 9 July 1925, p.1.

110) Transcript, 159.

111) "Malone Glad Trial Starts on a Friday," *Chattanooga Times*, 10 July 1925, p.2.

112) Ibid.; Charles Francis Potter, "Ten Years After the Monkey Show I'm Going Back to Dayton," *Liberty*, 28 September 1935, p.36.

113) Clarence Darrow, *The Story of My Life*(New York: Grosset, 1932), p.251.

114) "Darrow Loud in His Protest," *Nashville Banner*, 8 July 1925, p.1.

115) "Dayton Keyed Up," p.1; Philip Kinsley, "Invoke Divine Guidance for Evolution Case," *Chattanooga Times*, 10 July 1925, p.1.

제6장

1) Sterling Tracy, "No Modernists Named on the Scopes Jury; All Believe in Bible," *Commercial Appeal*(Memphis), 11 July 1925, p.1.

2) "Scopes Jury Chosen with Dramatic Speed," *New York Times*, 11 July 1925, p.1.

3) "Dayton Disappointed," *Chattanooga Times*, 11 July 1925, p.1.

4) Clarence Darrow, *The Story of My Life*(New York: Grosset, 1932), p.256.

5) Arthur Garfield Hays, *Let Freedom Ring*(New York: Liveright, 1928), p.34.

6) "Scopes Jury Chosen with Dramatic Speed," p.1.

7) Ibid.; "Quash Indictment but Return New One," *Nashville Banner*, 10 July 1925, p.1.

8) John T. Scopes, *Center of the Storm: Memoirs of John T. Scopes*(New York: Holt, 1967), pp.102~103.

9) W. J. Bryan to S. K. Hicks, 25 June 1925, in Hicks Papers.

10) Darrow, *My Life*, p.256.

11) Scopes, *Center of the Storm*, p.105; Hays, *Let Freedom Ring*, pp.76~77; Transcript, pp.3, 109.

12) Transcript, p.41; Tracy, "No Modernists Named on the Scopes Jury," p.1.

13) Transcript, pp.29~36.

14) Transcript, pp.13~14; Hays, *Let Freedom Ring*, p.37; Watson Davis, "School of Science for Rhea County," *Chattanooga Times*, 11 July 1925, p.1.

15) Transcript, p.14.

16) H. L. Mencken, "The Monkey Trial: A Reporter's Account," in Jerry D. Tompkins, ed., *D-Days at Dayton: Reflections on the Scopes Trial*(Baton Rouge: Louisiana State University Press, 1965), pp.38~39(1925년 7월 11일 기사 재판).

17) Tracy, "No Modernists Named on the Scopes Jury," p.1.

18) "A Typical Southern Jury," *Pittsburgh American*, 17 July 1925, p.4.

19) Transcript, p.43.

20) Transcript, pp.7~9.

21) Davis, "School of Science for Rhea County," p.1.

22) Transcript, p.43.

23) Jack Lait, "Scopes Trial Keys Up Dayton," *Nashville Banner*, 12 July 1925, p.1.

24) "Dayton's Police Suppress Skeptics," *New York Times*, 12 July 1925, p.1.

25) Mencken, "Monkey Trial," p.40(1925년 7월 13일 기사 재판).

26) Ralph Perry, "'Loud Speaker' for the State," *Nashville Banner*, 13 July 1925, p.1.

27) "Hostility Grows in Dayton Crowd; Champions Clash," *New York Times*, 12 July 1925, p.1.

28) Ibid.

29) "Dayton's One Pro-Evolution Pastor Quits as Threat Bars Dr. Potter from Pulpit," *New York Times*, 13 July 1925, p.1.(기사 제목은 포터에게 일요일 설교를 맡아달라고 초대했다가 신자들의 반대에 부딪혀 무산되자 목사를 그만둔 데이턴 북부 침례교회 목사 하워드 G. 버드를 의미함)

30) "Dayton's One Pro-Evolution Pastor Quits," p.1.

31) "Crowds Jam Court to See Champions," *New York Times*, 14 July 1925, p.1.

32) Darrow, *My Life*, p.259.

33) Transcript, p.45.

34) Transcript, p.50.

35) Transcript, p.55.

36) Transcript, pp.56~57; Hays, *Let Freedom Ring*, pp.42~43.

37) "Clash of Attorneys," *Nashville Banner*, 13 July 1925, p.3.

38) Transcript, p.66.

39) Transcript, pp.66~68, 73.

40) "Lively Clashes in Move to Quash Indictment," *Chattanooga Times*, 14 July 1925, p.1.

41) Darrow, *My Life*, pp.259~260.

42) "Darrow Scores Ignorance and Bigotry Seeking to Quash Scopes Indictment," *New York Times*, 14 July 1925, p.1.

43) Transcript, p.75.

44) Transcript, pp.79~84.

45) Transcript, pp.77~87.

46) "Darrow Scores Ignorance and Bigotry," p.1.

47) Mencken, "Monkey Trial," p.41(1925년 7월 14일 기사 재판).

48) "Darrow Scores Ignorance and Bigotry," p.1.

49) Philip Kinsley, "Liberty at Stake if Law Stands, Darrow Says," *Chicago Tribune*, 14 July 1925, p.1.

50) Joseph Wood Krutch, "Darrow vs. Bryan," *Nation*, 29 July 1925, p.136.

51) Hays, *Let Freedom Ring*, p.46.

52) "Lively Clashes in Move to Quash Indictment," p.1.

53) Darrow, *My Life*, p.257.

54) "Darrow's Paradise," *Commercial Appeal*(Memphis), 15 July 1925, p.1.

55) Mencken, "Monkey Trial," p.41(1925년 7월 14일 기사 재판).

56) Hays, *Let Freedom Ring*, p.41.

57) Transcript, pp.89~90.

58) Transcript, pp.90~91; "Stormy Scenes in the Trial of Scopes as Darrow Moves to Bar All Prayers," *New York Times*, 15 July 1925, p.1.

59) Transcript, p.92.

60) Sterling Tracy, "Lawyers Out for Gore When Evolution Trial Starts to Get Rough," *Commercial Appeal*(Memphis), 15 July 1925, p.1.

61) Transcript, pp.93~94; "Weird Adventures of 200 Reporters at Tennessee Evolution Trial," *Editor & Publishery*, 18 July 1925, p.1.

62) Tracy, "Lawyers Out for Gore," p.1.

63) Transcript, pp.97, 98, 102.

64) Scopes, *Center of the Storm*, p.124.

제7장

1) Ralph Perry, "Defense Calls Dr. Metcalf," *Nashville Banner*, 16 July 1925, p.6.

2) John T. Scopes, *Center of the Storm: Memoirs of John T. Scopes*(New York: Holt, 1967), pp.138~139.

3) "Schoolboy Testimony State's Program Now," *Chattanooga Times*, 14 July 1925, p.2.

4) Transcript, p.112.

5) Transcript, pp.113~116.

6) Transcript, pp.113~115.

7) Sterling Tracy, "Scientific Evidence, Issue in Scopes Case, Is Pondered by Court," *Commercial Appeal*(Memphis), 16 July 1925, p.1.

8) H. L. Mencken, "The Monkey Trial: A Reporter's Account," in Jerry D. Tompkins, ed., *D-Days at Dayton: Reflections on the Scopes Trial*(Baton Rouge: Louisiana State University Press, 1965), p.44(1925년 7월 14일 기사 재판).

9) Transcript, pp.121~122.

10) Transcript, p.127.

11) Transcript, pp.129~131.

12) Transcript, p.133.

13) Scopes, *Center of the Storm*, pp.136, 188.

14) Transcript, p.138.

15) Mencken, "Monkey Trial," p.45(1925년 7월 7일 기사 재판).

16) Transcript, p.139.

17) "Darrow Puts First Scientist on Stand to Instruct Scopes Judge on Evolution; State Completes Its Case in One Hour," *New York Times*, 16 July 1925, p.1.

18) Sterling Tracy, "Malone Wins Cheers from Dayton People on Answering Bryan," *Commercial Appeal*(Memphis), 17 July 1925, p.1.

19) Transcript, p.153.

20) Transcript, pp.156~160.

21) Transcript, pp.163~164, 166~167, 169; "Prosecution Moves to Exclude Experts, *Nashville Banner*, 16 July 1925, p.1.

22) Philip Kinsley, "They Call Us Bigots When We Refuse to Throw Away Our Bibles," *Commercial Appeal*(Memphis), 17 July 1925, p.1(*Chicago Tribune* wire story).

23) Transcript, p.170.

24) Clarence Darrow, *The Story of My Life*(New York: Grosset, 1932), p.263.

25) Transcript, pp.170~180.

26) Transcript, pp.180~182.

27) Scopes, *Center of the Storm*, pp.147~148.

28) Transcript, pp.184~188.

29) Sterling Tracy, "Malone Wins Cheers from Dayton People on Answering Bryan," *Commercial Appeal*(Memphis), 17 July 1925, p.1; Arthur Garfield Hays, *Let Freedom Ring*(New York: Liveright, 1928), pp.65~66; John Washington Butler,

"For Heaven's Sake!," *Commercial Appeal*(Memphis), 19 July 1925, p.3; Scopes, *Center of the Storm*, pp.154~156.

30) Transcript, pp.190~199; Tracy, "Malone Wins Cheers," p.1.

31) Ralph Perry, "Eventful Hour of Scopes Trial," *Nashville Banner*, 17 July 1925, p.1.

32) "Bryan Defends Tennessee and Its Law; Calls Evolution Attack on Church; Spirited Debate on Expert Evidence," *New York Times*, 17 July 1925, p.1.

33) Kinsley, "They Call Us Bigots," p.1.

34) Transcript, p.185.

35) Transcript, pp.201~203(강조 추가); Scopes, *Center of the Storm*, pp.158~159; "Judge Shatters the Scopes Defense by Barring Testimony of Scientists; Sharp Clashes as Darrow Defies the Court," *New York Times*, 18 July 1925, p.1.

36) Transcript, pp.204~209; Hays, *Let Freedom Ring*, pp.67~68.

37) Transcript, pp.207~209; Sterling Tracy, "Scientists Excluded, Darrow Spends a Day 'Strafing' the Judge," *Commercial Appeal*(Memphis), 18 July 1925, p.1.

38) Mencken, "Monkey Trial," p.50(1925년 7월 18일 기사 재판).

39) "Weird Adventures of 200 Reporters at Tennessee Evolution Trial," *Editor & Publisher*, 18 July 1925, p.1.

40) "Mencken Epithets Raise Dayton's Ire," *New York Times*, 17 July 1925, p.3.

41) Charles Francis Potter, "Ten Years After the Monkey Show I'm Going Back to Dayton," *Liberty*, 28 September 1935, p.37.

42) Bill Perry, "Scopes Defense Facing Defeat," *Nashville Banner*, 19 July 1925, p.1.

43) "Defense Counsel at Work on Affidavits," *Nashville Banner*, 18 July 1925, p.1; "Bryan's Statement," *Commercial Appeal*(Memphis), 19 July 1925, p.1; John Herrick, "Bryan Stirs Up Animus Among Tennessee Folk," *Chicago Tribune*, 20 July 1925, p.4.

44) "Offer of $10000 to Start Bryan 'University' Opens Dayton Campaign for $1,000,000 Fund," *New York Times*, 17 July 1925, p.1.

45) "Darrow's Statement," *Commercial Appeal*(Memphis), 19 July 1925, p.1; "Bryan and Darrow Wage War of Words in Trial Interlude," *New York Times*, 19 July 1925, p.1; "Bryan Now Regrets Barring of Experts," *New York Times*, 18 July 1925, p.2.

46) Herrick, "Bryan Stirs Up Animus," p.1.

47) "Defense Counsel Make Ready for Final Battle," *Nashville Tennessean*, 19 July 1925, p.1.

48) Perry, "Scopes Defense Facing Defeat," p.1.

49) Transcript, p.211.

50) Transcript, pp.216~280.

51) Transcript, pp.225~227.

52) Scopes, *Center of the Storm*, p.114.

53) "Bryan, Made Witness in Open Air Court, Shakes His Fist at Darrow Amid Cheers; Apology End Contempt Proceedings," *New York Times*, 21 July 1925, p.1.

54) "Defense Counsel Make Ready for Final Battle," p.1.

55) Scopes, *Center of the Storm*, p.166.

56) Transcript, p.288.

57) "Big Crowd Watches Trial Under Trees," *New York Times*, 21 July 1925, p.1.

58) Ralph Perry, "Added Thrill Given Dayton," *Nashville Banner*, 21 July 1925, p.2.

59) Darrow, *My Life*, p.267.

60) Transcript, p.285.

61) Transcript, p.302.

62) Hays, *Let Freedom Ring*, p.77.

63) Scopes, *Center of the Storm*, p.178.

64) Transcript, p.302.

65) "Bryan, Made Witness in Open Air Court," p.1.

66) Transcript, p.299.

67) Transcript, p.304.

68) Ralph Perry, "Added Thrill Given Dayton," *Nashville Banner*, 21 July 1925, p.2.

69) Sterling Tracy, "Darrow Quizzes Bryan: Agnosticism in Clash with Fundamentalism," *Commercial Appeal*(Memphis), 21 July 1925, p.1.

70) Clarence Darrow to H. L. Mencken, 15 August 1925, in H. L. Mencken Collection, New York Public Library, NY.

71) Transcript, p.305.

72) Transcript, pp.306~308.

73) Transcript, pp.311~312.

74) Corinne Rich, "Jurors Know Least About Scopes Trial," *Commercial Appeal*(Memphis), 22 July 1925, p.1.

75) "Scopes Fined $100," *Chattanooga Times*, 22 July 1925, p.1.

76) Sterling Tracy, "Scopes Is Convicted; Draws $100 Fine for Teaching Evolution,"

Commercial Appeal(Memphis), 22 July 1925, p.1.

77) Transcript, pp.316~317.

제8장

1) Lawrence W. Levine, *Defender of the Faith: William Jennings Bryan, The Last Decade, 1915–1925*(New York: Oxford University Press, 1965), p.355.

2) "Commoner Propounds 9 Specific Questions to Chicago Attorney," *Knoxville Journal*, 22 July 1925, p.8.

3) "Dayton Hears Parting Shots," *Nashville Banner*, 22 July 1925, p.4.

4) "Bryan Doesn't Claim To Know Everything': He Replies to Foes," *Commercial Appeal*(*Memphis*), 23 July 1925, p.1.

5) Transcript, p.338.(Bryan's unused closing argument was printed as a supplement in the unofficial published version of the trial transcript.)

6) George F. Milton, "A Dayton Postscript," *Outlook* 140(1925), p.552. 유사한 의견은 밀턴의 논평, "Disgraceful Performance," *Chattanooga News*, 21 July 1925, p.8 참고.

7) Ray Ginger, *Six Days or Forever? Tennessee v. John Thomas Scopes*(London: Oxford University Press, 1958), p.192; "Bryan Satisfied with His Recent Crusades," *Commercial Appeal*(Memphis), 23 July 1925, p.3.

8) Grace Dexter Bryan to Judge Sue Hicks, 12 April 1940, in Hicks Papers.

9) William Jennings Bryan and Mary Baird Bryan, *The Memoirs of William Jennings Bryan*(Philadelphia: United, 1925), pp.485~486.

10) Transcript, p.339.

11) Irving Stone, *Clarence Darrow for the Defense*(New York: Doubleday, 1941), p.464; Joseph Wood Krutch, "The Great Monkey Trial," *Commentary*(May 1967), p.84; Robert D. Linder, "Fifty Years After Scopes: Lessons to Learn, a Heritage to Reclaim," *Christianity Today*, 18 July 1975, p.9.

12) Arthur Garfield Hays, *Let Freedom Ring*(New York: Liveright, 1928), pp.79~80.

13) "Dayton Snap Shots," *Nashville Banner*, 12 July 1925, p.8.

14) "Dayton Back to Earth," *Commercial Appeal*(Memphis), 23 July 1925, p.2; "Dayton's Subsidence," *Nashville Banner*, 22 July 1925, p.8; John T. Scopes, *Center of the Storm: Memoirs of John T. Scopes*(New York: Holt, 1967), pp.191~195.

15) Scopes, *Center of the Storm*, pp.194, 206~207.

16) Russell D. Owen, "The Significance of the Scopes Trial," *Current History* 22(1925), p.875.

17) Herbert E. Hicks to Ira Evans Hicks, 22 July 1925, in Hicks Papers; "Malone Talks at Follies," *New York Times*, 24 July 1925, p.13; Arthur Garfield Hays, "The Strategy of the Scopes Defense," *The Nation*, 5 August 1925, p.158.

18) H. L. Mencken, "The Monkey Trial: A Reporter's Account," in Jerry D. Tompkins, ed., *D-Days at Dayton: Reflections on the Scopes Trial*(Baton Rouge: Louisiana State University Press, 1965), p.51(1925년 7월 18일 기사 재판); "Says Evolution Laws Will Become General," *Commercial Appeal*(Memphis), 23 July 1925, p.4.

19) Ralph Perry, "Both Won in Scopes Hearing," *Nashville Banner*, 22 July 1925, p.1.

20) T. W. Callaway, "Think Darrow Met His Match," *Chattanooga Times*, 22 July 1925, p.2; W. S. Keese, "Declares Bryan Shorn of Strength," *Chattanooga Times*, 22 July 1925, p.2.

21) "Real Religion and Real Science," *Commercial Appeal*(Memphis), 26 July 1925, sec.1, p.4.

22) Frank R. Kent, "On the Dayton Firing Line," *The New Republic* 43(1925), p.259.

23) "Ended at Last," *New York Times*, 22 July 1925, p.18; "As Expected, Bryan Wins," *Chicago Tribune*, 22 July 1925, p.8.

24) "Dayton's 'Amazing' Trial," *Literary Digest*, 25 July 1925, p.7.

25) "2,000,000 Words Wired to the Press," *New York Times*, 22 July 1925, p.22; "The End in Sight at Dayton," *New York Times*, 18 July 1925, p.12; Transcript, p.316.

26) Howard W. Odum, "Duel to the Death," *Social Forces* 4(1925), p.190.

27) "His Death Dramatic," *New York World*, 27 July 1925, p.16.

28) Scopes, *Center of the Storm*, p.203; G. W. Rappleyea to Forrest Bailey, 7 August 1925, in ACLU Archives, vol. 274; Austin Peay, "The Passing of William Jennings Bryan," in Austin Peay, *A Collection of State Papers and Political Addresses*(Kingsport, TN: Southern, 1929), p.450.

29) "Comment of Press of Nation on Bryan's Death," *New York Times*, 27 July 1925, p.2.

30) Charles O. Oaks, "Death of William Jennings Bryan," in Norm Cohen, "Scopes and Evolution in Hillbilly Songs," *JEMF Quarterly* 6(1970), p.176; W. B. Riley, "Bryan: The Great Commoner and Christian," *Christian Fundamentals in School*

and Church 7(October 1925), pp.9, 11.

31) "Evolution Issue in Congress, Forecast," *Commercial Appeal*(Memphis), 30 July 1925, p.1.

32) "Mississippi May Ban Theory of Evolution," *Commercial Appeal*(Memphis), 31 July 1925, p.1; "Tennessee Man Attacks Evolution," *Clarion-Ledger*(Jackson), 9 February 1926, p.3.

33) Frank R. Kent, "On the Dayton Firing Line," *The New Republic* 43(1925), p.260; "Dr. John Roach Straton Challenges Darrow," *Johnstown Democrat*, 20 August 1925, p.16; Riley, "Bryan: The Great Commoner and Christian," p.11. 거의 같은 시기에 J. 프랭크 노리스는 대로에게 맞선 브라이언의 모습을 "파라오에게 도전하는 모세" 그리고 "교황 레오 10세에게 자신의 논지를 내세우는 마르틴 루터"에 비유하면서 "세기를 통틀어 가장 위대한 투쟁"이라고 묘사했다. James J. Thompson, Jr., *Trial as by Fire: Southern Baptists and the Religious Controversies of the 1920s*(Macon, Ga.: Mercer University Press, 1982), p.132 참고.

34) Cohen, "Scopes and Evolution in Hillbilly Songs," pp.176~181; "Demand for Special Record," *Talking Machine World*(15 September 1925), p.83; Mel R. Wilhoit의 "Music of the Scopes Monkey Trial," typescript, Bryan College Music Department, Dayton, Tennessee, 1995 참고. 고전 컨트리 음악 「수라는 이름의 소년A Boy Named Sue」이라는 곡은 스콥스 노래의 먼 친척뻘로, 스콥스 재판의 검사 수 힉스에게서 영감을 받았다. Juanita Glenn의 "Judge Still Recalls 'Monkey Trial'—50 Years Later," *Knoxville Journal*, 11 July 1975, p.17.

35) H. L. Mencken, "Editorial," *American Mercury* 6(1925), p.159.

36) Ronald L. Numbers, "The Scopes Trial: History and Legend," *Southern Culture*(forthcoming); "Dayton and After," *Nation* 121(1925), pp.155~156; Mencken, "Editorial," p.160; Maynard Shipley, *The War on Modern Science*(New York: Knopf, 1927), pp.3~4.

37) "Darrow's Blunder," *New York World*, 23 July 1925, p.18; "Darrow Betrayed Himself," *Times-Picayune*(New Orleans), 23 July 1925, p.8.

38) "The Scopes Case Counsel," *Religious Weekly Review*, 27 June 1925, in ACLU Archives, vol. 276; Brower Eddy to John R. Neal, 10 September 1925, in ACLU Archives, vol. 274; Edwin Mims, "Modern Education and Religion," p.6, in Mims Papers; Raymond B. Fosdick to Roger N. Baldwin, 19 October 1925, in ACLU Archives, vol. 274; Roger N. Baldwin to Raymond B. Fosdick, 21 October 1925, in ACLU Archives, vol. 274.

39) ACLU Executive Committee, "Minutes," 3 August 1925, in ACLU Archives, vol.

279; Forrest Bailey to Clarence Darrow, 2 September 1925, in ACLU Archives, vol. 275(quoting from earlier letter to Neal); Rappleyea to Bailey, 7 August 1925.

40) Forrest Bailey to Charles H. Strong, 12 August 1925, in ACLU Archives, vol. 274(similar letters in same volume); "The Conduct of the Scopes Trial," *The New Republic* 43(1925), p.332.

41) Bailey to Darrow, 2 September 1925; Clarence Darrow to Forrest Bailey, 4 September 1925, in ACLU Archives, vol. 274.

42) Forrest Bailey to Walter Nelles, 4 September 1925, in ACLU Archives, vol. 274; "Mr Hughes and the Tennessee Law," *New York World*, 3 September 1925, p.8; Arthur Garfield Hays to Walter Nelles, 9 September 1925, in ACLU Archives, vol. 274; Walter Nelles to Arthur Garfield Hays, 10 September 1925, in ACLU Archives, vol. 274.

43) Transcript, p.288; Mencken, "Monkey Trial," p.51(1925년 7월 18일 기사 재판); Joseph Wood Krutch, "Darrow vs. Bryan," *Nation*, 29 July 1925, p.136; Maynard M. Metcalf et al. to Michael I. Pupin, 17 August 1925, in Darrow Papers.

44) Forrest Bailey to John T. Scopes c/o Clarence Darrow, 29 September 1925, in ACLU Archives, vol. 274.

45) Clarence Darrow to Forrest Bailey, 10 February 1926, in ACLU Archives, vol. 299; Forrest Bailey to Franklin Reynolds, 23 December 1925, in ACLU Archives, vol. 274. 사건을 맡은 현지 변호사의 사례는 Franklin Reynolds to Forrest Bailey, 10 December 1925, in ACLU Archives, vol. 274 참고.

46) 예: Forrest Bailey to Walter Nelles, 4 September 1925, in ACLU Archives, vol. 274; Forrest Bailey to Frank H. O'Brien, 3 December 1925, in ACLU Archives, vol. 274 참고.

47) K. T. McConnico to Charles L. Cornelius, 16 September 1926, in Peay Papers, GP 40-24.

48) Austin Peay to Samuel Untermyer, 19 September 1925, in Peay Papers, GP 40-24.

49) "Condensed Minutes of Annual Meeting," *Journal of the Tennessee Acad- envy of Sciences* 1(1925), 9; Wilson L. Newman to Austin Peay, 5 December 1925, in Peay Papers, GP 40-13.

50) 이 문제에 관해 피에게 보낸 편지는 그 내용을 요약한 「내슈빌 배너」 기사가 포함된 Peay Papers, GP 40-13 참고. 미시시피 주 법을 고발하는 소송을 ACLU가 지지하기로 한 내용은 American Civil Liberties Union, "Press Service," 20 March 1926, in ACLU Archives, vol. 299 참고.

51) George F. Milton to Austin Peay, 8 August 1925, in Peay Papers, GP 40−24; Franklin Reynolds to Forrest Bailey, 18 March 1926, in ACLU Archives, vol. 299; John T. Scopes to Roger N. Baldwin, 8 August 1926, in ACLU Archives, vol. 299.

52) Forrest Bailey to Arthur Garfield Hays, 5 January 1926, in ACLU Archives, vol. 299; Forrest Bailey to Robert S. Keebler, 5 January 1926, in ACLU Archives, vol. 299; Arthur Garfield Hays to Forrest Bailey, 6 January 1926, in ACLU Archives, vol. 299; Robert S. Keebler to Forrest Bailey, 9 February 1926, in ACLU Archives, vol. 299; Arthur Garfield Hays to Walter Nelles, 9 September 1925, in ACLU Archives, vol. 274. 베일리는 피고 측 변호인단 중 테네시 주 출신과 외지 출신의 변호사 수를 잘못 계산했다. 실제로 5명의 '외부인'(대로, 멀론, 헤이스, 로젠솜 그리고 ACLU 변호사 월터 H. 폴락)과 4명의 '현지인'(닐, 키블러, 스펄록 그리고 현지 검사 프랭크 맥엘위)이 재판과 항소심 중에 피고 측에서 변론했다.

53) John Randolph Neal to Forrest Bailey, 15 February 1926, in ACLU Archives, vol. 299.

54) "Reply Brief and Argument for the State of Tennessee," State v. Scopes, 154 Tenn. 105(1926), pp.14, 78~80, 380(강조는 원문).

55) "Brief and Argument of the Tennessee Academy of Sciences as Amicus Curiae," Scopes v. State, 154 Tenn. 105(1926), pp.16, 90, 154.

56) "World Awaits Scopes Hearing Here Monday," Nashville Banner, 30 May 1926, p.1; "State Defends Anti-Evolution Law," Knoxville Journal, 1 June 1926, p.1.

57) "Supreme Court Hears Scopes Case," Nashville Banner, 31 May 1926, p.1.

58) Ibid.; "Anti-Evolution Law Called 'Capricious'," Commercial Appeal(Memphis), 1 June 1926, p.1.

59) "Supreme Court Hears Scopes Case," p.1.

60) William Hutchinson, "Darrow Makes Fervid Plea," Nashville Banner, 1 June 1926, p.1.

61) "Scopes Case Rests in Hands of State's Highest Tribunal," Knoxville Journal, 2 June 1926, p.1; "Darrow and McConnico Speak in Scopes Case," Nashville Banner, 1 June 1926, p.1.

62) Ibid.; "Darrow Declares Science as Real as Religion," Chattanooga Times, 2 June 1926, p.1.

63) "Argument of Clarence Darrow," Scopes v. State, 154 Tenn. 105(1926), pp.17, 26~28, in Darrow Papers; Hutchinson, "Darrow Makes Fervid Plea," p.1; Hays, Let Freedom Ring, p.80.

64) Hays, Let Freedom Ring, 80; "Religious Issue Flares in Scopes Case Pleas,"

Chattanooga Times, 1 June 1926, p.1; "Scopes Case," p.1.(Associated Press wire story)

65) Forrest Bailey to Clarence Darrow, 3 June 1926, in ACLU Archives, vol. 299; Clarence Darrow to Forrest Bailey, 9 June 1926, in ACLU Archives, vol. 299; Roger N. Baldwin to John T. Scopes, 10 August 1926, in ACLU Archives, vol. 299; Wolcott H. Pitkin to Felix Frankfurter, in ACLU Archives, vol. 299.

66) Scopes, *Center of the Storm*, p.237.

67) Scopes v. State, p.154 Tenn. pp.105, 289 S.W. at pp.363, 364, 367, 370(1927).

68) Ibid., p.289 S.W. at p.367.

69) "Scopes Goes Free, but Law Is Upheld," *New York Times*, 16 January 1927, p.1; "Will Ask Court to Rehear Case," *Nashville Banner*, 17 January 1927, p.1.

70) "Finis Is Written in Scopes Case," *Nashville Banner*, 16 January 1927, p.1.

71) Lida B. Robertson to Governor Peay, 11 August 1925, in Peay Papers, GP 4013.

72) Shipley, *War on Science*, p.111.

73) 예: Virginia Gray, "Anti-Evolution Sentiment and Behavior: The Case of Arkansas," *Journal of American History* 62(1970), pp.357~365 참고.

74) "Malone Talks," 13; "The Inquisition in Tennessee," *The Forum* 74(1925), p.159; Edwin Mims, "Mr. Mencken and Mr. Sherman: Smartness and Light," in Mims Papers, box 19; Edward J. Larson, *Trial and Error: The American Controversy Over Creation and Evolution*(New York: Oxford University Press, 1989), pp.83~84.

75) Hays, "Strategy of the Scopes Defense," p.157; Clarence Darrow, *The Story of My Life*(New York: Grosset, 1932), p.267; Hays, *Let Freedom Ring*, p.79; Arthur Garfield Hays, *City Lawyer*(New York: Simon & Schuster, 1942), p.215 참고.

76) W. B. Riley, "The World's Christian Fundamentals Association and the Scopes Trial," *Christian Fundamentals in School and Church* 7(October 1925), pp.39~40.

77) Charles A. Beard and Mary R. Beard, *The Rise of American Civilization*, vol. 2(New York: Macmillan, 1928), pp.752~753.

78) Preston William Slosson, *The Great Crusade and After*(New York: Macmillan, 1931), pp.432~433. 이와 유사한 해석은 William W. Sweet, *The Story of Religion in America*(New York: Harper, 1930), p.513 참고.

79) Paxton Hibbon, *Peerless Leader: William Jennings Bryan*(New York: Farrar, 1929), p.402(인용문); Morris R. Werner, *Bryan*(New York: Harcourt, 1929),

pp.339~355.

80) 이 문제에 관한 세부 분석은 Paul M. Waggoner, "The Historiography of the Scopes Trial: A Critical Re-evaluation," *Trinity Journal*(new series), 5(1985), p.161 참고.

제9장

1) Frederick Lewis Allen, *Only Yesterday: An Informal History of the Nineteen-Twenties*(reprint, New York: Harper, 1964), pp.163~171.

2) Ibid., pp.163~164, 170; Clarence Darrow, *The Story of My Life*(New York: Grosset, 1932), p.267.

3) Allen, *Only Yesterday*, vii–viii.

4) Roderick Nash, *The Nervous Generation: American Thought, 1917~1930* (Chicago: Rand McNally, 1970), pp.5~8. Darwin Payne, *The Making of Only Yesterday: Frederick Lewis Allen*(New York: Harper, 1975), pp.98~103 참고.

5) Ernst Mayr, personal communication, 1 December 1995.

6) Allen, *Only Yesterday*, p.168~170; Paul M. Waggoner, "The Historiography of the Scopes Trial: A Critical Re-evaluation," *Trinity Journal*(new series), 5(1985), p.161.

7) Gaius Glen Atkins, *Religion in Our Times*(New York: Round Table, 1932), pp.250~252; Mark Sullivan, *Our Times: The United States, 1900~1925*(New York: Scribner's, 1935), p.644.

8) William W. Sweet, *The Story of Religion in America*(New York: Harper, 1930), p.513; William W. Sweet, *The Story of Religion in America*, rev. ed.(New York: Harper, 1939); Irving Stone, *Clarence Darrow for the Defense*(Garden City: Doubleday, 1941), p.437.

9) W. J. Bryan to Dr. Howard A. Kelly, 17 June 1925, in Bryan Papers; John Thomas Scopes to Editor, *Forum*(June 1925), xxvi.

10) William Vance Trollinger, Jr., "Introduction," in William Vance Trollinger, Jr., ed., *The Antievolution Pamphlets of William Bell Riley*(New York: Garland, 1995), xvii–xviii.

11) Howard W. Odum, *An American Epoch: Southern Portraiture in the National Picture*(New York: Holt, 1930), pp.167~168. 10년 후의 유사한 언급에 대해서는 Howard W. Odum, *Southern Regions of the United States*(Chapel Hill: University of North Carolina Press, 1936), pp.501, 527 참고.

12) C. H. Thurber to W. J. Bryan, 21 November 1923, in Bryan Papers; W. J. Bryan to C. H. Thurber, 22 December 1923, in Bryan Papers.

13) George William Hunter의 *A Civic Biology*(New York: American, 1914), pp.193~196, 235, 404~406, 423과 George William Hunter, *A New Civic Biology*(New York: American, 1926), pp.250, 383, 411~412, 436 비교. 여러 문서를 광범위하게 분석한 자료는 Judith V. Grabner and Peter D. Miller, "Effect of the Scopes Trial," *Science* 185(1974), pp.832~837; Gerald Skoog, "The Topic of Evolution in Secondary School Biology Textbooks: 1900~1977," *Science Education* 63(1979), pp.620~636; Edward J. Larson, *Trial and Error: The American Controversy Over Creation and Evolution*(New York: Oxford University Press, 1989), pp.84~88 참고.

14) Ronald L. Numbers, *The Creationists: The Evolution of Scientific Creationism*(New York: Knopf, 1992), p.100; Edward B. Davis, "Introduction," in Edward B. Davis, ed., *The Antievolution Pamphlets of Harry Rimmer*(New York: Garland, 1995), xvi~xix.

15) George M. Marsden, *Fundamentalism and American Culture: The Shaping of Twentieth-Century Evangelicalism, 1870~1925*(New York: Oxford University Press, 1980), pp.184~185.

16) Joel A. Carpenter, "Fundamentalist: Institutions and the Rise of Evangelical Protestantism, 1929~1942," *Church History* 49(1980), pp.62~75.(Marsden, *Fundamentalism and American Culture*, p.194에서 인용함)

17) Ronald L. Numbers, "The Creationists," in Martin E. Marty, ed., *Fundamentalism and Evangelicalism*(Munich: Saur, 1993), Carpenter 261.

18) John 18:36(AV); 1 Cor. 1:20(AV).

19) "I'll Fly Away," in *Wonderful Melody*(Hartford, Conn.: Hartford Music, 1932).

20) Richard Hofstadter, *The American Political Tradition: And the Men Who Made It*(New York: Knopf, 1948), pp.199~202. 이후 발표된 좀더 균형 잡힌 자료는 Lawrence W. Levine, *Defender of the Faith: William Jennings Bryan, The Last Decade, 1915~1925*(New York: Oxford University Press, 1965); Paolo E. Coletta, *William Jennings Bryan. Vol. 3. Political Puritan, 1915~1925*(Lincoln: University of Nebraska Press, 1969) 참고.

21) Norman F. Furniss, *The Fundamentalist Controversy, 1918~1931*(New Haven, Conn.: Yale University Press, 1954), p.3.

22) William E. Leuchtenburg, *The Perils of Prosperity, 1914~1932*(Chicago:

University of Chicago Press, 1958), pp.217~223.

23) Ray Ginger, *Six Days or Forever? Tennessee v. John Thomas Scopes*(London: Oxford University Press, 1958), pp.190~217, 238.

24) Richard Hofstadter, *The Age of Reform: From Bryan to F.D.R.*(New York: Knopf, 1955), p.286.

25) Richard Hofstadter, William Miller, and Daniel Aaron, *The United States: The History of a Republic*(Englewood Cliffs, N.J.: Prentice-Hall, 1957), p.636; Irwin Unger, *These United States: The Questions of Our Past*, vol. 2, 6th ed.(Englewood Cliffs, N.J.: Prentice-Hall, 1995), p.712; Samuel Eliot Morison, Henry Steele Commanger, and William E. Leuchtenburg, *A Concise History of the American Republic*, rev. ed.(New York: Oxford University Press, 1977), p.588; William Miller, *A New History of the United States*(New York: Braziller, 1958), p.356. 1960~1995년에 출간된 5~6권의 기타 대학 교과서에 재판에 대한 비슷한 내용이 실려 있다.

26) Michael Lienesch, *Redeeming America: Piety and Politics in the New Christian Right*(Chapel Hill: University of North Carolina Press, 1993), p.154 참고.

27) Harry Rimmer, "The Theories of Evolution and the Facts of Human Antiquity" (1929), in Davis, ed., *Antievolution Pamphlets*, pp.84~85와 이후에 이 모음집에 실린 팸플릿 비교; Arthur I. Brown, "Science Speaks to Osborn," in Ronald L. Numbers, ed., *The Antievolution Works of Arthur I. Brown*(New York: Garland, 1995), pp.134~175와 이 모음집의 다른 저작물 비교.

28) George McCready Price to William Jennings Bryan, 1 July 1925, in Bryan Papers; "Says Millions Here Oppose Darwinism," *New York Times*, 8 September 1925, p.9; George McCready Price, "What Christians Believe About Creation," *Bulletin of Deluge Geology* 2(1942), p.76.

29) Henry M. Morris, *History of Modem Creationism*(San Diego: Master, 1984), p.73.

30) Jerry Falwell, *The Fundamentalist Phenomenon: The Resurgence of Conservative Christianity*(Garden City: Doubleday, 1981), p.86.

31) "House Decides State to Keep Evolution Act," *Chattanooga Times*, 20 February 1935, p.2.

32) Judson A. Rudd to Members of the Legislature, 15 March 1951, in Scopes trial file, Bryan College Archives, Dayton, Tennessee.

33) Ibid. 원리주의자들에 의한 이 시대의 반공산주의 활동에 대한 논의는 James Davison Hunter, *Evangelicalism: The Coming Generation*(Chicago: University of Chicago Press, 1987), pp.121~124 참고.

34) Ferenc M. Szasz, "William Jennings Bryan, Evolution and the Fundamentalist—Modernist Controversy," in Marty, ed., *Fundamentalism and Evangelicalism*, p.109. 브라이언의 이후 변론 사례는 Robert D. Linder, "Fifty Years After Scopes: Lessons to Learn, a Heritage to Reclaim," *Christianity Today*, 18 July 1975, pp.7~10 참고.

35) Hunter, *Evangelicalism*, p.120.

36) Ginger, *Six Days or Forever?* p.238.

37) Richard Hofstadter, *Anti-Intellectualism in American Life*(New York: Knopf, 1963), pp.3, 125, 130~131.

38) Jerome Lawrence and Robert E. Lee, "Inherit the Wind: The Genesis & Exodus of the Play," *Theater Arts*(August 1957), p.33; Elizabeth J. Haybe, "A Comparison Study of *Inherit the Wind* and the Scopes 'Monkey Trial'," Master's thesis, University of Tennessee, 1964, p.66; Tony Randall, personal communication, April 1996.

39) Lawrence and Lee, "Genesis & Exodus," p.33.

40) Jerome Lawrence and Robert E. Lee, *Inherit the Wind*(New York: Bantam, 1960), vii, 4; John T. Scopes, The Center of the Storm: Memoirs of John T. Scopes(New York: Holt, 1967), p.270.

41) Lawrence and Lee, *Inherit the Wind*, pp.3, 7, 64.

42) Joseph Wood Krutch, "The Monkey Trial," *Commentary*(May 1967), p.84.

43) Lawrence and Lee, *Inherit the Wind*, pp.7, 30, 63.

44) Ronald L. Numbers, "Inherit the Wind," *Isis* 84(1993), p.764.

45) Lawrence and Lee, *Inherit the Wind*, pp.85, 91, 103; Gerald Gunther, personal communication, 17 November 1995.

46) Lawrence and Lee, *Inherit the Wind*, pp.32, 42.

47) Ibid., pp.112~115.

48) Andrew Sarris, "Movie Guide," *Village Voice*, 10 November 1960, p.11.

49) "Mixed Bag," *The New Yorker*, 30 April 1955, p.67; "The New Pictures," *Time*, 17 October 1960, p.95; Robert Hayes, "Our American Cousin," *Commonweal* 62(1955), p.278; Walter Kerr, "Inherit the Wind," *New York Herald Tribune*, 22 April 1955, p.10; Stanley Kauffmann, "O Come All Ye Faithful, *The New Republic*, 31 October 1960, pp. 29~30; Sarris, "Movie Guide," p.11. 영화의 경우 아카데미상을 받지 못했지만 드러먼드—대로 역을 맡았던 트레이시가 남우주연상 후보에 오르기는 했다. 여기서 흥미로운 사실 하나는 그가 버트 랭카스터에게 남우주연상을

빼앗겼다는 것이다. 랭카스터는 「엘머 갠트리Elmer Gantry」라는 영화에서 반진화론운동을 이끈 존 로치 스트레이턴 목사에 기반을 둔 주인공 역할을 맡아 상을 수상했다.

50) Scopes, *Center of the Stormy* p.210; Juanita Glenn, "Judge Still Recalls 'Monkey Trial'-50 Years Later," *Knoxville Journal*, 11 July 1975, p.17. 매우 충직한 민주당 정치인이었던 브라이언에게 위안이 됐을 만한 사실은 영화 개봉 시기가 1960년 대통령 선거와 맞아떨어졌고 매카시즘을 거의 드러내놓고 공격한 이 영화가 공산주의 탄압을 주도했던 공화당 후보 리처드 M. 닉슨의 분패에 이바지했다는 것이다.

51) Krutch, "Monkey Trial," p.83.

52) Ibid.; National Center for History in Schools, *National Standards for United States History: Exploring the American Experience*(Los Angeles: National Center, 1994), p.180.

53) Carl Sagan, personal communication, 21 November 1995; Howard J. Van Till, personal communication, 27 December 1995.

54) Morris, *History of Modern Creationism* 76~77. 이와 같은 시도가 드러난 사례는 David N. Menton, "Inherit the Wind: A Hollywood History of the Scopes Trial," *Contrast*(January 1985), p.1; Euphemia Van Rensselaer Wyatt, "Theater," *Catholic World* 181(1955), 226; Phillip E. Johnson, *Darwin on Trial*(Washington, D.C.: Regnery, 1991), pp.4~6 참고.

55) Martin E. Marty, *Righteous Empire: The Protestant Experience in America*(New York: Dial, 1970), p.220; Martin E. Marty, personal communication, 29 November 1995.

56) Stephen Jay Gould, *Hen's Teeth and Horses Toes*(New York: Norton, 1983), pp.270, 273.

57) Allen, *Only Yesterday*, p.171; Hofstadter, *Anti-Intellectualism*, p.129; Lawrence and Lee, *Inherit the Wind*, p.109; Randall, personal communication, April 1996; Kauffman, "O Come All Ye Faithful," p.29.

제10장

1) "The Conduct of the Scopes Trial," *The New Republic* 43(1925), p.332.

2) Gitlow v. New York, 208 U.S. 652(1925)(free speech); Everson v. Board of Education, 330 U.S. 1(1947)(establishment clause); McCullum v. Board of Education, 333 U.S. 203(1948)(religious instruction); Engel v. Vitale, 370 U.S. 421(1962)(school prayer); Abington School Dist. v. Shempp, 374 U.S. 203(1963)

(Bible reading). 이러한 결정에 뒤이어 ACLU 연간 보고서는 다음과 같은 내용을 발표했다. "종파를 가르는 종교적 행동이 법원에 좀더 많이 보고된다면 이 또한 위헌이라는 판결을 이끌어낼 수 있을 것이라고 확신한다." American Civil Liberties Union, *Freedom Through Dissent: 42nd Annual Report*(New York: ACLU, 1963), p.22.

3) 이와 같은 추이에 대한 논의는 Arnold B. Grobman, *The Changing Classroom: The Role of the Biological Sciences Curriculum Study*(Garden City: Doubleday, 1969), pp.94~95, 204; Gerald Skoog, "The Topic of Evolution in Secondary School Biology Textbooks: 1900~1977," *Science Education* 63(1979), pp.632~633 참고.

4) Bud Lumke, "Science Teacher Takes Stand in Evolution Hearing," *Arkansas Democrat*, 1 April 1966, p.1; "Proceedings," in Appendix, Epperson v. Arkansas, 393 U.S. 97(1968), pp.40~60; "Teacher Fired on Evolution," *Knoxville Journal*, 15 April 1967, p.1.

5) "The Press-Scimitar Blitzes the Tennessee Anti-Evolution Law," *Scripps-Howard News*(August 1967), p.9; "Monkey Law Bill May Be Decided," *Nashville Tennessean*, 10 May 1967, p.8.

6) Lorry Daughtrey, "House Act Fails to Stir Scopes," *Nashville Tennessean*, 13 April 1967, p.1.

7) "Press-Scimitar Blitzes Tennessee Anti-Evolution Law," p.9.

8) "House Votes Down 'Monkey Law'," *Nashville Banner*, 12 April 1967, p.1; "I May Be Leaving," *Nashville Tennessean*, 15 April 1967, p.4(editorial cartoon); Daughtrey, "House Act Fails to Stir Scopes," p.1.

9) Bill Kovach, "'Monkey Law' Left Out on a Limb," *Nashville Tennessean*, 21 April 1967, p.1; "Seems I'm Still Here," *Nashville Tennessean*, 22 April 1967, p.4.

10) "'Monkey Law' Vote Stalled," *Nashville Tennessean*, 12 May 1967, p.12; "Rehired Teacher to Test 'Monkey Law' Anyway," *Nashville Tennessean*, 13 May 1927, p.1; "Overthrow of Monkey Law Asked," *Knoxville Journal*, 16 May 1967, p.3; "Anti-Evolution Law Brings Shame on State," *Nashville Tennessean*, 15 May 1976, p.8; William Bennett, "State's 'Monkey Law' Repealed by Senators," *Commercial Appeal*(Memphis), 17 May 1967, p.1; "Scott to End Suit; Scopes Welcomes Action in Assembly," *Nashville Banner*, 17 May 1967, p.2; Walter Smith, "Monkey Law Dead, but Dayton Residents Recall Famed Trial," *Nashville Banner*, 19 May 1967, p.14(미국 뉴스 통신사 기사).

11) State v. Epperson, 242 Ark. 922, 416 S.W.2d 322, 322(1967).

12) "In Court's Failure, the Barrier Remains," *Arkansas Gazette*, 8 June 1967, p.6A.

13) Peter L. Zimroth, "Epperson and Blanchard v. Ark.," 20 December 1967, in

Fortas Papers; Peter L. Zimroth, "Supp. Memo," 16 February 1968, in Fortas Papers.

14) Arthur Goldschmidt to Abe Fortas, 22 November 1968, in Fortas Papers.

15) Louis R. Cohen, "Epperson v. Arkansas," 14 December 1967, p.3, in John Mrrshall Harlan Papers, Princeton University Library; "Brief for Appellants," Epperson v. Arkansas, 393 U.S. 97, p.8; "Brief for Appellee," Epperson v. Arkansas, 393 U.S. 97, pp.1, 28~31; "Brief of American Civil Liberties Union and American Jewish Congress," Epperson v. Arkansas, 393 U.S. 97, p.2; for example(Transcript of Oral Arguments), Epperson v. Arkansas, 393 U.S. 97, p.14.

16) "No. 7, Epperson v. Arkansas," 18 October 1968, in Fortas Papers. 법안에 종교적 영향력이 결여됐다는 사실을 인정한 포타스는 자필로 작성한 의견서 초안에 다음과 같이 적었다. "우리 목적을 이루기 위해 공공 지원을 받는 아칸소 주의 교육기관에서마저 진화론이 존속하며 끈질기게 버티고 있다는 사실은 중요하지 않다." Fortas Papers의 에퍼슨 사건 서류, 1968년 10월 26일.

17) Epperson v. Arkansas, 393 U.S. at 102~109.

18) Lemon v. Kurtzman, 403 U.S. 602, 612(1971); Gerald Gunther, personal communication, 17 November 1995; Charles Alan Wright, personal communication, 21 November 1995.

19) Epperson v. Arkansas, 393 U.S. at 239(Black, J., concurring).

20) Epperson v. Arkansas, 393 ILS. at 109. For the added language, compare the published opinion with Fortas's handwritten draft dated 26 October 1968, in Fortas Papers.

21) "Court Rules in 'Scopes Case'," *U.S. News and World Report*, 22 November 1968, p.16; "Making Darwin Legal," *Time*, 22 November 1968, p.41; "Evolution Revolution in Arkansas," *Life*, 22 November 1968, p.89; Fred P. Graham, "Court Ends Darwinism Ban," *New York Times*, 12 November 1968, p.1.

22) Jerome Lawrence and Robert E. Lee, *Inherit the Wind*(New York: Bantam, 1960), p.89; Epperson v. Arkansas, 393 U.S. at 109. 중립성을 호소하는 브라이언의 전형적인 항변은 William Jennings Bryan, "God and Evolution," *New York Times*, 26 February 1922, sec.7, p.1 참고.

23) Transcript, pp.185~187.

24) Epperson v. Arkansas, 393 U.S. at 109.

25) Wendell R. Bird, "Freedom from Establishment and Unneutrality in Public School Instruction and Religious School Regulation," *Harvard Journal of Law and Public Policy* 2(1979), p.179.

26) 다양한 창조론 저작물에 여러 해설이 등장하지만 대로 자신이 한 말로 권위를 인정받는 해석은 이 인용문이 유일하다. Wendell R. Bird, "Creation-Science and Evolution-Science in Public Schools: A Constitutional Defense in Public Schools," *Northern Kentucky Law Review* 9(1982), p.162의 도입 부분에 실려 있다.

27) George Gallup, "Public Evenly Divided Between Evolutionists, Creationists," *Los Angeles Times Syndicate*, 1982, p.1(press release); "76퍼센트 for Parallel Teaching of Creation Theories," *San Diego Union*, 18 November 1981, p.A15(응답자의 80퍼센트 이상이 평행 교육이나 창조론의 독점 교육에 찬성했다고 보고한 전국 여론조사)

28) Tenn. Code Ann. sec.49-2008; Ark. Stat. Ann. sec.80-1663, et, sec.(1981 Supp.); La. Rev. Stat. Ann. sec.17: 286.3(1981). 이 법안과 이로 인해 발생한 소송에 대한 전반적인 논의는 Edward J. Larson, *Trial and Error: The American Controversy Over Creation and Evolution*(New York: Oxford University Press, 1989), pp.125~188.

29) "Remember Scopes Trial? ACLU Does," *Times-Picayune*(New Orleans), 22 July 1981, p.1 참고.

30) Aguillard v. Edwards, 765 F.2d 1251, 1253 and 1257(5th Cir. 1985); Aguillard v. Edwards, 778 F.2d 225, 226(5th Cir. 1985)(Gee, J., dissenting).

31) Edwards v. Aguillard, 48Z U.S. 578, 590, 590 n. 10(1986); ibid. at 603(Powell, J., concurring); ibid. at 638(Scalia, J., dissenting)(인용 생략).

32) Stephen L. Carter, *The Culture of Disbelief: How American Law and Politics Trivialize Religious Devotion*(New York: Basic Books, 1993), pp.169, 175~176, 178.

33) Foreword, in Henry M. Morris, ed., *Scientific Creationism*, gen. ed.(San Diego: Creation-Life, 1974), iii, v.

34) Bernard Ramm, *The Christian View of Science and Scripture*(Grand Rapids, Mich.: Eerdmans, 1954), p.260. 그레이엄의 지지에 관한 내용은 Ronald L. Numbers, *The Creationists: The Evolution of Scientific Creationism*(New York: Knopf, 1992), p.185.

35) Tom Curley, "New Life in Evolution Debate," *USA Today*, 27 March 1996, p.3A; Millicent Lawton, "Ala. Board Mulls Taking Stand on Evolution as Theory," *Education Week*, 8 November 1995, p.13 참고.

36) Peter Applebome, "70 Years After Scopes Trial, Creation Debate Lives," *New York Times*, 10 March 1996, p.1.

37) Paula Wade, "Attempt to Amend 'Monkey Bill' Revives Debate over Darwin, God

and Teacher," *Commercial Appeal*(Memphis), 5 March 1996, p.Ai.

38) Andy Sher and Alison LaPolt, "Senators Slap Hold on 'Son of Scopes' Bill; Sponsor Vows Return," *Nashville Banner*, 5 March 1996, p.B4; "Echoes of Scopes Trial," *Nashville Banner*, 4 March 1996, p.A10; "Evolution Bill Makes It Through House Panel," *Jackson Sun*(Tenn.), 28 February 1996, p.10A; Andy Sher, "Evolution-Bill Opponents Toss in Monkey Wrenches," *Nashville Banner*, 4 March 1996, p.B2; Vicki Brown, "Evolution Bill Killed in Senate," *Cookeville Herald-Citizen*, 29 March 1996, p.2.

39) Dan George, "60 Years After Scopes, Town Is Much the Same," *Indianapolis Star*, 21 June 1985, p.19A; Jane DeBose, "New Battle Over Evolution," *Atlanta Constitution*, 6 March 1996, p.B5; Ann LoLordo, "Tennessee Legislature Might Try Scopes Again," *Baltimore Sun*, 7 March 1996, p.1A.

40) "Inherit the Wind: The State Sequel," *Nashville Tennessean*, 3 March 1996, p.6A.

41) Lewis Funke, "'Inherit the Wind' Is Play upon History," *New York Times*, 22 April 1955, p.20; Vincent Canby, "Of Monkeys, Reason and the Creation," *New York Times*, 5 April 1996, p.C1; "Mixed Bag," *The New Yorker*, 30 April 1955, p.67; "The Theater," *The New Yorker*, 22 April 1996, p.12; Roger Rosenblatt, "Inherit the Wind," *News Hour with Jim Lehrery*, 13 May 1996.

42) Richard Hofstadter, *Anti-Intellectualism in American Life*(New York: Knopf, 1963), p.129.

43) Tony Randall, personal communication, April 1996.

44) Canby, "Of Monkeys, Reason and Creation," C1.

후기

1) Phillip E. Johnson, "The Origin of Species Revisited," *Constitutional Commentary*, 7(1990), p.430.

2) Tamara Henry, "Teachers: What is Creation?" *USA Today*, July 25, 2001.(샌토럼 상원의원이 제안한 법안의 내용과 그것의 입법 상황에 대해 설명하고 있다.)

3) Richard Dawkins, *The Blind Watchmaker*(Burnt Mill, U.K.: Longman, 1986), pp.4~6, 241, 251.

4) Edward O. Wilson, "Intelligent Evolution," *Harvard Magazine*(Fall, 2005), p.33[Edward O. Wilson, *From So Simple a Beginning: The Four Great Books of*

Charles Darwin (New York: Norton, 2005)에서 발췌].

5) National Academy of Sciences, *Teaching About Evolution and the Nature of Science*(Washington, D.C.: National Academy Press, 1998), p.58.

6) Laurie Goodstein, "New Light for Creationism," *New York Times*, Dec. 21, 1997, sec.4, pp.1, 4(인용과 토론 포함).

7) Ibid.; Richard Dawkins, "Obscurantism to the Rescue," *Quarterly Review of Biology*, 72(1997), p.397.

8) *Selman v. Cobb County School District*, 390 F.Supp.2d 1286, 1292(N.D.Ga. 2005) (text of Cobb County sticker).

9) Ibid., pp.1308~1309.

10) Ibid., p.1312.

11) *Kitzmiller v. Dover Area School District*, 400 F.Supp.2d 707, 708(M.D.Pa. 2005)(도 버 부인 성명의 본문).

12) Ibid., pp.735, 765. Behe's alternative definition for a scientific theory appears in *Kitzmiller v. Dover Area School District*, 400 F.Supp.2d. 707(2005년 10월 18일 재 판 판결문), 34.

옮긴이의 말

번역을 본격적으로 시작한 지 10년이라는 시간이 훌쩍 지났다. 그사이에 참으로 많은 분야를 접했는데, 이번 작업은 그중 가장 길고 고된 시간으로 기억될 듯하다. 저자가 말하는 스콥스 재판 이후 80년이란 시간을 지난 몇 개월 동안 압축해서 체험했기 때문이다. 이 책을 번역하며 역사라는 분야가 얼마나 방대한지 새삼 느꼈다. 특히 우리말로 옮기기 어려웠던 과학(특히 생물학), 법학, 신학 등은 개인적으로 좋은 공부가 됐다.

세기의 재판이라는 미국 근대사의 중대한 사건을 속속들이 파헤치며 저자가 어느 한쪽으로 치우치지 않으려 노력한 흔적을 곳곳에서 볼 수 있었다. 역자로서도 해당 사건에 대해 사전 지식이 많지 않았다는 점이 오히려 중립을 지키는 데 유리하게 작용한 면이 있었다.

세계 최고의 자유민주주의를 표방하는 미국은 종교와 학문의 대립이 정치판에까지 영향력을 펼쳐왔다. 그 안에서 온갖 비방과 계략이 난무하고 이해관계가 얽혀 있다는 점은 여느 나라의 정치 현실과 다르지 않으나 일반인들에게 자유분방한 문화를 대표하는 미국에 이러한 보수적 종교 세력이 여전히 위력을 떨치고 있다는 것이나, 심지어 전 세계적으로 널리 수용된 진화론이 미국이라는 나라에서 고등학교 과학 시간에 가르치느냐 마느냐 하는 문제로 오랜 세월 고충을 겪었다는 사실이 매우 흥미롭다.

역자는 남미에서 미국 선교사들이 운영하는 고등학교에 3년간 재학하다가 미국 본토의 대학에 진학했기 때문에 이처럼 극단적인 두 가지 환경을 짧은 시간에 모두 경험했다. 선교사 학교의 분위기는 한국 학교보다 더 엄격하고 경직됐다. 좋아하던 록뮤직이나 헤비메탈 음악 CD를 사탄의 음악이라고 하여 버려야 했던 적도 있었다. 진정한 아메리칸 라이프는 미국 대학에 진학하고 나서야 경험할 수 있었는데, 보수적인 환경에서 바로 옮겨가는 것이 쉽지만은 않았다. 진화론과 성경의 대립까지는 아니었지만 종교라는 주제를 두고 양극화된 미국의 현실을 어느 정도 경험할 수 있었던 시기였다. 남미의 그 작은 선교사 학교는 마치 이 책에서 묘사한 데이턴 같았다.

이 책을 하나의 소설로 본다면, 주인공은 브라이언과 그에 맞서는 대로라고 할 수 있다. 법정에서 벌어진 두 사람의 공방전은 전투 장면을 방불케 할 정도로 긴장감이 넘친다. 두 사람에게서 가장 인상 깊은 부분은 바로 그들이 이 일에 관여하게 된 동기다. 이 책에 등장하는 수많은 사람이 돈, 야망, 명예, 대의명분, 그 밖에 개인적인 이익을 얻기 위해 재판에 뛰어들었다. 하지만 대로와 브라이언은 자신들이 싸우는 그 사건 그리고 얽혀 있는 여러 문제에 대해 그 누구보다 더 굳은 신념을 가지고 있다. 브라이언에게는 평생을 굳게 지켜온 신앙심, 대로에게는 자유민주주의 변호사로서 쌓아온 신념과 개인의 자유를 지키고자 하는 열망이 간절했다. 어느 쪽을 지지하든 각 인물에 대해 높이 평가해야 할 부분이다.

이 책에서 진화론과 창조론 중 어느 것이 옳다든가 더 낫다는 결론은 기대하지 않는 것이 좋다. 애초에 작가의 의도도 그와는 거리가 멀다. 원숭이 재판부터 시작된 논란은 현재진행형이다. 그렇기에 그 유래와 절정, 배경 등을 이해한다면 앞으로 매체를 통해 접하게 될 미국과 국제사회의 유사 사건을 좀더 깊은 통찰력으로 바라볼 수 있을 것이다.

신들을 위한 여름

1판 1쇄	2014년 6월 2일
1판 4쇄	2020년 9월 3일

지은이	에드워드 J. 라슨
옮긴이	한유정
펴낸이	강성민
편집장	이은혜
마케팅	정민호 김도윤
홍보	김희숙 김상만 지문희 우상희 김현지

펴낸곳	(주)글항아리｜출판등록 2009년 1월 19일 제406-2009-000002호
주소	10881 경기도 파주시 회동길 210
전자우편	bookpot@hanmail.net
전화번호	031-955-2696(마케팅) 031-955-8897(편집부)
팩스	031-955-2557

ISBN	978-89-6735-114-4 03400

글항아리는 (주)문학동네의 계열사입니다.

이 도서의 국립중앙도서관 출판예정도서목록(CIP)은 서지정보유통지원시스템 홈페이지
(http://seoji.nl.go.kr)와 국가자료종합목록 구축시스템(http://kolis-net.nl.go.kr)에서
이용하실 수 있습니다. (CIP제어번호 : CIP2014014738)

잘못된 책은 구입하신 서점에서 교환해드립니다.
기타 교환 문의 031-955-2661, 3580

geulhangari.com